U0288847

"先进化工材料关键技术丛书"
编委会

编委会主任：

薛群基　中国科学院宁波材料技术与工程研究所，中国工程院院士

编委会副主任：

陈建峰　北京化工大学，中国工程院院士

高从堦　浙江工业大学，中国工程院院士

谭天伟　北京化工大学，中国工程院院士

徐惠彬　北京航空航天大学，中国工程院院士

华　炜　中国化工学会，教授级高工

周伟斌　化学工业出版社，编审

编委会委员（以姓氏拼音为序）：

陈建峰　北京化工大学，中国工程院院士

陈　军　南开大学，中国科学院院士

陈祥宝　中国航发北京航空材料研究院，中国工程院院士

程　新　济南大学，教授

褚良银　四川大学，教授

董绍明　中国科学院上海硅酸盐研究所，中国工程院院士

段　雪　北京化工大学，中国科学院院士

樊江莉　大连理工大学，教授

范代娣　西北大学，教授

傅正义　武汉理工大学，中国工程院院士

高从堦　浙江工业大学，中国工程院院士

龚俊波　天津大学，教授

贺高红　大连理工大学，教授

胡　杰　中国石油天然气股份有限公司石油化工研究院，教授级高工

胡迁林　中国石油和化学工业联合会，教授级高工

胡曙光　武汉理工大学，教授

华　炜　中国化工学会，教授级高工

黄玉东　哈尔滨工业大学，教授

蹇锡高　大连理工大学，中国工程院院士

金万勤　南京工业大学，教授

李春忠　华东理工大学，教授

李群生　北京化工大学，教授

李小年　浙江工业大学，教授

李仲平　中国运载火箭技术研究院，中国工程院院士

梁爱民　中国石油化工股份有限公司北京化工研究院，教授级高工

刘忠范　北京大学，中国科学院院士

路建美　苏州大学，教授

马　安　中国石油天然气股份有限公司规划总院，教授级高工

马光辉　中国科学院过程工程研究所，中国科学院院士

马紫峰　上海交通大学，教授

聂　红　中国石油化工股份有限公司石油化工科学研究院，教授级高工

彭孝军　大连理工大学，中国科学院院士

钱　锋　华东理工大学，中国工程院院士

乔金樑　中国石油化工股份有限公司北京化工研究院，教授级高工

邱学青　华南理工大学 / 广东工业大学，教授

瞿金平　华南理工大学，中国工程院院士

沈晓冬　南京工业大学，教授

史玉升　华中科技大学，教授

孙克宁　北京理工大学，教授

谭天伟　北京化工大学，中国工程院院士

汪传生　青岛科技大学，教授

王海辉　清华大学，教授

王静康　天津大学，中国工程院院士

王　琪　四川大学，中国工程院院士

王献红　中国科学院长春应用化学研究所，研究员

国家出版基金项目
NATIONAL PUBLICATION FOUNDATION

1922 100 2022
中国化工学会成立100周年纪念精品专著
The 100th Anniversary of the Founding of CIESC

先进化工材料关键技术丛书

中国化工学会 组织编写

纸基功能材料

Paper-based Functional Materials

姚献平 等 著

中国化工学会 CIESC

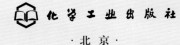

化学工业出版社

·北京·

内容简介

《纸基功能材料》是"先进化工材料关键技术丛书"的一个分册。

本分册共有10章，从基础理论到实际应用，对纸基功能材料进行了全面介绍和论述，为读者勾勒出纸基功能材料的整体面貌，以启发研究思路，帮助研究人员更加科学地选择和判断技术路线。主要内容包括纸基功能材料的定义、原料与加工技术、特性与用途、经济社会价值及发展趋势；以及高性能淀粉纸基功能材料、纳米纤维素纸基功能材料、高性能纤维纸基功能材料、长纤维过滤纸基功能材料、疏水/疏油/亲水/亲油性纸基功能材料、阻燃与隔热类纸基功能材料、过滤与分离纸基功能材料、纸基分析检测功能材料的分类、机理、制备及应用等；并简要介绍了乳霜、光催化、果蔬保鲜、电磁屏蔽、装饰原纸等其他纸基功能材料。

《纸基功能材料》可供造纸、化工、化学、能源、电子、材料、环境、医药等专业领域的科研与工程技术人员阅读，也可供高等学校相关专业师生参考。

图书在版编目（CIP）数据

纸基功能材料/中国化工学会组织编写；姚献平等著. —北京：化学工业出版社，2022.3
（先进化工材料关键技术丛书）
ISBN 978-7-122-40432-9

Ⅰ.①纸… Ⅱ.①中… ②姚… Ⅲ.①造纸－功能材料
Ⅳ.①TS75

中国版本图书馆 CIP 数据核字（2022）第 000986 号

责任编辑：丁建华　于志岩　杜进祥
责任校对：刘曦阳
装帧设计：关　飞

出版发行：化学工业出版社（北京市东城区青年湖南街13号　邮政编码100011）
印　　装：中煤（北京）印务有限公司
710mm×1000mm　1/16　印张24¾　字数461千字
2022年7月北京第1版第1次印刷

购书咨询：010-64518888　售后服务：010-64518899
网　　址：http://www.cip.com.cn
凡购买本书，如有缺损质量问题，本社销售中心负责调换。

定　　价：199.00元

作者简介

姚献平，教授级高级工程师、中国化工学会会士、国务院特殊津贴获得者、浙江省特级专家、俄罗斯自然科学院院士、杭州市化工研究院院长、国家造纸化学品工程技术研究中心主任，兼任中国造纸化学品工业协会理事长、中国造纸学会副理事长、中国化工学会理事、中国轻工联合会理事。长期从事造纸化学品、淀粉衍生物、生物质基功能材料的研发和成果转化，获国家"十一五"科技计划突出贡献奖、侯德榜化工科学技术奖、"庆祝中华人民共和国成立70周年"纪念章、全国石油与化学工业先进工作者、科学中国人年度人物、浙江省突出贡献专家和最美科技人、杭州市杰出人才和科技创新突出贡献奖。

主持开发新产品80多个，其中国家重点新产品10个，获国家科技进步奖二等奖1项，省部级科技进步奖一等奖3项、技术发明奖一等奖1项，其他奖20余项/次；发明专利22项，获中国优秀专利奖2项；撰写论文130余篇，出版著作6部。所获成果全部实现产业化，累计实现成果转化收入100多亿元，利税15亿元，上交国家税收8亿元，成果产品用于上亿吨纸和纸板，经济社会效益显著，是中国造纸行业十大领军人物；为浙江省第八届政协委员、浙江省第九届党代会代表、浙江省第十届人大代表、全国第十一届人大代表。

丛书序言

材料是人类生存与发展的基石，是经济建设、社会进步和国家安全的物质基础。新材料作为高新技术产业的先导，是"发明之母"和"产业食粮"，更是国家工业技术与科技水平的前瞻性指标。世界各国竞相将发展新材料产业列为国际战略竞争的重要组成部分。目前，我国新材料研发在国际上的重要地位日益凸显，但在产业规模、关键技术等方面与国外相比仍存在较大差距，新材料已经成为制约我国制造业转型升级的突出短板。

先进化工材料也称化工新材料，一般是指通过化学合成工艺生产的、具有优异性能或特殊功能的新型化工材料。包括高性能合成树脂、特种工程塑料、高性能合成橡胶、高性能纤维及其复合材料、先进化工建筑材料、先进膜材料、高性能涂料与黏合剂、高性能化工生物材料、电子化学品、石墨烯材料、3D打印化工材料、纳米材料、其他化工功能材料等。

我国化工产业对国家经济发展贡献巨大，但从产业结构上看，目前以基础和大宗化工原料及产品生产为主，处于全球价值链的中低端。"一代材料，一代装备，一代产业"，先进化工材料具有技术含量高、附加值高、与国民经济各部门配套性强等特点，是新一代信息技术、高端装备、新能源汽车以及新能源、节能环保、生物医药及医疗器械等战略性新兴产业发展的重要支撑，一个国家先进化工材料发展不上去，其高端制造能力与工业发展水平就会受到严重制约。因此，先进化工材料既是我国化工产业转型升级、实现由大到强跨越式发展的重要方向，同时也是我国制造业的"底盘技术"，是实施制造强国战略、推动制造业高质量发展的重要保障，将为新一轮科技革命和产业革命提供坚实的物质基础，具有广阔的发展前景。

"关键核心技术是要不来、买不来、讨不来的"。关键核心技术是国之重器，要靠我们自力更生，切实提高自主创新能力，才能把科技发展主动权牢牢掌握在自己手里。新材料是国家重点支持的战略性新兴产业之一，先进化工材料作为新材料的重要方向，是化工行业极具活力和发展潜力的领域，受到中央和行业的高度重视。面向国民经济和社会发展需求，我国先进化工材料领域科技人员在"973计划"、"863计划"、国家科技支撑计划等立项支持下，集中力量攻克了一批"卡脖子"技术、补短板技术、颠覆性技术和关键设备，取得了一系列具有自主知识产权的重大理论和工程化技术突破，部分科技成果已达到世界领先水平。中国化工学会组织编写的"先进化工材料关键技术丛书"正是由数十项国家重大课题以及数十项国家三大科技奖孕育，经过200多位杰出中青年专家深度分析提炼总结而成，丛书各分册主编大都由国家科学技术奖获得者、国家技术发明奖获得者、国家重点研发计划负责人等担任，代表了先进化工材料领域的最高水平。丛书系统阐述了纳米材料、新能源材料、生物材料、先进建筑材料、电子信息材料、先进复合材料及其他功能材料等一系列创新性强、关注度高、应用广泛的科技成果。丛书所述内容大都为专家多年潜心研究和工程实践的结晶，打破了化工材料领域对国外技术的依赖，具有自主知识产权，原创性突出，应用效果好，指导性强。

　　创新是引领发展的第一动力，科技是战胜困难的有力武器。无论是长期实现中国经济高质量发展，还是短期应对新冠疫情等重大突发事件和经济下行压力，先进化工材料都是最重要的抓手之一。丛书编写以党的十九大精神为指引，以服务创新型国家建设，增强我国科技实力、国防实力和综合国力为目标，按照《中国制造2025》、《新材料产业发展指南》的要求，紧紧围绕支撑我国新能源汽车、新一代信息技术、航空航天、先进轨道交通、节能环保和"大健康"等对国民经济和民生有重大影响的产业发展，相信出版后将会大力促进我国化工行业补短板、强弱项、转型升级，为我国高端制造和战略性新兴产业发展提供强力保障，对彰显文化自信、培育高精尖产业发展新动能、加快经济高质量发展也具有积极意义。

中国工程院院士：

2021年2月

前言

　　纸基功能材料是未来先进材料拓展应用的一个新的重要方向。本书的编写宗旨和主要目的是较客观地分析我国纸基功能材料的现状，介绍取得的创新成果，分析与发达国家的主要差距，提出加快技术创新与发展的建议。

　　本书是国家造纸化学品工程技术研究中心过去 20 多年成果的结晶，包括"非木材纤维造纸用变性淀粉系列产品"（2003 年获国家科技进步奖二等奖），"新型高留着型淀粉表面施胶剂的开发"（2006 年获中国石油和化学工业协会科技进步奖一等奖），"改性淀粉连续流态化反应关键技术开发"（2013 年获中国石油和化学工业联合会科技进步奖一等奖），"高性能淀粉基系列功能产品绿色制备技术开发与应用"（2018 年获中国轻工联合会技术发明奖二等奖），"抗干扰型再生纸专用增强剂"（2019 年获中国专利优秀奖）等。国家造纸化学品工程技术研究中心团队先后完成科研项目 30 余项，其中国家项目 10 余项，相继在浙江、山东、广东、吉林等地创办了 16 个成果产业化基地，其中淀粉纸基功能材料产业化规模 30 万吨 / 年，成果产品应用于上亿吨纸和纸板，部分产品通过全球招标进入全球排名前十的数家国际大型现代化造纸企业；水溶性高分子纸基功能材料产业化规模 10 万吨 / 年，主要供应于国内造纸企业玖龙、理文等。研发团队开发造纸化学品 80 多个，其中国家新产品 14 个。"十三五"期间国家造纸化学品工程技术研究中心承担了包括国家、省、市多个科研项目，取得"微纳纤维素关键制备技术及中试示范"、电磁屏蔽、空气净化、果蔬保鲜、转移印花、纳米乳霜保湿等纸基功能材料的多项科技成果。

　　本书还邀请了来自国内高校、科研机构和企业本领域著名专家学者张美云、宋顺喜、王海松、唐艳军、沙力争、郭大亮、姚向荣、邵岚、李丽姿等共同参与编写。其中陕西科技大学张美云教授主持承担的"高性能纤维纸基功能材料制备共性关键技术制备与应用"2017 年获国家科技进步奖二等奖；并主持 2017 年度国家重点研发计划项目"高性能纤维纸基复合材料共性关键技术研究及产业化"；该校宋顺喜副教授 2017 年承担国家重点研发计划项目子课题"耐高温聚酰亚胺纸基复合材料制备关键技术";大连工业大学王海松教授作为主要参与人承担国家重点研发计划项目"食品新型包装材料及智能包装关键装备研发"等项目,其中"废纸纤维改性增强及清洁生产关键技术及产业化应用"获辽宁省 2019 年度科技进步奖二等奖;浙江理工大学唐艳军教授主持承担 2020 年浙江省重点研发计划项目"高性能绿色抗菌环保果袋关键技术研发及应用";浙江科技学院沙力争教授 2019 年承担浙江省重点研发项目"多功能新型艺术纸工艺技术开发与示范",所承担的"低定量移印纸基功能材料"2017 年获浙江省科技进步奖三等奖;杭州新华集团有限公司姚向荣、邵岚教授级高工是我国特种长纤维纸基功能材料的资深专家,曾主持的国家新产品"汽车工业滤纸"获得浙江省科技进步奖二等奖;浙江凯恩特种材料股份有限公司李丽姿博士曾从事"纸基微流控芯片用于低成本快速血型检测"的研究,曾获英国化学工程师协会优秀科技创新奖,以及澳大利亚国家级科技创新奖项尤里卡科技创新奖。在此,特向各位专家致以崇高的敬意和衷心的感谢!同时也特别感谢中国化工学会、化学工业出版社的真诚鼓励和精心协调。

本书由姚献平等著。其中第一章由杭州市化工研究院姚献平、陈根荣撰写,第二章由杭州市化工研究院姚献平、杭州纸友科技有限公司姚臻和郑丽萍撰写,第三章由杭州市化工研究院姚献平、蒋健美、黄璜、张琳撰写,第四章由陕西科技大学张美云、宋顺喜撰写,第五章由杭州新华集团有限公司姚向荣、邵岚撰写,第六章由大连工业大学王海松、李尧撰写,第七章由浙江科技学院沙力争、郭大亮及浙江理工大学唐艳军、周益名撰写,第八章由华南理工大学王习文撰写,第九章由华南理工大学田君飞、浙江凯恩特种材料股份有限公司李丽姿、华南理工大学吴静撰写,第十章由杭州市化工研究院朱超宇、李耀、王利峰、饶瑾撰写。全书由姚献平、陈根荣统稿。

由于纸基功能材料品种繁多,涉及应用领域十分广阔,本书难免有疏漏短缺,尤其是 2020 年受疫情影响,编写工作遇到不少困难,同时限于著者的水平、学识,内容遗漏、编排和归类的不妥和不足之处在所难免,恳请有关专家和读者不吝指正,有待再版时补缺完善。

姚献平

2022 年 3 月 2 日

目录

第三章

纳米纤维素纸基功能材料　056

第四章

高性能纤维纸基功能材料　087

第七章

阻燃与隔热类纸基功能材料　188

第八章

过滤与分离纸基功能材料　223

第九章

纸基分析检测功能材料 273

第十章

其他纸基功能材料　　305

第一章

绪 论

随着现代科技的发展，对先进功能材料的需求越来越大，然而大部分功能材料存在耗费大、制作工艺复杂等缺点，满足不了越来越大的应用市场需求。在此基础上，纸基功能材料已成为前沿科技的一个发展重点。相比传统方法制备的功能材料，纸基功能材料拥有功能特性强、应用面广、制作便捷、成本低、可生物降解及可再生利用等优点，是未来科技发展的一个优先选择。

第一节
纸基功能材料的定义

纸基功能材料（paper-based functional materials）是指以植物纤维为主要原料，通过添加各种功能性材料 [如无机矿物纤维及高性能纤维（如芳纶纤维、碳纤维及聚酰亚胺纤维）]，采用现代造纸工艺技术制造成形的，具有三维网络状结构、特定性能和用途、高附加值的功能新材料[1,2]。作为一种新型复合材料，纸基功能材料是特种纸和纸板制造的关键材料。特种纸的功能特性主要取决于所添加的高性能纤维或无机矿物纤维等各种功能性材料，这些材料的开发及造纸成形技术是纸基功能材料的关键核心技术。

在纸基功能材料中，纸是基材，最重要的是在纸基上负载的各种功能性材料[3]。这些功能性材料主要为淀粉、纤维等天然高分子改性材料、合成有机高分子材料及无机矿物材料，通称为造纸化学品。多年来造纸化学品一直作为功能性新材料被列入国家重点鼓励发展的产业、产品和技术目录以及优先发展的高技术产业化重点领域指南[4]。造纸化学品主要有以下两类重要应用。

一类主要应用于普通纸和纸板，主要为高性能淀粉衍生物、水溶性高分子及近年发展起来的纳米纤维素类等，需求量大面广，如提高纸张的强度，包括干强度、湿强度、湿纸页强度、表面强度等；提高纸张的留着，减轻细小纤维和填料的流失，减轻废水污染等；提高纸张功能特性，包括白度、平滑度、印刷适性、柔软度、挺度、撕裂度、抗水性、透气度等。

另一类主要应用于特种纸，包括：特种长纤维类、疏水 / 疏油 / 亲水 / 亲油类、过滤分离类、阻燃 / 隔热 / 耐火类、导电 / 绝缘类、发光 / 催化类、高阻隔类、检测 / 分离类、建筑家装类、果蔬保鲜类、电磁屏蔽类、防尘 / 防静电类、防腐 / 防锈类、抗菌 / 防虫类等，品种繁多，功能独特。

第二节
纸基功能材料的主要原料与加工技术

纸基上添加（或复合）的各种功能材料按原材料分类主要分为天然高分子类、无机矿物类和有机高分子类（见表1-1）。

表1-1 纸基添加（或复合）功能材料的主要原材料构成

功能材料分类	原料类别	功能产品	主要原料来源
天然高分子材料	淀粉	淀粉衍生物	玉米、木薯、马铃薯等
	植物纤维	纳米纤维素、纤维素衍生物	木材、毛竹、秸秆、棉花等
		特种长纤维	韧皮类纤维（麻、桑皮、构皮、三桠皮纤维）、棉纤维等
无机矿物材料	无机矿物	导电、磁性、阻燃耐火、增强、保温、耐磨、绝缘、空气净化、阻隔等功能材料	无机矿物、碳基材料、磁性材料、稀土材料、金属材料等
有机高分子材料	有机高分子	高分子功能材料，如增强、助留、助滤、施胶、消泡、防腐、防油、防水、柔软、分散、脱墨等功能材料	石油化工原料
		高性能合成纤维	芳纶纤维、聚酰亚胺纤维、密胺纤维、维纶、聚酯、黏胶纤维等

天然高分子类功能材料的主要原料类别为淀粉和纤维素等。它们是自然界中分布最广、蕴量最丰富的天然可再生资源。它们的分子结构单元都是葡萄糖，与造纸纤维亲和力强，都可以完全生物降解。

淀粉基功能材料由天然淀粉改性制得。天然淀粉经物理、化学或生物等方法进行改性，使其具有各种功能特性，通常被称为变性淀粉。造纸工业用变性淀粉主要有酶转化淀粉、阴离子淀粉（氧化淀粉、磷酸酯淀粉、羧甲基淀粉等）、阳离子淀粉、两性及多元变性淀粉、交联淀粉、羟烷基淀粉、复合变性淀粉、接枝淀粉等，经变性处理后的淀粉具有糊化温度低、糊液透明度和稳定性好、与纤维亲和力强、成膜性好、耐酸碱等许多优良特性。变性淀粉几乎适用于所有的纸和纸板，用量约1%左右，起增强、助留、助滤、表面施胶、涂布黏合、层间结合等功能作用，是造纸工业不可或缺的功能产品[5]，被称为"工业味精"。

纳米纤维素是具有一维尺寸小于100nm的微细纤维素，具有纳米材料的性质，如小尺寸效应、量子效应、表面效应和宏观量子隧道效应等特点，其物理、化学、力学特性与宏观物体存在显著不同，未来有望取代金属和塑料，被视为"后碳纤维时代"的新材料。纳米纤维素通过化学、物理和生物技术制得，目前全球尚处于开发和产业化起步阶段。纳米纤维素及其改性产品在造纸上具有高增强、防油、抗水、阻隔等特殊功能，有望成为造纸工业最具潜力的生物质基功能材料[6]。纤维素衍生物，如羧甲基纤维素、羟丙基纤维素等在造纸涂布中也有重要应用。

植物特种长纤维主要是韧皮类纤维（包括麻、桑皮、构皮、三桠皮纤维等）和棉纤维。采用植物特种长纤维通过造纸工艺制得的特种纸具有高透气度和高强度，广泛用作气体、液体等过滤材料。

造纸无机矿物类功能材料的主要原料为无机矿物、碳基材料、磁性材料、稀土材料、金属材料等。常用的无机矿物材料有滑石粉、高岭土、膨润土等，用来提高纸张的白度、平滑度、助留、助滤等，用量居造纸原材料的第二位，可以提高纸张质量、降低造纸成本等，用途广泛。纸基无机功能材料与其原材料性能密切相关，如无机隔热材料有矿棉、膨胀珍珠岩、气凝胶毡、泡沫玻璃等；金属隔热材料一般为金属材料或金属与有机或无机材料的复合材料；阻燃无机功能材料主要有无机磷系、硼系、金属氢氧化物、金属氧化物和碱金属盐、铵盐等。常见的电磁屏蔽纸基功能材料的基本原料有金属类（镍、铜、银等）、碳素类（碳纳米管、石墨烯、石墨等），通常与导电高分子类（聚苯胺、聚吡咯等）等配合应用，通过与植物基纤维混配抄造制得。近年来无机纤维材料发展快速，高性能无机纤维的典型代表有碳纤维、玄武岩纤维、玻璃纤维等。其中阻燃耐火类纸基功能材料的主要原料是羟基磷灰石纳米线。羟基磷灰石 [HAP，$Ca_{10}(PO_4)_6(OH)_2$] 是磷酸钙家族中重要的成员，2014 年，中国科学院上海硅酸盐研究所以油酸钙作为前驱体成功合成出 HAP 超长纳米线，进而研制出新型耐火纸。新型耐火纸具有高柔韧性，白色，耐高温，不燃烧，可用于书写和彩色打印，有望应用于书籍和重要文件（例如档案、证书）的长久安全保存，在多个领域具有良好的应用前景。

有机高分子类功能材料主要原料为有机高分子材料。

来源于石油化工原料的纸基添加功能材料，品种繁多。如具有耐久性的超疏油、疏水纸基功能材料主要是将全氟烷和端部含有官能团的嵌段共聚物（氟单体）通过涂布等方式与纸体结合制得，既疏油又疏水的超双疏材料广泛应用于自清洁、防腐蚀、油运输、防生物黏附器件、集油、防污、微液滴转移和油水分离等领域；有机高分子类隔热材料常见的有发泡聚苯乙烯、聚氨酯海绵、软木、酚醛泡沫、纤维素等，通常以纤维为主要原料，通过造纸成形技术制得，结构和性能完全不同于传统纸基材料，多用于航空航天等高温领域及各种保温隔热材料的外层防护；有机高分子类阻燃功能材料主要有卤系、磷系和氮系等，也有利用难燃或者不燃纤维为原料利用造纸工艺制得，广泛应用于建筑、包装、室内装饰、汽车过滤、电缆包缠等方面。

高性能纤维纸基功能材料以天然植物纤维为原料，根据需要与特种纤维（包括无机纤维和合成纤维）等混配，经分散、成形和增强等技术手段加工而成，可进行产品性能的设计，进而制备结构和功能兼备的纸基功能材料系列产品。其中，高性能合成纤维材料的典型代表有芳香族聚酰胺纤维（芳纶1414，聚对苯二甲酰对苯二胺纤维，又称对位芳纶纤维）、超高分子量聚乙烯纤维、聚酰亚胺纤维等。高性能纤维纸基功能材料广泛用于个体防护、防弹装甲、橡胶制品、石棉替代品、车用摩擦材料、高级绝缘纸、纸基蜂窝结构材料等，是航空航天、国防、电子通信、石油化工、海洋开发等高端领域的重要材料。

第三节
纸基功能材料的特性与用途

纸基功能材料的结构和性能完全不同于传统纸张，主要具有力学性能、热特性、电气电子和磁性、光学特性、其他物理特性（黏合特性、分离和过滤特性、水特性、油特性、气体吸附特性等）、化学特性、生物化学特性等，克服了单一天然植物纤维材料无法适应的高抗冲击、高温、高湿、高腐蚀等恶劣工况条件。纸基功能材料广泛应用于工业、农业、航空航天、电子信息、医疗卫生、食品安全、交通运输等重要领域，在我国国民经济发展中具有举足轻重的作用，属于当前急需突破的关键技术领域[7]。一些主要的纸基功能材料品种、特性及应用领域见表1-2。

表1-2　纸基功能材料品种、特性（功能）及应用领域

品种	功能与特性	主要应用领域
淀粉基功能材料	提高纸张功能质量，节能降耗，增产降本，减轻污染，可完全降解	主要用来提高纸和纸板强度；减轻细小纤维和填料流失，减轻废水污染；提高纸张功能特性，如白度、平滑度、印刷适性、柔软度、挺度、撕裂度、抗水性、透气度等，还可用作全降解纸基包装材料
纳米纤维素纸基功能材料	高强度、高比表面积、高聚合度和结晶度、较低的热膨胀系数等优良特性，与其他纳米材料相比，纳米纤维素具有生物相容性好、可生物降解、可再生化、薄型化等优点	造纸工业绿色阻隔包装材料、树脂复合材料、高强度轻质材料、耐酸碱盐材料、涂料、柔性电子器件、抗菌除臭纸、成人纸尿裤等

品种	功能与特性	主要应用领域
高性能纤维纸基功能材料	良好的介电性能、低热膨胀系数、高耐热性、柔性轻量化	卫星通信线路、轻量化高密度元件以及高速传递回路、电工绝缘、轨道交通、航空航天、海洋船舶、石油化工、风力发电等
特种长纤维过滤纸基功能材料	抗张强度高，透气度大，过滤精度高，柔韧性强，高耐折度、撕裂度、湿强度及耐高温、耐酸、耐碱等	高透气烟纸、滤嘴棒成形纸、茶叶过滤和肉肠衣纸、电解电容器、证券纸、工业过滤纸、浸渍基材、手工纸、屋顶及墙布基材等
疏水/疏油/亲水/亲油性纸基功能材料	疏水、疏油、亲水、亲油性或超双疏、超双亲等特殊浸润性	自清洁、防腐蚀、油运输、防生物黏附器件、集油、防污、微液滴转移和油水分离等特种纸
装饰纸功能材料及包装材料等	净化空气，负氧离子，发光发声	负氧离子装饰用纸，室内空气质量保障用纸，加热、阻燃、发光发声功能壁纸，防火耐燃纸等
热敏纸基功能材料	热敏性	传真、医疗、商业票券用纸等
电磁屏蔽纸基功能材料	电磁屏蔽，对抗电磁辐射污染	通信设备、计算机、手机终端、汽车电子、家用电器、国防军工用特种纸
光催化纸基功能材料	降解有机污染物和杀灭病原菌	室内空气污染治理，杀菌抗菌
乳霜纸基功能材料	与普通纸相比具有柔软、平滑和保湿等特性	高端生活用纸
高性能阻隔纸基功能材料	高平滑、高阻隔性（阻隔氧气、水蒸气、油脂、矿物油、溶剂等）	食品、医药尤其是液体包装，标签，不干胶，电子材料，数码印刷，装饰材料
果蔬保鲜纸基功能材料	果蔬保鲜，降低果蔬损耗率	果蔬储藏保鲜
羟基磷灰石阻燃耐火类纸基功能材料	生物相容性好，具有高柔韧性，可以任意卷曲，耐高温，不燃烧，即使在 1000 ℃ 高温下仍然可以保持其完整性	书籍和重要文件（例如档案、证书）的长久安全保存材料
纸基热塑性树脂复合材料（长纤维增强粒料、连续纤维增强预浸带和玻璃纤维毡增强型热塑性复合材料）	高刚性、高热变形温度、低收缩率、低挠曲性、尺寸稳定以及低密度、低价格	车用配件，轨道交通，航空航天

淀粉基功能材料是造纸工业用量最大、应用面最广、功能作用最全面的生物质基产品，我国已普及应用，造纸工业年用量百余万吨，为造纸工业提高质量和性能、节能减排、节约木材资源、保护生态环境等发挥了不可替代的作用[6]；

高性能纤维纸基功能材料具有密度低、比强度高、比刚度大、耐高温等优异性能，是轨道交通、航空航天、国防科技等领域具有战略意义的功能材料，其制备技术是国际公认的难题，一直受到发达国家严密封锁，而我国同类材料在纤维制备与分散、流送与成形、热压与增强关键环节存在诸多科学问题与技术瓶颈，严重制约了我国高速列车、飞机制造所需国产先进绝缘、结构减重等功能材料的发展。

纳米纤维素质轻、可降解，来源广泛，且具有高强度、高比表面积、高聚合度和结晶度、较低的热膨胀系数等优良特性，与其他纳米材料相比，纳米纤维素具有生物相容性好、可生物降解、可再生等优势，更为重要的是纳米纤维素表面存在丰富的羟基结构，具有较高的反应活性，通过功能基团的引入可实现纳米纤维素材料的功能化，更好地适配各种不同需求的应用领域[8]。纳米纤维素可广泛应用于纸和纸板增强、阻隔、抗油、防水材料，树脂复合材料，汽车轻量化高强度零部件材料，全降解高强材料，过滤分离材料，绿色可降解阻隔包装材料，个人护理材料等，有望将传统的造纸行业提升为全生物降解功能材料行业。

其他有机高分子功能材料、无机材料、金属材料与造纸的紧密结合已经为我国的特种纸领域技术进步做出了巨大贡献，发展空间和潜力巨大。例如，通过添加具有疏水、疏油、亲水、亲油特性的特种化学品，以物理化学法、化学法、表面涂布和纳米粒子沉积等方法对纸张或纤维进行改性，从而加工成疏水/疏油/亲水/亲油性纸基功能材料；通过阻燃处理，如在造纸过程加入阻燃剂，使制备的阻燃类纸基功能材料具有难燃和耐高温特点，主要在建筑、包装、室内装饰、汽车过滤、电缆包缠等领域广泛应用，也可用于书籍和重要文件（例如档案、证书）的长久安全保存；隔热类纸基功能材料以纤维为主要原料，具有绝热性能、质轻、疏松、多孔、导热系数小的特点；还有一些典型的纸基功能材料如纸基分析检测芯片、纸基载体陶瓷、纸基柔性电子电路、纸基发光发热材料和纸基摩擦材料等，在国民经济多个领域都具有非常广阔的应用前景。

第四节
纸基功能材料的经济社会价值

纸基功能材料是一种先进材料新领域，既充分拓展了功能材料的应用领域，又对造纸和相关领域技术进步发挥了越来越重要的作用，经济社会价值巨大，意义深远。主要体现在特种纸和造纸化学品两方面。

一方面，造纸化学品能赋予纸张各种特殊的优越性能，明显提高纸张质量，提高纸机运行效能，促进开发更多更有价值的纸张新品种，有效地节约宝贵的造纸资源（包括木材资源、水资源、能源等），大幅度减少造纸环境污染，同时关联性强，对新闻、出版、印刷、包装、电子、汽车、食品、卷烟等诸多下游产业的发展具有很强的促进作用。随着我国国民经济的发展，造纸工业正在向纸机大型化和高速化、抄造中性化、白水封闭循环等方向发展，但是面临着严重的资源、环境、技术等瓶颈制约。造纸化学品是破解造纸行业这些瓶颈制约的关键材料，对造纸工业提高质量、转型升级，节能减排，节约资源以及高档纸和特种纸开发与应用等发挥越来越重要的作用，经济社会价值意义重大。例如姚献平研发团队承担的国家科技攻关项目，以淀粉为主要原料采用多元变性技术开发的系列新产品已在我国造纸行业普及推广，应用证明，可提高纸张强度 15% ～ 25%，节约木浆 10% ～ 35%，可降低能耗 5% ～ 15%，细小纤维与填料留着率提高 10% ～ 40%，白水浓度下降 20% ～ 30%。该成果获国家科技进步二等奖。

另一方面，特种纸的结构和性能不同于传统纸和纸板，具有可灵活设计的结构和光、电、磁、热、声等特性，不仅广泛应用于文化产业、工业、农业、医疗卫生等与人民群众息息相关的众多领域，还在国防军工、航空航天、轨道交通等国家重大工程中有着重要应用，是国家重要战略物资之一。其重要性和价值意义不言而喻。就经济价值而言，特种纸具有节能环保、利润高、发展快等特点，尽管单一产品而论需求量不大，但品种多，经济价值很高。例如，应用特种纤维提升纸基功能材料性能的关键技术而开发的纳米定量滤纸、纳米汽车滤纸、阻燃钢纸、防水绝缘钢纸等高性能纸基功能材料系列产品，短短几年时间产量和销量达 3.5 万吨，实现产值 7 亿元、利税 7000 万元 [7]。

以造纸用植物纤维为主要原料制备的纳米纤维素是一种生物质前沿新材料，不仅具有纳米材料的性能，还具有轻质高强、可降解、生物相容性好，热稳定性高，亲水性强等特点。其密度只有不锈钢的 1/5，强度则是不锈钢的 5 倍以上，被视为"后碳纤维时代"的新材料，未来有望取代金属和塑料，是当前全球研发热点。根据美国农业部（USDA）林业局预测，全球市场潜力为 3500 万吨，可广泛应用于普通纸、特种纸、全降解生物质材料、生命健康等领域，还可利用其轻质高强的特性应用于航空航天、轨道交通等重大工程领域。纳米纤维素当前国际市场价格 100 万元 / 吨以上，经济社会价值巨大，世界各国都十分重视，发展迅速。但总体而论目前尚处产业化初级阶段，还存在技术不够成熟、规模小、价格高等问题。我国已将纳米纤维素列为"十三五"重点研发项目，通过与华南理工大学、杭州机电设计研究院等单位共同合作，已在杭州市化工研究院建成我国首条纳米纤维素绿色制备中试示范线，并进行了一系列高值化应用研究，成果产业化和高值化应用可以预期，前景广阔。

第五节
纸基功能材料的发展趋势

未来在纸基功能材料领域的发展趋势主要体现在新的加工技术和新的产品两

个方面。以下将对两个方面的发展进行简要介绍。

一、新技术的开发

（1）泡沫成形技术　泡沫成形是一种 20 世纪 70 年代开发的造纸技术，该技术可在纸机上生产出匀度好、松厚度高和孔隙率高的非织造型新材料。与当前的慢速气流成网或湿法非织造布生产平台相比，将泡沫成形技术成功地应用于商业化生产，能够使纸机以较低的成本生产无纺布替代品。原有的生产工艺在经过一系列现代化技术改进之后，新的泡沫成形系统已经应用于特种纸的商业化生产。

（2）可伸缩纸技术　可伸缩纸技术由芬兰 VTT 公司开发，主要依赖于机械处理，使纸张在纵向上和横向上分别获得 20% 和 16% 的伸长率。可拉伸的纸张是一种新的概念，旨在用天然纸取代塑料，使其具有可持续性，特别是一次性包装。该纸可以卷筒供应，也可以在以前用于聚合物的传统加工线上进行印刷、涂层和其他加工。最终可以应用的领域包括：托盘式包装、医疗包装、纸杯和其他液体容器、家具装饰等。

二、其他纸基功能材料新产品的开发

① 由日本阿波制纸开发的碳纤维增强热可塑性树脂成形件（纸基热塑性树脂复合材料）。将纤维长度为 3 ~ 6mm 的碳纤维和热可塑性树脂纤维 [聚丙烯（PP）、聚乙烯（PE）等] 等多种纤维分散在水中，然后经抄纸、层合、热压等工序制作成连续纤维增强热塑性复合材料（CFRTP）成形品。CFRTP 的强度约为 PP、PE 等通用树脂的 5 倍。尤其是使用聚酰胺纤维的 CFRTP，在体积比相同的情况下，可实现与铝合金 "A5052" 相同的拉伸强度，而质量仅为其 $1/3 \sim 1/2$。

② 由瑞典研究人员开发出的能够存储电能的纸张。这种纸张由纳米纤维素和导电聚合物组成。用这种材料制成的直径 15cm、厚度为零点几毫米的片材，可以储存高达 1F 的电能，与目前市场上的超级电容相近。这种材料可以充放电几百次，并且每次充电只需几秒钟。可用储电纸储存电能，作为用电峰值时的备用能源，也可用作电动汽车充电站的超级电容。

③ 由芬兰 Walki 公司研发出的新型可降解纸地膜。该新型纸地膜以牛皮纸为基材，并在其表面涂覆可降解型涂层。产品具有良好的覆盖性，能减少杂草，且不影响农作物产量。

④ 德国科学家尝试采用造纸法制备多孔钛电极，用于电解水。其主要工艺是在抄纸过程中添加大量的钛金属粉末，成纸中钛金属粉末的含量在 75% 以上，再将此以钛金属粉末为主的纸经过高温烧结，去除其中的有机成分，同时将金属

粉末烧结成多孔的电极材料。其厚度和孔隙结构等性能参数可以通过改变造纸工艺参数进行调整。该电极材料将为 PEM（polymer electrolyte membrane，聚合物电解质膜）电解槽提供具有最优性能的低成本的气/液扩散层，可以保证水的均一分布和气体扩散顺畅。

⑤ 采用聚苯乙烯纳米复合涂料改善包装纸抗菌性能。以聚苯乙烯、二氧化钛纳米颗粒以及银纳米颗粒等为原料制备聚苯乙烯纳米复合涂料，用 5% 或 10% 的聚苯乙烯纳米复合涂料对稻草浆制备的包装纸进行涂布，涂布纸的透气度、抗张强度、吸水性以及阻隔性能均得到改善，且对铜绿假单胞菌、金黄色葡萄球菌、念珠菌等细菌有很好的抑菌效果。

⑥ 北美一家公司开发出包含突破性技术的具有 Sharklet 微观结构的铸涂离型纸。这种铸涂离型纸的创新性体现在纸张表面无需使用有毒添加剂或化学品就可抑制细菌生长。

⑦ 特别值得一提的是，当前一次性塑料污染已严重危害人类的健康，治理一次性塑料污染得到全球各国的拥护和支持。众所周知，造纸工业是以植物纤维为主要原料的工业，原料资源丰富，且可完全降解后回归大自然。随着高强度、高阻隔特性的纳米纤维素开发成功，以纸代塑，替代数百年难以降解的一次性塑料制品已取得许多突破，一旦技术成熟，定能带动传统造纸工业的再次腾飞。

综上所述，纸基功能材料未来的发展空间广阔，有待我国材料与造纸领域的科技工作者携手努力，开发出功能更突出、性能更优异、应用更广泛的多系列新产品，以满足日益增长的市场需求。

参考文献

[1] 陈港. 特种纸与纸基功能材料的研发及应用 [J]. 中华纸业, 2018, 39(23): 56-61.

[2] 林鸿嘉. 纸基功能材料的现状与发展趋势 [J]. 黑龙江造纸, 2017(3): 29-31.

[3] 姚献平, 姚臻, 蒋健美, 等. 纸基功能材料的开发与应用 [C] // 中国工程院化工、冶金与材料工程第十二届学术会议论文集. 北京：化学工业出版社, 2018: 589-595.

[4] 姚献平. 对我国造纸化学品行业"十三五"发展的思考和建议 [J]. 中华纸业, 2016, 37(13): 22-27.

[5]（芬兰）Raimo Alén,（中国）张素凤, 张斌, 等. 造纸化学 [M] // 造纸及其装备科学技术丛书：第八卷. 北京：中国轻工出版社, 2016.

[6] 姚献平, 郑丽萍. 绿色造纸化学品研究与应用技术 [C] // 中国工程院化工、冶金、材料工程第十届学术会议论文集. 北京：化学工业出版社, 2014: 117-121.

[7] 吴安波. 纸基功能材料的开发与应用 [J]. 中华纸业, 2019, 40(13): 181-184.

[8] 姚献平. 生物质基功能材料——淀粉衍生物、纳米纤维素研发应用新进展 [R]. 上海：全国造纸化学技术与生物质功能材料研讨会, 2019.

第二章
高性能淀粉纸基功能材料

第一节
概　述

一、淀粉与淀粉基功能产品

　　淀粉在自然界中分布很广，是高等植物中的常见组分，是绿色植物果实、种子、块茎、块根的主要成分，是二氧化碳与水光合作用的产物，是一种用之不竭的可再生天然资源。随着技术的进步与发展，人们逐渐认识到能源及环境等问题的严重性，因此对可再生资源的深层次开发及应用越来越引起人们的重视。天然淀粉不溶于冷水，淀粉糊液易老化，成膜性和稳定性差以及缺少功能特性等限制了其应用。人们根据淀粉的结构和理化性质开发了淀粉的改性技术，即应用物理、化学或生物等方法对原淀粉进行改性，使其具有特殊的功能和用途，这一过程称为淀粉的改性，其产品称为变性淀粉或改性淀粉，或淀粉衍生物，被赋予功能特性的变性淀粉被称为淀粉基功能产品。

　　英国泰莱集团（Tate & Lyle）是世界主要的淀粉、淀粉糖、有机酸等碳水化合物的重要生产商，在全球拥有超过30处生产设施，截至2019年3月，Tate & Lyle的总销售额达到29亿英镑；美国国民淀粉化学有限公司（NSCC）在世界的36个国家设立了125个客户服务中心和生产基地，全球年销售额超过33亿美元；荷兰的艾维贝（AVEBE）公司是世界上最大的马铃薯淀粉集团，在全球已有9家工厂生产马铃薯及木薯淀粉，分别设在荷兰、德国、泰国和中国等地，淀粉年产量近百万吨。这些国际性大公司拥有先进的科研机构，优良的科研和生产设备以及大批的专业技术人才，不断开发新产品、新工艺、新技术和新用途。从淀粉植物新品种的培育，到淀粉加工，再到淀粉衍生物的开发及应用等，已形成一套完整的工业体系。近年来，这些大型淀粉及淀粉衍生物集团还纷纷在泰国建立分支机构，开发泰国的木薯淀粉衍生物。当前，全球造纸工业淀粉衍生物年产量为600万吨左右，欧洲造纸工业年用淀粉衍生物160万吨，吨纸和纸板用量为21kg；日本造纸工业年用淀粉衍生物50万吨以上。

　　经过近30多年的发展，我国自主创新能力不断增强，现在从事淀粉衍生物领域研究的单位已有很多，如杭州市化工研究院、广西大学、江南大学、天津大学、西北科技大学和大连理工大学等。尤其是杭州市化工研究院姚献平研发团队，1985年就开始淀粉衍生物的研究开发还创办了淀粉基功能产品成果产业化基地——杭州纸友科技有限公司，先后在浙江、山东、东北建成多个成果产业化基地，科研成果全部实现了产业化，年产规模已达40万吨。广西明阳生化科技股份有限公司是国内最大的木薯淀粉衍生物生产企业，建立了省级技术中心，对木薯淀粉衍生物进行了深入研究。长春大成集团作为我国玉米资源产业化的领跑者，是首批被国家有关部门认定的农业产业化国家重点龙头企业，现已形成玉米淀粉、淀粉糖、氨基酸、化工醇、生物饲料肥料及机械制造等六大玉米精深加工产品工业群，在国内长春、德惠、锦州、福州和上海等地建成五大工业化生产基地。

据中国淀粉工业协会生产资料汇编数据统计，2020年全国各类淀粉总产量合计为3388.97万吨，比2019年增长5.46%。其中，玉米淀粉产量为3232.58万吨，同比增长4.36%。山东、吉林、河北三省玉米淀粉产量位列全国前三位，分别占全国玉米淀粉总产量的48.30%、6.30%、13.25%。淀粉深加工产品产量为1874.16万吨，比上年同期增长7.88%。其中，功能性淀粉产量175.11万吨，占淀粉深加工产品总量的7.33%，比上年同期增长9.08%。全国造纸工业用功能性淀粉年用量约100万吨。2020年功能性淀粉产能全国前三的企业分别为：杭州纸友科技有限公司、山东熙来淀粉有限公司、诸城兴贸玉米开发有限公司。

二、造纸工业用淀粉基功能产品的种类及作用

造纸工业用淀粉基功能产品主要有阴离子淀粉(氧化淀粉、磷酸酯淀粉、羧甲基淀粉)、阳离子淀粉、两性及多元变性淀粉、交联淀粉、羟烷基淀粉、复合变性淀粉、接枝淀粉等。经改性处理后的淀粉大多具有糊化温度低、糊液透明度高、黏度大、稳定性好、凝沉性小、成膜性好、耐酸碱能力强等许多优良特性，并能根据纸张的不同要求赋予各种不同的功能作用。

由于淀粉与纤维素的分子结构单元都是葡萄糖，故两者亲和性好，结合力强。纸用功能性淀粉在造纸上添加量只有1%左右，但对造纸产品的质量以及纸机运行影响很大，被造纸工业称为"造纸味精"。功能性淀粉在造纸工业中主要用作湿部添加剂、层间增强剂、表面施胶剂以及涂布黏合剂，具有提高纸张物理强度、助留助滤、改善施胶效果和表面性能等功效，从而起到提高纸的质量和档次，节约优质纤维和其他原材料，实现节能减排等作用（图2-1）。

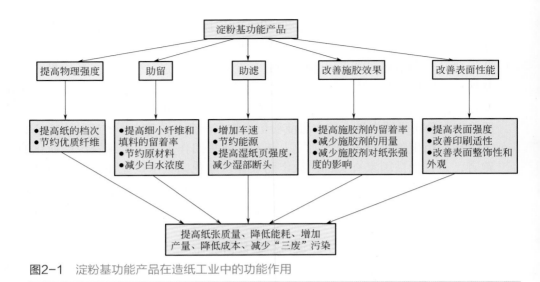

图2-1 淀粉基功能产品在造纸工业中的功能作用

三、淀粉基功能产品在造纸中的应用

淀粉基功能产品可以应用于造纸全过程（图2-2），是用量最大、应用面最广、功能作用最强的造纸化学品。淀粉基功能产品作为造纸助剂已连续多年被国家发展和改革委员会、科学技术部、工业和信息化部、商务部、国家知识产权局列入《国家当前优先发展的高技术产业化重点领域指南》，归属新材料技术领域。

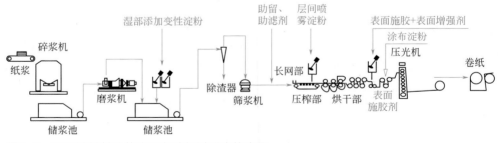

图2-2 不同淀粉基功能产品在造纸过程中的应用

图 2-2 所示的湿部添加变性淀粉主要为阳离子淀粉、阴离子磷酸酯淀粉、两性和多元变性淀粉及接枝共聚淀粉等，主要用来提高纸张的物理强度，提高细小纤维和填料的留着率，提高滤水性能，改善施胶效果等。层间喷雾淀粉以阴离子淀粉为主，要求黏结力强，胶化温度低，主要用来提高板纸的层间结合力，同时

也用来提高挺度、环压强度及表面强度。表面施胶淀粉主要以氧化淀粉、酶转化淀粉为主，用来提高纸张表面强度和印刷适性，此外还能提高耐破度、耐折度、抗张力、平压强度、抗分层强度、环压强度等纸张物理强度指标。近年来，随着数码技术的发展，具有特殊表面性能的数码打印纸（喷墨打印纸）得到了快速发展，新型高留着型表面施胶淀粉正逐渐成为数码打印纸及其他高档办公用纸普遍采用的标准产品。在欧洲，目前已有75%的改性淀粉属于高留着型变性淀粉，主要用于表面施胶和浆内添加。氧化淀粉、酶转化淀粉等普通变性淀粉作表面施胶剂正在迅速减少。涂布淀粉主要为氧化淀粉、磷酸酯淀粉以及羟烷基淀粉等，要求黏结力强、黏度低，通常要与高岭土等无机颜料等配伍，主要作用是优化涂料的流变性、黏结强度，提高纸张的挺度和油墨吸收性及成纸的印刷适性。

四、淀粉基功能产品在维护森林资源和节能减排方面的意义

2020年我国造纸年产量11260万吨，已连续多年居全球首位（图2-3），但面临木材资源紧缺，纸张品质低、废水污染大等严重制约。研究表明，淀粉基功能产品可成为破解上述造纸工业瓶颈的关键功能材料。

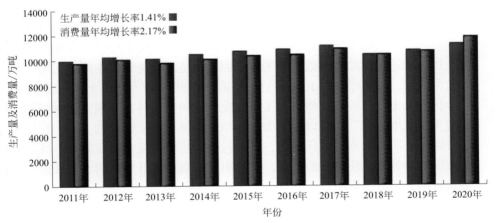

图2-3 2011～2020年纸及纸板生产和消费情况

1. 替代木材纤维原料

我国是一个森林资源严重不足的国家，人均森林占有面积在全球排名列第119位。目前我国可开采的木材资源远不能满足造纸工业的需求，漂白木浆大部分依赖进口，2017年我国进口纸浆、废纸等5429万吨，用汇261亿美元。新中国成立以来，非木材纤维制浆造纸在我国纸业发展史上发挥了重要的作用。我国

是世界上非木材纤维造纸规模最大、生产经验最丰富的国家。

我国具有丰富的非木材纤维资源，竹子、麦（稻）草、芦苇、蔗渣是我国用于造纸的主要非木材纤维原料。我国早在 1000 多年前就利用稻草、麦草及竹子等作为手工纸的原料，其最大的困难就是非木材纤维短，强度低，杂质多。如何利用丰富的非木材资源，借助各种造纸化学品生产出高质量的纸张，以减少森林砍伐、保护生态环境是一项具有重要社会意义的工作。

针对上述瓶颈制约，姚献平研发团队承担了国家"九五"重点攻关项目"非木材纤维专用增强剂""新闻纸湿部专用化学品""草浆造纸用助滤助留剂及其性能研究"。其中，"非木材纤维专用增强剂"正是针对我国相关国情而立项的。成果产品（以淀粉为主要原料）可提高草浆强度 15% ～ 25%，降低木浆配比 10% ～ 30%（吨木浆需木材 4 ～ 5m³），为国家节约了大量木材资源。

废纸资源的利用是我国造纸工业发展的另一大特色，目前我国再生纤维纸浆已超过 60%。回收 1t 废纸能生产 0.8t 好纸；利用 1t 废纸浆可以节约 3 ～ 5m³ 木材，还能节约大量的能源、水资源和化工原料，减少空气和水污染。许多发达国家已立法支持废纸再生回用，并规定了某些纸种中二次纤维的法定含量。近年来，全球废纸回收率和废纸在造纸原料中的占有率迅速提高，我国的增长比例尤为明显。

废纸再生离不开功能性专用化学品。废纸在回收前后受到细菌的侵蚀、紫外光的照射、空气的氧化，降低了纤维的强度；此外，废纸中杂质含量很高，易产生干扰，普通化学品增强效果不明显。因此，造纸行业对再生纸专用增强剂的需求尤为迫切，按吨纸用量 10kg 计算，年需求量可达 50 万吨以上，市场潜力巨大，产业化前景十分广阔。杭州市化工研究院与杭州纸友科技有限公司承担的"抗干扰型再生纸增强剂"项目以淀粉为主要原料，通过分子设计的方法，在淀粉分子中分别引入阴、阳离子取代基团，再进行抗干扰增效复合反应制得，既能有效防止废纸浆中各种杂质离子的干扰，又能明显提高再生纤维间的亲和性能，对再生纸具有明显的增强作用。

2. 促进节能减排

造纸工业是我国的重要支柱产业，又是能源、资源消耗高、用水量大、污染严重的行业，节能减排多年来一直是世界各国造纸工业以及环境界的热门话题和研究的重点。造纸废水中化学需氧量（COD）排放量占全国工业废水中总 COD 排放量的 40%，不仅对造纸行业的健康发展产生困扰，更重要的是对生态环境造成极大破坏，严重影响人们身体健康，不利于节约型、环境友好型和谐社会的构建。造纸工业废水分类主要包括蒸煮制浆废水（黑液）、洗浆废水（洗涤废水）、漂白废水和抄纸废水等四大类。其中蒸煮黑液的环境污染最为严重，占整个造纸工业污染的 90%。

杭州市化工研究院国家造纸化学品工程技术研究中心姚献平研发团队在破解我国造纸瓶颈制约方面发挥了重要作用。该团队不仅成功开发"新型高留着型淀粉表面施胶剂""高阳离子网络交联型助留、助滤剂""中性施胶专用产品"等系列节能减排功能性新产品，而且在应用技术和装备研究方面取得重大突破，在显著提高纸张质量的同时，水耗、能耗明显下降，已在我国造纸行业广泛推广应用。

第二节
淀粉基功能产品的制备方法

我国目前约有数百家淀粉深加工企业，规模大多在年产数千吨，上万吨企业不多。企业规模小、设施落后、能耗高、环保问题突出，已引起相关部门的密切关注。传统淀粉加工工艺有湿法工艺、干法工艺、半干法工艺等，其中以间歇式湿法生产工艺技术为主（约占 80%）。现代湿法和干法工艺在装备和自动控制等技术上已有很大提升，但装备成本较高，如原吉林榆树淀粉厂（2005 年该公司已由杭州纸友科技有限公司整体收购，现为吉林众友科技有限公司），从德国斯达柯萨公司引进的年产 5000t 湿法功能性淀粉生产线，和从丹麦尼鲁公司引进的年产 10000t 酶法糊精生产线，设备投资 1 亿多元；江西红星淀粉厂国家重点技改项目，引进瑞士 Bertrams 公司年产 5000t 真空干法功能性淀粉生产线，设备投资 5000 多万元。国产装备价格相对较低，但性能指标与发达国家比较尚有一定差距。

一、湿法工艺

湿法工艺是以淀粉与水或其他液体介质调成淀粉乳为基础，在一定条件下与化学试剂进行改性反应制成功能性淀粉的过程。在此过程中，淀粉颗粒处于非糊化状态。如果采用的分散介质不是水，而是有机溶剂或含水的混合溶剂时，湿法工艺又称溶剂法。溶剂法的有机溶剂价格昂贵，易燃易爆，回收困难，只有生产高取代度、高附加值产品时才使用。湿法工艺流程中反应中止后要经过过滤、分离、烘干等程序，大多为间歇式。反应过程通常要添加盐类抗凝胶剂，并将反应温度控制在胶化温度以下以防止淀粉糊化，因而反应时间较长（通常 4 ~ 20h 不等）。湿法工艺的优点是反应均匀、缓和，工艺设备要求不高，几乎适用于各种淀粉衍生物的制造；缺点是废水量大（吨产品可达 3～6t）、能耗高（后处理要干燥）、得率低、成本高等。功能性淀粉湿法制备工艺流程见图2-4。

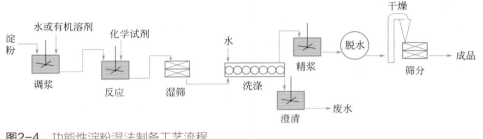

图2-4　功能性淀粉湿法制备工艺流程

二、干法工艺

干法工艺是淀粉在"干粉"状态下完成改性反应，所以称为干法。干法工艺反应温度较高（100～180℃），要求固相反应器有良好的加热装置，反应时间较湿法短，一般为 1～4h，反应结束后，将产品快速冷却；此时物料含水量通常较低，在 1%～3%，需对其进行调湿。正因为反应体系中含水量很少，所以干法工艺生产中一个最大的困难是淀粉与化学试剂的均匀混合问题，工业上除采用专门的混合设备外，还采用在湿的状态下混合，干的状态下反应，分两步完成功能性淀粉的生产。采用干法工艺生产的功能性淀粉的品种比较少，其中产量最大、应用最普遍的是白糊精、黄糊精及其他酸降解的功能性淀粉。由于干法工艺生产的黄、白糊精及酸解淀粉等产量大，应用范围广，加之干法工艺产品收率高，无废水污染等原因，所以干法工艺是一种比较有前途的方法。其缺点是对设备要求高，能耗高，产品稳定性差，粉尘控制难等。功能性淀粉干法制备工艺流程见图 2-5。

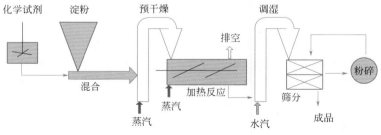

图2-5　功能性淀粉干法制备工艺流程

三、半干法工艺

半干法工艺介于湿法工艺和干法工艺之间，与干法工艺主要区别是反应温度低，水分含量相对较高。采用半干法工艺生产功能性淀粉，反应时间短，反应效率高，无废水、废气。以生产阳离子淀粉为例，湿法反应时间为 $7 \sim 24h$，一般反应效率在 $60\% \sim 80\%$，而半干法反应时间为 $2 \sim 5h$，反应效率高，一般在 80% 以上，且不需要加抑制剂盐，降低了生产成本。因此，半干法工艺越来越多地被采用。

在用干法工艺或半干法工艺生产功能性淀粉的过程中，需在原料选择的基础上，严格控制生产过程、反应时间和反应温度；同时，还要进行体系排潮、温度稳定性控制及产出产品冷却处理等工序，并根据产品的应用要求进行后处理，如加入适量的复配增效材料等。

四、连续流态管道化绿色制备新工艺

国内外淀粉基功能产品普遍采用湿法和干法传统工艺。湿法工艺物料在液相中反应，产品需经水洗、过滤、分离、干燥等工序，优点是反应均匀、缓和，缺点是废水量大（吨产品废水 $3 \sim 6m^3$）、能耗高（吨产品需 $0.5 \sim 0.8t$ 标煤）、工时长（$3 \sim 10h$）、反应效率低（$70\% \sim 75\%$）。干法工艺是将改性剂与淀粉粉液混合后，经高温反应，优点是效率高（$75\% \sim 80\%$）、工时短（$2 \sim 5h$）、无废水产生；缺点是对设备要求高、混合效率低（约80%）、能耗大（反应温度 $100 \sim 180℃$），产品稳定性差，粉尘控制难等。湿法和干法传统工艺高能耗、高污染问题突出。

我国相关企业普遍存在规模小、技术装备落后的问题，急需破解。针对上述问题及我国造纸等行业对高性能淀粉基功能产品的迫切需求，$2002 \sim 2009$ 年，姚献平研发团队分别得到了国家发改委、浙江省等有关部门的立项支持。团队通过研究淀粉基功能材料分子特性、反应机理及传统工艺存在的共性问题，创造性地研发了功能性淀粉连续流态管道化绿色制备新工艺（图2-6），并创建了国际上首条万吨级新工艺示范生产线[1]。该发明分别被列为国家重大产业技术开发专项（发改办高技 [2009]606 号）、浙江省重大科技专项（优先主题）重大工业项目（20092111A34）。

新工艺突破了以下关键技术：

（1）攻克了大量淀粉粉体和微量反应试剂的快速、连续、均匀混合技术
湿法工艺水溶液占 60% 以上，试剂与淀粉极易均匀混合；干法工艺淀粉与试剂需事先混合，微量试剂加入大量粉体中时，试剂微滴被大量粉体包裹成颗

粒，很难均匀分散，通常混合效率只有 80%，易造成浪费和污染。姚献平研发团队自主设计研制的粉 - 液连续高速混合装置——高速飞刀式混合器实现了快速、均匀、连续、高效混合。粉液混合效率可达 98% 以上，且经组合优化能适用多组分复杂工艺配方及多品种系列产品的制备技术要求，性能远优于传统工艺，是保证产品质量均匀、稳定的核心技术，难度大，技术精度要求高。

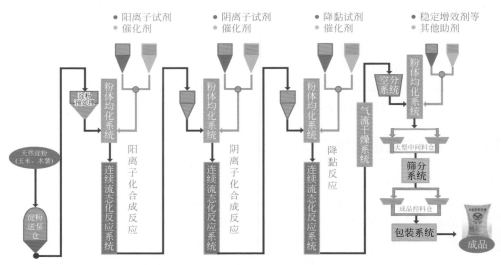

图2-6 功能性淀粉连续流态管道化绿色制备新工艺技术路线图

（2）发明了淀粉粉体连续流态管道化技术　该技术的关键是要使粉体反应物料像液体一样在管道中流动反应。通常淀粉基功能产品反应时必须添加 1 种以上的液体反应试剂，当水分含量超过 14% 时很容易结团，无法流态化。尤其对于多组分反应的复杂产品，混合物料水分含量有时会高达 20% 以上，此时管道中的物料根本无法流态化。姚献平研发团队开发了一种既能显著改善湿态淀粉流动性，又能提高产品应用效果的特种助流剂，甚至在含水量高达 25% 时，湿粉料在管道中仍能快速流动反应，解决了湿粉料流态管道化反应技术难题。

（3）发明了淀粉粉体固相快速催化反应技术　创制了能快速形成反应活性中心的高效复合型粉体反应专用催化剂，攻克了粉体流态管道化条件下的快速高效反应技术难题。与传统催化技术相比，该技术不仅能完全满足粉体流态化的要求，而且具有高催化活性、高效快速的特点。以淀粉阳离子化反应为例，湿法工艺需要 45 ～ 55℃，8 ～ 10h；干法工艺需要 100℃以上，3 ～ 4h；新工艺只要室温 0.6h。

在上述关键技术基础上，姚献平研发团队通过产品配方设计、粉体输送、固液混合、高效催化、粉体连续流态管道化等系列工程技术系统创新，实现了 40 万吨 / 年产业化能力。这是目前亚洲规模最大的新工艺生产线。产品经国内外造纸企业使用，反映良好，具有明显的经济效益与社会效益。

该新工艺与国外同类技术相比（表 2-1），具有传统工艺无法比拟的优点，如投资少（万吨规模投资仅为同类技术的 1/10）、能耗低（多数反应常温下进行，反应时间约为同类技术的 1/5，每万元产值能耗为同行的 1/10）、效率高（反应效率提高 15% 以上）、绿色环保（生产过程无废水、废气和废渣）、产品质量稳定，尤其适合现代大型高速纸机连续化自动化应用。采用新工艺已开发了高性能产品 50 多个，其中国家新产品 10 个。新产品通过全球招标已在世界最先进的纸机、最高档的纸种中应用，显示出很强的竞争力，能提高纸张强度（15% ～ 25%），节约木浆纤维（10% ～ 35%），降低造纸白水浓度（20% ～ 30%），降低能耗（5% ～ 15%），促进废纸再生。至今已累计推广 110 万吨相关新产品，用于上亿吨纸和纸板，为造纸工业节约了大量的木材资源、水资源和能耗，并减少了废水排放，经济效益与社会效益显著。

表2-1　新工艺与国外相关公司"湿法""干法"工艺技术参数比较

项目	工艺		
	德国某公司湿法工艺	瑞士某公司干法工艺	新工艺
投资/(亿元/万吨)	1	0.5	0.059
反应时间/h	3～10	2～5	0.6
反应温度/℃	45～55	>100	常温
水耗/(t/t产品)	3～10	少量	少量
蒸汽耗/(GJ/t产品)	0.7	1	0.25
电耗/(kW·h/t产品)	120	300	30
废水/(t/t产品)	3～6	无	无
反应效率/%	70～75	75～80	85～90
生产成本	高	中	低
反应均匀性	好	80%	98%
产品稳定性	较好	差	好

第三节
高性能纸用淀粉基功能产品

一、非木材纤维专用变性淀粉

我国森林资源严重不足，森林人均蓄积量仅为世界人均水平的 12.6%，是一个非木材纤维造纸大国，直到 20 世纪 90 年代末造纸行业非木材纤维使用比例仍高达 80% 左右，漂白木浆几乎完全依赖进口。而世界造纸工业非木材纤维使用比例仅为 7%，木材纤维占比 93%。采用非木材纤维造纸对保护我国森林资源意义十分重大。

由于非木材纤维短、强度低、滤水性差、含有大量杂化学物质，不仅严重影响纸机的抄造以及成纸的质量，还带来严重的三废污染。而且由于非木材纤维自身的特点，以及大量杂化学物质的干扰，采用常规造纸化学品效果甚微，造纸行业迫切需要非木材纤维专用造纸化学品。

在上述背景下，姚献平研发团队承担了国家科技部下达的国家重点科技攻关项目，由"非木材纤维专用增强剂""草浆造纸用助滤助留剂及其性能研究""新闻纸湿部专用化学品"三个课题组成（三种产品均为非木材纤维专用变性淀粉）。项目获 2003 年度国家科技进步二等奖、2002 年度中国石油和化学工业协会技术发明一等奖、浙江省和杭州市科技进步一等奖，并取得国家发明专利三项，其中一项被授予国家专利优秀奖，相关产品被评为国家重点新产品，具体可见表 2-2。

表2-2 非木材纤维专用变性淀粉相关项目技术成果情况

项目名称	发明专利号	国家新产品批准号
非木材纤维专用增强剂	CN99113918.6[①]	20023300J011
新闻纸湿部专用化学品	CN99113920.8	2002ED700072
草浆造纸用助滤助留剂	CN99113919.4	2002ED700019

①本专利被国家知识产权局授予中国专利优秀奖（国知发管字 [2003]121 号）。

由于非木材纤维中含有多种杂化学物质，严重干扰一般化学品的效果，故用于木浆造纸的化学品不适宜在非木材纤维造纸中应用。当时国内外造纸用增强、助滤、助留功能产品主要针对木浆造纸，对非木材纤维专用造纸化学品的研制及其应用性能的研究工作尚属空白，项目实现多项技术创新。

1. 产品结构创新——首创天然高分子（淀粉）多元功能基团改性的分子结构

项目发明了多元分子结构设计，攻克了不同离子取代分子相互干扰制备技术难题，成功地实现了在同一淀粉分子链中既接有阳离子取代基，又接有阴离子取代基，还接有其他功能性取代基。利用阴、阳离子间的相互协调作用及功能性基团的增效作用，使产品能适用于杂质含量高、纤维质量差的非木材纤维及废纸纤维 [2]，解决了应用过程中非木浆和机械浆中大量杂化学物质干扰的难题。成果技术国内外未见报道。且不同的功能取代基、不同的分子配比可以合成出功能优异的众多新产品，除在造纸工业上应用外，还可扩展到食品、油田、化妆品、医药等行业，应用前景广阔。这一技术的突破，使淀粉衍生物领域进入了一个新的发展空间，其意义十分深远。

2. 工艺技术创新——发明催化连续化粉体管道反应清洁生产工艺

通过合成工艺创新，解决了反应过程中取代基不同电荷离子间相互干扰的技术难题；通过生产工艺及设备的创新，解决了催化反应关键技术及粉体连续化反应技术难题。新工艺开发了连续化粉体管道反应清洁生产工艺及主要反应装置，且实现了生产过程自动控制，难度大、技术复杂 [3]，国内外未见同类报道。

3. 应用技术创新——首创针对非木材纤维浆造纸的应用技术

在国际上首次将增强、助留、助滤技术应用于非木材纤维造纸，并在新闻纸生产中首先使用湿部化学品，使新闻纸质量明显提高。项目的开发成功，对用高新技术改造和提升传统造纸产业已产生巨大影响。

以文化用纸为例，添加非木材纤维增强剂可提高纸张强度15%～25%，可节约木浆10%～35%；添加草浆助滤助留剂，可使打浆度下降20%～30%，能耗降低5%～15%，细小纤维与填料留着率提高10%～40%，白水浓度下降20%～30%。

以新闻纸湿部专用化学品为例，成果产品可以使再生新闻纸质量提高到进口高速彩印新闻纸的质量水平，生产成本大幅度降低。成果产品已被国内多家再生新闻纸厂所采用，1万吨本产品可生产再生新闻纸100万吨，相当于节约木材400万～500万立方米，节约标准煤120万吨，节电6亿千瓦时，节水6亿吨。

通过使用非木材纤维专用造纸化学品，提高非木材纤维造纸质量，节约木材纤维用量，保护森林资源，进而保护生态环境，符合国家可持续发展的科学发展观。

二、高留着型表面施胶淀粉

表面施胶是指在纸和纸板上施加胶料的一种工艺和技术，其目的是保持纸张的尺寸稳定性，降低纸的吸水量和吸油墨量，增加纸的印刷适性和光滑性，提高纸和纸板的质量。变性淀粉占造纸化学品总量的 60% 以上，其中用量最大的是表面施胶淀粉。由于普通表面施胶用氧化淀粉与纤维结合力差，不仅难以达到高档纸的质量要求，而且在损纸或废纸回用时约 60% 以上的淀粉会进入白水系统，造成废水污染，影响造纸湿部电位和纸机运行。同时，随着数码技术和喷墨打印技术的发展，对纸张表面性能也提出了新要求，因此急需开发出高留着型表面施胶淀粉。

高留着型表面施胶淀粉技术目前只有国外少数公司拥有，我国大都采用普通的氧化淀粉。从生产工艺技术与装备看，国内多为间歇式湿法或干法生产线，规模小、设施落后，难以生产出高质量的稳定产品；在技术经济指标上，普通氧化淀粉在实际应用中产品的留着率远远低于高留着型表面施胶淀粉，环保问题突出。

姚献平研发团队通过在产品、工艺、装备及应用上的技术创新，开发出具有自主知识产权的高新技术产品——高留着型表面施胶淀粉[4]。不仅为造纸工业高档纸和纸板的生产提供关键的功能材料和应用技术，为解决造纸废水污染提供一条有效途径，而且打破国外技术垄断，解决了产品分子结构设计、绿色化制备及应用技术装备研发等技术难题，通过多项集成创新，提高了我国精细化工新领域造纸化学品的技术水平，使之跻身于世界先进行列。

1. 高留着型表面施胶淀粉与普通氧化淀粉的主要差异

高留着型表面施胶淀粉与普通氧化淀粉在化学技术原理和性能上的主要差别是对纸张表面的亲和力不同。考虑到造纸本身是一个复杂的化学体系，纸浆种类的不同、生产工艺的不同、化学品添加剂的不同均会形成不同的造纸体系，且体系中含有纤维、填料、湿部化学品等带有不同离子的多种化学物质。因此姚献平研发团队选用具有高亲和性能的多元取代基，采用多元分子结构，即在淀粉分子中接上阳离子取代基，又接上阴离子取代基，增加淀粉与带阴性电荷的纸张纤维、填料以及带有阳性电荷的化学物质的亲和性能，并通过降黏、稳定化等处理使产品适用于不同的纸机和纸种的表面施胶，增强了与纤维的结合力，达到高留着的目的（图 2-7）[5]。

将高留着型表面施胶淀粉产品与国内常用的氧化淀粉等在表面施胶效果、表面强度等方面进行比较（表2-3和图2-8），发现高留着型表面施胶淀粉的实际用量为氧化淀粉的75%，而表面强度却比氧化淀粉成倍提高，性能优异。在同样的上胶量条件下，采用该产品的纸张的表面强度始终高于采用氧化淀粉的。特别值得一提的是，该产品在达到同样应用效果的条件下，其添加成本还低于氧化淀粉，优越性十分明显。

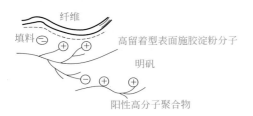

图2-7
高留着型表面施胶淀粉的
作用原理

表2-3 氧化淀粉和高留着型表面施胶淀粉的表面施胶效果对比

淀粉品种	上胶量/(kg/t)	起毛速度/（cm/s）		裂断长/m
		纵	横	
空白	—	34	51	3321
氧化淀粉	40	116	73	3460
高留着型产品	30	212	181	3490
结果对比	用量降低25%	提高82.8%	提高148%	提高0.9%

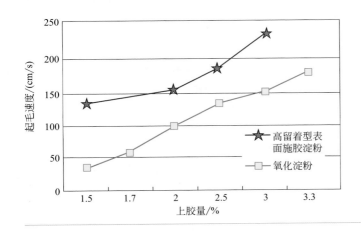

图2-8
淀粉上胶量对表面施胶效
果的影响

此外，高留着型表面施胶淀粉在损纸回用时淀粉留着率明显高于氧化淀粉（图2-9）。由于产品分子中含有与纤维结合性能特别好的反应基团，用碘显色分光光度法测定，在损纸回用时该产品几乎100%保留在纤维上，而普通氧化淀粉表面施胶剂留着率不到40%，也就是说至少有60%的淀粉将会进入造纸白水系统，造成生化需氧量（BOD）、COD值上升，Zeta电位波动，进而影响纸机运转性能[6]。

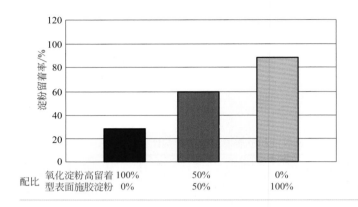

图2-9

不同品种和配比的表面施胶淀粉在损纸回抄时的淀粉留着率

由于高留着型表面施胶淀粉本身留着率高，所以环保效果十分明显。在采用氧化表面施胶淀粉时，纸机白水中五日生化需氧量（BOD_5）约90mg/L，当采用新型高留着型表面施胶淀粉后，其白水中BOD_5下降到约30mg/L，下降了2/3，而当再次改用氧化淀粉表面施胶剂后，BOD_5的值又逐渐回升到原来水平（图2-10）。正是由于氧化变性淀粉不利于造纸环保，发达国家已开始立法限制使用。从这个意义上说明新型高留着型表面施胶淀粉是一种名副其实的环保型功能产品。

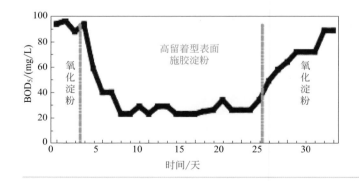

图2-10

高留着型表面施胶淀粉对环境的友好性能

从应用效果上看，采用高留着型表面施胶淀粉后纸机抄造性能改善，断头次数明显减少（表 2-4）。断头是造纸厂最为头疼的故障，不仅产量降低，而且工人劳动强度增大，减少断头是造纸厂追求的重要目标之一。氧化淀粉在上胶浓度 6%～8% 条件下，每日断头 20 次，而高留着型表面施胶淀粉产品几乎没有发生断头。

表2-4 同样上胶浓度条件下，纸机每日断头次数对比

项目	氧化淀粉	高留着型表面施胶淀粉
上胶浓度/%	6～8	6～8
每日断头次数/次	20	0

在同等条件下，与氧化淀粉比较，高留着型表面施胶淀粉产品可使印刷色彩更鲜艳，轮廓线条更分明，印刷效果明显好于普通产品施胶过的纸（图 2-11）。

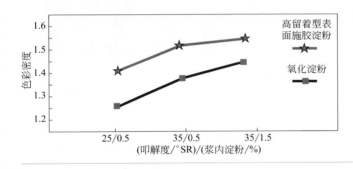

图2-11
高留着型表面施胶淀粉对印刷效果的改善

2. 高留着型表面施胶淀粉的应用

高留着型表面施胶淀粉产品已在浙江、江苏、四川、河南、广西等省（自治区）数十家纸厂应用，从低速纸机到高速纸机，从常规施胶装置到先进的薄膜施胶装置，取得了许多成功的经验，并已通过全球招标进入世界的著名造纸企业（图 2-12）。经用户使用证明，该产品对表面强度的增强效果明显高于普通淀粉，若在保持原有强度的基础上，至少可减少15%的淀粉上胶量，同时可增加填料用量并减少木材纤维用量，显著降低造纸成本；在纸机的后续工段可以明显地降低蒸汽用量，节约能耗；可明显提高纸的印刷适性；还可提高纸机运行性能，明显减少纸机断头。高留着型表面施胶淀粉在再制浆时 90% 以上保留在纤维上，并起到助留、助滤的作用，可减少助留剂用量 20%～30%，减少施胶剂用量 10%，能明显改善白水循环系统，减少抄纸用水量，可明显降低造纸白水污染负荷（BOD 减少 50% 以上），是一种名副其

实的资源节约型、创新型的环保产品，符合国家循环经济、节约型经济的产业要求。

图2-12 高留着型表面施胶淀粉在现代大型纸机上应用情况

三、抗干扰型再生纸专用增强剂

由于世界范围内造纸原生纤维原料的日趋紧张及环保意识的日益增强，废纸再生作为造纸原料已成为造纸纤维原料的重要来源。回收废纸能节约大量的木材资源、能源、水和化工原料。近年来，全球废纸回收率和废纸在造纸原料中的占有率迅速提高，我国的增长比例尤为明显，再生纤维的应用以及再生纸的制造在我国已越来越受人们的重视[7]。我国废纸消费量激增，2017年已达6302万吨，占全国纸浆消耗总量的63%，居全球首位。

前已所述，再生纸的制造离不开专用化学品，且市场潜力巨大，产业化前景十分广阔[8]。姚献平研发团队针对我国废纸浆比例高的造纸国情，发明了一种既能有效抵抗废纸浆中各种杂质干扰，又能显著增加纸张强度的抗干扰型再生纸专用增强剂[9]。该产品以淀粉为主要原料，通过分子设计的方法，采用多元变性技术和抗干扰增效复合反应制得，采用自主开发的粉体连续流态管道化绿色制备工艺技术。应用证明，该抗干扰型再生纸专用增强剂与市售普通型增强剂相比，增强效果明显（表2-5）。

表2-5 加入抗干扰型再生纸专用增强剂后纸张强度变化

指标名称	空白	加增强剂	增长率/%
裂断长/m	3506	4519	28.89
耐破指数/（Pa·m²/g）	2.52	3.42	35.71
耐折度/次	32	58	81.25

该抗干扰型再生纸专用增强剂与已有的普通增强剂相比，既具有对纸张强度的增强功能，又能够抵抗杂离子垃圾的干扰。这一特点使得其能够直接应用到废纸造纸中，而非像常规增强剂那样，需要与杂离子垃圾控制剂配合使用。因此，该产品简化了纸张生产工艺，提高了生产效率，降低了生产成本，同时也改善了纸张性能，提高了产品的品质（表2-6）。该抗干扰型再生纸专用增强剂被国家科技部、商务部、质监部联合评为国家重点新产品，相关专利获得中国专利优秀奖、中国石油和化学工业协会专利优秀奖、浙江省专利优秀奖。

表2-6 抗干扰型再生纸专用增强剂与同类产品的比较

比较项目	溶解胶体物质控制剂	造纸用干强剂	两性淀粉加干强剂	专用增强剂产品
抗杂离子干扰能力	产品带有较多的正电荷，能有效中和杂离子中负电荷	干强剂中正电荷易被杂离子中和，从而失去功能	正电荷易被杂离子中和，从而失去功能	产品中的抗干扰剂能将杂离子吸附，同时起增效作用
增强效果	缺乏明显的增强效果	有效使用时，具备较好的增强效果	有效使用时，具备较好的增强效果	具备明显的增强效果
助留效果	不能提高助留效果	可能会使助留效果变差	可能会使助留效果变差	明显提高首程留着
成本	较高	较高	较低	低
技术先进性	复配产品，工艺简单，产品缺少针对性	通过有机单体聚合制备，产品针对性不强	产品抗干扰作用弱，制备工艺传统	针对废纸再生设计，产品协调性和抗干扰作用好，制备工艺先进

四、纸用环保涂布胶黏剂

纸张表面化学品是改善原纸质量的重要环节。纸张表面化学品约占造纸化学品的70%以上，其中涂料化学品中胶黏剂是除了颜料以外，占有比例最大，性能最为重要的化学品。

传统的涂布胶黏剂中，胶乳类化学品具有良好的成膜性，保证了涂层表面良好的油墨相容性和足够的黏结强度，是应用最广的一类涂布胶黏剂，但其不可生物降解、自身所带的化学毒性以及制备过程造成的环境污染等制约其进一步发展。因此，急需开发一种环保型涂布胶黏剂来替代或部分替代传统胶乳类产品。

变性淀粉类涂布胶黏剂是一种能够在黏结强度和涂布成本之间取得最佳平衡的胶黏剂化学品，同时也是在计量式施胶压榨涂布中除了胶乳以外，适用性最好的化学品。为此，世界各国纷纷把注意力集中到利用天然淀粉类材料合成出性能比常规涂布淀粉更优异，比合成胶乳便宜，更能适应涂料独特的离子特性和流变特性的胶黏剂产品。胡志清在用淀粉替代部分胶乳的实验中使用磷酸酯淀粉替代 25% 的胶乳，实验结果表明纸张的表面强度相比于使用胶乳略微增加，表明淀粉替代胶乳的方案可行[10]。王加福等以机械研磨法制备超细研磨淀粉颗粒(UGSP)，研究了用其部分替代丁苯胶乳对涂料性能及涂布纸性能的影响。结果表明，当以 2%UGSP 替代 2% 丁苯胶乳时，涂料具有优越的保水性能和较好的流变性。这种超细研磨淀粉可部分替代合成胶乳涂料，能够有效节约成本，降低碳排放量，施涂应用对成纸性能无明显影响[11]。王旭青等利用涂布淀粉作为一种辅助胶黏剂应用于复合胶黏剂中，发现它能够显著提高板纸的挺度、不透明度、改善成纸印刷适性，降低成本，优化涂料的流变性和保水性，而其用量只占总胶黏剂量的 10% ～ 30%[12]。

现在市场上普通的改性淀粉已不能满足高速涂布的发展要求。为了适应现代造纸高浓高速涂布的发展要求，市场上出现了复合变性、多元变性或强化功能复配型变性淀粉。美国 Ecosynthetix 生物材料公司于 2009 年推出一种专利产品，用来代替广泛应用于涂布纸和纸板的、以石油为原料的合成胶乳胶黏剂。该产品是将淀粉原料与增塑剂及 TiO$_2$ 等添加剂在 Brabender 高剪切混合机中混合，在较高剪切力以及 100℃以上高温条件下熔融混合成热塑性聚合物 - 添加剂复合物，然后在复合物中加入乙二醛等交联剂，并使用特定的挤压机 (extruder) 制备出的生物胶乳纳米颗粒。

姚献平研发团队以淀粉为主要原料，通过磷酸酯化降黏、醚化、阳离子化复合变性技术，创新开发了环保型涂布胶黏剂。该胶黏剂具有多种离子基团和电位平衡特性，具有较高的黏结力，较低的迁移性，形成的膜柔韧好，并具有良好的分散性和与颜料的相容性[13]；所含活性基团组分能与乙二醛、甲醛、三聚氰胺甲醛（MF）树脂、脲醛（UF）树脂反应，形成良好的抗水性；可制备高固含量的涂料，且具有良好的流动性、稳定性、保水性；可用于刮刀涂布，生产的涂布纸光泽度、平滑度、拉毛强度、油墨吸收性好，同时可改善纸的挺度；成本低、基本无毒，并在制浆后能显著降低造纸废水的 COD、BOD 值，具有可生物降解、再生循环等环保性能[14]。这种性能优异、成本低的变性淀粉能代替或部分代替合成胶乳类涂布胶黏剂。

上述环保型涂布胶黏剂通过磷酸酯化降黏、一氯乙酸醚化，再经阳离子化等多元改性的工艺合成路线，使该胶黏剂富含磷酸酯基团、羧基、阳离子基团等多种离子基团，从而赋予产品特殊的离子性、胶黏性等性能。产品合成过程中无三废污染产生，是一款环境友好的产品。相关工艺经浙江省科技信息研究院科技查新中心查新，在国内外所检其他文献中未见述及。以下对相关工艺路线的确定进行简要概述。

（1）降黏工艺　　常用的淀粉降黏技术见表2-7。淀粉经过表中的任何一种或几种化学或生物改性后，都能够达到要求的黏度范围，但磷酸酯化在降黏的同时，还可以降低淀粉的凝胶化趋势，提高糊液乃至涂料黏度的稳定性。

表2-7　常用淀粉降黏技术方案比较

降黏方式	优点	缺点
生物酶转化	现场改性，使用成本低，适宜大工业化应用	黏度不稳定，不适宜涂料黏合剂
氧化	湿法反应，工艺条件温和，品质稳定	污染大，得率低，氧化程度不稳定，分子结构中缺少特种基团的接入，耐热性差，易泛黄
盐酸降解	湿法反应，工艺条件温和	污染大，黏度不稳定，易老化
糊精化	成本低，工艺环保	涂料保水性能差，强度低
磷酸酯化	成本适中，工艺环保，黏度稳定，黏结力强，相容性好	

实验室制备了采用不同降黏工艺处理的改性淀粉，利用 Brookfield 黏度计测定不同温度下的黏度（图2-13）显示，经过磷酸酯化改性的淀粉的黏度稳定性得到很大的提高，尤其是糊液的低温流动性得到改善，这说明该改性涂布淀粉应用到涂料中，涂料黏度将更加趋于稳定，是一种比较理想的涂布胶黏剂。

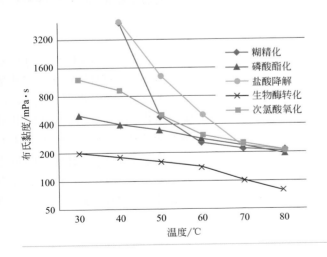

图2-13
采用不同降黏工艺的涂布淀粉布氏黏度变化

（2）改善淀粉的黏度稳定性　尤其是在高浓度、低温条件下的黏度稳定性。将淀粉进行酯化或醚化改性是进一步提高淀粉黏度稳定性的主要手段。在淀粉黏度稳定性提高以后，淀粉的平均分子量可以控制在一个较高的水平，胶黏剂的保水性能和黏结强度也会因此相应提高，涂层光泽度、平滑度等指标也会相应改善。

醋酸酐和醋酸乙烯酯是两种常用且十分有效的淀粉酯化试剂，但是这两种试剂都是极易挥发的刺激性化学品，只能用于淀粉湿法工艺生产，而且还需要在密闭环境下进行，使用的环境要求较高。一氯乙酸作为一种阴离子醚化剂，用其进行醚化处理使得淀粉引入羧基基团，制得的淀粉糊液更稳定，形成的膜更有韧性。实验对比了醋酸酯淀粉和羧甲基淀粉对纸张表面的增强效果，发现在不同的淀粉用量下，采用一氯乙酸处理的淀粉，纸张的表面强度均要优于醋酸酯淀粉（图 2-14）。

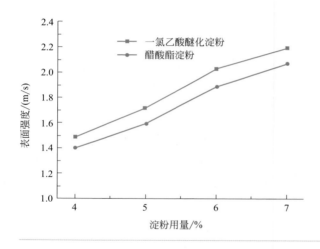

图2-14
不同淀粉用量时纸张的表面强度变化

（3）通过对淀粉阳离子化进行增效处理　普通的涂布淀粉应用于涂料体系，虽然能够提供足够的黏结强度，但是还不能达到所需要的理想的保水性和油墨固着要求，必须在此基础上进一步进行增效处理，赋予淀粉以良好的保水性。相关工艺通过引入阳离子基团作为特殊的增效基团来提高产品的保水性能和油墨固着能力。从图 2-15 中可以发现采用增效淀粉的吸水纸上吸水量较少，因此所在涂料中保留的水分更多，且随着淀粉用量的增加，涂料中保留水分的量更高。从图 2-16 中可以发现不同用量时采用增效淀粉的纸张其油墨吸收性（K&N值）均要高于采用未增效淀粉的纸张，说明使用增效淀粉的纸张的油墨吸收性更好。

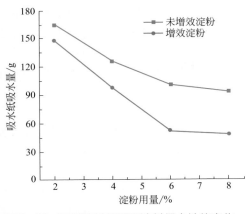

图2-15 不同淀粉用量下涂料保水性的变化

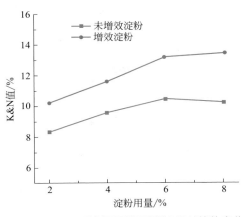

图2-16 不同淀粉用量下纸张K&N值的变化

目前产品已在多个纸厂进行了试用，应用效果测试和大型纸机应用试验取得了良好的效果，能够有效地替代部分胶乳类胶黏剂产品。

例如，在浙江某公司涂料配方的基础上使用环保型涂布胶黏剂CPT替代50%的胶乳类胶黏剂，将新的涂料应用在车速800m/min、年产25万吨白面涂布纸生产线上。不同涂料应用后生产的纸张的性能见表2-8。

表2-8 环保型涂布胶黏剂CPT在某公司应用前后效果对比

样品名	表面强度/（m/s)	平滑度/s	白度/%
某公司胶乳	0.63	1150	88.8
环保型涂布胶黏剂	0.87	1300	90.0

数据显示，环保型涂布胶黏剂与胶乳类产品相比，纸张各方面性能有明显提升，产品能够有效降低成本，且更加环保。

五、热转移印花纸用特种功能淀粉

数码转移印刷技术最早起源于美国，在韩国、意大利也有较快发展。近几年，由于国内消费市场的不断增长，我国已成为世界上最大的数码转移印刷品消费和加工地，许多国际商家已陆续进入我国市场。因此，作为此项技术应用重要耗材之一的热转移印花纸备受商家青睐。目前，我国每年从欧洲和北美等地进口约万吨热升华转移印花纸，受价格因素影响，主要以进口美国、欧洲、韩国产品为主。在质量方面，进口热升华转移印花纸只有美国AW公司、ATT公司和韩国 Hansol 公司以及荷兰 Jetcol 公司产品为消费者所认可[15]。随着数码热转印技术的不断发展及人们对数码热转印产品需求的日益增长，热升华转移印花纸具有十分广阔的市场前景。

转移印花是指经转移纸（一种特制的纸，称转移纸）将染料转移到织物上的印花工艺过程。它是根据一些分散染料的升华特性，选择在 150 ～ 230℃升华的分散染料，将其与浆料混合制成"色墨"，再根据不同的设计图案要求，将"色墨"印刷到转移纸上，然后将印有花纹图案的转移纸与织物密切接触，在控制一定的温度、压力和时间的情况下，经过扩散作用使染料进入织物内部，从而达到着色的目的[16]。

目前，国内该类型纸张的生产企业对生产技术、材料、工艺等都处于保密状态，特别是在热转移印花涂布纸的涂料制备及使用上，各造纸企业都有自己独到的保密配方和工艺流程。

近年来，姚献平研发团队通过不断了解和探索，开发出了一种专门应用于热转移印花纸张涂料的特种功能淀粉[17]，生产工艺流程见图 2-17。该产品以淀粉为主要原料，采用湿法变性工艺对淀粉进行交联化特殊变性处理，引入具有二元或多元官能团的化合物，与淀粉醇羟基反应使形成多维空间网络结构[18]，分子间的缔合作用和牢固程度不断增强。通过深度处理，当交联度达到 1/100AGU 时，便可以得到受热不膨胀、不糊化、无黏度的功能产品[19]。在反应中，随着淀粉交联度增加，产品的耐温、耐酸碱以及抗高剪切和酶作用的稳定性增加，并保持了膨胀颗粒的完整性[20]，同时产品还具有良好的分散性和游离性等性能，可广泛应用于热转移印花纸涂布加工生产过程。

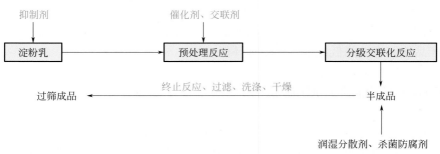

图2-17 热转移印花纸用特种功能淀粉生产工艺流程

项目对不同交联剂、不同添加量下制得淀粉的交联效果及产品稳定性进行了研究。以反应后所得到的淀粉样的沉降体积大小作为评判标准，从图 2-18 中可以发现相同用量下交联剂 3 的交联程度最深，交联剂 1 的交联效果最差。选取以上 3 种交联剂制备的交联程度最深的淀粉进行稳定性评价，将淀粉在不同 pH 条件下进行糊化，检验得到淀粉黏度数据见表 2-9（60r/min、6%、50℃条件下测得）。

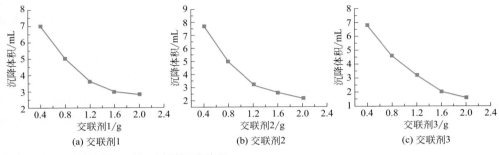

图2-18 不同交联剂用量下淀粉沉降体积

表2-9 不同交联剂改性产品在不同pH条件下淀粉糊化情况

交联剂种类	黏度/mPa·s				
	pH=1.0	pH=2.0	pH=7.0	pH=11.0	pH=13.5
交联剂1	5.6	27.2	55.0	42.3	9.6
交联剂2	6.8	12.7	23.0	15.8	11.7
交联剂3	3.4	3.4	3.5	3.4	3.4

从表 2-9 可以看出使用交联剂 1 和交联剂 2 的淀粉样品在不同的酸、碱作用条件下均出现不同程度的黏度变化，仅交联剂 3 得到的淀粉样品在不同条件下均保持了极其稳定的状态，几乎没有出现糊化现象，说明 3 号交联剂的交联效率高。

此外，项目分别研究了反应 pH、反应时间、反应温度、交联剂用量对交联效果以及淀粉热稳定性和耐酸碱性的影响，最终确定反应 pH 为 13.0，反应时间为 5h，反应温度为 50℃，交联剂用量为 2g。

该热转移印花纸用特种功能淀粉产品的主要创新点有：

（1）合成工艺技术创新 产品以天然高分子淀粉材料为主要原料，在高 pH 条件下（pH＞13），经浅度、深度两级分步反应，使得产品具备耐高热、强酸强碱等性能，后期再引入高分子润湿分散剂、杀菌防腐剂等进一步改进淀粉分散性和游离性等综合性能。

（2）交联配方设计创新 通过优化配方设计，优选出特种交联试剂，得到一种反应效率高、成本较低、性能稳定的交联试剂。该具有二元或多元官能团的交联试剂化合物与淀粉醇羟基反应形成二醚键或二酯键，与淀粉发生反应后可以形成结构强度高、稳定性好的多维空间网络结构，所得淀粉产品在高热（130℃以上）、强酸强碱（pH 值 1.0 以下或 14.0 以上）条件下具有高度稳定性，能维持理化指标和性能的基本稳定，能有效解决热转移纸印花油墨干燥速度慢、印花热转移效果差、得色率低、油墨利用效率差且干燥时间难以准确控制等技术难题。

目前，该热转移印花纸用特种功能淀粉产品已在浙江、江苏、广东等省份的特种纸生产企业广泛推广和应用，效果完全达到国外同类产品的指标要求及客户使用要求，尤其是产品在提高油墨转移率及干燥速度、纸张平滑性方面，性能突出，大大改善了国内生产企业需要依靠进口国外产品的现状。产品已获得国家知识产权局专利授权（专利号：CN201711254668.9）。

表 2-10 数据表明，使用热转移印花纸用功能淀粉的转印效果明显优于国内产品，与进口产品效果相当，可替代进口。该项目已获浙江省工业新产品和2019 年年度省级新产品的称号。

表2-10 相关专利产品与国内外同类产品应用效果比较

纸样	油墨干燥时间/min	油墨转移率/%	热转印效果 （以黑色油墨密度值为例）
专利产品	<1	>85	1.43
国内市售产品	2～3	70～75	1.28
进口产品	<1	>85	1.35

六、高取代度、高分子阳离子淀粉

阳离子淀粉是指使用阳离子剂对天然淀粉大分子进行醚化并使其具有阳离子特性的这一类淀粉的总称，常见的阳离子基团有叔胺基、季铵基等。它的阳离子特性使其在造纸、纺织、胶黏剂等应用方面具有极强的亲和性，所以自 20 世纪60 年代第一个阳离子淀粉的专利问世起，其数量和种类日益增长。阳离子淀粉区别于天然淀粉的特性主要在于以下两点：①胶化温度大大降低；② Zeta 电位升为阳性。

在造纸工业，阳离子淀粉不仅用于纸张增强，还具有优良的助留助滤效果，对降低白水浓度以及造纸厂封闭循环水也具有一定意义。常见的商品化、规模化的阳离子淀粉产品主要有叔胺烷基淀粉醚和季铵烷基淀粉醚。其中季铵烷基淀粉醚因为阳离子性更强以及更宽泛的 pH 适应性，得到了造纸厂家的认可和重视，发展迅速。一般造纸增强用的阳离子淀粉的取代度在 0.015 ～ 0.030 之间，主要用来提高成纸的综合物理强度指标（包括抗张力、耐破度、耐折度、环压强度等），增加填料的使用量，减少优质纤维原料的使用量[21]。

高取代、高分子阳离子淀粉是最近几年逐渐推出的新型湿部造纸化学品，它的阳离子度超出普通造纸用阳离子淀粉将近一倍，它的黏度也比普通的阳离子淀粉高出一倍以上。这种特性使得它非常适用于高填料纸以及高再生纤维比例的纸张，能明显改善首程留着率、提高涂层拉毛强度。

现有的高取代阳离子淀粉和高分子淀粉的生产手段大多为湿法，反应中止后需经水洗、过滤、烘干等程序，为间歇式，反应效率低、时间长、能耗高、废水量大、污染严重。姚献平研发团队开发了一种新型高取代、高分子阳离子淀粉产品，通过连续流态管道化绿色制造工艺制得（图 2-19）。工艺过程无废水污染，且能耗低、反应时间短、效率高、产品连续化产出，大大降低了生产成本。产品阳离子度高，且有一定交联，利用淀粉连续蒸煮设备蒸煮的淀粉糊液黏度高，应用于高速纸机可以明显提高细小纤维与填料的留着率，提高灰分以及表面强度，节能降耗，减轻纸厂三废污染。

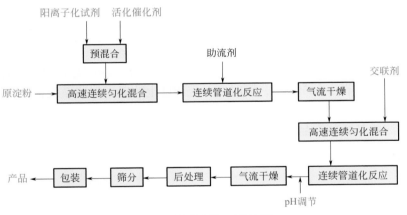

图2-19 高取代、高分子阳离子淀粉制备工艺流程

研发团队制备了多种不同的高阳离子取代度的高分子淀粉，研究了不同取代度的产品对废纸纸张性能的影响，通过对比相同淀粉用量下不同取代度产品的应用效果，得出最佳取代度约 0.045。

此外，研发团队考察了不同交联度对纸张抄造及纸张性能的影响。在最佳的阳离子取代度下，通过加入不同用量的交联剂制备不同交联程度的高取代度、高分子阳离子淀粉产品，对比不同交联度产品的应用效果，如滤水性、首程留着率、灰分、裂断长、印刷表面强度，优选出最佳交联剂用量约 0.1%。

该高取代、高分子阳离子淀粉产品的主要创新点有：

（1）制备技术路线创新　本项目创新地采用两步干法工艺制得高取代度、高分子阳离子淀粉：先制得阳离子取代度为 0.04 ～ 0.06 的中间产品，再经交联反应制得高分子阳离子淀粉。

（2）采用淀粉粉体连续流态管道化绿色制备新工艺　该工艺能实现大量淀粉粉体和微量反应试剂的快速连续均匀混合，并解决湿粉料在管道内连续流动反应的技术难题，且多数产品能在室温下快速反应，节能降耗显著。

研发的高取代、高分子阳离子淀粉产品在某纸厂 3 号机的应用效果见表 2-11。其中，操作条件为：将高取代、高分子阳离子淀粉经过连续式蒸煮后，50% 加入填料（碳酸钙）中，50% 加入废纸浆中，加入总量为 5kg/t 纸。

表2-11　高取代、高分子阳离子淀粉产品在某纸厂 3 号机的应用效果

检测指标	空白	添加后	前后对比
裂断长/m	3180	3747	+17.83%
首程留着率/%	74.7	87.6	+17.27%
灰分/%	10.4	13.5	+29.80%
印刷表面强度/（m/s）	1.6	2.1	+31.25%
平滑度/s	18	30	+66.67%

从应用数据来看，高取代、高分子阳离子淀粉的加入能明显提高纸张品质，大幅度提高灰分，节约生产成本，同时在一定程度上改善了保留系统，首程留着率得到进一步提高。

造纸用淀粉基功能产品很多，以上只列举了部分量大面广的重要功能产品，限于篇幅不再逐个赘述。

第四节
淀粉基功能产品在造纸中的应用技术

淀粉基功能材料应用技术是横跨化工材料与造纸两个行业的高新实用技术。不同的纸机，不同的纸种，不同的纤维配比，不同的化学配伍，不同的添加方法，甚至不同的水质，其应用效果与效益大为不同。对于一种新的淀粉基功能材料，客户初期使用往往缺乏应用认识，研制者对产品的性能也缺乏全面了解，因此，必然有一个探索完善的过程，其应用工艺虽不十分复杂，但涉及

交叉领域，往往要经历简单应用，到协同应用，再到综合应用三个阶段。所谓简单应用技术，只是解决在整个造纸工艺流程中，在哪里添加，加多少量，取得什么效果等问题；协同应用技术是在简单应用技术基础上发展起来的，即通过充分协调造纸工艺流程中不同添加材料之间存在的相辅相成的协同效应，实现降本增效的共用技术。无论是简单应用还是协同应用，其应用效果还与工厂本身的生产工艺条件和管理水平等密切相关。要取得更好的应用结果，还得对工厂各种因素进行综合优化，最大限度地发挥功能材料的综合效能，降低工厂生产成本，提高产品质量，提高经济社会效益，这就是综合应用技术。协同应用技术是在简单应用技术基础上发展起来的，又是实现综合应用技术的重要中间环节。纸厂只有正确掌握了淀粉基功能材料的综合应用技术，才能取得最佳的使用效果。

每种产品都有其专门的适用范围，有的适用于湿部添加，有的适用于层间喷雾，有的适用于表面施胶，有的适用于涂布黏合。同是适用于湿部添加的产品，又有多种功能作用，如助留、助滤、增强等。同是作为增强的品种，对不同的纸种、纸机条件等又可以有许多不同的牌号。加上淀粉基功能材料的生产厂家众多，产品命名五花八门，面对众多的商品牌号，纸厂如何选用适合于本厂使用的产品呢？首先应认真了解产品的功能特性（如属哪一类产品？离子特性怎样？）、主要物化指标等；了解在同类纸中的应用情况；了解生产厂家的技术管理水平和产品质量稳定情况等。其后组织应用试验。鉴于上述原因，纸厂在试用前应注意以下几点：

① 与生产单位密切配合，认真细致地制订好应用方案，做好充分的准备。

② 组织好试验班子，落实好谁主管谁负责。从现场指挥，到纸样分析、纸机工艺等，都有专人负责。

③ 试验结束后要认真作出经济技术评价，并制订出正常应用的操作规程。

④ 正常应用后还应及时发现问题，不断改进提高。

一、湿部应用技术

造纸湿部具有复杂的化学环境，含有多个组分，纤维、填料、施胶剂等以及纤维中带有的树脂，制浆段残留的化学品、杂离子、微生物等。湿部的 Zeta 电位可以侧面反映湿部系统内组分的电位平衡情况，从而为控制纸张质量以及对纸机系统的维护提供一个参照点。经过大量的实验证明，通过控制湿部的 Zeta 电位，可以优化纸机湿部抄造系统。湿部添加淀粉功能材料主要为阳离子淀粉、阴离子磷酸酯淀粉、两性和多元变性淀粉及接枝共聚淀粉等。

因为纤维表面呈负电性，常用的填料如轻质碳酸钙、滑石粉、高岭土等同样呈负电性，因此不难想到在湿部最常添加的功能淀粉就是阳离子淀粉。阳离子淀粉因为带有正电荷，可以和纤维发生静电吸附作用，从而能够提高细小纤维以及填料的留着，同时也可改善网部的滤水，降低能耗。

阴离子淀粉在湿部添加，会产生电荷互斥现象，不利于淀粉的附着，因而必须添加明矾之类的阳离子作为架桥剂。

两性和多元变性淀粉含有阴离子基团、阳离子基团或非离子基团，能够自行附着于纤维表面且吸附填料，并且还能排除体系内杂离子的干扰，具有更优的增强、助留助滤效果。其本身的电位呈中性，故而不会影响湿部的 Zeta 电位，具有极强的适用性。

在造纸上，单一的化学品往往难以取得好效果。填料没有助留剂难以留着在纤维上，松香胶没有明矾难以定着在纤维上达到施胶效果，这些仅是最简单的例子。现代造纸技术对纸的质量和功能特性要求越来越高，具有各种功能特性的造纸化学品也越来越多，不同化学品之间的协调结果往往会取得相乘或相加的效果。在同样的添加成本下，用单一的化学品是难以实现的。纸厂只有充分利用化学品之间的协同效应，才能以最低的添加成本取得最好的应用效果。这也是要充分重视化学品间协同应用技术的根本原因。

无论生产何种纸，纸厂都有自己相应的制造工艺，如浆料的配比、打浆度、施胶剂的用量及纸机车速、蒸汽压力、定量、水分等，工艺的参数都应控制在一定范围内。然而功能淀粉的应用将会对上述体系产生相应的改变。因此，要达到最佳的应用效果，除采用协同应用技术外，还必须对造纸工艺参数进行相应的调整。如：

① 使用助留、助滤剂后纸浆的打浆度会明显下降，而打浆度的下降意味着滤水性的改善，在纸机上会出现水线前移、伏辊真空度下降、成纸水分下降等现象。如在高草浆配比的纸浆中用高取代度阳离子淀粉，打浆度下降值可达到 $10°SR$ 左右。这时应采取提高车速(进而可增加纸的产量)，或降低烘缸的蒸汽压力（可以减少能耗）等办法。

② 使用增强剂后，抗张强度、耐破度、耐折度等强度指标明显提高，而撕裂度有时会出现下降的现象。这是因为纸张的裂断长、耐破度和耐折度主要依赖于纤维的结合力(一般随打浆度提高而提高)，其次是纤维平均长度。当打浆到一定程度，纤维平均长度明显下降时，会出现一个下降的转折点。功能淀粉的加入，增加了纤维间的结合力，因而对裂断长、耐破度、耐折度等物理指标能明显改善。而撕裂度则不同，影响撕裂度的主要因素是纤维平均长度，其次才是纤维结合力和纤维强度。打浆初期，随着打浆度提高，纤维结合力起主导作用，撕裂度明显下降，而且撕裂度较裂断长、耐破度、耐折度更容易达到下降的转折点。功能性淀粉的应用，提高了细小纤维与填料的留着，使纤维平均长度下降，所以

撕裂度的下降是很自然的。在其他强度指标明显提高的前提下，通过缩短打浆时间来保证撕裂度指标是行之有效的办法。缩短打浆时间不仅可以提高撕裂度，节约用电，还可以减少细小纤维的含量。

③ 如果使用助留、助滤剂后纸张强度下降，或提高不明显时，可采用以下方法：

a. 将淀粉功能材料添加部位往打浆方向移动，同时降低添加浓度(<1%)，以保证助剂与纤维均匀接触，避免局部过度絮凝。

b. 在保证灰分提高的前提下，适当降低填料的用量。

c. 选用同时具有增强、助留功效的助剂。

④ 如果发现使用淀粉功能材料后纸张白度有所下降，解决的办法主要有：

a. 增白剂与功能性淀粉的添加地点尽可能相隔远一些，以减少相互作用的机会，建议在打浆时就加入增白剂。

b. 可采用复合填料提高白度。

c. 可在表面施胶中加入增白剂，这样可避开助剂间的相互影响。

⑤ 在纸张强度明显提高后，可通过增加草类纤维或二次纤维的配比，以减少木浆用量，来降低造纸成本。

二、表面施胶技术

表面应用功能产品的用量约占造纸功能产品总量的 60% ～ 70%，主要品种有功能性淀粉、羧甲基纤维素、聚乙烯醇、海藻酸盐、石蜡、硬脂酸／氯化铬络合物、铬二氟化物、烷基烯酮二聚体（AKD）、硅酮树脂、丙烯酸 - 马来酸酐共聚物、苯乙烯 - 马来酸酐共聚物，以及颜料、胶乳等涂布化学品。从严格意义上来说，表面应用技术是一种纸的深加工技术。经过表面处理的纸张，无论外观、质量、印刷适性等都远优于未经表面处理的纸张，尤其对一些特种纸，表面应用技术更是不可缺少的技术，例如对于钞票纸、证券纸、绘图纸、高级书写纸、胶版印刷纸等高质量要求的纸种而言，表面施胶是一道极其重要的工序。它不仅能提高纸张的表面强度，赋予纸张良好的物理性能，例如提高耐破度、耐折度、抗张强度、环压强度等，还能根据需求选择特定施胶剂赋予纸张某些特点，例如抗水、抗油、抗酸抗碱等。

随着现代科技的发展，人们对特种纸的需求大幅度增加，表面应用技术在造纸化学品应用技术中已越来越显示出其重要性。所谓表面施胶，就是把施胶剂加到纸的表面，使纤维与纸体黏结，并在纸面上附着一层近乎连续的薄膜的方法。表面施胶通常是通过施胶压榨来实现，可使几乎所有施胶液都留着于纸张表面，克服了浆内添加增强剂流失的缺点，提高了施胶液的利用率，有利于纸机白水的封闭循环[22]。这个特点使得表面施胶的成本远远低于浆内施胶（在使用同样施胶剂时）。

1. 表面施胶剂的选用

适用于表面施胶的功能淀粉主要有：①热或热化学转化淀粉；②酸改性淀粉；③氧化淀粉；④酶转化淀粉；⑤乙酰化淀粉；⑥羟烷基（丙基或乙基）淀粉；⑦阴离子型双变性淀粉；⑧阳离子淀粉；⑨辛烯基丁二酸酯淀粉……

由于表面施胶淀粉用量大，我国多数纸种采用转化方便、价格便宜的功能性淀粉，如上述①～④当属于这类产品，尤其是氧化淀粉，目前仍然是我国的主流产品。

由于淀粉连续蒸煮器的发明和推广普及，现代化的大中型纸厂纷纷将淀粉的糊化和添加工艺同设备与纸机的设计同时考虑，使淀粉的应用变得更为简单、实用，且可自动控制。

近年来，随着数码技术的发展，具有特殊表面性能的数码打印纸（喷墨打印纸）得到了快速发展，新型高留着型表面施胶淀粉正逐渐成为数码打印纸及其他高档办公用纸必须采用的产品。

2. 表面施胶装置的选用

表面施胶装置主要有施胶压榨、门辊施胶和薄膜施胶三种（图2-20）。门辊施胶和薄膜施胶是近年来新发展起来的。

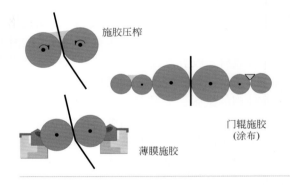

施胶压榨

门辊施胶
（涂布）

薄膜施胶

图2-20
不同的表面施胶装置

（1）施胶压榨 施胶压榨属较为传统的施胶装置，有竖式、斜式、卧式等多种形式，其作用原理是纸幅在进入压辊间压区之前先通过一胶料塘，借此施胶剂被施加到纸的表面，然后纸幅通过压辊，使胶料压入纸内，并从纸面除去过量的胶料。往往普通文化用纸及中低档纸机选用施胶压榨装置。

影响施胶压榨的主要因素有：

① 原纸的施胶度　施胶度低的纸吸收胶液的量大，完全未施胶过的纸比施胶过的纸多吸收 100% 的胶液，但当达到一定的施胶度后，对胶液的吸收影响已不太明显；而中性纸则不一样，由于中性纸施胶度的滞后现象，在一定的车速下，纸的定量增加，往往会吸取更多的胶液。

② 纸机车速　纸机车速从 100m/min 到大约 300m/min 之间，胶液的拾取量大大增加，但车速增加到 650m/min 后，胶液的拾取量没有明显变化。

③ 纸的定量　对于松香施胶的各种定量纸，在车速为 200 ～ 360m/min 之间，纸的定量和车速对淀粉的拾取量几乎没有任何影响。

④ 纸的其他性能　纸表面越光滑，胶液的拾取量越低；透气度越高，胶液的拾取量越高；在黏度小于 20mPa·s 的情况下，通过提高淀粉固含量，可以增加胶液的拾取量；对于挂面纸板，提高胶液的拾取量，可以提高纸板环压强度。

（2）门辊施胶　门辊（式表面）施胶带有一个不与纸页接触的偏置料池，该偏置料池向计量压区输送胶料，并控制进入第二压区的胶料量。门辊施胶装置可以使用较高浓度的淀粉溶液，通过"转涂"的方式使淀粉胶液黏附在纸张表面，适用于弱施胶纸。近年来，门辊式表面施胶装置在新闻纸轻涂方面有着较多的应用，对提高新闻纸的质量有着明显的效果，但存在投资大、维修费高、换辊时停机时间长等缺点。

（3）薄膜施胶　薄膜施胶采用计量棒，能对表面施胶量加以控制，通过改变计量棒压力即可对上胶量轻易进行调整，这一特点使得人们能够控制吸取量和固含量这两个独立变量。薄膜施胶的另一特点是类同于刮刀涂布，可提高固含量，降低胶液量，以较少的淀粉便可获得一定的表面强度，并可提高工作效率。

3. 表面施胶中化学品的共用技术

通常的表面施胶，一般只用功能性淀粉，为了适应不同纸张性能的需要，现在表面施胶中已越来越多地采用共用技术，如：

① 欲提高纸张的抗水性，可以将淀粉与 UF 树脂、AKD、烯基琥珀酸酐（ASA）、分散松香胶等提高抗水性的化学品共用施胶，效果相当明显，这种方法往往用于高抗水性纸张中。

② 欲提高纸张的抗油性，可以将淀粉与含氟抗油树脂、聚乙烯醇（PVA）等共用，抗油纸更多地被使用到食品包装用纸中。

③ 欲提高耐热性能，可以将淀粉与苯乙烯-马来酸酐共聚物等一些耐热化学品共用。

④ 欲提高表面强度，可以将淀粉与丙烯酸-马来酸酐共聚物等一些高分子聚合物共用，这在文化用纸中相当普遍。

⑤ 其他如提高白度、不透明度、平滑度等，可以在淀粉胶中加入增白剂、

填料等原料。

共用表面施胶技术发展很快，彩色喷墨化学品就是一个多种化学品共用的组合配方，通过薄膜施胶，就可实现彩色喷墨打印纸制造的目标。

表面施胶是一套复杂的造纸技术，内容极其丰富，这里只能择主要而介绍。

三、层间应用技术

层间增强化学品主要为层间喷雾淀粉，是 20 世纪 70 年代初才发展起来的，但增长速度很快。

喷雾淀粉最初是为提高板纸的层间结合力而开发的。近年来发展特别迅速，在应用纸种上已不再局限于板纸，开始扩大到厚纸中；在应用目的上已不再局限于提高层间结合力，还广泛用来提高挺度、环压强度及表面强度。应用结果证明，纸张强度的提高幅度明显地取决于添加淀粉的方法，采用喷雾淀粉及其应用技术，是提高板纸和厚纸的挺度、环压强度和层间结合强度的最有效方法。

与湿部添加技术对比，淀粉喷雾虽不具备对细小纤维与填料的助留、助滤作用，但其增强效果绝不亚于浆内添加，尤其对于杂离子含量较高的纸浆（如磨木浆、废纸浆、草浆等），其增强效果明显优于湿部添加，且喷雾淀粉比浆内添加淀粉有更高的留着率；与表面施胶比较，虽在改善纸和纸板表面性能等方面不及表面施胶，但在提高纸张内结合力方面却优于表面施胶，而且它不需要施胶压榨后的干燥工段，这对于没有施胶压榨的纸机尤其适用。当然，如果将湿部添加、淀粉喷雾以及表面施胶等结合起来，互相取长补短，就能取得更理想的效果，这也是目前造纸发达国家常用的技术。

1. 应用机理及性能要求

喷雾淀粉的应用机理是：当纸和纸板在纸机湿部成形时，把淀粉颗粒分散在水中形成一种悬浮浆状物，经喷雾系统喷在厚纸或板纸上，淀粉颗粒通过被纸浆纤维吸附、纤维网状交织层阻挡、分子间吸引结合[23]以及纤维构成的纸页包裹等方式留着，随后留着的淀粉在烘缸处获得热量而胶凝化，通过交联作用、氢键结合等方式来提升纸板的层间结合强度。

喷雾淀粉与湿部淀粉在性能和应用方法上有许多不同之处，具体见表 2-12。

正是由于喷雾淀粉特殊的应用方法与作用机理，喷雾淀粉必须具备以下条件：

① 与纤维有良好的黏结性能；

② 有较高的首程留着率，尤其在损纸回用时不会对增强、助留及抄纸产生负效应；

③ 有较低的胶化温度，使其随纸页经过烘缸时能及时、迅速糊化并起作用；

④ 有较低的黏度和较高的黏结强度；

⑤ 粒度小，经喷雾系统能产生良好的雾状，均匀分布于纸页上，颗粒不堵塞喷嘴。

表2-12　湿部淀粉与喷雾淀粉的区别

项目	湿部淀粉	喷雾淀粉
适用性	一般的纸种均适用	只适用于厚纸和板纸
添加前处理	淀粉液需事先糊化	无需糊化
添加地点	在浆内(即网前箱以前)	在网部或层间
添加量	一般为绝干浆0.5%～2.0%	一般控制在1g/m²左右，但提高挺度、环压强度时，用量要加倍
添加方式	计量添加或一次性加入	计量喷雾
主要应用效果	提高纸张抗张力、耐破度和表面强度等；提高细小纤维和填料的留着率；提高施胶效果和车速	提高挺度、环压强度和层间结合强度等
淀粉本身留着率	在80%～90%以上	几乎100%留着

2. 喷雾工艺技术

喷雾淀粉的应用工艺视纸板种类和纸机条件的不同而不同，其基本工艺流程如图 2-21 所示。

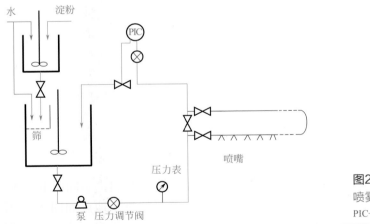

图2-21
喷雾淀粉应用工艺流程
PIC—压力指示控制器

喷雾淀粉先用冷水在搅拌下调制成一定浓度的悬浮液。悬浮液经过120目筛过滤后经过增压计量泵（使产生一定的压力）和喷雾装置，喷雾到纸板上。淀粉液的浓度、喷雾流量及纸机车速决定喷雾淀粉的添加量，不同的质量要求和纸机条件可选择不同的添加量，不同的喷雾点、喷雾压力、喷雾状态、喷雾距离等均会影响应用效果，而这些正是应用的关键技术。经过努力，我国已对不同纸种（如白板纸、牛皮箱板纸、白卡纸、瓦楞纸）、不同的纸机（长网、长圆网、多圆网）、不同的质量要求（层间结合力、表面强度、挺度等）取得了许多成功的应用经验。

值得注意的是：若肉眼看到水滴，纸张出现条纹，烘干部纸张水分、温度与使用前相比出现较大的波动，均可能是雾化不好所造成的。雾化的好坏直接影响到使用效果，因此控制雾化十分关键。糊化也很重要，在使用前要测量一下各烘缸部纸页的水分和温度，估计一下淀粉的糊化部位，一旦出现难以糊化的现象时，可调节各烘缸的温度。另外，有的纸机由于烘干情况不够好，淀粉也可事先温水膨胀后喷雾。

（1）喷雾方法　一般采用低压-无空气法，它是通过压力控制来达到均匀喷雾的目的。压力控制在 196～392kPa 之间（一般为 294kPa）。若低于 196kPa，则雾化差；若高于 392kPa，则会破坏纸的成形。

喷嘴可以是圆的，也可以是扁的。喷嘴直径一般在 1～1.5mm 之间，体积流量为 0.8～1.2L/min。一般长网纸机可选用圆喷嘴，圆网纸机的层间喷雾用扁平的喷嘴，但这并不是绝对的。喷嘴间的排列间距为 120～160mm，喷嘴与网之间的距离视喷雾覆盖纸面情况而定，通常为 250mm 左右。为使雾点在纸面上均匀分布，一般要求多元交叉覆盖（图 2-22）。为了减少雾化淀粉的损失及保持喷雾均匀，可以适当调节喷嘴及喷管的角度。

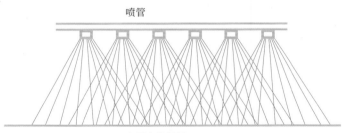

图2-22　淀粉雾液覆盖情况

（2）喷雾地点　淀粉的喷雾地点随纸机的条件及应用目的不同而不一样，对于长网纸机、圆网纸机以及长圆网联合纸机，典型的添加地点如图 2-23 所示。对于长网纸机，由于喷雾的物质基本上是一种未蒸煮的淀粉浆，其留着机理是淀粉颗粒的过滤，所以喷雾位置很重要：若喷管靠近水线，则绝大部分淀粉分布在纸的表面，这对提高表面性能十分有效；若喷管向网前箱方向移动，则淀粉在纸页 Z 方向均匀分布，这对改善纸页纤维黏合、提高耐破度、抗张力等物理指标很有效。但不能离开水线太远或超出水线，否则会影响实际应用效果。因此使用时应进行相关试验，以确定最佳位置。对于长圆网联合纸机或圆网纸机，一般将淀粉喷雾到两层纸间的复合处。

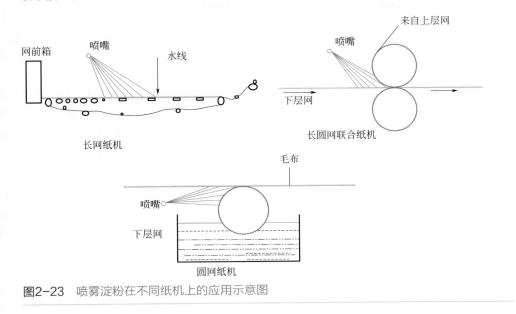

图2-23 喷雾淀粉在不同纸机上的应用示意图

（3）喷雾量　淀粉喷雾量的多少是根据实际需要确定的，在纸机条件一定时，一般通过淀粉浆浓度来进行调整，淀粉浆浓度一般控制在1%～10%之间，作为层间增强时，用量可以低一些（浆浓度约2%）。若作为提高内结合强度或表面强度使用时，用量适当高一些。若提高挺度，浆浓度应高一些。

四、涂布应用技术

涂布与表面施胶都是将化学品作用在纸的表面，但两者有明显区别：表面施胶通常在压榨部进行，而涂布在干部进行；表面施胶通常只添加施胶剂，而涂布除了使用胶黏剂以外还会使用颜料等；表面施胶的施胶剂通过施胶压榨的作用渗透进入纸页内部，而涂布颜料与胶黏剂大多停留在纸页表面。根据不同涂布纸的需要及生产涂布纸纸机的多样性，涂布是造纸行业的一项重要技术，这不仅是因为涂布化学品品种多、配方复杂，还因为涂布工艺技术要求精度高。

涂布化学品主要有颜料、胶黏剂和其他功能性添加剂三大类。颜料主要有高岭土、瓷土、缎白、碳酸钙、二氧化钛等，其中，高岭土和瓷土是最常用的颜料，颜料的物化指标如颗粒直径、白度、晶体形状等对涂布配方有较大的影响。

胶黏剂主要有合成胶乳（羧基丁苯胶乳、苯丙胶乳、聚乙烯醇等）、变性淀粉、干酪素、豆蛋白等。一般用于表面施胶的功能淀粉通常也可以用于涂布，但黏度要求更低，稳定性要求更好。由于合成胶乳价高且存在气味重、难以生物降解等环保问题，近年来杭州纸友科技有限公司成功开发了可完全生物降解且性能优异的生物胶乳，能替代配方中 2～3 份合成胶乳，可较大幅度地降低成本和环境污染，已在多家大型纸厂成功应用。其他功能性添加剂主要有涂布分散剂、抗水剂、润滑剂、防腐剂、消泡剂等，限于篇幅不再一一介绍。

涂布的核心技术是涂料配方，不同的纸种，不同的企业，都有自己的配方研究。在涂布配方中，常用的功能性淀粉种类有热-化学转化淀粉、氧化淀粉、酶转化淀粉、羟烷基淀粉、酯化淀粉等。在涂布中，功能性淀粉通常起到胶黏剂的作用，具有良好的黏结性能、保水性、较宽泛的黏度范围，以及安全环保、可生物降解等特点。

付秋莹等以表面涂布玉米淀粉胶来提高瓦楞原纸强度，通过增加涂布量可以逐步提升瓦楞原纸的环压指数以及抗张强度，但会略微降低其耐折性。它对于环压指数的提升显著，经过表面涂布淀粉胶可以使低定量原纸达到高定量原纸的环压指数，为造纸产业节约纤维原料降低成本提供了一条新路径 [24]。

五、相关绿色化应用技术与装备

1. 高温喷射式淀粉连续蒸煮技术及装置

高温喷射式淀粉连续蒸煮技术是通过一个特殊的装置将淀粉浆液和蒸汽瞬时高速混合，并在高压和高温下使得淀粉迅速糊化的一项新技术。所使用的特殊装置被称为高温喷射式淀粉连续蒸煮器。世界上第一台用于商业应用的高温喷射式淀粉连续蒸煮装置诞生于 20 世纪 50 年代。高温喷射式淀粉连续蒸煮技术与常规间歇罐式蒸煮技术相比有着绝对的优势，它是高温热解淀粉、连续式生物酶转化淀粉、高聚合度淀粉、高直链淀粉、交联淀粉、高分子淀粉等一系列需要温度高于 100℃以上才能蒸煮使用的淀粉应用技术的基础。也就是说，没有这项技术，这些淀粉就没有办法使用或没有办法发挥它的效能。而高温喷射式淀粉连续蒸煮器作为淀粉衍生物的重大应用装备，是大型现代化纸机的标配装置，其在造纸中的应用重要性可想而知。

众所周知，淀粉衍生物应用时须经过加热糊化、保温、稀释等工艺，目前我国大多数造纸企业仍然采用传统的间歇罐式蒸煮为主。而间歇罐式淀粉蒸煮存在很多的弊端，如产能小、能耗大、劳动强度高、蒸煮条件不易控制、淀粉容易团聚、黏度容易产生波动、淀粉糊化效率低、糊液质量和应用性能均受到影响等缺点。尤为突出的是，传统的间歇罐式蒸煮系统蒸煮时间长（一般每蒸煮 1 锅淀粉糊液需要 1.5 ～ 2h 左右）、日处理能力低（基本以 1 ～ 5t/d 为主）、无法实现机械化操作。

随着纸厂技术装备水平的快速提升，纸厂单机产量和运行效率大幅提高。以前，国内没有专门生产淀粉连续式蒸煮设备的专业厂家，造纸企业不得不花费几百万元的资金用来进口喷射式淀粉连续蒸煮设备。近年来，杭州纸友科技有限公司已成功开发各种型号的高温喷射式淀粉连续蒸煮设备，其连续蒸煮流程如图 2-24 所示，累计已提供数十家纸厂应用，设计能力可以根据需求，蒸煮量在 0.10 ～ 80t/d 均可以实现（见图 2-25）。

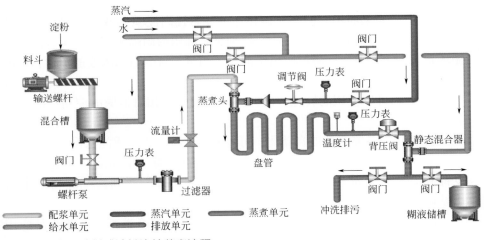

图2-24 高温喷射式淀粉连续蒸煮流程

(a) 蒸煮淀粉0.1～0.2t/d

(b) 蒸煮淀粉20～30t/d

图2-25 不同类型高温喷射式淀粉连续蒸煮器

高温喷射式淀粉连续蒸煮器的主要优点如下：

① 由于淀粉浆与蒸汽瞬时高速混合，可实现高效、节能的连续生产，并显著提高产量。通过计算得知，高温喷射式淀粉连续蒸煮相比于间歇罐式蒸煮，每蒸煮 1t 干淀粉约可节约电能 50% 左右，节约蒸汽量 10% 左右，这主要和淀粉蒸煮浓度大幅提高以及蒸煮时间大幅缩短有关。

② 由于完全智能化、模块化，可以机械化操作，因此人工成本极低，连接 DCS（集散控制系统）中控系统后，几乎不用额外增加人员，可以大幅降低用工成本。

③ 糊化浓度高、蒸煮时间短，可以现做现用，减少备料时间，环保节能。

④ 由于完全而均匀的淀粉糊化，可显著提高淀粉糊液的均匀性，提升应用效果，发挥变性淀粉的最大功能，特别是湿部用的阳离子淀粉，可提高造纸湿部循环系统的工作效率，降低阳离子淀粉的用量，减少白水浓度的负荷，并因此而降低生产成本。

⑤ 淀粉可以使用酶转化，因此可以使用价格相对低廉的淀粉产品替代商品淀粉。

⑥ 由于设备完全智能自动化，可以避免一些人为造成的错误。

⑦ 高温喷射式淀粉连续蒸煮是高温热解淀粉、生物酶转化淀粉、高聚合度淀粉、高直链淀粉、交联淀粉、高分子淀粉等一系列高端淀粉衍生物的应用基础。

造纸用高温喷射式淀粉连续蒸煮技术能显著提升造纸企业化学品应用装备的现代化水平，提高湿部、表面和涂布淀粉的应用效果，节能、环保，可降低综合运行成本，改善纸机运行效率等。由于高温喷射式淀粉连续蒸煮器的发明和推广普及，现代化的大中型纸厂已将该装备作为大型纸机的标配装置，在纸机设计的同时就已做了相应配置。高温喷射式淀粉连续蒸煮技术使淀粉的应用变得更为简单、实用，且可实现自动化控制，是一项值得大力发展和推广的绿色化新技术。

2. 造纸填料在线表面改性及喷射混合技术与装置

在加填纸张的生产过程中，填料一般添加在流浆箱之前的造纸浆料体系中，单元或双元助留剂往往在填料加入点前后加入，以改善填料在成形网上的留着。在造纸浆料中添加填料不仅有助于改善纸张不透明性、白度、手感、印刷适性等物理指标，还能加快湿纸页的干燥速度，节约干燥蒸汽的消耗。更为重要的是，填料要远比造纸纤维便宜，增加填料的使用量，有助于节约造纸成本，减轻生态环境负荷。

但是，目前纸张填料的添加量只能保持在较低的水平，其中一个重要的制约因素是纸张填料用量的提高会引起纸张强度，例如，纸张抗张强度、耐折、耐破、抗压性能的下降，分切、印刷过程中掉毛掉粉程度的增加等。提高纸张灰分含量的一个首要前提条件是提高填料的首程留着率，它要求填料在抄纸的剪切、湍流、真空条件下，具有较高的保留性和滤水性能。助留剂一般承担填料的保留功能，且一般在填料加入点的前后单点或多点加入。这种体系的缺点是助留剂在与填料接触之前，容易被长纤维、细小纤维、阴离子垃圾或其他化学品捕获，从而降低助留剂与填料的接触概率。一种不得已的做法是提高助留剂的用量，但是助留剂用量增加容易产生较大直径的纸浆絮团，影响纸张的匀度，这是造纸过程中不愿意看到的。

通常纸张灰分含量的提高会导致纸张强度的下降，一方面是因为纤维比例的减少导致纤维间氢键结合点数量的减少；另一方面是因为填料本身并没有氢键，填料与填料之间或者填料和纤维之间不能形成氢键结合力，而且填料夹在纤维与纤维之间，在空间上也阻止了纤维与纤维间的氢键结合。

能否通过对填料进行表面改性来提高填料与纤维的结合力，进而在提高填料留着的同时，尽可能避免强度的损失？姚献平研发团队提出一种在造纸现场连续进行填料表面改性的新方法，即利用特制的喷射混合装置采用改性淀粉以及助留剂对造纸填料进行表面改性[25]。结果证明，通过该方法在保证纸张强度的基础上，可以提高造纸填料的用量，进而减少造纸过程中纤维的用量，是一种较为理想的绿色工艺。

上述特制的喷射混合装置是实现填料在线表面改性的关键。在线喷射混合装置是一种同轴分布的文丘里喷射混合装置（见图2-26）。A、B、C三件同轴喷射器将空间区隔为a、b、c、d共4个腔室。a区腔室文丘里喷射器流体线速度范围为10～25m/s，优选的喷射器a区流体线速度范围为16～20m/s，喷射流流量越大，混合流体在轴向方向的分布越远。b区腔室文丘里喷射器化学品流量范围依据化学品的用量和浓度而定。c区腔室文丘里喷射器扰动流流量范围为0.5～5m³/h，扰动流流量越大，混合流体在截面方向的分布越宽。d区为湍流混合区，喷射流、化学品流、扰动流和纸浆在该区域内实现均匀混合。

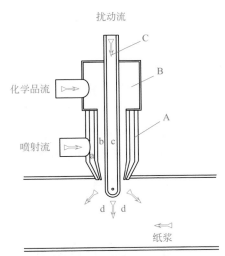

图2-26 造纸化学品在线喷射混合装置

喷射流和扰动流优选使用造纸上网浆或造纸白水，这样可以节约清水资源以及为了加热清水所需要耗费的热能资源。为了获得理想的喷射压力和流速，可以使用离心泵或螺杆泵为喷射流和扰动流进行加压。为了获得精确计量的化学品流量，可以使用计量泵或螺杆泵对化学品进行计量添加。

当特制的喷射混合装置分别安装在纸机湿部压力筛之前和之后两处不同位置时，在压力筛之前的喷射混合装置将造纸填料计量加入喷射流中的上网浆或稀白水，共同形成主喷射介质。改性淀粉作为化学品流的主要介质，在喷射流和化学品流的交汇区域与填料相互混合。经过压力筛的进一步混合以后，在压力筛之后的喷射混合装置将助留剂和纤维浆料、造纸填料以及改性淀粉包覆在一个相对稳定的微絮凝团粒内。扰动流是一股从扰流喷射器底部侧面均布的孔洞中喷出的流体，它形成的"水幕墙"将喷射流、化学品流和纸浆流形成紊乱的湍流流体，将表面改性的填料微絮凝团均匀地分布在纸浆内，送往流浆箱抄纸。这种微絮凝团在进入流浆箱之前不再受到纸浆泵、压力筛等强烈的剪切作用，因此其首程留着率较高。该应用技术与装置的主要优点是改善了纸张表面和内部结合强度，节约了纤维用量，提高了纸张的灰分含量，降低了纸张的生产成本，且实际操作简单，质量稳定。与传统的化学品喷射装置比较，该装置的最大特点是大大提高了化学品与造纸填料的瞬间均匀混合改性效果。

六、综合经济技术评价

不论是简单的应用，还是协同应用或是综合应用，都需要进行经济技术评价。在经济技术评价中，多数纸厂往往只进行直接的效益分析，实际上这是不够的，提倡要进行综合经济技术评价，一般需要进行以下几个方面分析评价。

1. 留着率分析

① 淀粉本身的留着。可通过 I_2-KI 试液测网下白水中淀粉的含量，从而计算出在纸和纸板中的留着率。

② 细小纤维与填料的留着率提高。可通过白水浓度的下降值进行效益测算。

2. 质量和效益分析

① 成品合格率的提高、印刷性能改善等所带来的经济效益。

② 提高产品档次，优质优价带来的效益。

3. 降低原材料效益分析

① 节约纸浆，尤其是高档木浆。

② 节约其他化学品，如松香、明矾、AKD 填料等添加剂的用量下降。

4. 其他方面的效益分析

① 动力能源方面的效益，如减少打浆时间，减少蒸汽用量。

② 提高劳动生产率方面的效益，如减少断头、提高抄造率、加快车速、增加产量等。

③ 其他社会效益，如减少高档纸进口、减轻造纸三废污染等。

功能性淀粉综合应用技术是一种以低成本换取高效益的技术，涉及多门类、多学科的知识，且有极强的科学性和实用性，真正掌握起来难度较大，值得不断探索和发现。

第五节
展　望

我国造纸行业已进入快速发展时期，淀粉基功能产品的研究开发要紧跟造纸工业的发展。

首先，我国淀粉基功能产品要加快系列化、规模化发展。目前我国纸和纸板的产量已居世界首位，但人均消耗纸量却远低于世界平均水平。因此，我国造纸行业还必将高速发展。同时，我国淀粉功能产品目前刚刚进入发展初期，产量低、质量不稳定、品种少、专用性差等问题普遍存在。为了适应造纸行业高速发展的需要，必须从目前小规模、品种单一的格局，向大型化、专用化、系列化方向发展。

其次，一定要重视淀粉功能产品的应用技术及专用设备的研究与开发。在某种意义上，淀粉功能产品的应用技术比合成技术更加重要，中国的造纸原料、纸机工艺与发达国家有着很大的差别。例如草浆中的杂化学物质会严重地干扰化学品的正常应用，相应的应用技术不解决将难以达到理想的效果。不仅要对纸浆的电位、化学组分及化学品的配伍等进行深入的研究，还要选择一些典型的纸机、纸种和企业进行推广，同时还要加强技术咨询和服务工作，使造纸企业真正取得效益。另一方面还要加强符合国情的淀粉功能产品专用设备的研究。发达国家的造纸工艺与设备十分先进，已越来越趋向于高度自动化、大型化和高速度化，从纸浆的制备、化学品的添加到表面施胶和涂布，都是在一条生产线上完成的，纸幅宽达 10m 以上，车速达 1000m/min 以上，甚至可高达 2000m/min 左右。我国大型造纸企业的技术装备水平已与国际先进水平基本接轨，但大量的中小企业造纸工艺与设备还相对比较落后，产量低、速度慢、自动化程度低。目前，我国淀粉功能产品的添加工艺设备还相当落后，以间歇式为主，主要依靠人工操作，极不适应当前对纸张质量的要求。因此，应加快淀粉功能产品的应用技术装备开发应用和推广。

再者，应加强国内外技术合作与交流。早在20世纪60年代前后，发达国家已进行大量的淀粉功能产品的研究。功能性淀粉、中性施胶剂、聚丙烯酰胺等先后应用于造纸行业并已逐步发展成系列产品。而我国目前研究力量分散，尚未形成大型的研究开发公司。我国淀粉功能产品研究开发的总体水平还较低，当与国外大型先进纸机配套应用时，从产量、质量、服务、技术诸方面都还存在一定的差距。故应高度重视与国外同行的交流与合作，提高合作深度与广度，最大限度地加快我国淀粉功能材料行业的发展。另一方面，淀粉功能产品的开发还要重视与国内化工及造纸企业的合作。国内许多有名望的化工和造纸专家对造纸功能产品的开发都作出了重要的贡献，可以说正是在这些领导、专家的共同努力下，中国纸基淀粉功能材料才有了今天的迅速发展。

我国是一个造纸大国，时代呼唤着淀粉功能材料迅速科学发展，使造纸纤维资源更加节约，纸张质量明显提高，纸张品种更加丰富多彩，造纸过程更加节能节水，使造纸业成为环保产业，使造纸的发明国重整雄风，走进世界先进行列，作为淀粉纸基功能材料领域的科技工作者有着义不容辞的责任。

参考文献

[1] 姚献平，郑丽萍，龚关善，等. 一种连续流态化阳离子淀粉高效清洁制造方法：CN200810305318. 5[P]. 2010-09-15.

[2] 郑丽萍，姚献平. 草木浆增强剂 HC-3 在工业包装用纸中的应用 [J]. 浙江造纸，1994(4): 35-40.

[3] 姚献平，郑丽萍. 淀粉衍生物粉体连续流态管道化清洁制备技术 [C] // 第147场中国工程科技论坛——轻工科技发展论坛论文集. 北京：中国化工学会，2012.

[4] 姚献平，郑丽萍，田清泉. 高留着表面施胶淀粉的生产工艺：CN200410016436. 6[P]. 2006-03-08.

[5] 郑丽萍，姚献平. 新型高留着表面施胶淀粉的开发 [J]. 中国造纸，2003, 22(2): 24-26.

[6] 博格，姚献平，郑丽萍. 新型高留着表面施胶淀粉的应用技术 [J]. 造纸化学品，2001, 13(2): 2-6.

[7] 姚献平，郑丽萍. 再生纸专用化学品的开发与应用 [J]. 造纸化学品，2002, 14(1): 3-8.

[8] 姚献平. 多元改性淀粉造纸用功能产品绿色开发与应用 [C] //2017(第三十届) 全国造纸化学品开发与造纸新技术应用研讨会论文集. 杭州：中国造纸化学品工业协会，2017: 1-4.

[9] 姚献平，郑丽萍，龚关善，等. 一种抗干扰型再生纸增强剂的制造方法：CN201110457570. X[P]. 2014-

07-09.

[10] 胡志清 . 用淀粉代替部分胶乳的涂布试验 [J]. 造纸科学与技术 , 2004, 23(6): 82-84.

[11] 杜艳芬 , 刘金刚 , 王加福 . 不同方法制备的淀粉基生物胶乳的性能研究 [J]. 中国造纸 , 2017, 36(1): 1-8.

[12] 王旭青 , 周小凡 . 用淀粉代替部分胶乳对涂布纸性能的影响 [J]. 南京林业大学学报 (自然科学版), 2011, 35(1): 79-82.

[13] 姚献平 , 姚臻 , 蒋健美 , 等 . 纸基功能材料的开发与应用 [C]// 刘炯天 . 绿色化工、冶金、材料工程第十二届学术会议论文集 . 北京 : 化学工业出版社 , 2018: 589-595.

[14] 姚臻 , 蒋健美 , 黄小雷 , 等 . 纸基功能材料的开发与应用 [J]. 造纸化学品 , 2018, 30(5): 1-7.

[15] 谢琴 , 陆亚明 , 薛国新 . 热转移印花纸的发展 [J]. 纸和造纸 , 2015, 34(2): 57-59.

[16] 陈博锋 . 对转移印花的一些认识 [J]. 科技信息 (科学•教研), 2007(20): 303.

[17] 姚献平 , 姚臻 , 杨勇 , 等 . 一种热转移印花纸用变性淀粉的生产方法 : CN201711254668.9[P]. 2021-01-08.

[18] 扶雄 , 黄强 . 食用变性淀粉 [M]. 北京 : 中国轻工业出版社 , 2016.

[19] 姚献平 , 郑丽萍 . 淀粉衍生物及其在造纸中的应用技术 [M]. 北京 : 中国轻工业出版社 , 1999.

[20] 王玉忠 , 汪秀丽 , 宋飞 . 淀粉基新材料 [M]. 北京 : 化学工业出版社 , 2015.

[21] 姚献平 , 郑丽萍 . 造纸湿部化学原理及应用技术 [J]. 纸和造纸 , 2003, 22(1): 9-12.

[22] 张金顶 . 纸的表面施胶 [J]. 黑龙江造纸 , 2018, 46(3): 31-33.

[23] Renvall S, Kim J D, Tynkkynen T. Spraying starch to improve strength of container board produced from weak recycled furnish [J]. Tappi Journal, 2013, 12(5): 11-16.

[24] 付秋莹 , 方文康 , 罗大伟 , 等 . 淀粉表面施胶对瓦楞原纸强度性能的影响 [J]. 今日印刷 , 2019(6): 66-68.

[25] 姚献平 , 郑丽萍 , 田清泉 . 一种造纸填料在线表面改性的方法 : CN201110296959.0[P]. 2013-06-05.

第三章
纳米纤维素纸基功能材料

第一节
概　述

天然纤维素是地球上最丰富的生物质资源，它广泛存在于植物、动物以及一些细菌和矿物中。纤维素是由 β-D- 吡喃式葡萄糖基以 1,4-β- 苷键连接而成的线性天然高分子化合物。以纤维材料作为原料，通过化学、物理或生物处理的方法制备的一维尺寸在 100nm 以下的棒状、须状、长丝状的纤维素统一称为纳米纤维素（nanocellulose，NC）[1]。

1947 年，Nickerson 和 Habrle 通过硫酸水解纤维素原料得到了纤维素纳米晶体（cellulose nanocrystal，CNC）。后期，Filson 等采用内切葡聚糖酶水解二次纤维成功制备出了 CNC。一直以来，无机强酸水解法和酶水解法被认为是制备 CNC 最常用的方法[2]。

"原纤化纤维素"这一术语首先由 ITT Rayonier 申请的专利和发表的论文中提出[3]。20 世纪 80 年代初，Turbak 和 Herrick 等使用均质器首次成功制备出纤维素纳米纤丝（cellulose nanofibril，CNF）。此方法制备的纳米纤维素的直径一般为 20 ~ 100nm，长度为几十微米。然而，此方法在制备纳米纤维素的过程中仍存在一些问题，例如，均质器容易堵塞、能耗高（高达 30000kW·h/t，10 次循环）、强烈的机械作用损坏纤维晶体的结构等，所以合理的预处理是非常重要的[4]。

随着化学或酶解法预处理技术 (如羧甲基化) 的发展，制备纳米纤维素的能量消耗也随之锐减 (500 ~ 2000kW·h/t)。当前，纳米纤维素可通过酶解法、羧甲基化法、TEMPO（四甲基哌啶氮氧化物）氧化法、接枝 - 羧甲基纤维素法、阳离子化法、乙酰化法、磷酸化法和磺化法，并结合机械处理法 (如研磨法) 来制备。近年来，纳米纤维素的商业化生产已从小型实验室规模逐渐发展到一定的工业化生产规模[5]。

2011 年 2 月，瑞典 Innventia 启用了全球首台用于制造 CNF 的实验装置（日产 100kg）。加拿大 CelluForce 公司于 2012 年率先开发了一条基于硫酸水解法制备 CNC 的中试生产线，产能为 1t/d。2012 年，美国林务局在威斯康星州开办了全美首家纳米纤维素制备工厂，主要基于硫酸水解法制备 CNC (10kg/d) 以及基于机械研磨法制备 CNF（1000kg/d）。2014 年，美国缅因大学建成了基于机械盘磨精炼法的 CNF 中试生产线，产能为 1t/d。纳米纤维素的中试和示范生产线目前主要集中在美国、加拿大、日本、瑞典、芬兰等发达国家。

近几年，日本在纳米纤维素的研究和产业化方面呈现突飞猛进的势头，其中以东京大学矶贝明教授开发的 TEMPO 催化氧化法为代表。日本 Nippon Paper 已经开始基于此法建立生产线，设计产能为 CNF 500t/a。2017 年 1 月，日本 Oji Paper 宣布他们基于磷酸酯化预处理结合机械处理的方法已经开始生产具有高黏度、高触变性的 CNF，其产能为 40t/a。

但是目前这些已规模化的生产线依然以硫酸水解法、TEMPO 氧化法及机械法为主，存在化学品不易回收、成本高、用水量大或能耗高等问题。因此，绿色高效可持续地制备纳米纤维素的方法仍需科研工作者们进一步努力。

我国早在 20 世纪 80 年代就已经开始对纳米纤维素开展研究，但是在规模化制备方面较发达国家还有较大差距。在国内各主要科研机构如中国制浆造纸研究院、国家纳米科学中心、华南理工大学、杭州市化工研究院、中科院理化所、天津科技大学、中国林业科学研究院、东北林业大学、福建农林大学等的积极推动下，纳米纤维素已经引起国家层面的关注和相关企业的重视。如：

2015 年 11 月 7 日，中国造纸学会纳米纤维素及材料专业委员会在国家纳米科学中心成立。

2017 年 5 月 20 ~ 22 日，中国造纸学会与杭州市化工研究院在浙江省杭州市成功主办了"第一届纳米纤维素材料国际研讨会"，大大促进了国内科研和企业界与国际同行的交流与合作。

2017 年，在国家科技部十三五"重点基础材料技术提升与产业化"重点专项——"基于造纸过程的纤维原料高效利用技术"中，明确提出要建立植物微纳米纤维素产业化中试示范线的要求（产能不低于 100kg/d）。中试示范线项目集聚了华南理工大学、杭州市化工研究院、轻工业杭州机电设计研究院等单位的科研力量，由姚献平纳米纤维素课题组承担建设任务，目前中试示范线已经建成投入运行，产能为 210kg/d，具有绿色、连续化、低成本等先进特点。

此外，国内一些科技企业，如天津市木精灵生物科技有限公司、杭州语晗科技有限公司、永联生物科技（上海）有限公司等，也正在致力于纳米纤维素的研发及商业化应用研究 [2]。

随着我国政府、科研机构、企业界等各方面加大投入力量，在产学研用的联合推动下，相信我国一定能更快地实现纳米纤维素规模化制备和商业化应用，缩小与欧美国家的差距。

一、纳米纤维素的分类

纳米纤维素的分类有两种：一种是按照原料来源和功能特性的不同将纳米纤维素分为三类——纳米原纤化纤维素（nanofibrillated cellulose，NFC）、纳米微晶纤维素（nanocrystal cellulose，NCC）以及细菌纳米纤维素（bacterial nanocellulose，

BNC）[6]；另一种是美国纸浆造纸工业技术协会（TAPPI）按照纳米纤维素的特性进行分类，将纳米纤维素分为纳米纤维（CNC、CNF）和纳米结构材料［纤维素微晶（cellulose micocrystal，CMC）；纤维素微纤丝（cellulose micofibril，CMF）］[7]。具体的分类如图 3-1 所示。

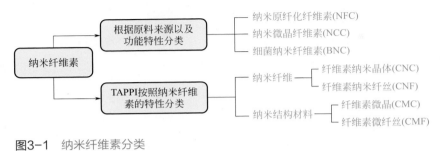

图3-1 纳米纤维素分类

目前，纳米纤维素的分类命名并没有统一说法。东北林业大学陈文帅等在《纳米纤维素机械法制备与应用基础》一书中将这种直径尺寸在 100nm 以下的棒、须、纤维、线状纳米材料统一命名为纳米纤维素 [8]。本章将援引此表述，统一称为纳米纤维素。

1. 纤维素纳米晶体

纤维素纳米晶体又称纳米微晶纤维素，一般由强酸水解得到，呈针状晶须结构，长径比一般较小；其直径 5～70nm，长度 100～250nm。由于酸水解其无定形区保留结晶区，故 CNC 的结晶度很高，通常为 60%～90%，具有很高的力学性能，其杨氏模量约 150GPa，抗拉伸强度约 10GPa[9]。

不同纤维原料和不同反应条件所得到的 CNC 的尺寸、形态和结晶度是不同的。表 3-1 和图 3-2 给出了采用几种不同原料制备的 CNC 的尺寸数据以及透射电镜图。

表3-1 不同原料制备的 CNC 尺寸[10]

原料来源	长度L/nm	直径D/nm
针叶木浆	100～300	3～5
棉纤维	100～300	7
细菌纤维素	>100	5～50
被囊动物	>100	10～20
斛果壳	100～200	20
剑麻	250	4

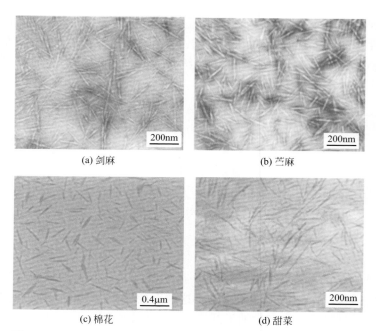

(a) 剑麻　　　　　　　　　　　　　　(b) 苎麻

(c) 棉花　　　　　　　　　　　　　　(d) 甜菜

图3-2　不同原料制备的CNC的透射电镜图

2. 纤维素纳米纤丝

　　纤维素纳米纤丝又称为纳米原纤化纤维素、微纤化纤维素等。CNF 主要通过机械强剪切力处理纤维素原料得到，呈纤丝状，直径 5 ～ 60nm，长度 1000 ～ 10000nm。处理过程中纤维素的无定形区通常不被去除，最终的 CNF 仍由结晶区和无定形区构成，长径比较大，柔韧性较好[11]。

　　不同纤维原料和不同制备方法所得到的 CNF 的尺寸、形态和结晶度是不同的，具体对比可见表 3-2[9] 和图 3-3[12]。

表3-2　不同原料和方法制备得到的CNF的特征

原料	方法	特征
漂白桉木浆	研磨	直径4 ～ 30nm
漂白硫酸盐浆	TEMPO氧化预处理+机械处理	直径3 ～ 4nm，长几微米
漂白针叶木浆	甲酸预处理+高压均质	直径5 ～ 20nm，长度300 ～ 1200nm，结晶度为52.9%
漂白硫酸盐浆	高碘酸钠和硼氢化钠预处理+高压均质	直径4 ～ 10nm，长度约0.5 ～ 2μm
毛竹木粉	低共熔溶剂预处理+微射流处理	直径2 ～ 80nm
漂白桉木浆	离子液体处理+高压均质	直径20 ～ 100nm，纤维素Ⅱ型结构，结晶度34.43%

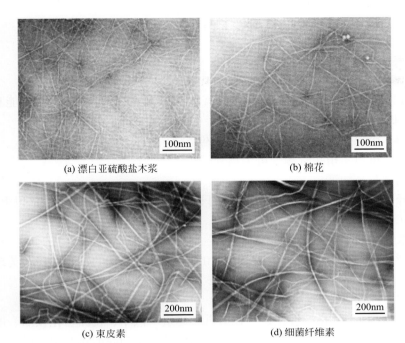

(a) 漂白亚硫酸盐木浆　　　　　　　　(b) 棉花

(c) 束皮素　　　　　　　　　　　　　(d) 细菌纤维素

图3-3　不同纤维原料经TEMPO氧化制备的CNF透射电镜图

3. 细菌纳米纤维素

　　细菌纳米纤维素通常由某种特定的细菌（如葡糖醋杆菌）合成，葡萄糖链在细菌的细胞体内产生并从细胞膜的孔洞中挤出，若干条葡萄糖链进一步组成微纤丝，微纤丝相互缠绕构成三维纳米网状的细菌纤维素。BNC与植物纤维素相比，不含木质素、果胶及半纤维素，其纯度较高，结晶度高（大于95%），聚合度高，长度不定，直径20～100nm，具有高吸水性、高抗拉伸强度和良好的形状维持能力，并且具有较好的生物兼容性[13]。BNC的扫描电镜图片见图3-4。

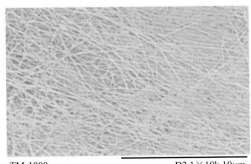

TM-1000　　　　　　　　　　D2.1×10k 10μm

图3-4
BNC的扫描电镜图片

本章将对来源于植物的 CNF 和 CNC 材料作重点介绍。

二、纳米纤维素主要特性与用途

纳米纤维素作为一种新型生物材料，具有独特的纳米尺寸结构、力学性能和光学性能，已成为纤维素研究的前沿和热点。纳米纤维素的主要特点如下：

① 具有纳米级尺寸、高比表面积和三维网络结构；

② 原料来自可再生植物资源，可生物降解；

③ 高结晶度、高纯度；

④ 质量轻、高杨氏模量、高强度，质量只有钢的1/5，强度却是其5倍以上，其强度能够与 Kevlar 芳纶纤维媲美；

⑤ 高亲水性、超精细结构和高透明性；

⑥ 热变形小，热膨胀系数大概为 $0.1 \times 10^{-6} \mathrm{K}^{-1}$，仅为玻璃的1/50，与石英玻璃相似；

⑦ 生物兼容性好等特性。

纳米纤维素的诸多优良特性使得其在造纸、建筑、汽车、食品、化妆品、电子产品、医学等领域有巨大的潜在应用前景。纳米纤维素的高值化利用一般可以粗略地分为如表 3-3 所示的大体量应用（high volume applications）、小体量应用（low volume applications）和新兴领域应用（novel and emerging applications）三大部分[14]。

表3-3 纳米纤维素的应用领域

大体量应用	小体量应用	新兴领域应用
造纸	涂料	传感器
可降解生物塑料	保温隔热材料	水处理
汽车内饰材料	气凝胶	空气净化
汽车轻质车身材料	航空航天	3D打印
建筑水泥	—	有机LED（发光二极管）电子面板
纺织品	—	太阳能光伏
医疗卫生	—	药物缓释

随着石油煤炭等化石资源储量的不断下降，石油化工原料的价格不断上涨，加上各国对环境污染问题的日益重视和对绿色化学的呼吁，纳米纤维素作为一种用途十分广泛的生物材料，蕴藏着无限商机和美好的发展前景。本章将针对纳米纤维素纸基功能材料的制备及应用进行重点介绍。

第二节
纳米纤维素的制备及表征

一、制备

纳米纤维素是在各种化学试剂或机械力等作用下从天然纤维素中提取分离的。纤维素由无定形区和结晶区构成，由于无定形区分子排列松散会被降解，而结晶区结构得以保留，最后得到较高结晶度的纳米尺度纤维素。目前纳米纤维素的制备主要分为机械法、化学法及生物法。

1. 机械法

Turbak 等和 Herrick 等于 1983 年首次利用高压均质机制备出了直径低于 100nm 的 CNF。随后其他方法逐渐被开发出来，例如高压均质法、微射流法、精细研磨法、超声法、冷冻破碎法、PFI 打浆法、双螺旋挤出法、乳化法、蒸汽爆破法、球磨法以及流体碰撞法等[2]。

以上方法中高压均质法、微射流法和精细研磨法最为常用，对应的生产设备分别为高压均质机、微射流处理机和胶体磨（如图 3-5 所示）。

(a) 高压均质机　　　　(b) 微射流处理机　　　　(c) 胶体磨

图3-5　机械法制备CNF的主要设备

（1）高压均质法　高压均质机是制备纳米材料最有效的生产设备之一，其工作原理见图 3-6。以高压往复泵为动力将纤维输送至均质阀，纤维在通过均质阀的过程中，突然失压形成空穴效应和高速冲击，产生强烈的撞击、空穴、剪切和湍流涡旋作用，从而使悬浮液中的纤维被超微细化，制得纳米纤维素[9]。

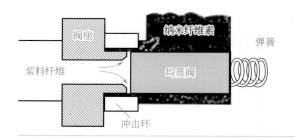

图3-6
高压均质机的工作原理

通过均质法制备的 CNF 具有比表面积和长径比较大、直径分布较广等特点，同时该方法操作简单，比较容易实现工业化连续生产。然而，此方法在制备纳米纤维素过程中也存在能耗较高、易堵塞等问题，一定程度限制了其规模化生产。

（2）微射流法　微射流处理机常用于化妆品、生物技术和制药行业，是另一种类似高压均质机的设备，近年来被用于将纸浆纤维剥离制备 CNF。该设备的工作原理如图 3-7 所示。

相比高压均质机，微射流处理能够制备出尺寸更均匀的 CNF，设备堵塞情况减少，且用反向水冲的方式可以比较容易地解决设备堵塞问题。

（3）精细研磨法　用精细研磨的方式也可以制备出纳米纤维素，所用主要设备是研磨粉碎机，见图 3-8。

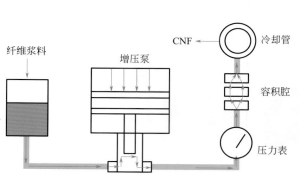

图3-7　微射流处理机的工作原理

图3-8　研磨粉碎机

常见超微粒研磨装置为 Masuko 磨。用研磨粉碎机制备 CNF，可以不需要对纤维进行前期"微细化"预处理，可在 1% ～ 5%（质量分数）浆料浓度范围内磨浆。磨浆过程中，经过多次循环就可达到纳米级尺寸，设备不出现堵塞现象，设备的拆卸清洗也比较方便。但也存在磨盘发热严重、磨盘材质膨胀，导致磨盘间隙无法精确控制的问题，且生产型的设备技术还不成熟，实现连续化生产有难度。

（4）预处理　用物理机械的方式从植物纤维素制备CNF通常需要消耗较大的能量，20000～30000kW·h/t左右的能量消耗值非常常见，甚至还曾有报道过高达70000kW·h/t的能量消耗。高能耗是长期以来制约CNF大规模生产的重要原因。为了降低制备CNF的能量消耗，一般要对纤维浆料进行预处理，例如，化学或酶预处理。有报道称通过预处理可以大大地降低能量消耗值至1000kW·h/t以下。

另外，单纯机械法分丝帚化效率低且对纤维素结构破坏较严重，制备出的CNF粒径不均一，结晶度较低，分散性较差。在机械处理前，通过预处理法疏松/破坏纤维细胞壁的结构，是实现绿色、高效制备纳米纤维素的有效途径[15]。

总之，化学或酶预处理结合机械法将是制备CNF的主流趋势。当前，预处理方法主要分为碱预处理、TEMPO氧化预处理和酶预处理。

① 碱预处理　碱预处理的作用主要是破坏纤维中的木素成分，并有助于解离碳水化合物和木素之间的结构联系。轻度的碱处理可以使木素溶解，同时保留果胶和半纤维素。碱抽提需要严格控制，避免使纤维素降解，并确保水解反应仅发生在纤维表面，以便得到完整的纳米纤维素。

② TEMPO氧化预处理　TEMPO介导氧化是对天然纤维进行表面改性的一种很有效的方法，在水溶液和温和的条件下，可以在天然纤维素中引入羧基和醛基官能团。TEMPO介导氧化后，纤维形态大部分保持，氧化仅发生在微细纤维的表面，使之带负电荷，使纳米纤维互相排斥，从而更容易纤丝化。TEMPO氧化纤维素的机理如图3-9所示[16]。

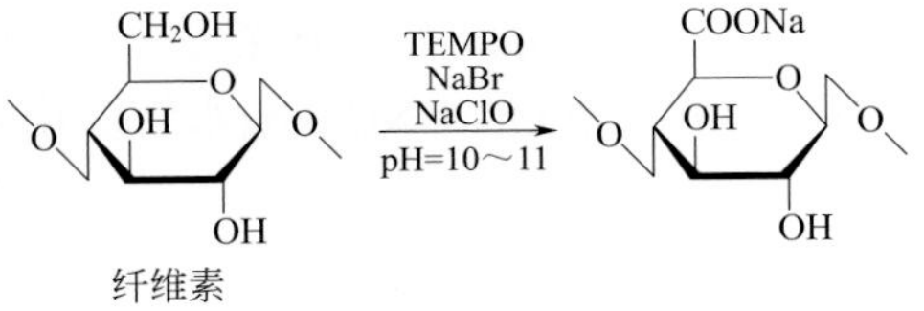

图3-9
TEMPO氧化纤维素的机理

经TEMPO氧化后制备CNF的机械能耗约为570kW·h/t，远远低于未处理前的70000 kW·h/t[14]。但TEMPO催化剂也存在价格昂贵且不易回收等问题。

③ 酶预处理　纤维素酶预处理能改善纤维细胞壁的可及性和反应性，在后续机械处理过程中，能有效提高纤维的原纤化程度，使所消耗的能量大幅度降低[17]。通过调控酶预处理的程度以及机械处理的工艺，可制备出平均直径不同的CNF。相对于TEMPO氧化预处理，酶辅助机械处理除能够显著降低制备过程能耗外，还具有条件较为温和、化学试剂用量较少等优点，是绿色、高效制备CNF的方法之一。世界上第一个生产CNF的中试工厂（Lindström's Group from

Innventia）就采用了酶预处理与机械处理相结合的方法，预示了这种方法广阔的工业化前景。

杭州市化工研究院姚献平研发团队纳米纤维素课题组在充分调研的基础上，完成了210kg/d纳米纤维素中试示范生产线的建设（见图3-10）。该中试生产线具有四个特点：a.采用生物酶预处理和机械结合方法，全流程无废水、废渣，无化学排放，具有绿色环保特点；b.采用全自动计算机控制系统，实现连续化生产；c.通过生物酶预处理大幅降低了制备能耗，降低制备成本，具有成本优势；d.还配套浓缩技术装备，可将产品浓度从2%～3%提升至将近30%，为后续产品改性提升及推广应用提供了更多的方便。

图3-10　杭州市化工研究院建成的210kg/d纳米纤维素中试示范生产线

2. 化学法

酸水解是制备CNC的最普遍的方法，这种方法可以有效地除去纤维素的无定形区，在减小纤维素尺寸的同时，制备出高结晶度的CNC。酸水解法由木质纤维素制备CNC的主要步骤见图3-11[18]。

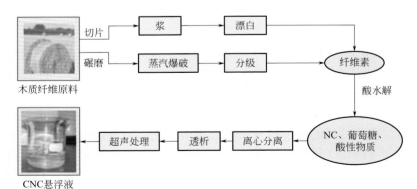

图3-11　酸水解法由木质纤维素生物质制备CNC的主要步骤

酸水解法常用的酸有硫酸、盐酸、磷酸等，其中硫酸最为常用，制备的 CNC 具有良好的尺寸可控性和水分散性。酸水解过程中的无机酸和有机酸在水热条件下会扩散到纤维素网络的内部，并降解非结晶区部分[19]。虽然酸水解制备 CNC 的实验工艺已经较为完善，但是仍然会产生大量的废酸和杂质，存在后续处理成本较高、设备易腐蚀等一系列问题。

据估算，每生产 1kg CNC 需消耗 9kg 浓硫酸（用于酸水解过程）和 13kg 硫酸钠（用于中和废酸液）[20]。由于硫酸根的存在，硫酸水解法制备的 CNC 热稳定性较差。因此，对现阶段的实际生产而言，使用高浓度的无机酸水解大规模生产 CNC 在环境和经济上仍不具备可持续性[5]。这也迫使人们不得不寻找一种环境友好、反应条件温和的制备方法，如固体酸法、离子液体法、生物法等。

3. 生物法

生物法主要为酶解法。酶解法就是用纤维素酶通过催化水解去掉纤维素的无定形区，保留致密而且有一定长径比的结晶区部分，是制备 CNC 的一种主要方法。

纤维素酶不是单一的酶，而是一个多酶体系，主要分为三种：内切葡聚糖酶、外切葡聚糖酶、β- 葡萄糖苷酶。内切葡聚糖酶攻击纤维素纤维结晶度低的区域，创造自由链端；外切葡聚糖酶从自由链端去除纤维二糖单位，从而进一步降解纤维素分子；β- 葡萄糖苷酶（BGs）水解纤维二糖生产葡萄糖。

酶解法的工艺条件相对温和、专一性强，保持了纤维素的基本化学结构，提高了产物纯度，并可大幅降低制备能耗，是一种绿色可持续的制备方法。但是如何有效地提高 CNC 得率，并控制纤维素酶解程度，有待不断研究[21]。

二、改性技术

纳米纤维素作为纤维素基纳米材料的代表作品，目前已受到国内外学者的关注。它具有与一般天然纤维素明显不同的独特性质，如强度高、比表面积大、结晶度高等性质，使其在许多领域都有较广泛的应用。

尽管纳米纤维素具有许多优良性能，但是它仍具有很多缺陷：①纳米纤维素表面众多的羟基决定了它不能很好地溶解在弱极性溶剂和聚合物介质中；②纳米纤维素具有较大的比表面积、较高的热力学势能，晶体间极易发生团聚，且温度越高，不可逆团聚程度越大；③纳米纤维素还缺少高分子化合物的各种目标属性[22]。对纳米纤维素进行表面改性，将拓展纳米纤维素的应用领域，从而实现生物质资源的高值化利用。

对纳米纤维素进行表面改性的方法主要有 2 种：一是小分子化学修饰，包括吸附表面活性剂或聚电解质、酯化、醚化、氧化、硅烷化等；二是接枝共聚。具体可见图 3-12。

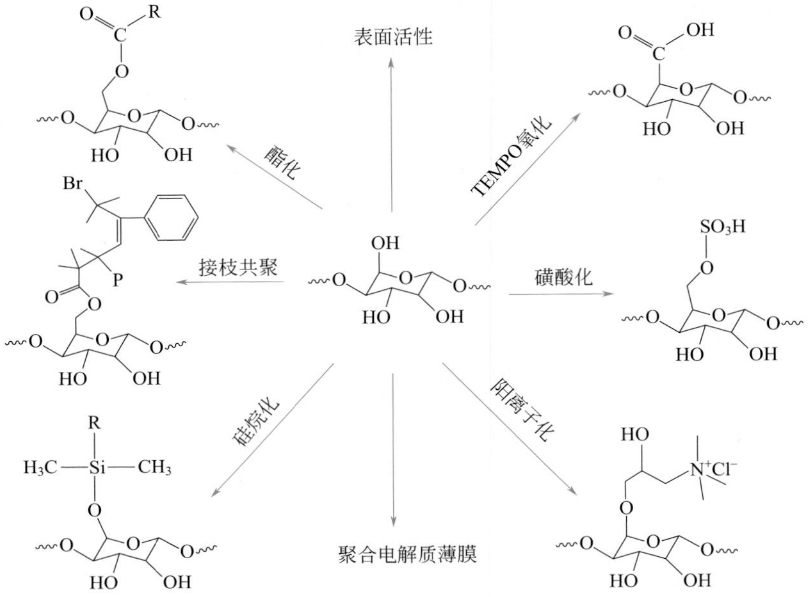

图3-12 纳米纤维素的改性方法

三、主要表征方法

纳米纤维素制备方法的差异使得其尺寸、形态以及表面特性有巨大的差异。作为一种潜在高价值的功能材料，纳米纤维素的尺寸及分布与产品质量密切相关，直接影响制备材料的物理性能。一致、可靠和准确的表征方法对了解纳米纤维素的性能和规范行业标准显得尤为迫切。

对于纳米纤维素及其衍生物的表征主要为表面形貌和内部结构的表征。下面对几个主要指标进行重点阐述。

1. 微观形貌表征

纳米纤维素的微观形貌可利用透射电子显微镜（TEM）、扫描电子显微镜（SEM）、场发射扫描电子显微镜（FE-SEM）、原子力显微镜（AFM）

来表征。

（1）扫描电子显微镜　扫描电子显微镜可以直观观察到纳米纤维素样品的外观形态及聚集状态（图3-13）。纳米纤维素的宽度可以使用 Image J、Nano Measurer 等软件进行统计测定。但是由于纤维素之间的纠缠，难以识别单根纤维的两端，因此很难确定纳米纤维的长度。

（2）透射电子显微镜　透射电子显微镜是以波长极短的电子束作为照明源，用电磁透镜对透射电子聚焦成像的一种具有高分辨率、高放大倍数的电子光学仪器。观察纳米纤维素形貌时，一般选择冷冻电镜进行观察，这样可以降低电子束对样品的损伤，减小样品的形变，从而得到更加真实的样品形貌（图3-14）。

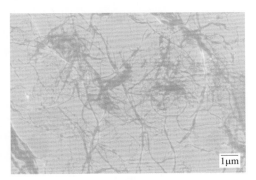 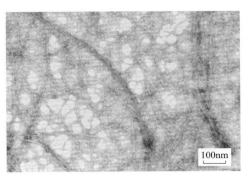

图3-13　CNF的SEM图　　　　图3-14　CNF的TEM图[23]

（3）原子力显微镜　原子力显微镜是通过检测样品表面和一个微型力敏感组件之间的极微弱的原子间相互作用力来研究物质的表面结构及性质[24]。扫描样品时，利用传感器检测这些变化，就可获得作用力分布信息，从而以纳米级分辨率获得表面形貌结构信息及表面粗糙度信息。通过 AFM 形貌图并辅以相位图可以更加真实地反映样品表面结构（图 3-15）。

2. 结构表征

X 射线衍射（XRD）、聚合度（DP）、热重分析（TGA）等表征方法或指标可以用来表征纳米纤维素的内部结构。纳米纤维素气凝胶在进行结构表征时则需要同时进行比表面积（BET）测定。

（1）X 射线衍射　X 射线衍射常用于测定纤维素的结晶度（图 3-16），具有直接、方便等特点[26]。

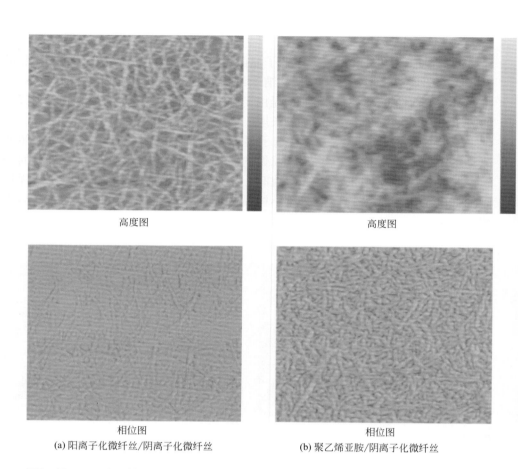

高度图 高度图

相位图 相位图

(a) 阳离子化微纤丝/阴离子化微纤丝 (b) 聚乙烯亚胺/阴离子化微纤丝

图3-15 云母表面纳米纤维素多层结构在敲击模式下的高度图和相位图[25]

（2）聚合度 聚合度表示分子链中所连接的葡萄糖苷的数目，在分子式 $(C_6H_{10}O_5)_n$ 中，n 为聚合度，并可由聚合度计算出分子量（分子量 $=162 \times DP$）。DP 是表示纤维素损伤程度的物理化学指标[28]。纳米纤维素聚合度的测定需采用国家标准方法铜乙二胺黏度法，具体实验参见 GB/T 1548—2016。DP 与纳米纤维的长径比密切相关，较长的纤维具有较高的聚合度。

（3）热重分析 热重分析设备是一种重要的材料研究设备，在程序控温条件下通过测量待测样品的质量与温度变化关系，进而分析生物质燃烧特征[29]。通过分析热重曲线，可以知道样品及其可能产生的中间产物的组成、热稳定性、热分解情况及生成的产物等与质量相联系的信息（图 3-17）。

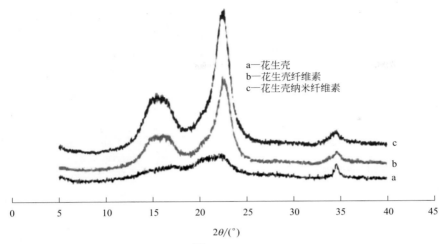

图3-16 不同材料的X射线衍射图[27]

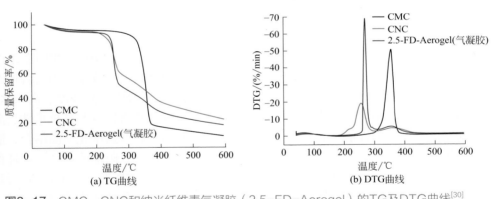

图3-17 CMC、CNC和纳米纤维素气凝胶（2.5-FD-Aerogel）的TG及DTG曲线[30]

（4）比表面积 可通过比表面积自动吸附仪对样品的比表面积、吸附-解析等温线、孔径分布曲线进行测定。根据国际纯粹与应用化学联合会（IUPAC）的定义，孔径小于2nm的称为微孔，孔径大于50nm的称为大孔，孔径在2～50nm的称为介孔（或称中孔）。通过对吸附-解析等温线和孔径分布曲线的分析（图3-18），可以判断气凝胶含有的孔的类型、孔容和平均孔径。

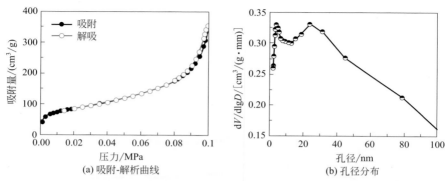

图3-18　纳米纤维素气凝胶的 N$_2$等温吸附-解析曲线和孔径分布图[31]

第三节
纳米纤维素在造纸中的功能应用

　　我国是造纸技术的发明国，也是当今世界造纸大国，2019年我国造纸产量为 12515 万吨，已多年居世界首位。造纸的主要原材料是纤维素，但与普通纤维素不同，纳米纤维素具有许多优良特性，如纳米尺寸效应、高强度、高亲水性、高结晶度、高阻隔性、高杨氏模量等，经化学改性处理可以具备高抗水性、高电荷密度等特殊的性能。尤其是纳米纤维素与淀粉衍生物等造纸化学品结合，能够发挥更多、更有效的功能作用，可以制备性能更加优异、附加值更高、更环保的纸基功能新材料，如提高纸张强度、降低打浆能耗、提高细小纤维及填料留着，可作为高阻隔包装材料、防油材料、高抗水材料等，不断拓展终端应用领域。同时，纳米纤维素可替代现有的化工合成造纸助剂，使造纸体系更加清洁环保。因此，纳米纤维素是极具发展前景的纸基功能新材料，将有力推动纸基功能材料领域的技术进步和行业发展。

　　纳米纤维素因其独特的性能，国内外的科技工作者就其在造纸中的应用已经取得了许多技术成果，但除了在加拿大、日本以及欧洲部分纸厂外，真正投入在纸厂使用的比较少，国内纳米纤维素的投产应用几乎空白。因此，对于纳米纤维素在纸基功能材料中的应用，国内外的有志之士还需要继续努力攻关。目前，纳米纤维素的制备技术虽已日渐成熟，但规模尚小，成本较高，产品针对性不强，应用技术研究明显不足，从而制约了纳米纤维素在造纸中的应用推广。

下面将结合笔者的研究成果以及国内外应用研究现状，对纳米纤维素主要的功能应用作简单介绍。

一、纸张增强

强度是纸张最主要的功能指标之一，提高纸张强度的方法很多，通常可通过提高针叶木浆含量、提高打浆度、添加造纸增强剂等方法来实现。最常见的纸张增强的方法就是添加化学增强剂。常用的增强剂可分为天然高分子、合成树脂、水溶性纤维素衍生物三大类。天然高分子中淀粉的使用最为典型。淀粉成本低廉，使用效果佳，但淀粉需要糊化，并且大量的淀粉加入会带来废纸循环利用过程的环保问题。合成树脂包括聚丙烯酰胺、聚乙烯醇、酚醛树脂等物质，其中聚丙烯酰胺的使用最为广泛。它不仅可以作为增强剂，还具有助留、助滤、表面施胶以及分散的效果。但这种配料成本相对较高，常常也存在有毒元素含量过高的问题。纳米纤维素作为一种天然纤维素的衍生物，本身取自造纸原料，具有天然绿色的特性，同时，纳米纤维素作为纸张增强剂，增强效果高于大部分常用增强剂，在造纸领域具有巨大的潜能。

（1）作用原理　纳米纤维素是优秀的生物基纸张增强材料，普遍认为其作用原理是氢键原理。首先，CNF 通过其裸露的大量氢键桥接邻近纤维，使纤维之间距离缩短至氢键作用距离，纤维间形成缠结的三维网络结构，增强效果随着结合面积增加而增加；其次，CNF 能够嵌入到纤维网络空隙之间，提高纸张纤维的结合力。

（2）应用实例

实例 1：加拿大林产品创新研究院（FP Innovations）在 2013 年曾报道了一种具有革命性意义的天然纤维基增强剂——纤维素丝（CF，cellulose filament）。这种材料是单一地通过机械作用直接从单根木浆纤维上剥离出的丝状纤维，并且其强度得到尽可能保留，其长径比能达到 1000 左右。在由 CF 发明人 Makhlouf Laleg 主持的超轻量包装纸的项目中，其核心技术就是通过加入 CF 来弥补废纸浆纤维强度差的缺点，同时改善成纸挺度和抗水性能。实验结果显示，CF 对成纸强度的综合贡献换算成纸张定量的减量比为：添加 1% CF 可减少 7% 的原纸定量[32]。

实例 2：加拿大林产品创新研究院华旭俊等在专利 CN103502529 A 中公开了一种高长径比纳米纤维素的制备方法，通过这种方法制备的纳米纤维素，可以有效增加纸张的干强度。图 3-19 显示了所制备的 CNF 对纸张抗张能量吸收的影响。当添加 5% CNF 时，纸张抗张能量吸收指数较空白组提高了 150%[33]。

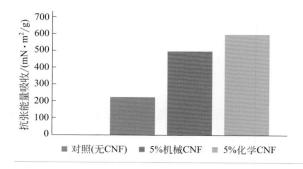

图3-19
CNF对纸张抗张能量吸收
的影响

上述专利还指出 CNF 的加入能够提高湿纸页强度，降低断纸率，改善纸机运行性能，提高车速。对于湿纸页强度的增强，纳米纤维素具有化学助剂无可比拟的优势[33]。欧洲科研人员也发现了相似的规律，在芬兰芬欧汇川的一台高速中试纸机上进行试验，发现添加 1% ～ 2% 纳米纤维素可以提高纸机的运转性能并增加纸张的干、湿强度。这一点在芬兰 VTT 技术研究中心纸机中试过程也得到验证[34]。

实例3：我国姚献平研发团队研究发现，将 CNF 纳米纤维素产品应用于装饰原纸，在纸张定量由 $70g/m^2$ 降到 $60g/m^2$ 后，除纸张透气度下降外，纸张平滑度大大增加，纸张的干抗张强度（简称干强）和湿抗张强度（简称湿强）均未降低，同时灰分和纸张不透明度也基本一致，具体可见图 3-20。

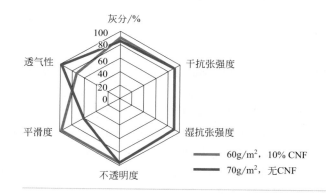

图3-20
不同定量纸张性能对比

实例4：姚献平研发团队王爱姣将聚酰胺多胺环氧氯丙烷树脂（PAE）、阳离子淀粉（CS）分别与 CNF 组成二元增强体系，考察其对纸页的增强效果。结果发现，PAE/CNF 二元体系对纸张的增湿强效果明显，PAE 用量为 0.5%（助剂绝干量对纸浆绝干量的质量分数）、CNF 用量为 0.3% 时，纸张湿抗张强度是未处理空白纸样的 6.2 倍，是 PAE 单独处理纸样（PAE 用量 0.5%）的 1.76 倍；CS/CNF 二元体系则对纸张的增干强效果较为明显，CS 用量为 2.0%、CNF 用量为

0.3%时，纸张干抗张强度是未处理的空白纸样的1.65倍，是CS单独处理纸样（CS用量2.0%）的1.26倍。当CS用量固定为2.0%时，随纳米纤维素用量增加，其纸张物理强度变化如表3-4所示[35]。

表3-4 二元体系中CNF用量对纸张物理强度的影响

CNF用量/%	抗张强度/(kN/m²)	耐破度/kPa	耐折度/次	撕裂度/mN
0	6.99	278	23	7.44
2	8.73	331	35	7.40
3	9.14	420	37	7.39

国内也有纸厂在高速中试纸机上进行了纳米纤维素作为纸张增强剂的应用试验。试验添加1%～2%的纳米纤维素和1%的阳离子淀粉，成纸抗张强度明显提高，光透射系数和透气度略有下降；若保持相同的强度性能，可使成纸定量减少8g/m²；抄纸过程中，网部脱水能力略微降低，出网布湿纸幅干度降低不到1个百分点，总留着率基本不变，但出压榨纸幅干度提高[36]。

从国内外研发成果来看，纳米纤维素作为造纸增强材料应用前景广阔。

二、纸张加填

加填纸就是在纸料的纤维悬浮液中加入不溶于水或微溶于水的白色矿物质填料，使制得的纸张具有不加填时难以具备的某些性质。造纸填料的添加一方面可替代纸浆纤维，降低造纸原料成本；另一方面能改善浆料滤水性能，提高纸张的不透明度、白度、光泽度、平滑度、印刷适性等。但随着填料添加量增加会导致纸张物理强度下降，添加量大时纸张的掉粉掉毛问题也越发突出。同时，填料的留着率低也是困扰造纸工作者的一大问题。

（1）作用原理　纳米纤维素具有非常高的比表面积，表面有大量羟基，经过氧化后的纳米纤维素表面还有大量的羧基和醛基，这些特性使CNF容易与水结合到纤维表面，形成低浓度凝胶。当纳米纤维素加入浆料悬浮液时，浆料黏度增加，可提高填料的留着率。同时，可以改善因加填导致的纸张强度下降问题。

但是根据上述助留原理应用纳米纤维素，与常规的造纸助留化学品比较，无论助留效果还是经济性都不具备太大的优势，由此科技工作者发明了通过制备纳米纤维素-填料复合体方法来解决纸张加填难题。该方法的原理是让纳米纤维素优先与填料结合，再进入造纸系统，进而实现高填料且不损失强度的双重效果。制备纳米纤维素-填料复合体的技术路径一般有：①纤维素纤维与填料共磨达到纤维素原纤化目的；②纳米原纤化纤维通过阴阳离子静电吸附包裹在填料表面；

③纳米纤维素与填料在一定温度下反应形成络合物。

（2）应用实例

实例1：FiberLean公司制备纳米纤维素-填料复合体的技术走在世界前列，其产品已经投入使用（图3-21）。通过将纸浆纤维与填料混磨，然后经高压均质或是超声处理后进行干燥，最后得到CNF-填料复合体。浆内添加时，1.5%的CNF可增加7.5%的填料用量，且纸张的性能不下降。该技术可以大幅降低纸张的生产成本。

图3-21 FiberLean公司产品

实例2：中国制浆造纸研究院苏艳群等在专利CN104863008B中公开了一种原纤化纤维素包络助留高加填造纸工艺，配合阳离子聚丙烯酰胺进行纸张抄造，可获得高加填纸。该体系可以改善浆料的滤水性能以及填料留着率，浆料的打浆度由44°SR降到28°SR，填料留着由44%提高到69%，纸张的力学性能大幅提高，抗张强度、撕裂指数和耐折度分别提高64%、47%和107%[37]。

实例3：在装饰原纸生产过程中，因钛白粉价格较高，提高钛白粉的留着率一直是纸厂关注的问题。姚献平研发团队纳米纤维素课题组开发出CNF和T-CNF（含有钛白粉的CNF）两种纳米纤维素-填料复合体产品，将产品应用于装饰原纸的生产，发现相关产品可以在提高钛白粉留着率的情况下保持或增加纸张强度，具体研究数据见表3-5。纯CNF与阳离子聚丙烯酰胺（CPAM）配合使用时，纸张灰分能提高到16.81%，而纸张抗张指数也在空白基础上增加了13%；使用T-CNF时，纸张灰分提高了近4个百分点，同时纸张强度也增加了近30%；当T-CNF与CPAM配合使用时，纸张灰分可增加到18.52%。

表3-5　CNF对纸张灰分和抗张指数的影响

序号	项目	抗张指数/（N·m/g）	灰分/%
1	空白	11.66	10.97
2	T-CNF	15.22	14.52
3	CNF	17.5	10.71
4	CPAM	8.95	14.08
5	CPAM+T-CNF	9.79	18.52
6	CPAM+CNF	13.23	16.81

三、纸张阻隔

　　包装纸是包装材料的一种，与玻璃、塑料等其他包装材料相比，具有质量轻、成本低和可持续性等优点。据统计，目前全球每年消费品包装的需求约1万亿美元，并且仍然在不断地增长。因此，从绿色可持续发展的角度出发，使用植物来源的纸张代替塑料作为包装材料是大势所趋。

　　包装材料需要能够有效抑制物理、化学、微生物等因素对食品、饮料、化妆品等消费品的损害，同时还应具备阻隔氧气、水蒸气、油脂和微生物等因素的能力。因纸张本身亲水又多孔的性质，无法阻隔水蒸气、油脂等物质，限制了其应用领域。

　　纳米纤维素作为涂料涂布在纸张表面，可以形成一张致密的薄膜，从而提高纸张的强度性能和表面性能，赋予纸张良好的阻隔性能。图3-22显示了CNF涂布在纸张表面的微观结构，经过2% CNF涂布后，纸张表面的空隙率大大降低。

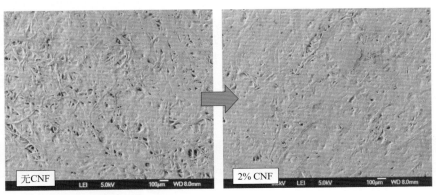

图3-22　CNF涂布纸张的扫描电镜图

　　（1）阻隔原理　纳米纤维素薄膜具有良好的阻隔性能，特别在对氧气、水蒸气的阻隔方面，这可归因于其由纳米原纤维形成的致密网络结构。研究表明，纳米纤维素薄膜内部存在的空隙是分子渗透的主要途径。资料显示，纳米纤维素都是由高比例的结晶区和无定形区组成的，各类纳米纤维素的结晶度在40%～90%之间，其中 CNC 的结晶度最高[38]。由于气体分子是不可能透过结晶区域的，所以气体分子透过薄膜所通过的路径的长度要大于所测薄膜的厚度，致密、无孔的纳米纤维素薄膜使得气体分子渗透的路径变得更加曲折，如图 3-23 所示。

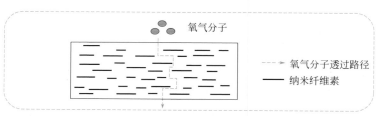

图3-23 纳米纤维素膜内气体分子扩散路径的示意图

与 CNC 薄膜相比，CNF 薄膜具有更优越的阻隔性能，确切地说是更好的阻氧性。这是由于 NFC 内部存在原纤维分子的缠结，形成了高密度和更加曲折的扩散路径。

（2）应用实例

实例 1：国家造纸化学品工程技术研究中心姚献平研发团队对纳米纤维素的阻隔性能进行了系列研究。将纳米纤维素（CNF）加入聚乙烯醇（PVA）中制备 PVA/CNF 复合薄膜，考察 CNF 对复合薄膜氧气阻隔性能、水蒸气阻隔性能（表 3-6）、透光率以及强度性能的影响。结果表明纳米纤维素能够有效增强复合薄膜的氧气以及水蒸气阻隔性能，对薄膜的透光率无明显影响，对薄膜的拉伸强度性能有明显的提升。制备的 PVA/CNF 复合薄膜具有优异的氧气阻隔性能和水蒸气阻隔性能，氧气透过量和水蒸气透过量分别可达 0.072cm³/(m²·24h·0.1MPa) 和 0.45g/(m²·24h)，透光率可达 89%，有望实现在绿色阻隔包装材料领域的应用。

表3-6 不同薄膜氧气和水蒸气阻隔性能

样品名称	定量/(g/m²)	厚度/μm	氧气透过量/[cm³/(m²·24h·0.1MPa)]	水蒸气透过量/[g/(m²·24h)]
纯PVA薄膜	80	60±3	1.507	850.00
纯CNF薄膜	30	23±2	0.030	92.13
PVA/CNF复合薄膜	80	62±2	0.072	0.45

实例2：防油纸是能防油脂吸收渗透的纸，广泛用于汉堡包、烘烤面包、饼干等食品和其他含油物品的包装。目前主流防油纸，主要用含氟防油剂达到防油效果。但含氟防油剂被吸收到人体内后，会产生致癌物质，从而影响人的生命健康。因此，无氟防油剂的开发应用迫在眉睫。

纳米纤维素作为一种天然绿色的产品，将其涂布到纸张表面上可形成一层致密的薄膜，从而赋予纸张优良的抗拒油滴渗透的性能。但纳米纤维素本身含水量大，黏度低，直接在纸上涂布难度较大。如何将纳米纤维素很好地涂布在纸上，姚献平研发团队科研人员对此开展了大量的研究工作。团队通过将纳米纤维素与其他淀粉、PVA等胶料配合制得具备防油性能的涂料配方，目前配方纸机工艺适配性良好，可顺利进行涂布，获得防油等级为6级的防油纸（图3-24）。

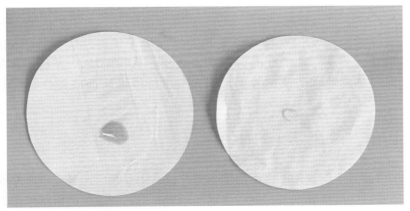

图3-24 国家造纸化学品工程技术中心制备防油纸

考虑到纳米纤维素本身特性，在纸机湿部进行喷淋涂布，可以更好地填充纸张空隙，涂布量更小，达到更高的防油等级。从图3-25可以看出，喷涂时间经过10s之后，纸张的透气度几乎为零，可见纳米纤维素在纸张表面形成一层致密的膜。在纸机湿部进行预涂布之后，再进行正常的表面施胶或涂布，可获得抗油疏水效果均理想的防油纸。

实例3：胡云在专利CN106833139A中设计了一种纤维素纳米纤维基油脂阻隔涂层的制备及其应用方法。首先对基材的表面进行处理，提高表面张力；然后在基材的表面上施涂一层由纤维素纳米纤维凝胶液、聚乙烯醇、改性淀粉、高岭土、纳米碳酸钙成分组成的涂料，涂布量 $2 \sim 18g/m^2$，该涂料干燥后，即在基材的表面形成阻隔涂层，尤其对阻止油脂渗透到基材内部具有明显的效果。其Kit防油等级≥6，可广泛应用于食品包材、电子器件表面涂布、机械零部件表面防护等领域[39]。

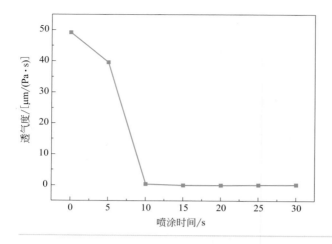

图3-25
纳米纤维素不同喷涂时间
对纸张透气度的影响

由于纳米纤维素的高保水性，导致相关产品的干燥是一大问题。同时，很多应用场景都会要求防油的同时兼顾防水效果。如果解决了纳米纤维素的亲水问题，同时达到疏水防油的效果，那么纳米纤维素防油剂将会有非常巨大的前景。

四、其他功能应用

（1）在烟草薄片上的应用　造纸法烟草薄片是利用卷烟生产过程中废弃的烟草原料加入部分植物纤维和助剂，通过造纸的原理和工艺制成的类似纸张的烟草基片。

纳米纤维素易于吸附携带负电荷的填料以及细小纤维，如烟末、烟梗等，并与浆料中的细小纤维结合，达到可以留着浆料细小组分的目的。另外将纳米纤维素添加在涂布液中，利用其突出的物理化学特性，可以部分替代造纸法烟草薄片中的木浆，从而提升烟草薄片的品质。

天津科技大学制浆造纸重点实验室刘皓月等尝试利用阳离子纳米纤维素与瓜尔胶进行复配，探索一种既不影响卷烟吸味又可以改善烟草浆料滤水留着性能的双元体系。研究发现，利用瓜尔胶和阳离子纳米纤维素组成的双元体系，能够明显改善烟草浆料的滤水留着性能，同时可有效降低滤液的阳离子需求量；并且随着改性纳米纤维素所带电荷量的不断增加，其对烟草浆料滤水留着的效果也随之增大。

当纳米纤维素的添加量为0.1%（占烟草浆料绝干质量）时，表3-7为不同电荷量阳离子纳米纤维素（C-CNF）对烟草浆料滤水留着性能的影响，其中滤液质量为500g，C-CNF-1、C-CNF-2以及C-CNF-3的阳离子电荷量分别为0.460mmol/g、

0.682mmol/g 以及 0.980mmol/g。从表 3-7 可以看出，随着改性纳米纤维素所带电荷量的不断增加，其对烟草浆料滤水留着的效果也随之增大。不同类型纳米纤维素对浆料滤水时间比空白样的分别减少了 1.5s、5.0s、6.3s 和 7.0s。浆料留着率和填料留着率随着纳米纤维素电荷量的增加均呈现增长趋势，其中电荷量为 0.980mmol/g 的阳离子纳米纤维素对填料留着效果最好，填料留着率较空白样提高了 11.6 个百分点[40]。

表3-7　不同电荷量阳离子纳米纤维素对烟草浆料滤水留着性能的影响

分类	滤水时间/s	总留着率/%	填料留着率/%	阳离子需求量/（μmol/L）
空白	28.7	76.2	3.1	142
未改性CNF	27.2	76.2	3.1	135.8
C-CNF-1	23.7	76.5	4.0	102.2
C-CNF-2	22.4	76.6	4.8	98.8
C-CNF-3	21.7	77.0	14.7	84.6

（2）在电池隔膜纸上的应用　电池隔膜是锂电子电池产品的关键部位之一，在电池中起着防止正极与负极接触，阻隔充放电时电路中的电子通过，防止短路，同时能够让电解液中锂离子自由通过的作用。因而电池隔膜性能决定了电池的界面结果、内阻等，直接影响电池容量、循环性能等特性。

目前市场化的锂离子电池隔膜主要是以聚乙烯（PE）和聚丙烯（PP）为代表的聚烯烃微孔膜，其具有优异的力学性能、化学稳定性和相对廉价的特点。但随着锂电池的发展，对于隔膜的耐高温热收缩性能要求越来越高，现有的 PE 和 PP 隔膜已经不满足要求。纳米纤维素本身具有良好的热稳定性，将其加入使用造纸法生产的电池隔膜，产品具有高的孔隙率、优良的耐热性能、良好的化学稳定性等。

陕西科技大学毛慧敏等使用纸浆纤维配抄纳米纤维素来制备纳米纤维素薄膜。图 3-26 为所制备的 CNF 隔膜和 Celgard 2400PP 隔膜热收缩率的对比。CNF 隔膜在温度从 140℃到 200℃时，热收缩率几乎为零；而 PP 隔膜在温度 150℃时，热收缩率为 68%，160℃时达到了 98%，隔膜几乎完全熔融收缩[41]。因此，CNF 隔膜具有很好的热稳定性，对于制备耐高温型高安全性的锂离子电池将是一个很有前景的选择。

（3）在生活用纸上的应用　生活用纸应具有一定的干湿强度和柔软性，另外湿纸巾还需要有一定的保湿性。纳米纤维素作为一种极好的增强剂，同时保水值极高，因此在生活用纸上有很大的应用前景。

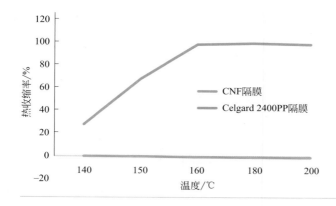

图3-26
CNF隔膜和Celgard2400 PP
隔膜热收缩率的对比

目前生活用纸和卫生纸中引入纳米纤维素的应用还处于发展阶段，主要目的为改善纸张强度，降低成本并改善纸张的应用性能。所采取的技术路线包括：①浆内直接添加纳米纤维素；②湿纸幅上进行表面涂布。

美世国际有限公司在专利 CN201780047631.0 中提出了一种技术方案，该技术方案中的造纸配料包含45%～90%的精磨针叶木浆纤维混合物和10%～55%的阔叶木浆纤维素，其中精磨针叶木浆纤维的混合物由20%～89.9%的针叶木浆纤维、0.05%～20%的纳米纤维素以及0.05%～5.0%的造纸助剂组成。采用该技术可生产具有良好松厚度、吸附性、柔软性以及高强度和高耐久性的产品[42]。

山东太阳生活用纸有限公司赵强等在专利 CN201710091088.6 中指出将经过疏水改性处理的粒径为 30～100nm 的纳米纤维素涂布到生活用纸表面，涂布量为 0.2～3g/m² ，最终可以得到具有良好湿强度和柔软度的生活用纸[43]。

第四节
存在问题与展望

一、存在问题

纳米纤维素发展至今，在造纸领域一直未能实现规模应用，究其原因，一方面是纳米纤维素目前成本价格高，造纸厂对成本要求比较敏感，用不起；另一方面是纳米纤维素改性和应用技术不够成熟，一些应用技术问题尚未有效解决，如纳米纤维素用量大、分散难、会降低纸浆的滤水性能等。

对于纳米纤维素成本价格高的问题，随着制备技术的改进，以及规模化生产的加快，相信不久的将来价格会有较大幅度的下降；对于纳米纤维素用量大的问题，可以通过改性技术改善纳米纤维素的功能特性，提高与纤维素的结合力，降低添加量；对于分散难问题，可以结合纸机本身的工艺特点，将纳米纤维素添加在低浓打浆机中，让纳米纤维素与纸浆一起分散来解决，同时也可部分解决后续滤水困难的问题。

为了克服添加纳米纤维素会降低纸浆的滤水性能这个缺点，研究人员正在开辟出一条新的思路，将纳米纤维素和填料相结合，形成二元助留助滤体系，在提高填料保留率和纸张强度的同时还可以加快浆料的脱水速度。

将纳米纤维素与现有的造纸化学品结合，既可以提高应用效果，又可降低应用成本是应用的一个重要方向。特别是纳米纤维素和淀粉具有相同的葡萄糖单元结构，两者亲和性好，是天然的绝配材料，有待深入研究。

当前，纳米纤维素的应用应重点放在功能性纸上，如电池隔膜纸、防油纸等高端纸。相信随着科研人员的不断努力，纳米纤维素在造纸上一定会实现规模应用。

二、展望

近年来纳米材料在造纸中的优势越来越显著，纳米纤维素兼具纳米材料的特性及植物纤维可降解环保性能，对其应用研究也越来越热。在造纸工业中添加纳米纤维素不仅可以用来替代普通浆料，节省原料，提高纸张性能，还可以赋予纸张特殊性能。如日本制纸利用纳米纤维素吸附抗菌剂的特性已将其用于成人纸尿裤中；还可以将纳米纤维素用于电池隔膜，具有充电次数多，充电速度快的特点；还可以以"纳米纸"为基底，用于半导体器材，实现优良的工作性能；日本王子控股和三菱化学还将"纳米纸"用于替代 iPad 等平板电脑的显示屏等等。

毫无疑问，纳米纤维素是改善纸张质量，降低纤维消耗，提高性能品质，开发功能性纸基功能材料的最佳选择，一旦推广开来，无论用量还是效益都将十分巨大。

除此以外，纳米纤维素因其优良的性能，在其他诸多领域也具有非常重要的应用价值。在过去的 20 年里，国内外高校、科研机构、商业化公司开展了大量的科学研究和应用探索，取得了很多非常优秀的科研成果，近 5 年一些商业化产品也在陆续推出，例如三菱公司的圆珠笔、亚瑟士的跑鞋等，但是相应的大规模的应用和商业化仍然存在挑战。

目前纳米纤维素的成本仍然较高，这也限制了其商业化应用。日本经济产业省（Ministry of Economy,Trade and Industry，即 METI）基于其对日本造纸工业未来前景与问题的调查结果[44]，总结出了 CNF 材料制造的生产规模及其制造成本的关系。通过化学预处理及原纤化技术的开发，第一代 CNF 的总体成本降至 40～70 美元 /kg。通过大规模的工业化生产，能将成本降至 10 美元 /kg 左右。到 2030 年，更先进的制备工艺将提高 CNF 的生产效率，第二代 CNF 的成本预计可进一步降至约 5 美元 /kg。以 CNF 为绿色纳米材料开发的新产品包括汽车零部件，信息、电子、包装、建筑、流体添加剂和高端过滤器等材料，预计每年的市场销售额将达到 100 亿美元。

随着纳米纤维素制备技术的提升和大规模工业化生产推进，纳米纤维素成本将逐渐下降，这将进一步扩展其应用领域，特别是纸基功能材料大宗应用方面商业化将成为现实。相信在国内外各方面力量的努力下，在产学研用的联合推动下，纳米纤维素在纸基功能材料中的商业化一定能早日实现，这对推动社会经济可持续发展和改善生态环境具有重要的现实意义。

参考文献

[1] 李伟, 刘守新, 李坚. 纳米纤维素的制备与功能化应用基础 [M]. 北京：科学出版社, 2016: 3.

[2] 杜海顺, 刘超, 张苗苗, 等. 纳米纤维素的制备及产业化 [J]. 化学进展, 2018, 30(4): 448-462.

[3] 胡云, 刘金刚. 纳米纤维素的制备及研究项目 [J]. 中华纸业, 2013, 34(6): 33-36.

[4] 姚文润, 徐清华. 纳米纤维素制备的研究进展 [J]. 纸和造纸, 2014, 33(11): 49-55.

[5] 吴清林, 梅长彤, 韩景泉, 等. 纳米纤维素制备技术及产业化现状 [J]. 林业工程学报, 2018, 3(1): 1-9.

[6] Klemm D, Kramer F, Moritz S, et al. Nanocelluloses: A New Family of Nature-Based Materials[J]. Angewandte Chemie International Edition, 2011, 50(24): 5438-5466.

[7] TAPPI. Proposed New TAPPI Standard: Standard terms and their definition for cellulose nanomaterial, in Draft for review[S]. 2011: 1-6.

[8] 陈文帅, 于海鹏, 李勋, 等. 纳米纤维素机械法制备与应用基础 [M]. 北京：科学出版社, 2014.

[9] 张思航, 付润芳, 董立琴, 等. 纳米纤维素的制备及其复合材料的应用研究进展 [J]. 中国造纸, 2017, 36(1): 67-74.

[10] 朱亚崇, 吴朝军, 于冬梅, 等. 纳米纤维素制备方法的研究现状 [J]. 中国造纸, 2020, 39(9): 74-83.

[11] Nechyporchuk O, Belgacem M N, Bras J. Production of cellulose nanofibrils: A review of recent advances[J]. Industrial Crops and Products, 2016, 93: 2-25.

[12] 李伟, 王锐, 刘守新. 纳米纤维素的制备 [J]. 化学进展, 2010, 19(10): 1568-1575.

[13] 汪丽粉, 李政, 贾士儒, 等. 细菌纤维素性质及应用的研究进展 [J]. 微生物学通报, 2014, 41(8): 1675-1683.

[14] Nelson K, Retsina T, Iakovlev M, et al. American Process: Production of Low Cost Nanocellulose for

Renewable, Advanced Materials Applications[M] //Madsen L, Svedberg E. Materials Research for Manufacturing. Switzerland: Springer, Cham, 2016: 267-302.

[15] Siró I, Plackett D. Microfibrillated cellulose and new nanocomposite materials: a review[J]. Cellulose, 2010, 17(3): 459-494.

[16] Isogai A, Kato Y. Preparation of polyuronic acid from cellulose by TEMPO-mediated oxidation[J]. Cellulose, 1998, 5(3): 153-164.

[17] Hassan M L, Bras J, Hassan E A, et al. Enzyme-assisted isolation of micro fibrillated cellulose from date palm fruit stalks[J]. Industrial Crops and Products, 2014, 55: 102-108.

[18] Filson P B, Dawson-Andoh B E. Sono-chemical preparation of cellulose nanocrystals from lignocelluloses derives materials[J]. Bioresource Technology, 2009, 100(7): 2259-2264.

[19] Yu H, Qin Z, Liang B, et al. Facile extraction of thermally stable cellulose nanocrystals with a high yield of 93% through hydrochloric acid hydrolysis under hydrothermal conditions [J]. Journal of Materials Chemistry A, 2013, 1(12): 3938-3944.

[20] Chen L, Zhu J Y, Baez C, et al. Highly thermal-stable and functional cellulose nanocrystals and nanofibrils produced using fully recyclable organic acids[J]. Green Chemistry, 2016, 18 (13): 3835-3843.

[21] 周建，罗学刚，苏林. 纤维素酶法水解的研究现状及展望 [J]. 化工科技，2006, 14(2): 51-56.

[22] Ahola S, Myllytie P, Bsterberg M, et al. Effect of polymer adsorption on cellulose nanofibril water binding capacity and aggregation[J]. Bioresources, 2008, 3(4): 1315-1328.

[23] 黄丽婕，张晓晓，徐铭梓，等. 木薯渣纳米纤维素的制备与表征 [J]. 包装工程，2019, 40(15): 16-23.

[24] 王露. AFM 的改进及其在材料学、生物学上的应用 [D]. 重庆：重庆大学，2010.

[25] 杨海艳，郑志锋，王堃，等. 原子力显微镜在纤维素研究中的应用 [J]. 林产化学与工业，2017, 37(1): 14-20.

[26] 杨蕊，韩景泉，兰平，等. 生物质纤维素结晶度的研究进展 [J]. 木材加工机械，2018, 29(4): 33-39.

[27] 刘潇，董海洲，侯汉学. 花生壳纳米纤维素的制备与表征 [J]. 现代食品科技，2015(3): 189-194.

[28] 龚三龙，李清学，张云杰. 棉麻纤维素聚合度测定方法探讨 [J]. 纤维标准与检验，1993(2): 11-12, 35.

[29] 南炳燊. 热重分析系统的温度控制方法研究 [D]. 北京：北京交通大学，2017.

[30] 王晓宇，张洋. 叔丁醇冷冻干燥法制备纳米纤维素气凝胶 [J]. 林业工程学报，2017, 2(1): 103-107.

[31] 姚远，张洋，赵华，等. 酸法制备纳米纤维素特性及其气凝胶的制备 [J]. 纤维素科学与技术，2017, 25(2): 38-44, 51.

[32] 邹学军，Jean, Hamel. 加拿大林产品创新研究院 (FPInnovations) 的先进技术和独特服务如何帮助中国造纸企业提高生产效率和降低生产成本 [C]. 2012 国际造纸技术报告会论文集. 上海：2012.

[33] 华旭俊，M·拉莱格，K·迈尔斯，等. 高长径比纤维素纳米长丝及其生产方法：CN103502529A[P]. 2014-01-08.

[34] 邹艳洁. 纤维素纳米纤维对文化用纸性能的影响 [J]. 中华纸业，2017, 38(04): 61-66.

[35] 王爱姣，王立军，蒋健美，等. 基于阳离子聚合物和纤维素纳米纤丝的二元纸张增强体系 [J]. 造纸科学与技术，2018, 37(5): 24-28.

[36] 陈翠. 纳米纤维素作为纸张增强剂的应用 [J]. 国际造纸，2014(5): 27-31.

[37] Siqueira G, Lingua S T, Bras J, et al. Morphological investigation of nanoparticles obtained from combined mechanical shearing, and enzymatic and acid hydrolysis of sisal fibers[J]. Cellulose, 2010, 17(6): 1147.

[38] Lotti M, Gregemen W, Moe S, et al. Rheological studies of microfibrillar cellulose water dispersions[J]. Journal of Polymers and the Environment, 2011, 19(1): 137.

[39] 胡云 . 一种纤维素纳米纤维基油脂阻隔涂层的制备及其应用方法 : CN106833139A[P]. 2017-06-13.

[40] 刘皓月 , 刘忠 , 刘洪斌 , 等 . 改性纳米纤维素对烟草浆料滤水和留着性能的影响 [J]. 中国造纸 , 2018, 37(12): 31-35.

[41] 毛慧敏 , 陆赵情 , 何志斌 , 等 . 纳米纤维素与木浆混抄制备锂离子电池隔膜的性能研究 [J]. 中国造纸 , 2016, 35(10): 6-10.

[42] T·齐根佩恩 . 用于制造包含纳米丝的纸制品的方法 : CN109862815A[P]. 2019-06-17.

[43] 赵强 , 杨晓静 , 亚历克斯 . 薄页纸及其制备方法 : CN108457127A[P]. 2018-08-28.

[44] METI. Survey on the actual status of manufacturing infrastructure technology 2013, future prospects and issues of the paper industry[R]. Japan: METI(Ministry of Economy,Trade and Industry), 2014.

第四章

高性能纤维纸基功能材料

特种纸作为一种高新技术产品，广泛应用于航空、航天、交通、电子、金融、医疗、食品、装饰等多个领域，具有技术含量高、附加值高、应用范围广等特点。特种纸的制造涉及造纸、材料、化学等多个学科，所用原料包括植物纤维、合成纤维、无机纤维、动物纤维、金属纤维等。根据纤维特性的差异，对纤维进行复合或者混杂，可制造出具有不同性能、功能和用途的特种纸。

植物纤维作为造纸的主要原料，具有可降解、可循环再生的优势。然而，植物纤维的理化特性造成其制造的纸张在结构与性能方面存在一定的局限性，如纤维表面羟基易氧化，导致纸张易老化、返黄、不耐化学腐蚀；纤维表面的亲水基团导致纸张抗水性差，易吸湿变形；此外，纸张耐温性差、易燃烧，这些缺陷使得植物纤维纸张无法满足特殊功能需求，必须通过采用特殊化学品，或者通过物理、化学加工，甚至采用合成纤维来改善其性能缺陷。高性能纤维是合成纤维家族的成员之一，具有高的模量和强度，一般还具有良好的耐热性、介电性能以及优异的化学稳定性。因此，高性能纤维不仅可以弥补植物纤维造纸的缺陷，还可赋予纸张特殊的性能，成为纸基功能材料（特种纸）领域的重要研究和发展方向之一。

第一节
代表性的高性能纤维

高性能纤维通常是指物理化学结构特殊、用于特定领域，并具有高强度、高模量、突出的耐高温及抗燃性或化学稳定性等优异性能的一类特种化学纤维[1]。与常规植物纤维相比，高性能纤维在机械强度、绝缘性能、耐温性等方面具有显著的优势。它们既可作为结构材料承载负荷，又能作为功能材料发挥作用。作为先进纸基复合材料的重要原材料，高性能纤维及其纸基复合材料已成为电工绝缘、轨道交通、航空航天、海洋船舶、石油化工、风力发电等领域的战略性新型材料。

高性能纤维根据其化学组成，可以分为高性能有机纤维和高性能无机纤维两大类[2-4]，如图 4-1 所示。高性能有机纤维的典型代表有芳香族聚酰胺纤维、聚酰亚胺纤维、超高分子量聚乙烯纤维等；高性能无机纤维的典型代表有碳纤维、玄武岩纤维、玻璃纤维等。

高性能有机纤维	高性能无机纤维
• 芳香族聚酰胺纤维(AF) • 聚酰亚胺(PI)纤维 • 超高分子量聚乙烯 　(UHMWPE)纤维 • 聚对亚苯基苯并二噁 　唑(PBO)纤维	• 碳纤维(CF) • 玄武岩纤维(BF) • 玻璃纤维(GF) • 氧化铝(Al_2O_3)纤维 • 碳化硅(SiC)纤维

图4-1　高性能纤维的分类

一、高性能有机纤维

1. 芳香族聚酰胺纤维

芳香族聚酰胺纤维（aramid fiber，AF），国内称为芳纶，其最具有实用价值的品种有两个：间位全芳香族聚酰胺纤维（间位芳纶，芳纶1313，聚间苯二甲酰间苯二胺纤维，PMIA）和对位全芳香族聚酰胺纤维（对位芳纶，芳纶1414，聚对苯二甲酰对苯二胺纤维，PPTA）。

美国杜邦公司于20世纪60年代开发出间位全芳香族聚酰胺纤维，并于1967年上市，商品名为Nomex®，其分子结构式见图4-2。1971年，强度和模量更高的对位全芳香族聚酰胺纤维Kevlar®商品化，其分子结构式见图4-3。Kevlar®的出现标志着人们在高强高模纤维领域的突破性进展。1974年，美国通商委员会将全芳香族聚酰胺命名为aramid，一般指酰胺基团直接与两个苯环基团连接而成的线性高分子，其制造的纤维称为芳香族聚酰胺纤维，即芳纶纤维。芳纶纤维具有高强度、高模量、耐高温和密度低的特性，具有良好的抗冲击性、化学稳定性、阻燃性和绝缘性。它是在高性能复合材料中用量仅次于碳纤维的增强纤维，广泛用于个体防护、防弹装甲、橡胶制品、石棉替代品、车用摩擦材料、高级绝缘纸、纸基蜂窝结构材料，是航空航天、国防、电子通信、石油化工、海洋开发等高端领域的重要材料。

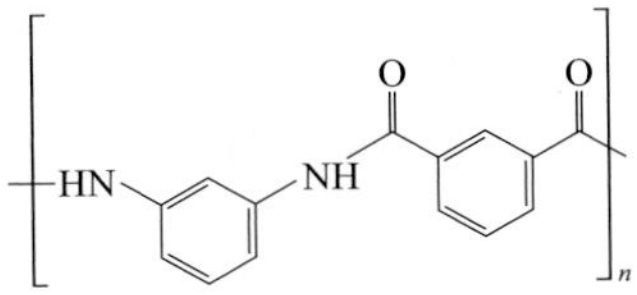

图4-2　Nomex®分子结构式

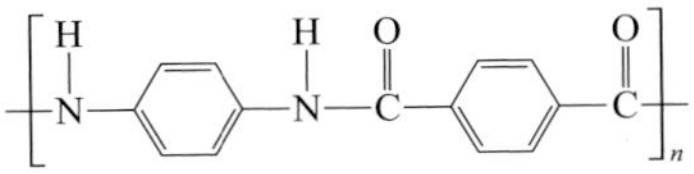

图4-3　Kevlar®的分子结构式

我国于 1972 年开始研究芳纶，2002 年，烟台氨纶股份有限公司（现烟台泰和新材料股份有限公司）研发出高品质的芳纶 1313，并实现工业化生产，成为世界第二大芳纶制造商。2011 年，烟台泰和新材料股份有限公司 1000t/a 对位芳纶产业化工程项目试车成功，使我国成为继美国、日本之后又一生产对位芳纶纤维的国家。

Kevlar® 的酰胺和芳香基之间存在着共轭共振，因此刚性大，呈金黄色，而Nomex® 纤维的间位构形中不存在这一情况，呈白色。Nomex® 纤维，亚苯基和酰胺单元在间位上链接产生不规则的链构象，相对 Kevlar® 结晶度低，因而具有较低的拉伸模量。Kevlar® 纤维，酰胺基沿线性大分子主链以规律的间隔出现，有利于相邻链间形成大量侧向氢键，引发有效的链堆砌和高结晶度。

对位芳纶纤维的结构用 X 射线衍射、扫描电子显微镜以及化学分析等方法进行解析，提出了许多结构模型 [5-7]，如"辐射排列褶裥层结构"模型、"片晶柱状原纤结构"模型、"皮芯层有序微区结构"模型等，这些微细构造的模型基本反映了对位芳纶纤维主要结构特征，即纤维中存在伸直链聚集而成的原纤结构以及纤维的截面上具有典型的皮芯结构。由于采用液晶纺丝技术，纤维外层在成形时冷却速度快，形成伸直链大分子均匀排列、结晶度较低的皮层结构，纤维内部分子之间通过范德华力和氢键结合。对位芳纶大分子内旋转位能相当高，分子链节呈平面刚性伸直链，结晶时，往往形成伸展链片晶（伸展链片晶指的是长链分子在晶片中呈充分伸展的形态），使得对位芳纶纤维容易形成高度取向的多重原纤结构。正是这种特殊结构的存在，使得对位芳纶纤维可以通过打浆实现原纤化，制备浆粕。

芳纶纤维由于表面光滑、缺乏活性基团，导致纤维与树脂等基体的黏合性较差。目前，国内外芳纶纤维在纸基功能材料中的应用研究主要集中在以下四个方面：

（1）芳纶纤维表面改性　主要包括化学改性，在纤维表面引入活性基团，通过化学键合或极性作用来增加纤维与基体间的黏合强度，主要方法有表面刻蚀、表面接枝、偶联剂改性等；物理改性，通过物理作用，使纤维表面粗糙度增加，提高纤维与基体的接触面积和润湿性，改善界面状况，主要方法有表面涂层、等离子体改性、γ 射线辐射技术和超声浸渍技术。

（2）差别化芳纶纤维的制备　美国杜邦公司和日本帝人公司通过原纤化法或沉析法开发了差别化芳纶浆粕和沉析纤维，它们具有更大比表面积、更强抓附力、更适合造纸的纤维形态，以及更好的成形质量与成纸性能。

（3）芳纶纤维本体性能改善　尽管芳纶纤维具有优异的性能，但存在不耐光、易老化、抗紫外线能力差等问题。光老化作用导致材料易发生降解、老化和劣化，造成制品力学性能逐渐下降，出现变脆、龟裂和发黄现象甚至完全破坏而无法使用，因此芳纶纤维在光长期作用下的安全使用问题已引起广泛的关注。日本东丽纤维研究所研究发现，通过在纺丝液中添加有机紫外线吸收剂的方式可改善其耐光防老化效果[8]。

2. 聚酰亚胺纤维

聚酰亚胺纤维（polyimide，PI）是一种杂环纤维聚合物纤维，也属于典型的高性能纤维。图4-4为两种常见的聚酰亚胺化学结构式。聚酰亚胺分子链中含有酰亚胺环、芳环和杂环，刚性大；此外，酰亚胺环上的氮氧双键键能很高，芳杂环产生的共轭效应使分子间作用力较大；加之纤维制备过程中沿轴向高度取向，从而赋予聚酰亚胺纤维高强高模、低介电、耐高低温、耐辐射、阻燃和吸水率低等性能。除此之外，聚酰亚胺纤维还具有较好的化学稳定性，能够经受强酸的腐蚀；在经过一定强度的电子照射后，其性能还能保持在90%左右，远远超过其他纤维；聚酰亚胺纤维的极限氧指数（LOI）在35%到75%之间，其发烟率比较低，属于自熄性材料。与芳纶纤维相比，聚酰亚胺纤维具有更高的热稳定性、更低的吸水率、更高的热氧化稳定性、更高的耐水解性及更高的耐辐射性，是一类更具发展前景的功能材料，可望在原子能工业、空间环境、救险需要、航空航天、国防建设、新型建筑、高速交通工具、海洋开发、体育器械、新能源、环境产业及防护用具等领域得到广泛的应用。2010年，长春高琦聚酰亚胺材料有限公司与中科院长春应用化学研究所合作开展了耐高温聚酰亚胺纤维的产业化工作，成为国内唯一具备从原料合成到产品的全路线生产能力与自主研发能力的企业，其制备的聚酰亚胺纤维综合性能已达到国际先进水平。

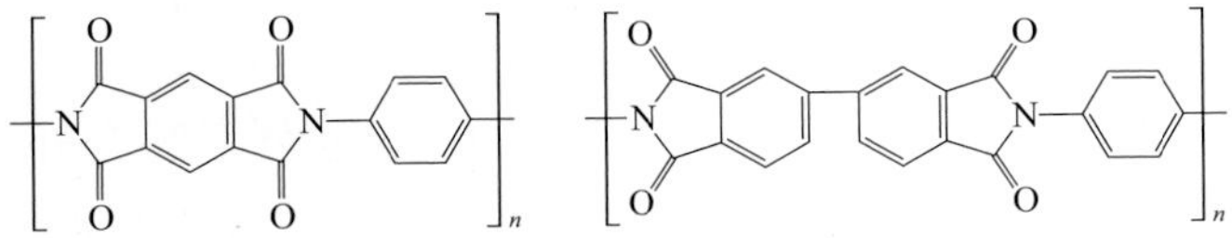

图4-4　两种常见的聚酰亚胺化学结构式

聚酰亚胺纤维的制备根据原理的不同主要有两种路线：一种是利用合成的聚酰胺酸进行纺丝，而后通过酰亚胺化聚合形成聚酰亚胺环，该方法使用较为普遍；另一种是直接利用聚酰亚胺溶液或熔体进行纺丝制得聚酰亚胺纤维。

聚酰亚胺纤维的研究工作最早开始于20世纪60年代中期的美国和苏联，同时我国和日本也开始了一定的研究工作，主要是通过聚酰亚胺酸溶液进行纺丝，再在高温或脱水剂的环境下进行酰亚胺化，最后得到具有一定力学性能的聚酰亚胺纤维，但是由于当时纺丝技术的不成熟，纤维合成成本过高，聚酰亚胺纤维没有得到迅速推广和应用。直至20世纪80年代，法国Kermel

公司使用二甲基酰胺（DMF）和苯二甲酸盐为原料，经过湿法纺丝制备出聚酰亚胺纤维，商品名为 Kermel。1984 年以前，Kermel 仅供应法国军队和警察部队，被用于制造耐高温防火服。直到 20 世纪 90 年代才开始小规模全球市场供应。

现今，随着现代工业对新型纤维的需求，越来越多的学者投入了对聚酰亚胺纤维的研究和开发，主要集中在高温分离、高绝缘产品、新型生物材料等领域。目前，聚酰亚胺纤维已经被广泛应用在航空航天、电气电机绝缘、车辆工程、电子通信、个人防护等众多领域。

利用聚酰亚胺纤维通过湿法造纸制备的聚酰亚胺纤维纸基材料具有优异的机械、耐温和绝缘性能，可作为蜂窝结构材料、耐高温绝缘材料应用于轨道交通、国防军工、航空航天等领域。然而，聚酰亚胺纤维湿法造纸技术难度大，且缺乏与之性能匹配的高活性、高比表面积、高性能黏结纤维，导致纸张成形质量差、强度低，无法充分发挥聚酰亚胺纤维的优异性能。国际上目前尚无商品化聚酰亚胺纤维纸基材料，仅有聚酰亚胺薄膜，然而聚酰亚胺薄膜孔隙致密，产品加工时与树脂结合弱，影响材料的应用范围。长春高琦聚酰亚胺材料有限公司开发的一种聚酰亚胺纤维纸基功能材料，避免了利用聚酰胺酸纤维或聚酰胺酸溶液在高温和高压下发生酰亚胺化制备聚酰亚胺纸而造成的酰亚胺化不完全、纤维分子质量下降等问题，大幅提升了纸张的强度性能，以满足航天航空、轨道交通等行业对轻质结构材料强度与耐温性日益增长的需求 [9]。

3. 聚对亚苯基苯并二噁唑纤维

聚对亚苯基苯并二噁唑（poly-*p*-phenylenebenzobisoxazole，PBO）纤维集高强度、高模量、高耐热性和高阻燃性等优异性能于一身，被誉为 21 世纪的超级纤维。1991 年，美国 DOW 化学公司与日本 Toyobo 公司联合开发出 PBO 纤维纺丝技术，并在 Toyobo 公司实现商业化生产，注册商标为 Zylon®。我国对 PBO 的研究起步较晚，20 世纪 80 年代中期华东工学院（现南京理工大学）合成了国内最早的 PBO 聚合物，制备出的纤维的拉伸强度为 1.2GPa，模量为 10GPa，但其性能不如 Kevlar® 纤维。经过多年发展，国内众多高校和科研院所在 PBO 单体合成、PBO 聚合工艺及纤维的纺制方面取得了一定成果。2005 年东华大学首次制备出拉伸强度为 4.38GPa，热降解温度高于 600℃的 PBO 纤维，为实现 PBO 纤维国产化和规模化奠定了基础 [10]。PBO 纤维性能优异，可与碳纤维（T800）、对位芳纶纤维（Kevlar®、Technora®）、间位芳纶纤维（Nomex®）、聚苯并咪唑（PBI）等高性能纤维媲美（表 4-1），因而在军用和民用领域具有广阔的应用前景，但由于其价格高昂，目前多用于国防工业等特殊领域。

表4-1　PBO 纤维与其他纤维性能对比[11]

品种	密度/(g/cm³)	拉伸强度/GPa	拉伸模量/GPa	断裂伸长率/%	耐热温度/℃	LOI/%	回潮率/%
Zylon® AS	1.54	5.8	180	3.5	650	68	2
Zylon® HM	1.56	5.8	280	2.5	650	68	0.6
T800®	1.80	5.6	300	1.4	—		
Kevlar® 49	1.44	3.6	130	2.8	550	28	4.5
Nomex® 450	1.38	0.65	17	22	400	32	4.5
Technora®	1.39	3.4	71	4.5	500	25	3.5
PBI	1.40	0.4	5.6	30	550	41	1.5
钢丝	7.8	2.8	200	1.4			

PBO 分子链中苯环和噁唑环几乎与链轴共平面，具有左右对称的刚性棒状分子结构，其分子结构式如图 4-5 所示。由于 PBO 分子链各结构成分存在高度共轭性，致使分子键能高，稳定性好。此外，液晶纺丝技术使得纤维中刚性棒状大分子获得高的取向度和规整度，从而赋予 PBO 纤维优异的性能。

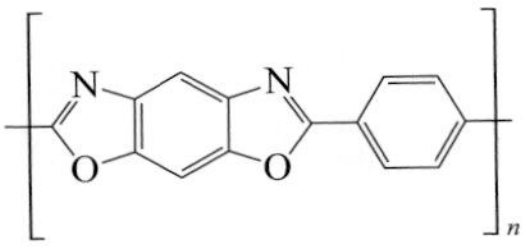

图4-5
PBO分子的化学结构式

PBO 纤维有典型的皮芯层结构，在约小于 0.2μm 的光滑皮层下是由直径为 10 ~ 50nm 的微原纤构成的芯层，这些微原纤是由沿纤维轴向高度取向的 PBO 刚性棒状分子排列而成，微原纤间有毛细微孔。这种多重原纤结构使得 PBO 纤维可以通过造纸打浆工艺实现原纤化，制备具有纳米直径的浆粕材料。研究者已经对 PBO 原纤化浆粕的制备工艺、表征技术开展了大量研究工作。以 PBO 纤维制备的功能纸基复合材料可以作为摩擦材料、耐热材料、电池隔膜、蜂窝夹层复合材料等应用于航空航天、新能源等尖端科技领域。

PBO 纤维的分子结构决定了其优异的热学、力学性能。PBO 纤维耐热性能突出，纤维没有熔点，热分解温度达到 650℃，在 300℃下可长期使用，是迄今为止耐热性最高的有机纤维。此外，PBO 纤维表现出优异的阻燃性能，LOI 为 68%，在有机纤维中仅次于聚四氟乙烯纤维（LOI 为 95%）。PBO 纤维在 750℃燃烧时，产生的 HCN、NO_x 和 SO_x 等有毒气体与对位芳纶纤维相比非常少。

PBO 纤维是优异的耐冲击材料，在受冲击时纤维可原纤化而吸收大量冲击能，其复合材料的最大冲击载荷和能量吸收均高于芳纶和碳纤维。此外，PBO纤维具有优异的尺寸稳定性和耐磨以及耐弯曲疲劳性能。然而，PBO的噁唑环容易在紫外光照射下发生开环、断裂，导致纤维强度下降。经过40h的耐晒实验，芳纶的拉伸断裂强度值还可以稳定在初始的80%左右，而PBO纤维的拉伸断裂强度值仅为原来的37%。

当前，开发具有自主知识产权的PBO纤维产业化制备技术，开发下一代耐高温、结构减重材料对于推动我国国防、航空航天等关键领域的现代化进程和综合国力的提升具有重要意义。

4. 超高分子量聚乙烯纤维

超高分子量聚乙烯（ultra high molecular weight polyethylene，UHMWPE）纤维，又称为高强高模聚乙烯纤维，是用分子量在100万～500万的聚乙烯所纺出的纤维。作为目前世界上比强度和比模量最高的纤维，UHMWPE纤维与芳纶、碳纤维并称为世界三大高科技纤维。UHMWPE纤维外观为白色，是高性能纤维中密度最小的纤维，也是唯一一种能够在水面上漂浮的纤维，具有强度高、模量高、密度低、耐光性好、耐低温、耐弯曲疲劳性好、耐化学腐蚀等优点[12]。

UHMWPE纤维具有亚甲基相连（$-CH_2-CH_2-$）的超分子链结构，纤维沿轴向取向度高、结晶度高，因此具有优良的力学性能。UHMWPE纤维的拉伸强度为2.8～4.2GPa，断裂伸长率为3%～6%，其断裂功高于碳纤维和芳纶纤维。此外，UHMWPE纤维具有突出的抗冲击性和抗切割性能，抗拉强度是相同线密度钢丝的15倍，比芳纶高40%，是普通纤维和优质钢纤维的10倍，仅次于特级碳纤维。由于UHMWPE纤维的分子结构$-CH_2-CH_2-$不含有易与接触物质发生反应的羟基、芳香环等基团，因此具有化学和光学惰性。如表4-2所示，在盐酸、氢氧化钠、海水等多种化学介质中浸泡6个月后，强度保留率仍为100%。在次氯酸钠溶液中浸泡后强度下降至91%，而Kevlar® 纤维强度完全丧失[13]。此外，该纤维是玻璃化温度低的热塑性纤维，在塑性变形过程中吸收能量，该纤维的耐冲击性能高于芳纶、碳纤维和聚酯纤维，仅小于聚酰胺纤维（锦纶）。

表4-2　UHMWPE纤维（Spectra®）和Kevlar®纤维在不同化学介质中浸泡6个月后的强度保留率

介质	强度保留率/%		介质	强度保留率/%	
	Spectra®纤维	Kevlar®纤维		Spectra®纤维	Kevlar®纤维
次磷酸盐溶液	100	79	海水	100	100
氢氧化铵溶液	100	70	蒸馏水	100	100
硫酸（1mol/L）	100	70	煤油	100	100
氢氧化钠（5mol/L）	100	42	汽油	100	100

介质	强度保留率/%		介质	强度保留率/%	
	Spectra®纤维	Kevlar®纤维		Spectra®纤维	Kevlar®纤维
盐酸（1mol/L）	100	40	冰醋酸	100	82
次氯酸钠溶液	91	0	甲苯	100	72

UHMWPE 纤维分子结构单元无极性基团，分子间作用力弱，分子容易内旋转，因此玻璃化温度及熔点低，耐高温性和抗蠕变性较差，且难以与树脂基体形成化学键。同时，由于纤维表面能和化学活性低，导致纤维很难润湿，与树脂基体结合制成复合材料后，界面结合性差，易导致材料使用过程中层间破坏等问题。为了改善 UHMWPE 纤维的缺陷，国内外采用低温等离子、强氧化剂、辐射引发的表面接枝、电晕放电等方法增加纤维与基体的黏合强度。

目前，UHMWPE 纤维较成功的工业化生产方法是凝胶纺丝 - 高倍热拉伸工艺，我国在 1984 年前后开始研究 UHMWPE 纤维，直到 1999 年才实现工业化生产，成为继荷兰、日本和美国之后，第四个掌握该纤维生产和应用技术的国家。该纤维在全球产能分布集中度高，主要生产商为荷兰帝斯曼（DSM）、美国霍尼韦尔（Honeywell）、日本东洋纺（Toyobo）和我国山东爱地高分子材料有限公司。

UHMWPE 纤维除具有高强度、高模量、耐气候、耐化学腐蚀、耐海水、耐冲击性能外，还具有耐切割、耐低温性能以及优良的绝缘性能、射线透过性能等特点，在防护用品、航空航天、体育休闲、海洋工程、纺织、建筑、生物医疗等领域得以广泛应用。UHMWPE 纤维主要用于制作软质防弹衣、防刺服、轻质防弹头盔、雷达防护罩、导弹罩、防弹装甲、舰艇及远洋船舶缆绳、轻质高压容器、航天航空结构件、渔网、赛艇、帆船、滑雪橇，以及牙托材料、医用移植物等。

二、高性能无机纤维

1. 玻璃纤维

玻璃纤维（glass fiber，GF）是最早开发的一种性能优异的无机非金属材料，是将熔融玻璃借助外力拉伸、吹制或离心甩成的极细纤维。该类纤维于 1938 年由美国开发成功，20 世纪 50 年代开始商业化，目前技术已较成熟，广泛应用于石油、化工、交通、冶炼、电器、电子等领域。高性能玻璃纤维是指与传统玻璃纤维相比，某些使用性能有显著提高，能在外部力、热、光、电等物理，以及酸、碱、盐等化学作用下具有更好的承受能力，它保留了传统玻璃纤维耐热、不燃、耐氧化等共性，更有着传统玻璃纤维所不具备的优异性质和特殊功能[14]。

玻璃纤维最主要成分是二氧化硅，按照成分中有无碱金属氧化物来分，可分为无碱玻璃（E-glass）纤维、中碱玻璃（C-glass）纤维、高碱玻璃（A-glass）纤维和特种玻璃纤维四大类。表4-3是纸基功能材料常用玻璃纤维的化学组成[15]。玻璃纤维种类中，无碱玻璃纤维和中碱玻璃纤维开发较早，其中无碱玻璃纤维属于铝硼硅酸盐玻璃，具有良好的电气绝缘和力学性能，应用量大，面广，是应用较多的一种。低硼玻璃纤维主要针对洁净室的严格要求，减少纤维中含硼物质释放而引起的污染。475玻璃纤维能够广泛应用于许多领域，包括气体和液体过滤。

表4-3 　纸基功能材料常用玻璃纤维的化学组成[15]　　　　　　　　　　单位（质量分数）：%

化学组成	无碱玻璃纤维	低硼玻璃纤维	475玻璃纤维
SiO_2	50.0～56.0	69.0～71.0	55.0～60.0
Al_2O_3	13.0～16.0	2.5～4.0	4.0～7.0
B_2O_3	5.8～10.0	<0.09	8.0～11.5
Na_2O	<0.60	10.5～12.0	9.5～13.5
K_2O	<0.40	4.5～6.0	1.8～4.0
CaO	15.0～24.0	5.0～7.0	1.0～5.0
MgO	<5.5	2.0～4.0	<2.0
Fe_2O_3	<0.50	<0.20	<0.25
ZnO	<0.02	<2.0	2.0～5.0
BaO	<0.03	—	3.0～6.0

注：来自德国Lauscha国际纤维公司。

玻璃纤维的生产方法主要有拉丝法、离心法和吹喷法。拉丝得到的纤维直径较为均一，广泛用于生产玻璃长丝，而离心法和吹喷法得到的纤维直径较细，主要用于生产玻璃短纤维，通常将其称作玻璃棉。玻璃棉的直径并不均一，在实际应用中通常采用打浆度来反映玻璃短纤维的直径。打浆度越高意味着玻璃纤维的整体直径越小。

玻璃纤维一般呈光滑的圆柱形。在纤维成形过程中，熔融玻璃被牵伸和冷却为固态的纤维前，在表面张力作用下收缩成圆形界面。玻璃纤维表面光滑，纤维之间结合面积小，成纸强度低，因而必须进行树脂增强处理。考虑到环保要求，目前以水性树脂为主。但是，玻璃纤维光滑的表面对气体和液体通过的阻力小，因此是制作过滤材料的理想材料。除了圆形截面的玻璃纤维外，有公司也研制出了异形截面的玻璃纤维，包括三角形、扁平形、哑铃形等[16]。由异形玻璃纤维制备的复合材料在强度、过滤效果方面有很大的改善。

玻璃纤维的相对密度通常为 2.50～2.80g/cm³，介于有机纤维和大多数金属之间，与铝接近。此外，与水相比，由于玻璃纤维的相对密度较大，在水中容易沉降，因此纤维的分散是制备纸基功能材料时的关键技术。通过采用其他纤维与玻璃纤维混合抄造可以获得较好的分散效果。以纯玻璃纤维为原料抄造纸张时，一般采用在酸性条件下抄造，浆料 pH 在 2.5 ~ 3.0，可以获得良好的分散效果。此外，为了保证纸张具有良好的匀度，采用斜网或短长网纸机抄造，且浆料上网成形浓度一般在 0.1% 以下。

与块状玻璃相比，玻璃纤维的强度提高 10 倍以上，而且远超过部分天然纤维、合成纤维和合金材料。玻璃纤维的弹性模量低于金属合金，但高于大部分有机纤维。玻璃纤维性脆，容易断裂，其脆性与直径成正比。在玻璃纤维过滤纸中，脆性是影响材料性能的一个重要因素，它可能导致材料在使用过程中出现玻璃纤维脆断脱落的问题。

玻璃纤维还具有很好的耐热性、电绝缘性、耐蚀性、耐气候性，可用于高温、高湿及侵蚀性介质环境中的电机绝缘材料。此外，玻璃纤维的吸声系数大，在声频为 1025Hz 时，其吸声系数为 0.5，可作为良好的吸声材料。由玻璃棉纤维制备的多孔材料，在高频率区吸声系数上升，材料越厚吸声系数越大，可满足各种吸声、防噪环境的使用要求。

2. 碳纤维

碳纤维（carbon fiber，CF）是主要由碳元素组成的一种特种纤维，其碳含量一般在 90% 以上，具有轻质、高强度、高模量、耐高温、耐腐蚀、X 射线穿透性和生物相容性等一系列优异的特性，备受工业界的重视，被誉为第四类工业材料。碳纤维广泛应用于航空航天、国防、交通、能源、医疗器械以及体育休闲用品等领域。

根据原料来源不同，碳纤维可分为聚丙烯腈（PAN）基碳纤维、沥青基碳纤维、黏胶基碳纤维、木质素基碳纤维、酚醛基碳纤维和其他有机纤维碳纤维。根据力学性能的不同，碳纤维分为通用型和高性能型，通用型碳纤维强度一般为 1000MPa，模量为 100GPa，而高性能型碳纤维有高强度碳纤维、超高强度碳纤维、高模量碳纤维、超高模量碳纤维等，其中超高模量碳纤维的模量需大于 450GPa，超高强度碳纤维的强度需大于 4000MPa。根据产品形态的差异，碳纤维还可分为 1 ~ 24k 的小丝束纤维和 48 ~ 480k 的大丝束纤维（1k 为 1000 根丝）。日本是高性能型碳纤维的生产大国，美国是高性能型碳纤维的消费大国。日本东丽、德国 SGL、三菱丽阳、台塑集团以及日本帝人等少数企业掌握了碳纤维研发生产的关键技术，实现了碳纤维制造的规模化生产，成为碳纤维制造生产和对外输出的主要供应商。

目前，市场上主要以 PAN 基碳纤维和沥青基碳纤维为主。商品化碳纤维中约有 80%～ 90% 是 PAN 基碳纤维，它是目前产量最高、品种最多、发展最快、技术最成熟的碳纤维。PAN 基碳纤维的表面形貌与 PAN 原丝的纺丝工艺相关。现有的纺丝工艺多为湿法和干湿法两种。采用湿法纺丝时，碳纤维表面通常有明显深浅不一的裂隙、沟槽，增大了碳纤维的比表面积，有利于提高复合材料界面的剪切强度。采用干喷湿纺时，纤维结构均一，强度性能较好。经特殊加工后，碳纤维可制成具有高吸附性的活性碳纤维，其比表面积相较碳纤维有显著提高，可广泛应用于过滤与分离领域。

碳纤维比强度、比模量均很高，与金属材料相比密度小，仅为 1.5 ～ 2.0g/cm³，可制备轻质结构复合材料，实现材料和制品的轻量化。碳纤维耐疲劳，耐摩擦磨损，具有优异的石墨自润滑性，可应用于纸基摩擦材料。此外，碳纤维还具有吸能性能和耐热性能好、热膨胀系数小（0 ～ 1.1×10⁻⁶/K）、导热系数高 [10 ～ 160W/（m·K）] 等优异特性。

碳纤维一般很少直接应用，主要是与树脂、金属、陶瓷等基体复合制成复合材料，最早应用于大型客机、军用飞机及导弹、火箭、人造卫星等航空航天和国防领域；碳纤维及其复合材料作为结构材料及功能材料，在风能发电、海洋产业、电子器件、工业器材等工业领域也有广泛的应用；此外，碳纤维在体育休闲用品领域也有着广泛的应用，如自行车、钓鱼竿、网球拍、高尔夫球杆和游艇等。在特种纸领域，碳纤维一般与其他纤维原料混合抄造制备纸基功能材料，如电磁波屏蔽材料、加热元件、燃料电池电极、扬声器纸盆等，随着复合技术的不断提高，碳纤维纸的应用领域必将得到进一步的拓宽。

3. 玄武岩纤维

玄武岩纤维（basalt fiber，BF）是以天然火山喷出岩为原料，经破碎后，在1450 ～ 1500℃熔融后，通过铂铑合金喷丝漏板拉伸而成的一种无机纤维，是继碳纤维、芳纶和超高分子量聚乙烯纤维之后的又一种高技术纤维[17]。玄武岩纤维表面光滑，其截面通常为圆形，如图 4-6 所示。玄武岩纤维密度一般为2.6 ～ 2.8g/cm³，高于大部分有机纤维和无机纤维。玄武岩纤维化学成分非常复杂，主要由 SiO_2、Al_2O_3、Fe_xO_y、CaO、MgO、Na_2O、K_2O、TiO_2 等多种氧化物组成，且化学成分随石料、产地的不同而有所差异。表 4-4 列出了玄武岩矿石的主要化学成分。SiO_2 是玄武岩纤维中的主要成分，约占纤维整体质量的 50% 左右，在硅酸盐网络结构中起到网络形成体作用。SiO_2 含量增高有利于提高纤维的热稳定性和化学稳定性，但会增加熔融的难度和拉丝难度；纤维成分中的 Al_2O_3 有利于提高纤维的化学稳定性和力学性能。一般而言，SiO_2 和 Al_2O_3 的含量在60%～ 80% 时纤维具有较好的强度、热稳定性和化学稳定性。玄武岩中铁的氧

化物以 Fe_2O_3 和 FeO 形式存在，其质量分数过高时，可导致纤维直径波动较大，在拉丝过程中还会增加断头次数。同时，玄武岩纤维的颜色随着铁含量的不同而在咖啡色和古铜色之间变化。

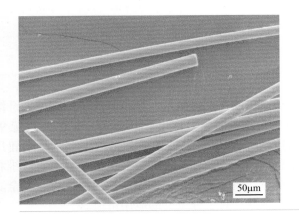

图4-6
玄武岩纤维微观形貌

表4-4 玄武岩矿石的主要化学成分[18]

玄武岩成分	SiO_2	Al_2O_3	Fe_xO_y	CaO	MgO	Na_2O+K_2O	TiO_2
$w/\%$	46~52	10~18	8~16	6~13	7~12	2~10	1.5~2

CaO、MgO 为碱土金属氧化物，质量分数较低，其含量较低时有利于原料的熔化和制取细纤维；TiO_2 质量分数很低，熔融时能提高熔体的表面张力和黏度，有利于形成长纤维，同时也能提高纤维的化学稳定性和力学性能；另外，Na_2O、K_2O 等成分，可提高纤维的防水性和耐腐蚀性。

表 4-5 给出了不同纤维的性能对比。由表 4-5 可以看出，玄武岩纤维的拉伸强度低于碳纤维，但却优于无碱玻璃纤维；然而，玄武岩纤维裂断伸长率相对较低，属于脆性材料。此外，玄武岩纤维与其他纤维相比，工作温度范围最广[18]，使用温度一般在 -260 ～ 700℃，为非晶态物质，在 400℃下工作时，其断裂强度能够保持 85%。如果在 720 ～ 820℃下进行预处理，在 860℃下则不会出现收缩，而玻璃棉则会被完全破坏[19]。除了有较好的强度性能，玄武岩纤维还具有极低的导热系数，采用超细玄武岩纤维制备的保温隔热材料在 -196℃的导热系数为 0.03W/(m·K)，因此液态氧生产常使用玄武岩纤维制造的保温隔热材料[20]。与玻璃纤维相比，玄武岩纤维的电绝缘性能较高，体积电阻率高于 $10^{12}\Omega\cdot m$，同时也具有优良的隔声性、吸波性、阻燃性和极低的吸湿性。

表4-5 不同纤维的性能对比

纤维种类	拉伸模量/MPa	弹性模量/GPa	应用温度/℃	断裂伸长率/%
芳纶纤维	3000～3800	70～140	-50～250	3～4
碳纤维	3000～6500	230～600	-50～600	1～2
无碱玻璃纤维	3100～3800	70～75	-50～300	3～4
特殊玻璃纤维	4020～4450	83～86	-50～300	2～3
玄武岩纤维	2000～4840	80～100	-260～700	2～3

目前，玄武岩纤维的技术与规模仍处于初级阶段，全世界能生产玄武岩纤维的有俄罗斯、乌克兰、美国、加拿大和中国等少数几个国家。我国于20世纪90年代中期开展连续玄武岩纤维的研究，近年来发展迅速，国内生产和计划建厂的企业有10余家，截至2016年总产能为2万吨。玄武岩纤维性能介于碳纤维和玻璃纤维之间，性价比较高，在军事、航空航天、船舶制造、公路工程、安全防护、汽车、高温过滤、体育器材等领域具有十分重要的应用价值。

4. 陶瓷纤维

陶瓷纤维是以天然或人造无机物为原料采用不同工艺制成的纤维状物质，也可以由有机纤维经高温热处理转化而成，纤维直径一般为2～5μm，长度为30～250mm，具有优异的力学性能、抗氧化和耐高温性能，同时具有导热系数低、比热容小和耐机械振动等特点。陶瓷纤维堆积体结构内部固相与气相均以连续相形式存在。固相以纤维状形式存在，气相存在于纤维骨架间隙中，造成纤维气孔率高、气孔孔径和比表面积大，从而赋予陶瓷纤维良好的隔热性能和较低的密度。根据组成不同，陶瓷纤维有铝氧化物陶瓷纤维、硅化物陶瓷纤维（碳化硅纤维、氮化硅纤维）、硼及硼化物陶瓷纤维。

（1）氧化铝纤维 氧化铝纤维（alumina fiber，AF），又称多晶氧化铝纤维，属于高性能无机纤维，是一种多晶陶瓷纤维，具有长纤、短纤、晶须等多种形式。氧化铝纤维以 Al_2O_3 为主要成分，并含有少量的 SiO_2、B_2O_3、Zr_2O_3、MgO等。氧化铝纤维强度为1.4～2.6GPa，模量为190～380GPa，长期使用温度为1450～1600℃，同时热收缩小、导热系数低，耐腐蚀并具有独特的电学性能。氧化铝纤维与树脂基体结合良好，所制备的树脂基复合材料比玻璃纤维的弹性更大，比碳纤维的抗压强度高，在某些领域已逐步替代玻璃纤维和碳纤维。

我国自20世纪70年代末开始氧化铝纤维的工业化，国际上供应氧化铝纤维的主要公司有美国Dupont公司、美国3M公司、英国ICI公司以及日本Sumitomo公司。目前氧化铝纤维的制备方法主要有溶胶-凝胶法、淤浆法、预聚合法、卜内门法、浸渍法、熔融抽丝法。氧化铝纤维主要以短纤与长纤两种产品形式用作绝热耐火材料、高强度材料、航空航天材料、汽车附件材料等。氧化铝短纤维耐温性能优异，广泛应用在冶金炉、陶瓷烧结及其他工业高温炉等领域。在增强复合材料领域，氧化铝纤维主要用于金属、陶瓷、树脂基复合材料的增强，其中最令人瞩目的应用是增强金属或陶瓷基复合材料。氧化铝纤维增强金属基复合材料已在航空航天飞行器及汽车活塞槽部件中得到应用。氧化铝纤维增强陶瓷基复合材料，可用作超音速飞机及火箭发动机的喷管材料，可使喷管部件数量和质量大大减少。

（2）碳化硅纤维　碳化硅纤维（silicon carbide fibers，SCF）是以有机硅化合物为原料，经纺丝、碳化或气相沉积而制得的具有 β- 碳化硅结构的无机纤维。该纤维具有比强度和比模量高，强度可达 1960 ～ 4410MPa，模量为176.4 ～ 294GPa。碳化硅纤维的最高使用温度可达 1200℃，在此温度下强度仍保持 80% 以上。根据形态的不同，可以分为连续纤维、短切纤维和晶须。连续纤维是碳化硅包覆在钨丝或碳纤维等芯丝上而形成的连续丝或纺丝和热解而得到纯碳化硅长丝。短切纤维是由长丝经过短切机械切制而成，长度一般以 mm 为单位。晶须是一种单晶，碳化硅的晶须直径一般为 0.1 ～ 2μm，长度为20 ～ 300μm，外观是粉末状。

目前工业制备碳化硅纤维的方法有化学气相沉积法、先驱体转化法和活性碳纤维转化法三种。碳化硅与金属、树脂、陶瓷等基体相容性好，可作为高性能复合材料的增强纤维和耐热材料，可用于航空航天、高性能武器、高温工程等领域。此外，随着制备技术的发展，碳化硅纤维的应用已逐渐拓展到高级运动器材、土木工程、医疗、运动器材等民用领域。

第二节
高性能纤维湿法造纸技术

高性能纤维纸基功能材料是以芳纶纤维、碳纤维、聚酰亚胺纤维等高性能纤维为原料，经现代造纸技术制备的具有特定性能和用途，结构和性能不同于普通纸张，高附加值的功能材料。它是多学科交叉的高新技术产品，具有密度小、比强度高、比刚度大、耐高温等优异特性，是机电装备、轨道交通、航空航天等领域具有一定战略意义的结构与功能材料。高性能纤维纸基功能材料是造纸工业对接国家重大战略需求的重要领域，其制造难度大，长期受到发达国家封锁。尽管目前制备此类材料的关键技术已取得较大突破，但用于高端领域的产品性能仍与发达国家存在差距，无法很好地满足国家重大工程对基础材料的需求。

一、特点

高性能纤维（或普通合成纤维）的湿法造纸和普通纸抄造方法的过程大致相同，但是由于它与植物纤维在物理化学性质上存在很大差别，在制造技术上又有其鲜明的特点，具体表现在[21-23]：

（1）憎水性强　大部分高性能纤维都是憎水的，在水中缺乏分散性能，且往往纤维长度很大，长宽比大，流送及抄造过程中极易出现纤维絮聚、成纸云彩花严重等问题，导致成纸匀度差，影响综合性能。

（2）成纸强度过低　多数高性能纤维不能产生细纤维化，且纤维之间无法产生植物纤维之间的氢键结合，因此，纸页的交织性不好，强度较差。

（3）密度相差很大　大部分高性能纤维的密度相差很大，如聚烯类纤维相对密度为 0.91g/cm³、聚酰胺纤维为 1.14g/cm³ 等。密度小者，易漂浮于水面，造成絮聚；而密度大者，易沉淀，影响分散。因此应根据合成纤维的密度，采取相应措施。如对聚乙烯等密度小者，可与植物纤维混抄；对密度大者，可根据纤维种类选择分散剂，并选择适当的造纸机。

（4）成形过程不易控制　由于纤维游离度高，滤水过快，纸张定形过早，影响成纸匀度；在干燥过程中易出现强烈的变形和产生热熔。

二、共性关键技术

高性能纤维在湿法造纸过程中的问题，主要体现在纤维不易分散、成形不易控制、成纸强度低等共性问题。因此，高性能纤维纸基功能材料的制备共性技术主要包括纤维的制备、浆料分散、浆料的流送与成形以及纸张的增强四个方面。

1. 差别化功能纤维的开发

高性能纤维表面普遍光洁圆滑、长度均一、憎水性强，缺少化学活性基团，纤维比表面积小，导致纤维间缺乏交织力；与水及树脂界面结合力差，导致亲润性差、界面结合强度低。而且，传统高性能纤维因其固有的高强高模特性导致纤维原纤化难度大、程度低，表面活性低，复合增强效果差。因此，高性能短纤维无法单独成纸，缺乏与之性能匹配且表面活性高、比表面积大、易于分散、相容性好的"黏结性纤维"。通过添加"黏结性纤维"或树脂浸渍加工等方式可以解决上述问题，成纸强度显著提升。但这种方式也存在着纸张热压后易发脆、工艺复杂、部分树脂或黏结性纤维性能与本体纤维不匹配而造成综合性能下降等问题。因此，差别化功能纤维成为提升高性能纤维纸基功能材料综合性能不可或缺的基础原料。

目前，差别化功能纤维的研发与应用主要集中在芳纶纤维、PBO纤维、聚酯纤维，但在聚酰亚胺纤维和碳纤维的差别化功能纤维研究方面仍处于空白。国内以华南理工大学、陕西科技大学为代表，长期致力于差别化功能纤维的抄造性能、湿部化学特性，以及纤维与成纸性能/结构相关性的研究。烟台泰和新材料股份有限公司以其对位芳纶长丝纤维产品泰普龙®（单丝线密度1.5D）为原料，经过原纤化处理制备了泰普龙®浆粕纤维，具有耐高温、耐摩擦、原纤化程度高、静电小、尺寸稳定性好、环保、高强高模和分散性好等优异性能，主要用于摩擦材料、密封材料、复合材料和芳纶纸等领域。以下介绍三种差别化功能纤维，即对位芳纶浆粕、沉析纤维和芳纶纳米纤维。

（1）对位芳纶浆粕　对位芳纶浆粕（PPTA-pulp）是杜邦公司开发的一种对位芳纶纤维的差别化功能产品[24]，其外观形貌和制备流程如图4-7所示。制备方法是将芳纶长丝切断至一定长度后，在水相介质中进行搅拌分散和机械叩解，纤维产生纵向撕裂，其表面产生微纤状毛羽[25]。与芳纶短切纤维相比，外观类似木材纤维，纤维表面高度原纤化，平均长度约1.0mm，平均比表面积达到7m²/g以上。它保留了对位芳纶纤维的大部分优异性能，如耐热性、耐磨性、高强度、良好尺寸稳定性等。同时，浆粕表面氨基含量高于长纤维，表面活性高，在水中具有更好的分散效果以及纸页匀度，是制备纸基摩擦材料、密封材料、蜂窝材料等高性能纤维纸基材料不可或缺的黏结材料。在制备芳纶纸的过程中，芳纶浆粕作为填充和黏结材料，在热压过程中受热软化，通过黏结短切纤维以及自身黏结作用赋予纸张力学强度。

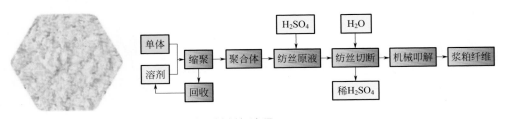

图4-7　对位芳纶浆粕纤维外观形貌及其制备流程

对位芳纶浆粕纤维微观形貌如图4-8所示，对位芳纶浆粕纤维均匀地分散于水悬浮液中，纤维之间相互搭接、外观与木材类纤维类似，纤维整体呈细纤状，较为柔软；纤维原纤化较明显，其表面呈绒毛状，这使其比表面积较大，表面活性比短切纤维高。

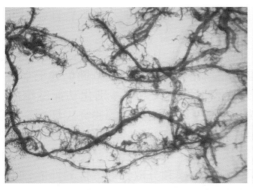
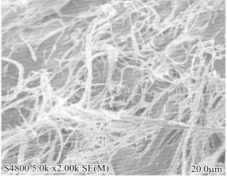

(a) 浆粕纤维显微镜图(×100)　　　　　　　　(b) 浆粕纤维SEM图(×2000)

图4-8　对位芳纶浆粕纤维的光学显微镜图和SEM图

芳纶浆粕纤维的傅里叶变换红外光谱（FT-IR）结果如图4-9所示，三种芳纶浆粕纤维在 $3400 \sim 3300 \mathrm{cm}^{-1}$ 之间都有一个尖锐的吸收峰，为酰胺键的 N—H 伸缩振动吸收峰，且峰的吸收率较高，强度较大。在 $1700 \sim 1000 \mathrm{cm}^{-1}$ 出峰也较多而且分布较密，主要为在 $1650 \mathrm{cm}^{-1}$ 附近的酰胺键的伸缩振动吸收峰，在 $1520 \mathrm{cm}^{-1}$ 左右的 N—H 弯曲耦合振动吸收峰和 C—N 伸缩振动吸收峰等。

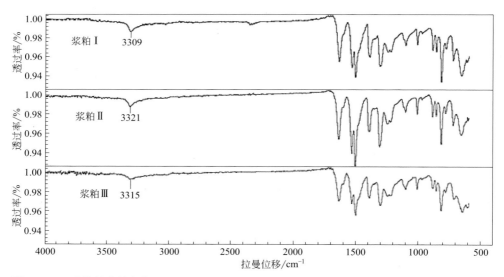

图4-9　三种芳纶浆粕纤维FT-IR图

对位芳纶浆粕纤维原纤化处理主要是利用芳纶纤维的"皮芯层"结构特征，通过机械作用把纤维沿纵向撕裂，增大其比表面积；虽然经过原纤化处理后的纤维平均长度会稍有降低，但该作用使纤维发生润胀和进一步原纤化，产生更大的比表面积和更细长的纤维形态，浆料体系纤维分散均匀性和原纤化程度进一步提高。如图 4-10 所示，随着打浆度增加，纤维原纤化程度加剧，纤维表面产生更多的羽毛状纤维，使得浆粕纤维的比表面积大大增加，从而有利于与短切纤维更好地结合，提升表面平滑度和物理强度。浆粕纤维的原纤化处理程度对其最终成纸性能有着直接的影响。如图 4-11 所示，当芳纶浆粕纤维原纤化程度在 40 ～ 45° SR，成纸各项性能达到最佳。

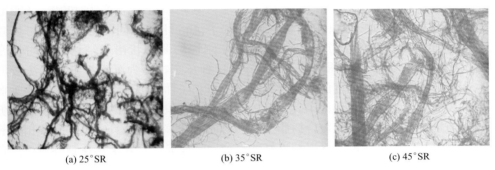

(a) 25°SR   (b) 35°SR   (c) 45°SR

图4-10 不同原纤化处理程度的芳纶浆粕纤维

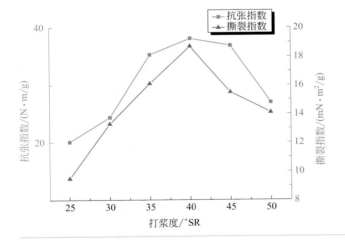

图4-11
对位芳纶浆粕纤维原纤化程度对纸张物理强度的影响

（2）沉析纤维   沉析纤维是近年来新开发的一种新型芳纶差别化功能产品，分为对位芳纶沉析纤维和间位芳纶沉析纤维。主要通过将芳纶聚合体的低温缩聚溶液添加沉析剂，再经高速离心剪切而成[26]，沉析纤维外观形貌和制备流程如图 4-12 所示。

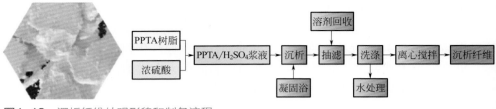

图4-12 沉析纤维外观形貌和制备流程

沉析纤维具有优异的热学稳定性能，其初始分解温度为490℃，800℃时质量损失为48.6%。独特的制备方法赋予沉析纤维不同的形态特征，其微观形貌如图4-13所示，沉析纤维呈现出非刚性的薄膜状褶皱结构，平均长度为0.2～1.0mm，比表面积为7～8m²/g，这种形态特征为沉析纤维在湿法成形过程中形成具有良好匀度的片状材料提供了有利条件。沉析纤维在形态上的柔顺性和表面上的粗糙度，保证了其具备较大的比表面积和较高的表面活性，从而更易于与水、纤维、酰胺类复合树脂等之间形成结合，表现为具有更好的液相分散效果、更好的纸页成形质量以及更好的复合增强性能，有利于其在制备新一代高性能芳纶纸基复合材料中的应用[27,28]。

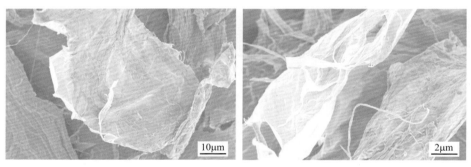

图4-13 沉析纤维SEM图

打浆处理能够使卷曲的沉析纤维得到适当舒展，在一定程度上改变纤维的形态结构，从而使其具备更好的成形质量和结合性能。但是过高的打浆度，又会使沉析纤维过于细碎化，引起浆料严重絮聚，导致纸基材料的匀度和强度降低。图4-14所示为沉析纤维的打浆度对纸基材料性能的影响。随着打浆度的增加，纸基材料的抗张指数和撕裂指数呈现先升后降的趋势。当打浆度为60°SR时，纸基材料的性能达到最佳，抗张指数为39.4N·m/g，撕裂指数为19.1mN·m²/g，介电强度达到21.8kV/mm。随着打浆度的增加，沉析纤维会发生润胀舒展和纵向撕裂，使其产生更细的结构形态和更大的比表面积，有利于与短切纤维之间更好地结合，最终提高纸基材料的匀度、力学强度和击穿强度。

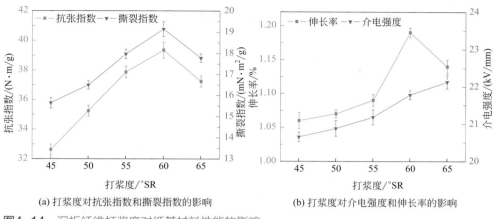

(a) 打浆度对抗张指数和撕裂指数的影响　　(b) 打浆度对介电强度和伸长率的影响

图4-14　沉析纤维打浆度对纸基材料性能的影响

（3）芳纶纳米纤维　芳纶纳米纤维（aramid nanofiber，ANF）作为近年来开发的一种新型纳米高分子纤维材料，既保留了常规宏观芳纶纤维优异的力学性能与热稳定性；同时，由于其独特的纳米尺度结构、大的长径比和比表面积，为其带来宏观芳纶纤维无法实现的复合增强效果，已成为构建高性能复合材料极具应用潜力的"增强构筑单元"之一，起着重要的界面增强与材料增韧作用[29,30]。在纳米复合材料增强领域，可显著改善传统宏观芳纶纤维由于表面光滑、活性基团少、化学惰性强等缺陷所导致的芳纶纤维与树脂等基体界面结合力差、材料强度低等问题。

通常，芳纶纳米纤维制备技术主要有静电纺丝法、聚合分散法、高压机械磨解法以及去质子化法。其中，去质子化法自2011年被美国密歇根大学Kotov教授课题组报道以后，因为其简易的制备流程体系，应用最为广泛。该技术的出现成功打破了传统意义上对位芳纶纤维化学惰性强、反应活性低的瓶颈，同时也为高性能纳米构筑单元的发展提供了新的思路和途径。但该法制备周期长达7天，反应浓度低（0.2%）且反应终点尚未有明确的表征方式及手段，针对此，张美云教授团队提出的原纤化/超声/质子供体耦合去质子化制备ANF，使得ANF制备周期从传统的7天缩短至4h[31]（图4-15），同时利用质子供体耦合去质子化实现了质量浓度为2.0%的高浓ANF的规模化生产。无论是从ANF的直径、直径分布均一性，还是从制备周期、成膜强度以及工业化前景方面来看都具有显著优势，有望进一步推动其规模化制备与多元化应用。

(a) 2h和4h样品

(b) 拉曼图谱

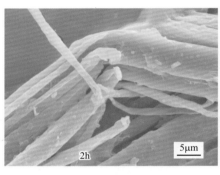

(c) 反应2h的纤维SEM图

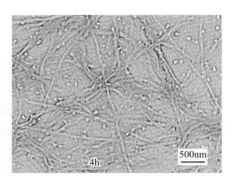

(d) 反应4h的纤维TEM图

图4-15 质子供体添加量为1:25时对ANF制备周期的影响

利用造纸法制备芳纶纳米纸，即先使ANF发生质子化还原得到ANF水分散液再利用现代造纸技术制备芳纶纳米纸，如图4-16所示。利用质子化还原后再经过造纸法得到的芳纶纳米纸不仅具有较高的拉伸强度、模量，同时表现出优异的韧性。主要是由于真空自组装成形方法得到的ANF纳米纸会出现类似于天然贝壳的多层级仿生结构，各层级结构之间通过ANF相互交织，有利于应力的转移，从而保证其具有高强度与高模量。芳纶纳米纤维浆料经过上网脱水、成形、压榨、干燥等环节可制得成卷加工的芳纶纳米纸，在造纸过程中可通过控制供浆系统与造纸工艺参数调控芳纶纳米纸的厚度、定量、纤维纵横比与纸张结构等性能。该方法具有滤水成形速度快、纸张定量与厚度调控性强、可成卷加工（roll-to-roll）等特点，使其在芳纶纳米纸工业化生产方面展现出极强的规模化应用前景。

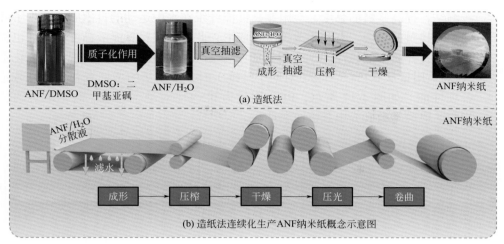

图4-16 芳纶纳米纤维自组装成纸方式

2. 高性能纤维共混浆料高效分散与流送技术

高性能纤维在化学结构上没有植物纤维所具有的大量亲水性羟基，在物理结构上没有植物纤维所具有的大量的微纤结构，致使其难以吸水润胀，均匀和稳定地悬浮在水中。相对于造纸用植物纤维（1～2mm），高性能纤维长度大（>5mm）、表面活性低、浸润性差、憎水性强，共混浆料悬浮体系中纤维易缠绕、絮聚和沉积，且絮聚体二次分散极为困难，严重影响了材料的成形匀度和强度。此外，工程化制备过程中高性能纤维浆料的输送与混合需要经受不同的输送管道、储存、混合容器与浆泵，导致浆料共混体系的流体力学特性与湿部化学环境更加复杂。

因此，如何防止纤维絮聚、提高共混浆料高效分散与流送是保证高性能纤维纸基功能材料具有优异的匀度与性能面临的亟需解决的共性关键理论和技术。

纤维在悬浮液中的分散过程较为复杂，它涉及物理和化学多方面，纤维絮聚也是处于物理交织、化学键力以及破坏性的湍动和剪切力之间的一种动平衡过程。因此，需要多方面综合考虑，才能够真正提高纤维的分散性，改善成纸匀度。改善高性能纤维浆料分散性能可从以下几方面改进：

（1）改善纤维表面的润湿状态　由于高性能纤维大多具有疏水性，可添加阴离子或非离子型表面活性剂或其复配物以降低浆料悬浮液的表面张力，提高纤维表面润湿性能，提高纤维在浆料悬浮液中的分散效果。

（2）提高浆料体系的黏度　在纤维悬浮液中添加天然或合成增稠剂，相当于在纤维表面附着了一层润滑膜，起到水溶性润滑剂的作用，使纤维相互滑过而不致缠结；提高浆料的黏度，会限制高性能纤维在水中运动的自由度，减少了纤维间相互接触的机会，有利于改善纸张成形；此外，浆料悬浮液黏度的增加也提高了纤维在介质中的悬浮性，有利于延长纤维沉降的时间。研究发现，聚氧化乙烯（PEO）用量从 0.1% ~ 1%（对绝干纤维）时，其用量的增加有利于提升芳纶纸各项性能。如图 4-17 所示，PEO 用量为 0.5%（对绝干纤维）时，纸页的抗张指数、撕裂指数和介电强度改善明显。

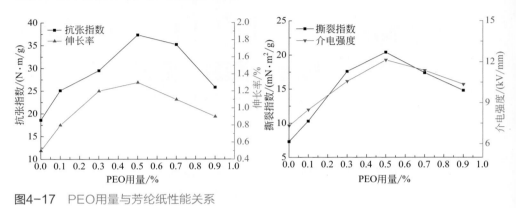

图4-17 PEO用量与芳纶纸性能关系

（3）改变纤维表面的动电电荷 纤维表面大多带负电荷，通过在体系中添加六偏磷酸钠、多聚磷酸盐、焦磷酸盐等阴离子表面活性剂，可提高纤维表面的 ζ 电位，增强纤维之间的斥力，从而减少浆料絮聚的程度。

（4）调整浆料悬浮液的堆积因子 常用堆积因子来表示纤维絮聚的可能程度。堆积因子 N_{crowd} 指的是在一个直径相当于纤维长度的球形体积内所包含的纤维数目。该概念由 Mason 在 1948 年首次提出，后来加以改进发展而成 [32]。用公式表示为：

$$N_{crowd} = (2/3)C_v(L/D)^2 \approx (5C_m L^2)/\delta$$

式中 C_v——纤维的体积浓度，kg/m^3；

　　L——纤维的长度，m；

　　D——纤维的直径，m；

　　C_m——纤维的质量浓度，%；

　　δ——纤维的粗度，kg/m。

由上式可知，纤维长度对浆料絮聚的影响极大，纤维越长，堆积因子越大，理论接触的纤维数也越多，因此纤维絮聚的可能性也越大。此外，浆料浓度增加，堆积因子增大，纤维间碰撞次数增加，导致絮聚程度增加。因此，最简单的办法就是通过降低纤维悬浮液浓度来改善成纸匀度，但该方法含水量极高。纤维的粗度对堆积因子也有一定的影响，通过改变纤维悬浮液中纤维数目影响纤维的絮聚程度。另外，纤维的粗度也影响到纤维的柔软度，纤维粗度越小，一般纤维越柔软，纤维在运动过程中相互碰撞和交织的机会更多，产生絮聚的概率和程度也越大。因此，增加纤维粗度也可以在一定程度上改善纤维的分散[33]。但是，增加纤维的粗度也会导致纸张孔隙率偏高，因而不太适合某些紧度较高的纸基材料。

高性能纤维在流送过程中，还采用许多有别于传统的植物纤维抄纸设备。例如，纤维短切丝分散在水中作业不能采用植物纸浆的打浆设备，一般使用水力碎浆机、摇摆疏解机。长纤维浆料输送时，不适合采用间隙小、剪切力大的泵（如旋转式离心泵），应代以容积泵（如往复式柱塞泵）。此外，由于高性能纤维长度较大，容易缠绕和沉积，管路和浆槽的设计应避免存在锐角和急骤变向，在供浆系统中不能有流量阀和浓度控制器。管道材质最好采用透明有机玻璃，一方面可以减少金属离子和碎屑混入浆中，避免影响纸的某些特性（如绝缘性），另一方面透明管路可以看清浆流的动向，可以尽快发现和排除纤维缠绕、沉积。

3. 超低浓成形技术

为防止高性能纤维浆料在上网成形时发生絮聚，上网时需要大量的水对其进行高度稀释，高性能纤维纸所用纸浆的上网浓度一般需降低至0.005%～0.05%，否则易造成上网纤维分布不均，产生云集、絮团现象，导致纸页成形匀度差，质量低。而且，由于高性能纤维混合浆料中各种纤维组分长短不一、密度不同、浆料滤水性差异明显，导致纤维难以成形以及纤维Z向分布不均等问题。同时，普通长网成形不能承载网部巨大脱水负荷，导致功能组分留着低、纤维Z向分布不可控等问题，严重制约了高性能纸基功能材料系列化与功能化。

以高性能纤维为原料的造纸机主要有长网造纸机、圆网造纸机、斜网造纸机。一般长网造纸机较难满足使用要求，只有当合成纤维抄造性能接近植物纤维时，才采用长网造纸机。非植物纤维圆网造纸机和传统圆网造纸机网部基本一样，由网笼、网槽和伏辊三部分组成，如图4-18所示。Rotoformer圆网成形器（图4-19）有一个可上下、前后调节的上唇板。这种结构对于浆速比、脱水曲线、纸页匀度和结构的优化都有非常积极的作用。因此它具有很大的灵活性，可以生产定量范围15～1000g/m²，并且纤维原料配方从100%植物纤维到100%合成纤维或者其间任意组合都可以适应。圆网造纸机具有占地小、投资省、工艺灵活性强等特点，成为非植物纤维造纸的重要设备。但也存在浆网速比大、成形匀度较差、车速较慢、生产能力较低等问题。

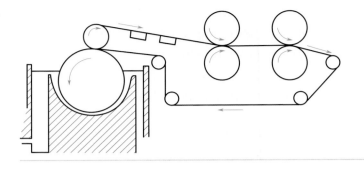

图4-18
圆网造纸机示意图

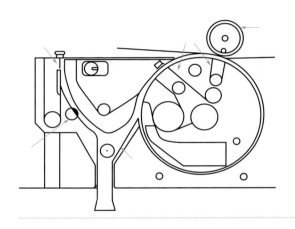

图4-19
Rotoformer圆网成形器

为了适应更低的成形浓度要求，发展了斜网成形器。斜网的脱水能力远大于水平长网，0.6 ～ 0.9m 长的斜网相当于 3.5 ～ 4.5m 长的水平网的脱水能力，因而允许极低的浆料浓度；同时，由于斜网脱水能力强，故所需的网案长度大为减小。经过多年的发展，斜网成形器经过第一代（敞开式堰池，网案角度可调）、第二代（网案角度连续可调）后，还发展出单网双流浆箱、单网三流浆箱的斜网成形器，实现纸页的多层复合。现在的斜网已经可以灵活连续地调节浆速、脱水曲线，以及纸张的结构和性能，并且可以与长网和圆网实现多层复合，如图 4-20 所示。

烟台民士达特种纸业股份有限公司基于工程应用及实验模型建立斜网成形器堰池流道、成形区、真空脱水及吸湿箱等部件的计算模型，对典型结构的斜网成形器进行计算研究，设计出适合抄造芳纶纸基材料的超低浓斜网成形器，并对浆网速、脱水曲线等成形的工程化参数进行优化设计，使设备既满足了低上网浓度下的均匀脱水，又可通过多唇板的位置变化调节纤维排布方向，得到大范围可调的纸页强度纵横比，以满足不同应用的需求。随着超低浓斜网成形技术的发展与进步，越来越多的长纤维纸基功能材料采用此种成形方式获得了较好的成形匀度与质量。

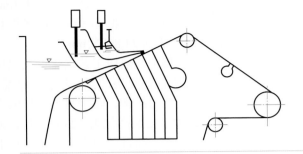

图4-20
单网三流浆箱斜网成形器

4. 增强技术

多数合成纤维（高性能纤维）不能产生细纤维化和类似纸张的氢键结合。因此，合成纤维缺乏在水中的分散性和打浆时的分丝帚化能力，造成纸页的交织性不佳，纸页结构疏松，无论是抄造过程中湿态还是干燥后强度都较低，一般必须采用其他增强技术以满足最终使用要求。一般有以下几种方法：

（1）添加胶黏剂　通过采用浆内添加或者原纸干燥后通过涂布、浸渍、喷淋等方式添加无机胶黏剂或有机胶黏剂（即合成树脂类胶黏剂）可有效提高纸张强度性能。

（2）采用具有热熔或水溶性质的黏结纤维　热塑性纤维通过加热加压后软化，可用于黏结其他纤维。因此可以利用较低热熔温度的热塑性合成纤维通过加热或热压形成良好的结合而不必采用胶黏剂。

（3）采用合成浆粕　合成浆粕比表面积比纤维大且极性增强，有利于提高纤维之间的结合。此外，若合成浆粕可以热熔，通过热压也可使纸页显著增强。

（4）溶剂增强　采用对纤维有部分溶解和溶胀作用的溶剂后，在纸页干燥过程中，纤维表面部分高分子溶解或者发生链段溶胀，可起到胶黏剂的作用增强纤维结合。

（5）热压增强　在热压过程中，通过调控热压工艺，如热压的温度、压力、次数等，可明显增强芳纶纸的力学性能。热压前纸基材料的结构疏松，纤维呈现松散无序的排列状态。热压后纸基材料的结构致密。短切纤维作为增强体，部分因高温高压而产生变形，这与纤维的本体刚性程度、纸基材料的均匀性以及热压工艺的条件有关。纤维变形增大了纤维间的接触面积，有利于纤维间结合力的形成。沉析纤维作为黏结纤维，均匀分布在短切纤维的周围，受热后产生塑性变形，将短切纤维镶嵌固着在其中，保持纤维间的相对位置，形成一种类似钢筋混凝土的结构，这种结构能够保证芳纶纸基材料具备优异的力学性能。热压压力和温度对对位芳纶纸基材料强度影响较大。综合考虑对位芳纶纸基材料的各项物理性能指标，热压成形工艺的最佳条件是热压温度为240℃，热压压力为0.4MPa，热压辊速为1.5m/min，热压次数为2次。此时，对位芳纶纸基材料的抗张指数54.27N·m/g，撕裂指数24.63mN·m²/g，介电强度达到23.81kV/mm。

目前，高性能纤维纸基功能材料热压技术主要集中在热压工艺优化以及热压技术改进研究方面。通过温度梯度的有效调控，使材料经历"预整饰-再结晶"过程，骨架纤维与黏结纤维界面相互黏结形成整体受力结构，赋予材料优异的力学强度和绝缘性能。当前国内高温热压装备的有效温度最高仅为220℃左右，无法满足高性能纸基功能材料热压所需的高温与高线压，而且国内生产的热压机上下辊存在着温度不稳定、中高负面影响较明显等问题。因此，需要进一步研发相关热压装备，开发热压温度最高可达330℃，热压线压力最高可达900kN/m的热压装备。

第三节
典型的高性能纤维纸基功能材料

以高性能纤维为原料制备的纸基功能材料在整个纸产品总量中不足5%，但是所处地位越来越重要，也日益引起各国的重视。为此，我国十三五重点研发计划"重点基础材料技术提升与产业化重点专项"中将高性能纸基功能材料共性关键技术以及相应重点发展的新材料如对位芳纶纤维/聚对亚苯基苯并二噁唑纤维纸基复合材料、柔性碳/碳纸基材料、耐高温聚酰亚胺纤维纸基材料、纸基摩擦材料、芳纶云母纸基材料、柴油油水分离材料、电气及新能源用纸基材料等作为重点研究方向。与植物纤维纸相比，高性能纤维纸具有以下特点：

① 纤维清洁，成纸几乎不含杂质；

② 具有极高的耐折度、撕裂度和抗张强度；

③ 具有较高的耐化学性，纸页保持时间长；

④ 耐腐蚀性、耐磨损性强，耐光照老化作用强；

⑤ 经添加助剂或后续加工，可赋予纸张防火、隔声、抗菌、防锈、防虫等特殊性能；

⑥ 具有优良的电气性能，介电强度可达到40kV/mm，损耗角正切可小于0.005，大大优于植物纤维纸。

因此，绝缘材料、摩擦材料、过滤材料、音响振膜、电池隔膜材料、密封材料等各行业需要高性能纤维替代传统植物纤维来改善纸品性能的趋势越来越明显，同时也成为本领域的研究热点之一。由于篇幅有限，本节仅介绍近年来几种代表性的高性能纤维纸基功能材料。

一、芳纶绝缘纸基材料

对位芳纶纸基材料是以短切纤维和沉析纤维为原料，通过现代造纸湿法抄造和热压成形工艺制备而成的高性能片状复合材料，其制备流程如图4-21所示。在对位芳纶纸基材料的结构中，短切纤维作为增强体材料，随机均匀分散于纸基材料的三维结构中，起到主要的承载作用；沉析纤维作为基体材料，分布并填充在短切纤维之间，在热压过程中沉析纤维产生塑性变形，将短切纤维牢固地镶嵌成一个整体，保持纤维间的相对位置，使纤维能够协同作用，起到保护增强体和传递应力的作用[34]。

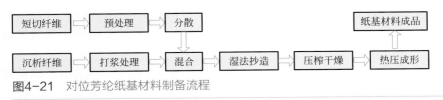

图4-21 对位芳纶纸基材料制备流程

电机、变压器等电器绝缘制品领域中，高性能纤维制成的绝缘特种纸品由于比天然纤维制品在热稳定性、电气性能和力学性能等方面具有明显优势，可以显著提高电器的使用寿命和安全性。自20世纪70年代，芳纶纸因其优异的力学性能、绝缘性和耐高温性，开始应用在干式变压器中，提升了变压器的耐温等级。随后，芳纶纸及其复合纸在绝缘领域的应用不断拓展。目前，芳纶绝缘材料以纸、纸板、柔软复合材料、芳纶云母纸等形式广泛应用在轨道交通和风力发电用电机与变压器、电力变压器、牵引电机的变压器线圈绕组、相间、匝间的绝缘材料，可作为高温高湿恶劣环境下绝缘产品的升级换代材料，尤其可满足高铁、地铁提速与制动对材料的绝缘性能的要求。目前，芳纶绝缘纸的研究主要集中在以下两个方面。

（1）抗电晕性与抗老化性改善　虽然芳纶纤维具有优异的性能，可以满足大部分应用需求，但其也存在着耐电晕性、抗老化性差的问题。对于应用于高电场作用下的绝缘材料，耐电晕性的高低比介电强度的大小更有意义，因为许多绝缘材料的介电强度可能差别不大，而耐电晕性却有成千上万倍的差别，耐电晕性差易造成高分子材料产生裂解而导致绝缘层变脆以至龟裂，影响绝缘产品的安全性与使用寿命。因此，为了提高芳纶纸绝缘材料的使用寿命与耐电晕性，增强电力设备运行的可靠性，国内外学者做了大量的研究工作。目前，无机纳米材料在电介质绝缘领域已得到了初步的研究，无机纳米颗粒的添加不仅能够提高聚合物的力学性能、热稳定性，同时还可改善其介电性能。通过添加纳米氮化铝（ALN）和纳米 SiO_2 能有效降低绝缘纸的电导电流，提升其交流击穿电场强度；同时能够抑制空间电荷向介质内的注入、迁移和积聚，使绝缘纸内空间电荷分布更加均匀[35,36]。

（2）功能化调控与结构设计　研发院所与生产企业应集成高性能纤维制备、分散、成形与热压增强关键技术，通过原料组分、工艺优化与系统控制，实现纤维形态、纸张结构、材料性能相互响应调控，制备出满足不同应用领域对材料强度、绝缘、耐温等性能的要求的高性能纸基功能材料。

烟台民士达通过调控同压区压辊温差 30 ～ 70℃，可制造出两面平滑度不同的芳纶纸基材料，保证表面挂胶性与复合效果，有效提高了材料的可加工性。华南理工大学、陕西科技大学等高校发明了多比例分层抄造技术，通过结构与组分配比设计，使得各层分别发挥不同的功能，使材料表观密度在 0.5 ～ 1.2g/cm³ 范围内、结构孔隙率在 18.0% ～ 60.0% 范围内调控，可满足不同应用领域的应用要求[37-39]。

传统芳纶纸在受到外力作用下，只有部分纤维发生断裂，大部分纤维被拉出导致纸张断裂，这也从材料失效角度证明了传统芳纶纸中纤维之间的结合力较弱。张美云团队通过湿法成形以及溶胶凝胶法制备得到的芳纶纳米纸，拉伸强度、模量与韧性分别可高达 165MPa、6.4GPa 和 9.7MJ/m³，表现出"强而韧"的特性，展示出优异的力学性能。厚度仅为 20μm 的芳纶纳米纸，其强度性能是厚度为 55μm Nomex® T410 芳纶纸的 2.3 倍。这意味着当芳纶纳米纸用于绝缘领域时，可实现绝缘层的"减薄化"，有助于实现绝缘设备的小型化与集成化。在此基础上，该团队进一步利用 ANF 增强芳纶纸的绝缘强度，当添加量为 6% 时，芳纶纸的介电强度达到 20.9kV/mm，比空白样（14.5kV/mm）提高了 44%。相比于微米或毫米尺度的宏观芳纶纤维在相同的添加量下，纳米尺度的 ANF 可以提供更多的结合点与结合面积，同时减少了纤维之间交织形成的孔隙，从而提升了芳纶纸的介电强度。

此外，张美云团队通过层层自组装的方法构建出兼具优异的机械强度和介电强度、出色的抗水性与抗老化性能、耐温性好的 CNF@ANF 纳米复合绝缘纸基新材料，介电强度提升了 2 倍以上，可达 29.6kV/mm，如图 4-22 所示。该材料有望应用于对于耐温性与介电强度和力学性能要求更高的 F 级以上的变压器，实现纤维素基绝缘纸的升级换代。

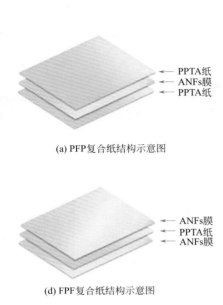

(a) PFP复合纸结构示意图

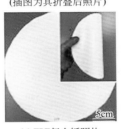

(b) PFP复合纸照片
(插图为其折叠后照片)

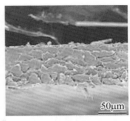

(c) PFP复合纸截面SEM图

(d) FPF复合纸结构示意图

(e) FPF复合纸照片
(插图为其折叠后照片)

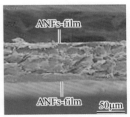

(f) FPF复合纸截面SEM图

图4-22　纸膜复合层压绝缘纸

二、芳纶云母绝缘纸基材料

随着电力电子技术及新型半导体器件的迅速发展，越来越多的交流变频调速电动机得到了广泛应用，各种复杂工程环境下工作的电气设备日益增多，对传统绝缘材料的机械强度、耐温性能、防潮性能、耐电晕性能、使用寿命等提出新的要求。传统纯芳纶纸强度高、介电性能和化学稳定性好，但耐电晕性差；云母纸成形依靠鳞片之间的范德华力，一般需以玻璃布为基材，同时添加胶黏剂或者合成树脂加以补强，然而胶黏剂和树脂的耐温性能以及绝缘性能难以满足当代电机的使用要求，在很大程度上制约了电气工业发展。芳纶云母纸是以芳纶纤维和云母为原料，通过现代造纸技术结合复合材料加工方式制备而成的高性能纸基复合绝缘材料，兼具耐高温、耐电晕和优异强度，可应用于高压/变频电机和牵引电机等高端电气绝缘材料。

芳纶云母纸具有较高的机械强度、耐温性能、柔软度、抗潮性能、介电强度等，可用于高压电机绝缘、高压变压器绝缘、V形环、线圈包绕绝缘、匝间绝缘等。产品主要分为两种，一种为芳纶纤维含量较少（纤维含量 < 10%）的云母纸，另一种为高芳纶纤维含量（50% 左右的纤维含量）的云母纸。目前，美国杜邦公司生产出型号为 Nomex®T418 和 Nomex®T419 芳纶云母纸，作为绝缘材料广泛应

用。国内至今没有相关产品，主要依靠进口。表 4-6 是目前国外芳纶云母纸典型的代表产品。

表4-6　国外芳纶云母纸型号与性能

性能	KMF-1-200（日本）	KMF-2-200（日本）	KMF-3-200（日本）	Nomex®T418（美国）	Nomex®T419（美国）
纤维含量/%	2.5	5.6	7.7	53.5	50.69
厚度/mm	0.14	0.17	0.17	0.08	0.20
密度/(g/m³)	1.42	1.20	1.19	1.13	0.45
定量/(g/m²)	199.4	204.5	202.0	89.2	91.5
拉伸强度/(N/cm)	4.8	7.2	8.1	29.0	18
介电强度/(kV/mm)	18.6	16.5	15.3	30.3	15.6
透气度/(s/100mL)	415	580	664	—	—
渗透时间/s	83.9	70.4	76.2	—	—

芳纶云母纸在较高的温度下仍能保持优良的力学性能，有效地提高了材料的耐老化性能，延长了材料的使用寿命与安全性，与 Nomex®T418 相比，低纤维含量芳纶云母纸在耐受较高的温度下仍能保持较高的强度。此外，芳纶纤维具有较高的 LOI，与云母复合制备的芳纶云母纸具有很高的 LOI，可超过 60%。材料的 LOI 值超过 20% 以后在空气中是无法燃烧的，芳纶云母纸较高的 LOI 值使得材料具有优良的阻燃性能，提高了材料使用的安全性。由表 4-7 和表 4-8 可以看出，芳纶云母纸具有优异的力学性能和绝缘性能。

表4-7　芳纶云母纸力学性能

性能	低纤维含量芳纶云母纸			Nomex®T418		
	1	2	3	1	2	3
厚度/mm	0.076	0.114	0.185	0.080	0.130	0.210
定量/(g/m²)	90.6	149.1	238.7	89.2	148.4	236.8
拉伸强度/(N/cm)	33.65	54.46	62.09	29.00	52.00	87.00
伸长率/%	1.0	1.5	2.0	2.4	2.9	3.7
撕裂度/N	0.5	0.9	1.2	1.1	2.2	3.6

表4-8　芳纶云母纸绝缘性能

性能	低纤维含量芳纶云母纸			Nomex®T418		
	1	2	3	1	2	3
厚度/mm	0.076	0.114	0.185	0.080	0.130	0.210
介电强度/(kV/mm)	33.84	35.61	37.95	30.30	35.00	40.20

性能	低纤维含量芳纶云母纸			Nomex®T418		
	1	2	3	1	2	3
介电常数（60Hz）	3.1	3.0	3.0	2.3	2.5	2.5
介质损耗因数（60Hz）/×10⁻³	11	10	10	6	6	6
体积电阻率/Ω·cm	$(10)^{14}$	$(10)^{15}$	$(10)^{15}$	$(10)^{16}$	$(10)^{16}$	$(10)^{16}$
表面电阻率/Ω	$(10)^{14}$	$(10)^{15}$	$(10)^{15}$	$(10)^{14}$	$(10)^{15}$	$(10)^{15}$

三、轻质高强对位芳纶蜂窝芯材

近年来，随着交通运输技术的发展，材料对促进飞机和航天器轻量化、高性能化具有至关重要和无可替代的作用。因其优异的力学性能、阻燃性、抗腐蚀性、密度小等特点，以芳纶纸为原料通过浸胶、蜂窝叠层、拉伸、黏结、复合加工而成的芳纶纸基蜂窝结构材料，具有质量轻、强度高、抗冲击、耐腐蚀、隔声隔热、便于大面积整体成形等优异性能，作为飞机、高铁、船舶、汽车实现轻量化的关键结构减重材料，应用于航空航天、轨道交通、航洋船舶等领域。2014年10月国家发改委、财政部、工业和信息化部联合印发《关键材料升级换代工程实施方案》，芳纶纸被列入国家"先进轨道交通行业急需新材料"。Kevlar®纸基蜂窝采用对位芳纶纤维纸和酚醛树脂制造，具有比Nomex®纸基蜂窝更低的吸湿率和更优异的力学性能。纸基蜂窝材料的制备流程如图4-23所示。

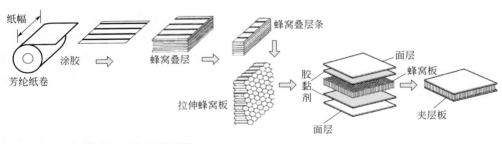

图4-23 纸基蜂窝材料的制备流程

（1）航空航天领域　芳纶纸基蜂窝结构材料由于具有轻质高强、高效的阻燃性、良好的可设计性、灵活的加工性以及整体化成形等优异特点，应用于军用飞机和民用飞机的受力和非受力部件（如机翼、整流罩、地板、发动机罩、舱门）和内饰填充材料（如侧壁、天棚、间壁、行李箱），作为结构减重材料，从而实现其高速轻质化、达到节能减排等目的。波音787使用的复合材料比例高达50%，空客A380使用的复合材料比例为25%，实现结构减重20%～40%。高性能芳纶蜂窝结构材料的应用为国际化飞机制造企业带来了环保性、低成本化、高效性等显著优势和技术变革。此外，由于芳纶纸基蜂窝材料优良的介电性能和高透波率，尤其是与玻璃布蜂窝、铝蜂窝相比，具有质量轻、有足够的抗压缩强度、抗剪切强度和良好的抗疲劳强度、与复合材料胶接和组装工艺性好等特点，已广泛作为雷达罩的蜂窝芯材替代玻璃布蜂窝芯材，用于机载、舰载和星载雷达天线罩。

（2）轨道交通领域　随着芳纶纸基蜂窝结构材料逐渐实现低成本化，也开始应用于高速列车以及游艇和赛艇的地板、车厢壁板、天花板、车门等部件，是实现高速列车以及船舶游艇等车辆轻量化的关键材料。其不但具有较高的机械强度，质量轻，结构件抗弯曲性能好，而且还具有良好的自熄性，放热值较低，并能够形成耐火层，尽可能地降低释放出的烟雾和有毒气体。芳纶纸基蜂窝结构材料在美国、法国、意大利、德国的新型高速列车上，如美国的Acela、意大利的ETR500等获得广泛应用。芳纶纸基蜂窝结构材料生产企业如美国Hexcel已为庞巴迪、西门子、阿尔斯通和中国中车等高速列车生产公司提供产品。

四、耐高温聚酰亚胺纤维纸基功能材料

随着现代产业的技术发展和升级换代，航天航空飞行器、轨道交通高速列车的提速对耐高温轻质结构减重材料的性能要求不断提高，聚酰亚胺纤维纸基复合材料比芳纶纸具有更高的强度和耐温性，是一类更具发展前景的战略性功能材料。但由于聚酰亚胺纤维湿法造纸面临着较大的技术挑战，导致成形质量差、强度低，不能完全发挥聚酰亚胺纤维优异的性能，所以目前国际上尚无商品化聚酰亚胺纤维纸基功能材料，仅有聚酰亚胺薄膜，多应用于电子电工绝缘领域。而聚酰亚胺薄膜孔隙结构致密，导致后期加工绝缘产品与树脂润湿性差、界面复合性能弱，影响材料的应用。

聚酰亚胺纤维表面没有活性基团，其化学性质比较稳定，在浆料打浆和疏解的过程中不会发生纤维的分丝帚化，在纸页的干燥过程中纤维之间也不会产生氢键结合，使经过湿法成形得到的原纸强度较低。因此，选择合适黏结性纤维来提高纤维间结合力是开发高性能聚酰亚胺纤维纸的关键。目前聚酰亚胺纤维纸的制造主要有以下三种方法：①利用在水中易分散的聚酰胺酸纤维抄造制得聚酰胺酸纸，再经高温酰亚胺化处理得到聚酰亚胺纤维纸；②以聚酰亚胺纤维为原料制得

聚酰亚胺纤维原纸，并利用聚酰亚胺树脂或环氧树脂溶液进行浸渍增强得到聚酰亚胺纤维纸；③以芳纶浆粕／沉析纤维作为聚酰亚胺纤维纸的黏结性功能纤维，直接抄造制备聚酰亚胺纤维纸[40,41]。

　　由于聚酰胺酸纤维本身容易分解且在酰亚胺化的过程中容易出现酰亚胺化不完全，造成分子量下降，导致聚酰亚胺纤维纸性能受到很大的影响。同时，单纯以聚酰亚胺纤维为原料成纸原纸强度极低，易造成湿纸破损，且存在着浸渍工艺复杂、性能不匹配等问题。国内的相关研究已取得阶段性的成果，主要集中在聚酰亚胺纤维预处理、浆料体系分散性、热压工艺等方面，产品综合性能优于对位芳纶纸。图 4-24 为热压前后聚酰亚胺纤维纸微观形貌变化。未来需要制备具有高比表面积和表面活性的且适用于造纸的聚酰亚胺沉析纤维，作为保证聚酰亚胺纤维纸基材料高强度、高质量的"自组装黏结材料"。同时，应该进一步使其实现低成本化、提升其性价比，拓展其在国防军工、航空航天、轨道交通等领域的应用。

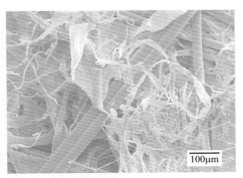

(a) 未热压聚酰亚胺纤维纸表面SEM图

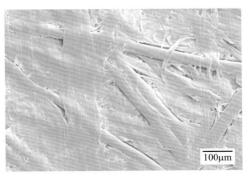

(b) 热压聚酰亚胺纤维纸表面SEM图

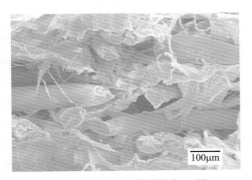

(c) 未热压聚酰亚胺纤维纸截面SEM图

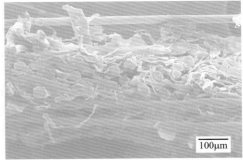

(d) 热压聚酰亚胺纤维纸截面SEM图

图4-24　热压前后聚酰亚胺纤维纸微观形貌变化

五、高性能纸基摩擦材料

纸基摩擦材料（paper-based friction materials）是一种应用于自动变速器、差速器、扭矩管理器和同步器等湿式离合制动装置中的关键功能材料。因其具备力学性能良好、摩擦系数适中、结合平缓柔和、摩擦噪声小、对偶损伤弱、生产成本低以及动静摩擦系数接近等优异特性，能够在循环往复的高转速、大压力、高温度等苛刻工况条件下保持连续稳定工作，已经被广泛应用到汽车、火车、飞机、轮船和工程机械等高科技产物中。近年来，随着科技的进步和社会的发展，运输设备及机械逐渐向高速、重载、安全、舒适等方向发展的趋势对摩擦材料的摩擦磨损性能、高温制动性能、环保性以及在循环往复的高转速、大压力、高温度等苛刻工况下保持连续稳定工作提出了更高的要求。其中，厚度小于毫米级的纸基摩擦材料是支撑先进变速技术的基础性关键材料，在我国发展装备制造业和突破核心零部件进程中具有不可替代性，国际/国内市场需求巨大。

纸基摩擦材料是由增强纤维、摩擦性能调节剂和填料等采用湿法工艺成形预制体，再经黏结剂树脂溶液浸渍后热压固化而成的一种纤维复合增强材料。其中，增强纤维对纸基摩擦材料的机械强度、耐热性能和摩擦性能起着决定性的作用。目前纸基摩擦材料研究和工程应用中所涉及的增强纤维大约有 20 种，主要包括芳纶纤维、碳纤维、玻璃纤维和植物纤维等。

纸基摩擦材料以其优异的性能作为湿式摩擦制动材料在变速器中的应用已经非常广泛，而汽车装配自动变速箱的快速发展趋势为高性能纸基摩擦材料提供了巨大的市场需求。我国汽车工业正处于快速发展时期，产品升级换代的一个重要特征是大量轿车装配自动变速器而实现自动变速，但目前我国轿/客车自动变速箱用纸基摩擦片全部依赖进口。作为保障车辆、工程运输机械等运行平稳性、安全性的核心材料，纸基摩擦材料在当前和今后相当长的时期内必然是摩擦材料中最主要的品种。在国外，一些大型机械以及重载荷汽车的离合器和制动器也都以纸基摩擦材料来代替之前的粉末冶金摩擦材料。例如，约翰迪尔、通用、卡特皮勒、克莱斯勒、福特、东芝、三菱等公司在其汽车的制动器中采用了该种材料，并且具有较高的性能。

纸基摩擦材料的研究主要集中在摩擦磨损性能增强与摩擦磨损机理等方面。以碳纤维和芳纶纤维为主要增强纤维，引入氧化物纳米棒和晶须，实现纳米棒、晶须和纤维的多尺度协同增强；以碳纤维、短切芳纶纤维和芳纶浆粕作为混杂增强纤维，通过改变传统的浸渍工艺使摩擦材料的各物料充分形成整体有效地改善摩擦片的物理力学性能，提高其摩擦系数，调节动静摩擦比例系数，降低摩擦片的磨耗率[42]。碳纳米管能够极大地提高体系中纤维与树脂之间的界面结合性，材料的摩擦性能也得到了显著的提高[43]。

参考文献

[1] Committee on High-Performance Structural Fibers for Advanced Polymer Matrix Composites National Research Council. High-Performance Structural Fibers for Advanced Polymer Matrix Composites [M]. Washinton: The National Academies Press, 2005: 1-58.

[2] 崔淑玲. 高技术纤维 [M]. 北京：中国纺织出版社, 2016: 1-2.

[3] Afshari M, Sikkema D J, Lee K, et al. High-performance fiber based on rigid and flexible polymers [J]. Polymer Reviews, 2008, 48(2): 230-274.

[4] Bhat G. Structure and Properties of High-Performance Fibers [M]. Cambridge: Woodhead Publishing Ltd, 2016: 1-417.

[5] Dobb M G, Johnson D J, Saville B P. Supramolecular structure of a high-modulus polyaromatic fiber (Kevlar 49)[J]. Journal of Polymer Science Polymer Physics Edition, 1977, 15(12): 2201-2211.

[6] Rebouillat S, Peng J C M, Donnet J B. Surface Structure of Kevlar Fibers Studied by atomic force Microscopy and inverse gas chromatography[J]. Polymer, 1999, 40(26): 7341-7350.

[7] Rao Y, Waddon A J, Farris R J. The evolution of structure and properties in poly(p-phenylene terephthalamide) fibers [J]. Polymer, 2001, 43(13): 5925-5935.

[8] 胥正安, 沈玲, 清水壮夫. 一种对位芳纶纤维：CN201410238057. 5[P]. 2017-02-15.

[9] 陆赵情, 花莉, 丁孟贤, 等. 一种改性聚酰亚胺纤维纸的制备方法：CN201210264309. 2[P]. 2014-11-19.

[10] 汪家铭. 聚对苯撑苯并二噁唑纤维发展概况与应用前景 [J]. 高科技纤维与应用, 2009, 34(2): 42-47.

[11] Chae HG, Kumar S. Rigid-rod polymeric fiber [J]. Journal of Applied Polymer Science, 2006, 100(1): 791-802.

[12] Dingenen V, Jan L J. 3-Gel-spun high-performance polyethylene fibres[M] //HearleJ W S. High-Performance Fibers. Cambridge: Woodhead PublishingLtd, 2001: 62-92.

[13] 王结良, 梁国正, 吕生华. 超高分子量聚乙烯纤维在防弹材料上的应用 [J]. 化工新型材料, 2003, 31(1): 21-23.

[14] 林树益. 高性能玻璃纤维增强材料 [J]. 玻璃钢 / 复合材料, 1996(1): 8-12.

[15] 张美云. 加工纸与特种纸 [M]. 第 4 版. 北京：中国轻工业出版社, 2019: 284-285.

[16] 禽玮华. 国外异形玻璃纤维发展状况 [J]. 玻璃纤维, 1994(3): 29-36.

[17] 曹海林, 晏义伍, 岳利培, 等. 玄武岩纤维 [M]. 北京：国防工业出版社, 2017: 41-43.

[18] Torop L V, Vasyuk G G, Kornyush V L, et al. New cloth from basalt fibers [J]. Fibre Chemistry, 1995, 27(1): 67-68.

[19] 胡显奇, 申屠年. 连续玄武岩纤维在军工及民用领域的应用 [J]. 高科技纤维与应用, 2005, 30(6): 7-13.

[20] 谢尔盖. 玄武岩纤维的特性及其在中国的应用前景 [J]. 玻璃纤维, 2005(5): 44-48.

[21] 刘建安, 陈克复, 雷以超, 等. 合成纤维的湿法成形抄造 [J]. 中国造纸, 2005, 21 (2): 59-61.

[22] 党育红, 王志杰, 王丽娴, 等. 水溶性 PVA 合成纤维在低定量纸张中的应用 [J]. 中华纸业, 2006, 27(12): 42-45.

[23] 凯西 J R. 制浆造纸化学工艺学 [M]. 第 3 版. 北京：中国轻工业出版社, 1998: 400-431.

[24] 龙秀元, 刘兆峰. 芳纶浆粕纤维制备技术的研究进展 [J]. 高分子材料科学与工程, 2003, 19(3): 45-48.

[25] 廖子龙. 芳纶的市场需求与芳纶浆粕的应用 [J]. 高科技纤维与应用, 2008, 33(3): 36-39.

[26] 胡翔, 李涛. PPTA 的生产技术及市场分析 [C] // 中国化工学会. 中国化工学会 2012 年石油化工学术年会论文集. 南昌：2012: 720-722.

[27] 李金宝, 张美云, 吴养育, 等. 间位与对位芳纶纤维造纸性能比较 [J]. 纸和造纸, 2005, 24(5): 76-79.

[28] Zweben C. The flexural strength of aramid fiber composites[J]. Journal of Composite Materials, 1978, 12(4): 422-430.

[29] Yang B, Zhang M, Lu Z, et al. Comparative study of aramid nanofiber (ANF) and cellulose nanofiber (CNF)[J]. Carbohydrate Polymers, 2018, 208: 372-381.

[30] 张美云, 罗晶晶, 杨斌, 等. 芳纶纳米纤维的制备及应用研究进展 [J]. 材料导报, 2020, 34(5): 5158-5166.

[31] Yang B, Wang L, Zhang M, et al. Timesaving, high-efficiency approaches to fabricate aramid nanofibers[J]. ACS Nano, 2019, 13(7): 7886-7897.

[32] 张洪涛. 特种纸用化学纤维在添加助剂的悬浮液中的分散特性 [D]. 广州: 华南理工大学, 2001.

[33] 罗晶晶. 芳纶纳米纤维纸的制备及其紫外老化性能研究与应用 [D]. 西安: 陕西科技大学, 2019.

[34] De Lange P J, Mäder E, Mai K, et al. Characterization and micromechanical testing of the interphase of aramid-reinforced epoxy composites[J]. Composites Part A: Applied Science and Manufacturing, 2001, 32(3): 331-342.

[35] 廖瑞金, 柳海滨, 柏舸, 等. 纳米 SiO_2/芳纶绝缘纸复合材料的空间电荷特性和介电性能 [J]. 电工技术学报, 2016, 32(12): 40-48.

[36] 柏舸, 廖瑞金, 刘娜, 等. 纳米氮化铝改性对芳纶 1313 绝缘纸介电特性的影响 [J]. 高电压技术, 2015, 41(2): 461-467.

[37] 张素风, 张美云. 多比例分层复合抄造的芳纶酰胺纸及其制备方法: CN200710017244. 0[P]. 2009-10-28.

[38] 孙茂健, 黄钧铭, 王典新, 等. 两面平滑度不同的间位芳纶纸的制备方法: CN200910216912.1[P]. 2012-05-30.

[39] 胡健, 王宜, 孙耀, 等. 一种芳纶纸及其制备方法: CN201410166497. 4[P]. 2014-07-30.

[40] 丁孟贤, 谭洪艳, 吕晓义, 等. 聚酰亚胺纤维纸的制备方法: CN201210334745. 2[P]. 2015-04-08.

[41] 陆赵情, 花莉, 丁孟贤, 等. 一种间位芳纶沉析纤维增强聚酰亚胺纤维纸的制备方法: CN201210434470. X[P]. 2015-11-12.

[42] 陆赵情, 张大坤, 王志杰, 等. 一种高性能环保纸基摩擦材料原纸及摩擦片的制作方法: CN201010 108363. 9[P]. 2013-03-20.

[43] 王文静. 碳纳米管改性碳纤维增强纸基摩擦材料的制备与研究 [D]. 西安: 陕西科技大学, 2014.

第五章
长纤维过滤纸基功能材料

第一节
长纤维纸基纤维

一、长纤维的概念

纸基材料一般用木、草本植物纤维原料为主材制成，其纤维平均长度因原料品种、生产工艺、产品种类而有差异，但最长不会超过 3mm。而某些用植物纤维、合成纤维等为原料抄造的纸基材料，其纤维平均长度往往会超过 3mm，且形态各异，有的可达几十毫米，这类纤维织造出来的纸简称为长纤维特种纸基。通常人们认为抄造的纤维材料的纤维长度在 3mm 以上都可以称为长纤维。该纤维有絮凝和粘连，不能够被正式应用于普通造纸机上抄造成均匀的纸基。

二、长纤维纸基纤维的分类和特点

长纤维分为植物纤维和非植物纤维，非植物纤维包括合成纤维、无机纤维、动物纤维。

1. 植物纤维长纤维

植物纤维长纤维主要是韧皮类纤维和棉纤维。其中，韧皮类纤维有麻、桑皮、构皮等。以下介绍几种典型的植物长纤维。

（1）马尼拉麻纤维　马尼拉麻纤维是世界上最通用的长纤维原料，是一种蕉麻，因盛产于菲律宾马尼拉而得名。菲律宾马尼拉麻纤维的产量占全世界的 80% 以上，其余的基本上在厄瓜多尔。马尼拉麻纤维的主要用途为搓绳、工艺品和长纤维纸基的生产。在菲律宾主要有四大浆厂生产马尼拉麻浆。

马尼拉纤维粗细均匀，纤维壁薄，端部钝尖，胞腔宽而明显，不中断，纤维壁上横节纹稀少，纤维的断面多，为不规则的椭圆形或具圆角的多角形，其中常有导管分子和薄壁细胞。其纤维长度一般为 2.0 ～ 6.0mm，宽度为 6.6 ～ 22μm，平均长度为 4mm，平均宽度为 16.8μm。因此它强度高，韧性好 [1]。

马尼拉麻纤维的用途广泛，表 5-1 是根据杭州新华集团有限公司的研究对某一供应商生产的不同型号马尼拉麻纤维应用于不同品种的参考应用举例 [2]。

表5-1　不同型号马尼拉麻纤维应用于不同品种的参考应用举例

序号	基本用途	型号	建议应用领域
1	高透气度、低强度	IPP-25	高透气纸基、滤嘴棒成形纸基
2	高透气度、中强度	IPP-01	茶叶过滤和肉肠衣纸基
3	中透气度、高强度	IPP-45、IPP-42	电解电容器、证券纸、茶叶过滤纸基
4	中透气度和强度、高撕裂度	IPP-40、IPP-37	工业过滤、浸渍基材、手工纸等
5	低透气度、高强度	IPP-17、IPP-16	屋顶及墙布基材、证券纸、手工纸等
6	低透气度、中强度	IPP-53	过滤材料以及中、低档茶叶过滤
7	作其他纤维的替代或填充	IPP-16	过滤基材、卷烟纸基、工业过滤、屋顶及墙布中掺用

（2）桑皮纤维　桑皮纤维是我国最典型的长纤维纸生产原料，取之于桑树之皮。桑树是多年生木本植物，桑皮是由桑树幼嫩茎秆或枝条韧皮层部剥取而得的内皮层。桑树是我国最古老，最有经济价值的园艺植物之一。

桑皮纤维较马尼拉麻略粗，呈圆筒形，中央沟管，有时非常明显，有时仅狭线状，纤维上多平行的纵纹裂痕，横纹稀少，但甚明显，排列亦较规则，有时纤维中端有突出的节，其色甚暗，此外更有薄膜状细胞，重叠而成不规则形，其上形成各式纵横细纹[1]。桑皮纤维同样具有强度高、韧性好的特点。

上千年来，桑皮纤维又是优良的传统长纤维造纸原料，古时有名的书画纸、窗户纸、浙江的皮纸和伞纸，以及近代的打字蜡纸、茶叶袋滤纸原纸等的生产技术多离不开桑皮原料。在国外许多长纤维的生产厂家大批量采用马尼拉麻纤维之前，我国的桑皮已被广泛运用于长纤维造纸，而且目前仅仅我国利用得最好。桑皮纤维产地分散，不像马尼拉麻那样集种植、制浆、销售为一体的产业化模式，购买商品浆较难，原料采购也不甚方便。

（3）构皮纤维　构皮别名为楮皮，纤维较长，形态与桑皮十分相似，平均长度介于亚麻与红麻之间。纤维壁上有明显的横节纹。胞腔明显，纤维有的腔大，有的腔小。纤维两端尖细，常呈分枝状，有时端头为一小圆球。纤维外壁常附有一层透明膜，称为胶衣。构皮浆较桑皮有一个显著的特点是浆中含有大量的草酸钙晶体，多呈棱形或正方形结晶，常存在于薄型细胞腔内或细胞与细胞之间，打浆漂洗能使其流失而减少。

构皮是古老的优良的造纸原料，造纸使用者多为灌木枝条的嫩皮，较之主干老皮纤维柔软，杂质少。主干愈老，其皮层虽较厚，但表面的黑粗皮含量也高，黑粗皮上不含纤维，主要为木栓层物质及灰分，若除不净，影响纸浆质量。

构皮造纸由来已久，据《后汉书》所载：蔡伦看到当时的书写材料，认为"缣贵而简重并不便于人"，于是便"造意用树肤麻头"造纸。据查这里所谓的树肤即指构皮、桑皮等。宋朝时，浙江的常山、开化等地所产的楮皮纸就颇具盛名，抚顺建昌的楮皮纸，以制纸被、纸帐闻名。近代一些手工纸和机制纸都有以构皮为原料的，如温州的皮纸厂、浙江杨伦造纸厂、杭州新华造纸厂等都用构皮或掺用部分构皮生产电池棉纸、引线纱纸、茶叶袋纸等。

（4）棉纤维 棉纤维是棉花的纤维，它细长、柔软，使得抄纸时，更容易交织抱合在一起，且取向度高，分子间结合力强，从而具有较好的耐磨、耐折特性；棉纤维纤维素含量高，木素含量低，使得产品具有较高的白度和耐久性。

棉纤维含有98%的 α- 纤维素。纤维素大分子上有大量的亲水基团，使得棉纤维的吸湿性增强；同时，纤维中的果胶、蛋白质、多缩戊糖以及无机盐类都是亲水物质，也能使棉纤维的吸湿性更好。棉纤维中含有的脂肪和蜡质是疏水物质，可使棉纤维的吸湿性降低，但对纤维具有保护作用。单根棉纤维外层大分子排列较为疏松，取向度低，结晶度低，使纤维具有良好的柔韧性和弹性；内层大分子排列较为密实，取向度高，结晶度高，使纤维具有良好的刚性。成熟度高的棉纤维，聚合度高、取向度好、结晶度高、大分子间的结合力强。棉纤维的弯曲和耐扭曲性能好，不易折断。棉纤维生长时，纤维素的螺旋沉积导致了纤维的天然扭曲，使棉纤维具有特殊的摩擦性和抱合性等良好的力学特性。高打浆度时，棉纤维较长且长度均一[1]。棉纤维主要应用于高档滤纸、医用纸、试纸、证券纸等产品。

（5）针叶木纤维 造纸所用的木材有针叶木和阔叶木之别，针叶木因其树叶细长如针而得名。造纸使用的针叶木以松、杉树类为主。针叶木纤维中含有管胞、射线细胞和射线管胞，针叶木纤维长约3～3.5mm，平均宽约30～75μm，是造纸的优质纤维。同时，由于其组织结构严密，化学浆料中的杂质在洗涤中流失，故针叶木纤维浆的质量好，纤维均匀，相对较长，多适宜生产优质纸浆，从而抄造相对高级的特种纸以及文化用纸，也是过滤纸基经常选用的纤维。

2. 非植物纤维长纤维

非植物纤维长纤维可分为合成纤维、无机纤维、动物纤维。

（1）合成纤维 用于长纤维特种纸生产的合成纤维主要有维纶纤维、丙纶纤维、黏胶纤维、聚酯纤维、天丝纤维等。

① 维纶纤维 维纶纤维学名聚乙烯醇缩醛纤维，简称聚乙烯醇纤维，作为

长纤维特种纸的原料主要有两种类型：一种是高熔点纤维，主要用于提高纸张强度和特种纸的透气性，如汽车过滤器用材、医用胶带基材、育苗用布等；另一种是低熔点纤维，与其他高熔点纤维掺用后湿法成网，经过烘缸表面温度，使低熔点的纤维熔化，产生黏结作用。维纶纤维具有良好的吸湿性，与植物纤维以及水有着很好的亲和性，无须添加任何分散剂即可上网成形，而且出湿部后具有很好的湿强度，既可提高产品的强度，又可提高单位产量。维纶纤维可制成具有不同熔点温度的纤维产品，目前该类纤维产品的熔点可分为35℃、60℃、90℃、120℃等，可供使用者自由选择。维纶纤维是经过化学加工而制造出来的工业纤维，主要用于纺织工业，也可作为造纸纤维。

② 丙纶纤维 丙纶纤维又称聚丙烯纤维，近几年来，丙纶纤维在卫生材料领域的应用发展极为迅速，因为这种纤维具有相对密度小，强度好，耐酸、耐碱、耐化学溶剂性能优越于其他大部分合成纤维的特点。目前丙纶纤维主要应用于过滤材料、医用材料、家用装饰材料、食品工业、复合包装材料等多方面领域。

③ 黏胶纤维 黏胶纤维俗称"人造丝"，化学组成与棉纤维极为相似，性能也接近棉纤维，但它具有比棉纤维更优越的吸湿、柔软和分散性能，其长细度和卷曲度均可控制。粘胶纤维与天然棉纤维相比，长度、宽度具有一致性，是特种纸基较好的原材料。

④ 聚酯纤维 聚酯纤维（polyester fibers），俗称"涤纶"，是由有机二元酸和二元醇缩聚而成的聚酯经纺丝所得的合成纤维，简称 PET 纤维，属于高分子化合物，是当前合成纤维的第一大品种。

聚酯纤维应用于工业织造、医疗卫生、过滤滤材、工程纤维、无纺布行业。作为纸基的特种原料，聚酯纤维除具有普通聚合物纤维细度大、强度高、易分散的特点外，还具有突出的耐高温性能，其纤维挺度高、强度好，纤维直径小，耐化学性好，在特种过滤材料产品上是首选的好材料。

⑤ 天丝纤维 天丝纤维是一种以木浆为原料，以 N- 甲基氧化吗啉（NMMO）-H$_2$O 为溶剂，用干湿法纺制的再生纤维素纤维。相关工艺将木浆溶解在氧化胺溶剂中直接纺丝，完全在物理作用下完成，氧化胺溶剂循环使用，回收率达99% 以上，是一种绿色环保的纺丝技术。天丝纤维具有可生化降解性，制成即用即弃产品，不会对环境造成污染。无论在干或者湿的状态下，天丝纤维均极具韧性，尤其湿强度远胜于棉纤维或者黏胶纤维。由于天丝纤维取向性好，纤维中巨原纤的结晶化程度高，且更趋向纤维轴向排列，当它受到外界因素如摩擦或者震动等作用时，这部分巨原纤极易从纤维表面分离出来，即分丝帚化，因此可通过对分丝帚化程度的控制，生产不同结构的产品。天丝纤维还具有良好的吸水性和吸湿性，较高的湿模量赋予它在中等负荷作用下形变较小的特

性，使产品具有较高的尺寸稳定性和抗皱性。利用这些特性可以生产性能良好的医疗用纸。

与天然纤维相比，合成纤维的长度、细度一致性好，可细纤维化。此外，合成纤维的强度、伸长率、耐磨性等也要优于天然纤维。

（2）无机纤维　用于长纤维特种纸生产的无机纤维主要有玻璃纤维、石棉纤维、碳和活性碳纤维等。

①玻璃纤维　在长纤维特种纸基生产中，玻璃纤维已被广泛应用。除了具有绝缘、耐磨和尺寸稳定，高强、耐高温和耐腐蚀等特性之外，玻璃纤维还可制成超细纤维，它不仅在防水材料、绝缘材料和增强材料中常作为基材或基布，也是特殊滤材的一种主要原材料。

②石棉纤维　石棉纤维是通过离心熔融的岩石而制成，用于制造某些耐热性良好及化学稳定性好的材料。石棉纤维通常具有不同的长细度，可不预处理直接用于特种纸基的生产。

③碳和活性碳纤维　碳纤维属脆性材料，裂断伸长小，只有部分可挠性，比强度高，导电导热，耐高温和耐化学腐蚀，可制作导电、静电消除材料，高压电保护层和防火衣等。活性碳纤维是碳纤维中的一种特殊纤维，其主干分布有大量直径在 0.5 ～ 50nm 的微孔，孔的深度大多大于其自身直径，在孔内可吸附大量的有害气体。因此，湿法活性碳纤维产品常用来作为气体过滤材料，被广泛应用于火力发电厂、化工厂、金属冶炼厂，以及汽车等交通工具的废气排放处理。用过一段时间后，还可以经再生处理，对活性碳纤维进行解脱而再循环利用。

（3）动物纤维　动物纤维很少用于长纤维特种纸中，只有当需要某些特殊性能时才利用它们，下面将对羊毛纤维、蚕丝纤维和甲壳素纤维进行简要介绍。

①羊毛纤维　羊毛纤维主要成分为含硫的蛋白质，其结构一般可分为表层、外层和内层。表层为不规则的鳞片状结构，此为羊毛的主要特征。外层为羊毛的主体，内层也称髓心层，为蜂窝状结构。羊毛纤维的粗细差异很大，一般为 10 ～ 70μm，同一根羊毛纤维粗细也不一样。羊毛纤维一般不用于造纸，但可加入某些非织造布或纸中以提高美观或防伪能力。

②蚕丝纤维　蚕丝纤维也属于动物蛋白纤维，它是由蚕体成熟后分泌丝素而形成蚕茧，蚕丝的长度一般有数千米，直径为 10 ～ 20μm，经过缫丝，将数根丝合并后，可直接供织造用。造纸一般不直接用蚕丝作原料，而是用其废丝经脱胶后切成适当的长度，在卫生材料或化妆品行业作基材。

③甲壳素纤维　甲壳素（chitin）是一种化学结构与纤维类似的天然高分子多糖，它广泛存在于昆虫、甲壳类动物的硬壳以及低等植物菌类的细胞壁中，是

自然界中产量仅次于纤维素的全球第二大再生资源，同时也是迄今发现的自然界中唯一存在的带正电荷的天然生物高分子。甲壳素中含有大量羟基和氨基，使其不仅具有很大的化学活性，而且具有能激活生物体活性的功能，对人体无任何毒副作用，易被人体内的酶分解而吸收，并通过血液运送到身体各部位。同时，甲壳素没有排斥性，可直接渗入人体皮肤、肌肉、骨骼和细胞，并修复受损的组织细胞，具有提高人体免疫力、净化人体血液和提高体内循环的功能，体外它可被自然降解。因此，甲壳素是一种对人体及生态环境都有益并友好的绿色功能性材料。

用甲壳类动物的硬壳制成甲壳素纤维，再制纺材和纸基，不仅具有优异的物化性质、生理活性、生物相容性及生物可降解性，还具有止血、抗菌、消炎、促进伤口愈合及组织修复等功能，在医用敷料方面具有广阔的应用前景。

以上介绍的主要是与过滤分离相关的长纤维，即过滤纸基材料中常用的纤维。

第二节
过滤的机理

过滤是指分离悬浮在气体或液体中固体物质颗粒的一种单元操作，用一种多孔材料（过滤介质）使悬浮液（滤浆）中的气体或液体通过（滤液），截留下来的固体颗粒（滤渣）存留在过滤介质上形成滤饼。根据过滤介质的不同，一般将过滤分为气体过滤和液体过滤。

一、气体过滤

气体过滤机理主要有以下五种：拦截（或接触、钩住）效应、惯性效应、扩散效应、重力效应、静电效应[3]。

（1）拦截效应　纤维层内纤维错综排列，形成无数网格。当某一尺寸的微粒沿着流线刚好运动到纤维表面附近时，假使从流线（也是微粒的中心线）到纤维表面的距离等于或小于微粒半径，微粒就在纤维表面被拦截而沉积下来，这种作用称为拦截效应，过程示意图如图 5-1 所示。其中 η'_R 为拦截捕集效率。筛子效应也属于拦截效应，也有单称为过滤效应的，具体如图 5-2 所示。

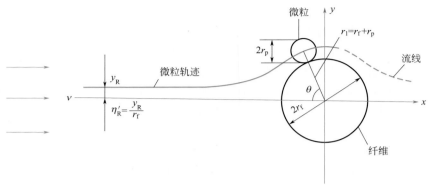

图5-1 拦截效应示意图

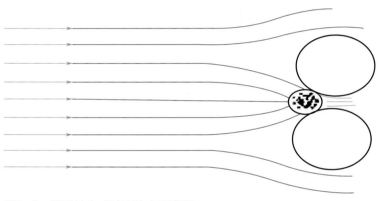

图5-2 筛子效应或过滤效应示意图

（2）惯性效应　由于纤维排列复杂，气流在纤维层内穿过时，其流线要屡经激烈的拐弯。当微粒质量较大或者速度（可以看成气流的速度）较大，在流线拐弯时，微粒由于惯性来不及跟随流线同时绕过纤维，因而脱离流线向纤维靠近，并碰撞在纤维上而沉积下来，这种作用称为惯性效应，如图5-3所示。其中 η_{St} 为惯性捕集效率。

（3）扩散效应　扩散效应是指由于气体分子热运动对微粒的碰撞而产生的微粒的布朗运动，微粒越小其扩散效应越显著。常温下直径为 0.1μm 的微粒每秒钟扩散距离达 17μm，比纤维间距离大几倍至几十倍，这就使微粒有更大的机会运动到纤维表面而沉积下来，而直径大于 0.3μm 的微粒其布朗运动减弱，一般不足以靠布朗运动使其离开流线碰撞到纤维表面去，具体如图5-4所示。其中 η_D 为扩散捕集效率。

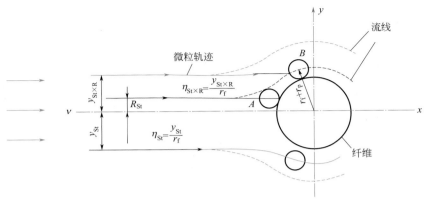

图5-3 惯性效应示意图

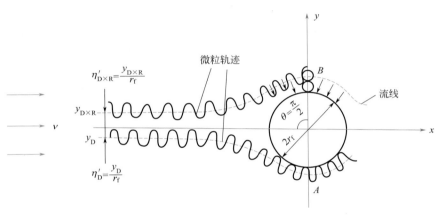

图5-4 扩散效应示意图

（4）重力效应　微粒通过纤维层时，在重力作用下发生脱离流线的位移，也就是因重力沉降而沉积在纤维上，见图 5-5。由于气流通过纤维过滤器特别是通过滤纸过滤器的时间远小于 1s，因而对于直径小于 0.5μm 的微粒，当它没有沉降到纤维上时已经通过了纤维层，所以重力沉降完全可以忽略。其中 η'_G 为重力捕集效率。

（5）静电效应　由于种种原因，纤维和微粒都可能带上电荷，产生吸引微粒的静电效应，但除了有意识地使纤维或微粒带电外，若在纤维处理过程中因摩擦带上电荷，或因微粒感应而使纤维表面带电，则这种电荷不能长时间存在，电场强度也很弱，产生的吸引力很小，可以完全忽略。静电效应示意图见图 5-6。其中 η'_E 为静电捕集效率。

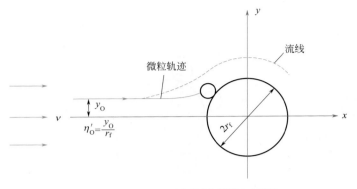

(a) 重力与气流方向平行

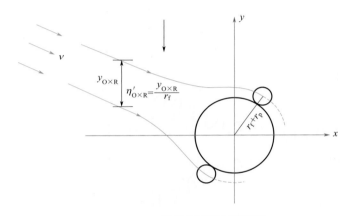

(b) 重力与气流方向垂直

图5-5 重力效应示意图

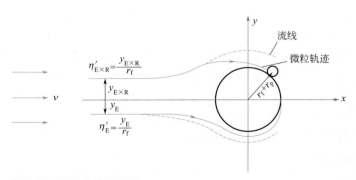

图5-6 静电效应示意图

除了上述五种主要的过滤机理外，还有化学过滤机理和膜过滤机理。化学过滤机理又可分为物理吸附和化学吸附，活性炭的过滤作用就属于物理吸附[4]。膜过滤机理与传统纤维过滤不同，膜过滤以表面过滤为主，过滤过程只发生在膜表面，聚集在膜表面的粉尘微粒很容易被清除，每次反吹后阻力能恢复到初始状态，所以使用寿命较长。在当前的空气过滤器市场中，微细玻璃纤维过滤器占据着主导地位，但膜过滤器也早已崭露头角，并在高效空气过滤和集尘应用中，有着取代微细玻璃纤维过滤器的趋势。

二、液体过滤

1. 液体过滤原理

在外力（重力、压力、离心力）的作用下，悬浮液中的液体通过多孔介质的孔道而固体颗粒被截留下来，从而实现固、液分离。其中，过滤操作所处理的悬浮液称为滤浆（滤料），所用的多孔物质称为过滤介质，也称为滤纸。通过介质孔道的液体称为滤液，被截留的物质称为滤饼或滤渣。液体过滤简图见图5-7。

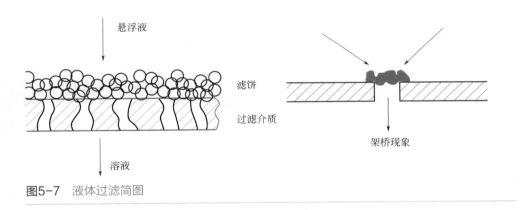

图5-7 液体过滤简图

2. 过滤方式

液体的过滤一般分为饼层过滤和深层过滤。

（1）饼层过滤 颗粒的尺寸大多数都比过滤介质的孔道大。过滤之初，会有一些细小颗粒穿过介质而使滤液浑浊，但颗粒会在孔道中迅速发生"架桥"现象，使小于孔道的颗粒也能被截留，故当滤饼开始形成，滤液即变清，此后过滤才能有效地进行。在饼层过滤中，真正发挥作用的主要是滤饼层而不是过滤介质，示意图见图 5-8。

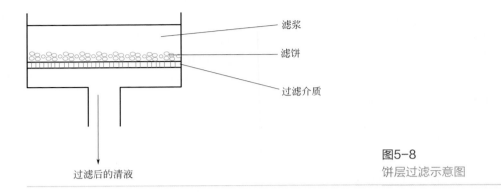

图5-8
饼层过滤示意图

滤浆
滤饼
过滤介质

过滤后的清液

（2）深层过滤　颗粒的尺寸比介质的孔道小得多，但孔道弯曲细长，颗粒进入之后很容易被截留，更由于流体流过时所引起的挤压和冲撞作用，颗粒紧附在孔道的壁面上。此法适合于从液体中除去很小量的悬浮液，如饮用水的净化[5]。图 5-9 给出了深层过滤示意图。

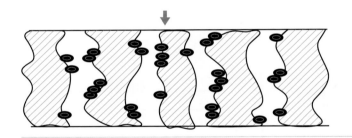

图5-9
深层过滤示意图

第三节
长纤维过滤纸基功能材料的应用

长纤维特种纸基的发展已经有半个多世纪了，无论是纤维制造技术，还是装备创新，以及自动化和集成化的发展，突飞猛进，并且其应用领域已经越来越广泛，产品越来越多样化。这里主要阐述长纤维纸基在过滤领域里具有代表性的三个方面的应用：汽车发动机、分析测试、茶叶过滤。

一、发动机过滤纸基

1. 概述

汽车发动机过滤纸基也可称为汽车内燃机工业滤纸基，以下简称发动机过滤纸基。发动机过滤纸基作为一种过滤介质，滤材主要应用于汽车的空气、润滑油、重负荷空滤、液压和其他一些特殊场合。主要作用在于滤除汽车发动机或其他类型的内燃机在运转中需要的空气、机油以及燃油中的杂质，以起到保护发动机、提高发动机运转效率的作用。

按照加工工艺的不同，发动机过滤纸基可以分为固化型过滤纸基和非固化型过滤纸基两大类型（也称为溶剂型过滤纸基和水剂型过滤纸基）。由于采用不同类型的树脂浸渍，使得固化型过滤纸基和非固化型过滤纸基的过滤性能有一定的差别。这两大类型的产品在不同的应用领域各有一定的优势和劣势，用户往往根据其特定的用途对这两大类型的产品进行选择。

2. 发动机过滤纸基的发展

汽车工业在欧美以及日本是一个非常成熟的产业，目前，其产量以及社会保有量均已饱和，其增长速度基本趋于缓和。由于欧美及日本对世界汽车产业的发展起主导作用，当前汽车工业处于稳步缓慢发展的阶段。我国在 2003 年以后，异军突起，汽车的年增长量为 20% 以上。据官方统计截至 2019 年 6 月，机动车保有量达 3.4 亿辆，其中汽车 2.5 亿辆，已成为世界汽车拥有量的第二大国。受此影响，作为汽车工业的配套产品，发动机过滤纸基的滤材市场需求量也大幅增长。根据汽车工业的发展和环保的要求，发动机过滤纸基向轻质、低阻、环保、高效、高容尘、高寿命的方向发展。目前国际上发动机过滤纸基的供应商主要有美国的奥斯龙（Ahlstrom）公司、贺氏（H&V）公司和唐纳森（Donaldson）过滤公司，德国的菲格玛克－盖斯拿公司（FiberMark-Gessner），日本的阿波株式会社（Awa）、安积（AZUMI）株式会社，韩国的全一（Unitop）滤纸公司等。欧美国家的纸基滤材高端，分类细，专业性强，主要在于它们的原材料的精良和装备的先进。部分尖端产品国内还不可替代。

自 20 世纪 90 年代中期我国杭州新华纸业有限公司引进了德国非固化型发动机过滤纸基生产线（年产 3000t），其产品质量达到了国际水平，改变了原来我国发动机过滤纸基质量低劣的面貌，真正可以替代国际大牌发动机过滤纸基。由此，我国发动机过滤纸基真正成为品牌汽车整车原装滤清器配套的过滤材料，从此我国的汽车发动机过滤纸基迈上了新的台阶。

随着改革开放的深入，我国汽车工业飞速发展，汽车发动机纸基滤材的国内生产需求量大幅上升，国内不断有新的发动机过滤纸基生产线投产。具有典型代表性的有：石家庄辰泰滤纸有限公司、河北宏业滤纸有限公司、河北阿木森滤纸有限公司、华润滤纸、科林滤纸、杭州特种纸厂、山东仁凤滤纸，还有其他规模较小的投产企业，这些企业主要以非固化型发动机过滤纸基为主。山东龙德复合材料科技股份有限公司专业生产固化型发动机过滤纸基，引进德国、美国生产线，在 2013 年投产年产量约 8000t 的固化纸基滤材，产品质量稳定、优良，是国内唯一能与美国奥斯龙（Ahlstrom）产品媲美的固化型发动机过滤纸基产品的生产企业。

与此同时，国外对我国的发动机过滤纸基市场非常重视，尤其是一些具有国际影响力的外国企业，纷纷进行针对我国企业的收购与改造或投资，以优良的产品质量和服务，以及相对低廉的价格参与我国市场的竞争。主要有山东滨州奥斯龙（Ahlstrom），该企业是美国奥斯龙在山东收购和投资的过滤纸基生产线，年产 20000t 纸基滤材；还有贺氏（苏州）特殊材料有限公司，该公司为美国 H&V 公司在中国苏州的独资企业，主要生产非固化型发动机过滤纸基材和高端的玻纤纸基滤材，年产约 20000t。自此，我国汽车发动机过滤纸基滤材进入了一个白热化竞争的态势。

目前我国汽车发动机过滤纸基需求量约 90000 ～ 100000t/a。

3. 发动机过滤纸基的技术概况

发动机过滤纸基材料，主要应用于汽车发动机、发电机组以及其他类型内燃机的空气、机油、燃油的过滤，燃气轮机等以及其他适合领域的过滤。产品主要选用适宜的纤维原料及化工助剂，在造纸生产线上用特定的工艺加工出原纸，该原纸要适合于过滤并带有一定强度，然后通过浸渍涂布系统进行浸渍或涂布，赋予纸页足够的强度以及其他适合于过滤的性能，然后按客户要求进行分切、包装。产品的主要技术要求为：作为发动机中的过滤介质，要求产品具有优良的过滤性能，对纸张来说，要求疏松多孔，具有足够的强度和挺度，尺寸稳定性高，具有一定的抗水性、抗油性等。针对不同形式的滤清器，具体的技术要求会有所不同。

4. 发动机过滤纸基的类型

发动机过滤纸基滤材从类型上来分主要分为固化型纸基滤材和非固化型纸基滤材，二者主要区别如下。

（1）过滤纸基的生产工艺不同　固化型过滤纸基与非固化型过滤纸基的原纸生产工艺是相同的，但是浸渍涂布工序的工艺有很大的区别。在浸渍工序，如果选用溶剂型的树脂（如酚醛树脂）作为浸渍涂布液，则生产出来的产品就是固化型过滤纸基；如果选用水剂型的乳液（如丙烯酸）作为浸渍涂布液，则生产出来的产品就是非固化型过滤纸基。

（2）滤清器生产厂的加工工艺不同　由于采用了不同的化工原料进行浸渍，因而滤纸的特性也有所不同。固化型过滤纸基在滤清器生产线上需要高温固化才能够具备最终使用所必需的强度、挺度等性能，其掉毛现象比较严重，固化的过程中会有化学物质（主要是苯酚）挥发出来，对环境和人体有一定的影响；而非固化型过滤纸基则不需要高温固化即可使用，对环境比较友好，是一种环保型的绿色产品。

（3）适用领域不同　固化型过滤纸基具有比非固化型过滤纸基更好的耐高温性能、抗水性以及尺寸稳定性，因而固化型过滤纸基比非固化型过滤纸基更适合用于机油、燃油滤清器的加工和应用。由于固化型过滤纸基挺度好，比非固化型过滤纸基更加型稳，不易变形，也更加适用于重负荷大空气滤清器领域。相比固化型过滤纸基，由于非固化型过滤纸基型稳相对差，较易变形，挺度较低，也就更加适用于小型、轻型车用空气滤清器领域。若固化型过滤纸基和非固化型过滤纸基的适用性基本接近，用户一般可以根据自己的喜好、性价比和环保的要求选择。

5. 发动机过滤纸基用途的分类

（1）空气过滤纸基　空气过滤纸基是汽车发动机滤清器空气过滤系统滤芯的关键材料，被人们称为汽车发动机的"肺"。汽车发动机进气系统由滤芯和机壳组成，其中由空气滤纸组成的滤芯，主要起到过滤空气作用[6]，机壳则为滤芯提供必要的外部保护。空气滤清器滤芯主要为汽车发动机提供清洁空气，防止其运行中吸入含杂质颗粒的空气而增加汽缸、活塞与气门的磨蚀和损坏。若发动机汽缸磨损过大，则其密封性降低，进而导致汽车动力下降，油耗增加；同时燃料不能在汽缸中充分燃烧，导致汽车尾气有害物质含量增加，对环境有污染。另一部分可燃混合气可能透过汽缸与活塞间隙渗入油底壳，引起机油变质，影响发动机润滑，加剧磨损，缩短发动机使用寿命。空气滤清器性能直接决定进入汽缸内空气的清洁程度，影响发动机的可靠性和使用寿命，制约汽车尾气的排放质量。因此，空气滤清器质量被列为国家内燃机质量的强制检验项目。

（2）机油过滤纸基　机油滤清器位于发动机润滑系统中，它的关键材料是机油过滤纸基。机油滤清器起着十分重要的作用，是汽车发动机的清道夫。

机油过滤纸基可将发动机在燃烧过程中产生并混入机油中的金属磨屑、碳粒及机油逐渐产生的胶质等杂质过滤掉，以洁净的机油供给曲轴、连杆、凸轮轴、增压器、活塞环等，保证了发动机汽车的正常运转，还起到润滑、冷却、清洗等作用，从而大大延长这些零部件的使用寿命[7]，继而延长了汽车的使用寿命。

（3）燃油过滤纸基　燃油过滤纸基是燃油滤清器主要滤材，它分为汽油滤纸和柴油滤纸。燃油在储运及加注过程中[8]，难免会混入一些杂质和水，而进入喷射系统的燃料质量是影响内燃机整体性能和寿命的重要因素。发动机燃料过滤介质燃油过滤纸基能够保护发动机不受颗粒和水的影响，限制侵蚀和腐蚀，优化燃料消耗，减少大气排放，以保证内燃机安全有效地运行。

6. 发动机过滤纸基产品技术指标

发动机过滤纸基也称内燃机过滤纸，现有技术标准为 QC/T 794—2020《内燃机工业滤纸》，主要技术指标见表 5-2。

表5-2 发动机过滤纸基主要技术指标

型号	K 230	J 400	R 45
定量/（g/m²）	123.0 ± 6.0	135.0 ± 7.0	140.0 ± 7.0
气阻/mbar	≤ 3.8	≤ 1.3	≤ 22
厚度/mm	0.38～0.48	0.50～0.62	0.40～0.5
瓦楞深度/mm	0.18～0.30	0.18～0.30	0.18～0.30
最大孔径/μm	≤ 80	≤ 110	≤ 65
平均孔径/μm	≤ 68	≤ 92	≤ 50
透气度/[L/（m²·s）]	≥ 230	≥ 650	≥ 55
耐破度/kPa	≥ 230	≥ 230	≥ 230
挺度/mg	≥2000	≥2000	≥2000
抗水性	1min 不渗透	1min 不渗透	1min 不渗透
水分/%	5 ± 2	5 ± 2	5 ± 2
用途	空气滤纸	机油滤纸	燃油滤纸

注：1mbar=100Pa。

7. 发动机过滤纸基的生产工艺

目前，国际上比较流行的发动机过滤纸基的生产方法及工艺流程有两种，分别为在线涂布浸渍法和离线涂布浸渍法。

（1）在线涂布浸渍法 该工艺路线是将原纸与涂布浸渍线在线一体完成，具体工艺流程见图 5-10。由斜网成形器抄造原纸，在线浸渍涂布、烘干，最后通过完成工序生产出成品。该工艺路线简洁、经济，但不够灵活。非固化型发动机滤纸多采用该工艺路线。

（2）离线涂布浸渍法 离线涂布浸渍法先由斜网成形器抄造原纸（见图 5-11），再用浸渍涂布生产线进行机外涂布或浸渍（见图 5-12），最后通过完成工序生产出成品。这种方法灵活性强，产品质量好，成本低，固化型发动机过滤纸大多采用该类生产线。

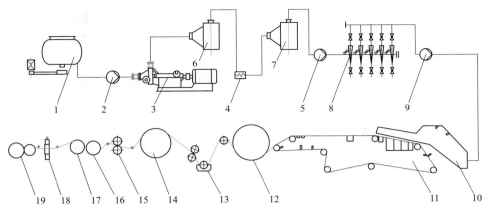

图5-10　发动机过滤纸基在线涂布浸渍法工艺流程示意图

1—水力碎浆机；2—浆泵；3—疏解机；4—螺杆泵；5——段冲浆泵；6—精浆机1；7—精浆机2；8—除砂机；9—冲浆泵；10—流浆箱；11—斜网成形器；12，14，16，17—烘缸；13—涂布；15—压瓦楞；18—定量水分控制仪；19—收卷

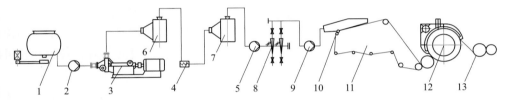

图5-11　固化型发动机滤纸离线原纸生产线工艺流程示意图

1—水力碎浆机；2—浆泵；3—疏解机；4—螺杆泵；5——段冲浆泵；6—精浆机1；7—精浆机2；8—除砂机；9—冲浆泵；10—流浆箱；11—斜网成形器；12—穿透干燥；13—收卷

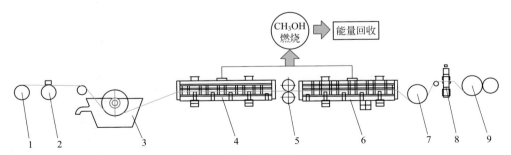

图5-12　固化型发动机滤纸浸渍涂布工艺流程示意图

1—原纸放卷；2—划线；3—涂布；4——段无接触干燥箱；5—压瓦楞；6—二段无接触干燥箱；7—冷缸；8—定量测定；9—收卷

8. 关于发动机过滤纸基的展望

具有高效、低阻、轻质、环保、高容尘（高纳污）、高寿命特质的发动机过滤纸基是众所追求的理想产品，也是发动机过滤纸基未来发展的方向。不同材质的复合，尤其是与超细纤维细材质的复合是未来实现这一理想的主要方法。

当前汽车空气过滤器或机油滤芯主流使用的单层滤芯[9]，主要通过纤维网络的孔隙结构，采用拦截、吸附、形成滤饼层等方式截留杂质颗粒，达到净化过滤目的。但限于单一密度纤维层结构，单层滤芯难以具备良好的综合过滤性能，只能在过滤效率和精度、容尘能力、工作寿命等性能方面进行协调，以满足不同使用功能要求。其以达到提高过滤精度需通过缩小滤芯孔隙、延长过滤路径实现，但同时导致过滤效率和容尘能力下降；反之降低过滤阻力，增加容尘能力，主要借助加大滤芯空隙达到，但将伴随过滤精度损失。因此，单层传统滤芯在过滤效率、过滤精度、容尘能力等方面很难平衡，其综合性能提高进入了瓶颈。研制出一种优异新型的复合过滤材料，已经成为汽车空气滤清器行业的关注焦点和发展方向。

有两层及以上过滤材料的复合滤芯，可以兼具较高的过滤精度和容尘能力、较低的过滤阻力，使不同材料之间优势互补。通过多层滤材实现密度逐增的深度梯度过滤，每层滤材具有不同密度和过滤效率，空气通过滤芯时，各层滤材可沿气流方向高效地滤除粒径逐渐减小的污染颗粒[10]。

一般滤材的复合材料相对某一层的另一层材料孔径较小，孔隙率高，这样才能达到滤材高效、高容尘的目的。由于超细纤维直径小，可显著提高过滤材料的过滤效率，并增加容尘，因此它在复合过滤材料中的应用得到越来越多的重视，超细纤维复合空气过滤纸基是国内外研究提升滤材过滤性能的主要发展趋势。

国际上对超细纤维的定义尚未有统一的标准，通常把直径 5μm 以下的纤维称为超细纤维。目前已实现工业化的超细纤维制备方法有直接纺丝法、复合纺丝法、共混纺丝法、静电纺丝法、熔喷法和闪蒸法等。

超细纤维复合空气过滤纸的制备方法目前主要有静电纺纤维复合、造纸湿法成形多层复合、熔喷无纺布复合、覆膜复合等。

静电纺丝是制造纳米级超细纤维的主要方法之一，它所纺制的纤维直径约20nm。静电纺纤维的尺寸与形貌可控，具有长径比大、比表面高等优点，非常适合用作过滤材料。通过向聚合物溶液施加高电压形成强电场，使溶液从喷丝口拉出形成射流，在静电斥力的作用下，射流会不断分裂，直径变小，同时溶剂挥发，最终固化形成直径很小的纤维沉积到普通过滤纸上，这种干法复合技术可以在不明显增加阻力的前提下提高滤纸的过滤效率。美国唐纳森（Donaldson）公司是最早成功实现静电纺纤维层复合的空气过滤纸基应用和商业化的公司。

湿法多层复合制备超细纤维复合过滤纸基是以造纸工艺为基础，以水为载体，超细纤维与其他纤维的混合悬浮液在双层或多层斜网上成形、脱水，经过干燥等一系列处理后形成的复合过滤纸基。

静电纺复合和造纸湿法多层复合是过滤材料领域内两种主要的超细纤维复合空气过滤纸制备方法，这两种方法制备的复合滤纸在结构上存在较大的差异。表 5-3 和图 5-13 是某高校对这两种复合材料的性能比较数据[11]。

表5-3　静电纺复合滤纸和造纸湿法多层复合滤纸性能对比

序号	纸样名称	定量/（g/m²）	厚度/mm	透气度/（mm/s）	平均孔径/μm	最大孔径/μm	过滤效率/%
1	静电纺复合滤纸	106	0.493	243	7.5	37.3	60.4
2	造纸湿法多层复合滤纸	129.8	0.657	128	7.9	23.3	64.2

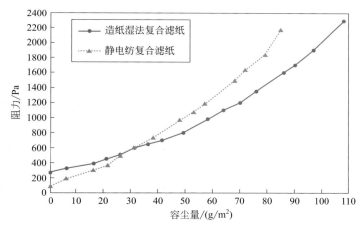

图5-13　静电纺复合材料和造纸湿法多层复合材料性能对比

由表 5-3 和图 5-13 可见静电纺复合材料比造纸湿法多层复合材料在过滤的综合指标上更有优势。

不同过滤介质复合是过滤材料发展的方向和趋势。世界上一流的滤材企业如美国唐纳森（Donaldson）过滤公司、美国奥斯龙（Ahlstrom）纸业，以及美国贺氏（H&V）公司和德国盖斯纳（Gessner）都拥有复合过滤纸基材料产品以满足不同行业的高端过滤需求。美国唐纳森（Donaldson）过滤公司生产的用于燃气轮机空滤的静电纺丝复合过滤纸基材料一直处于领先地位，不可替代。

多种材料的复合以及超细纤维的应用将达到人们所需的高效、低阻、环保、高容尘以及其他特殊功能的效果[12]，这也是未来的发动机过滤纸基必须具备的性能。

二、分析测试过滤纸基

分析测试过滤纸基主要以化学分析过滤纸基为主。它已被广泛应用于实验室、研究所、医疗技术及制药、生物、学术、法医和诊断等行业。这些行业对滤纸产品有非常严格的要求。

1. 化学分析过滤纸基概述

中国用双圈滤纸，世界用 Whatman 滤纸。这是多年来用户对化学分析滤纸品牌的定位和评价。

化学分析过滤纸基与普通过滤纸基不同，它是一种特殊过滤介质材料。它的作用就是能够用来进行分离、净化、浓缩、脱色、除臭及回收等[13]，这对于环境保护、人体健康、设备保养及节省资源等，都有着重要的意义。

双圈牌化学分析滤纸诞生于 20 世纪 50 年代末，由杭州新华造纸厂自主研发而成，以卓越优异的滤纸品质在我国各行业标准分析和工业工艺过程中获得广泛应用。"双圈"亦是化学分析滤纸的代名词，曾获国家产品银质奖，产品被中华人民共和国公安部和科研院校作为指定产品。2007 年 3 月英国瓦特曼（Whatman）公司与杭州新华纸业有限公司合资组建了杭州沃华滤纸有限公司，并获得双圈牌化学分析滤纸的生产经营权。2008 年 4 月通用电气（GE）医疗集团完成了对瓦特曼（Whatman）公司的整体并购，原双圈牌滤纸与瓦特曼（Whatman）产品强强联合，更上一层楼。由于双圈牌滤纸在国内拥有极高的口碑和认可度，滤纸国家标准 GB/T 1914—2017 即依据双圈滤纸工艺控制和质量标准而制定。

2. 化学分析过滤纸基分类

化学分析过滤纸基主要可分为定性滤纸和定量滤纸，其他还有扩散分散型滤纸、层析滤纸、pH 试纸原纸、工业用过滤纸等。以下对定性滤纸和定量滤纸的概念进行简单叙述。

（1）定性滤纸　定性滤纸是用于定性分析技术中鉴定物质的性质。在分析化学的应用中，当无机化合物经过过滤分离出沉淀物后，收集在滤纸上的残余物，可用作计算实验过程中的流失率。定性滤纸经过过滤后有较多的棉质纤维生成，因此，只适用于作定性分析。

（2）定量滤纸　定量滤纸是指在制造过程中，纸浆经过盐酸和氢氟酸处理，并经过蒸馏水洗涤，高温灼烧灰化后产生灰分的量不超过 0.0009% 的滤纸。将纸浆经过盐酸和氢氟酸处理后，纸纤维中大部分杂质被除去，所以灼烧后残留灰分很少，对分析结果几乎不产生影响，适于作精密定量分析。定量滤纸有低灰定量滤纸和无灰定量滤纸。无灰级的定量滤纸经过特别的处理程序，能够较有效地抵抗化学反应，因此所生成的杂质较少，可用作精度较高的定量分析。

（3）二者区别　定量滤纸和定性滤纸的区别主要在于灰化后产生灰分的量，即定性滤纸不超过 0.13%，定量滤纸不超过 0.0009%。无灰滤纸作为一种定量滤纸，其灰化后产生的灰分小于 0.1mg，这个质量在分析天平上可忽略不计。

定量滤纸和定性滤纸这两个概念都是纤维素滤纸才有的，不适用于其他类型的滤纸，如玻璃微纤维滤纸。

3. 化学分析过滤纸基的技术指标及工艺

（1）定性滤纸　定性滤纸是采用高质量的棉纤维制造，α-纤维素含量达98%。它强度高、纯度好、均匀洁净，用于材料测定和鉴定的定性分析技术的应用，适合应用于大多数的实验室。

定性滤纸一般采用重力过滤，利用滤纸截留固相微粒而使固-液分离，通常单层或多层叠起来使用。定性滤纸拥有天然的机械强度和一定的韧性，如果需要加快过滤速度，可将滤纸多次折叠（如两层滤纸叠成扇形或扎花型）。在气泵过滤时，可根据抽力大小在漏斗中叠放 2 ~ 3 层滤纸，或先垫一层致密滤布，上面再放滤纸过滤。高腐蚀性的浓硝酸和浓硫酸溶液不宜采用普通滤纸过滤，应采用 Whatman 特种滤纸，如 1573 号滤纸等。定性滤纸还常用于清洁试验台和清洁擦拭实验室的各种设备工具。有些过滤对滤纸湿强度的要求较高，普通定性滤纸的湿强度远远不够，因此，人们研发了加强型定性滤纸，这种产品的湿耐破度得到了明显的提高，凭借其高湿强性能和优异的截留能力，它在真空或正压过滤中表现卓越，同时还具有较好的化学抗性。

定性滤纸国内的基本级别主要分快速、中速和慢速，其实是每一种滤纸有不同的孔径。一般快速滤纸的孔径为 80 ~ 120μm，中速滤纸的孔径为 30 ~ 50μm，慢速滤纸的孔径为 1 ~ 3μm。国内一般以过滤速度来区分纸基的过滤性能。表 5-4 给出了不同定性滤纸的性能指标。而要制作这三种不同的过滤纸基，关键的技术在于打浆工艺。控制好电流和进刀的间隙距离，打成不同打浆度的浆，成形、烘干后才能得到快、中、慢速的过滤纸基。定性滤纸的生产工艺流程见图 5-14。

表5-4　不同定性滤纸性能指标

级别	定量/（g/m²）	分离性能	滤水时间（t）/s	湿耐破度/mmH₂O	灰分/%	应用
快速		氢氧化铁	≤35	≥120		具有较高的载量，适合粗颗粒、培养基和胶状沉淀物的过滤
中速	80.0±4.0	硫酸铅	35～t≤70	≥140	≤0.13	中等的分离性能，中等的过滤速度，覆盖了大部分实验室应用范围的液体过滤，工业过滤中也经常选用中速滤纸
慢速		硫酸钡（热）	70～t≤140	≥180		保留能力较强，吸附效应明显，可较大程度地截留颗粒，耗时较长

注：1mmH₂O=9.80665Pa。

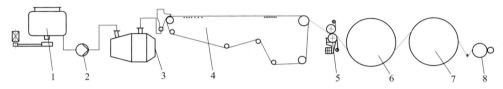

图5-14　定性滤纸生产工艺流程示意图
1—水力碎浆机；2—浆泵；3—大锥度精浆机；4—长网成形器；5—压榨；6，7—烘缸；8—收卷

（2）定量滤纸　定量滤纸是以表面光洁、本底、过滤效果佳而著称，主要应用于精确定量分析实验和要求洁净环境与低干扰的设备、电子器件和实验条件。定量滤纸一般有三种不同流速的滤纸以满足不同应用：快速、中速和慢速。不同型号的滤纸其物理化学指标也各有不同，兼顾了过滤速度和颗粒截流效果，应用于食品分析、土壤分析、建筑业、矿产和钢铁业的无机分析。在制造过程中，通过严格的物理控制和清洗工艺，滤纸中绝大多数杂质被去除，煅烧后残留灰分极少，保障了精确的定量分析。不同定量滤纸性能指标见表5-5，生产工艺流程见图5-15。

表5-5　不同定量滤纸性能指标

级别	定量/（g/m²）	分离性能	滤水时间（t）/s	湿耐破度/mmH₂O	灰分/%	应用
快速		氢氧化铁	≤35	≥120		大颗粒或凝胶状沉淀物的过滤
中速	80.0±4.0	硫酸铅	35～t≤70	≥140	≤0.01	科学研究中可以作为主要滤纸，用于土壤分析时从水相提取物分离固形物质，工业中的常规过滤，水泥泥土、金属成分密度分析
慢速		硫酸钡（热）	70～t≤140	≥180		食品分析、土壤分析、空气污染监测中的颗粒收集，也用于建筑业、矿产和钢铁业的无机分析

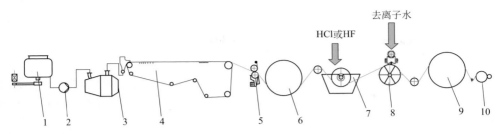

图5-15　定量滤纸生产工艺流程示意图
1—水力碎浆机；2—浆泵；3—大锥度精浆机；4—长网成形器；5—压榨；6，9—烘缸；7—酸处理；8—洗涤；
10—收卷

（3）扩散型滤纸和分散型滤纸　扩散型滤纸和分散型滤纸具有极佳的溶液扩散性和分散性，背景干扰小，是染料行业分析检测的标准滤纸。在对染料进行质量评级时，将供检测试液滴于扩散型滤纸和分散型滤纸表面，通过观察液滴在滤纸上的形状而进行质量评定。此外，这种滤纸亦可用于其他特殊的分析检测行业。扩散型滤纸和分散型滤纸性能指标见表 5-6。

表5-6　扩散型滤纸和分散型滤纸性能指标

类型	分离性能	滤水时间 (t) /s	灰分 /%	湿耐破度 /mmH$_2$O	定量 /(g/m^2)	裂断长度 /km	水抽提液 pH	亮度 /%
扩散型滤纸	氢氧化铁	≤25	≤0.13	≥120	80.0±4.0	≥1.50	6.0～8.0	≥85.0
分散型滤纸	硫酸铅	35～<t≤45		≥140		≥1.90		

（4）pH试纸原纸　pH试纸原纸采用高纯棉纤维素原料，吸附能力强，扩散效果好，背景干扰小，结果重现性好，专门用于制造不同类型的检测试纸，如pH试纸、乙酸铅试纸、碘化钾试纸、氨氮试纸等。pH试纸原纸性能指标见表 5-7。

表5-7　pH试纸原纸性能指标

含铁量 /%	裂断长度 /km	湿耐破度 /mm H$_2$O	定量 /(g/m^2)	水抽提液 pH	亮度 /%
≤0.005	≥1.80	≥150	80.0±4.0	6.5～7.5	≥85.0

（5）层析纸　层析纸是由精心挑选的纯棉纤维素制成，无任何添加剂，表面平整、质地均匀、机械强度高、吸附能力强、扩散效果好、背景干扰小，结果重现性好，非常适合各类"纸上层析法"的定性和定量实验，也可进一步加工为特

种检测用纸，应用在制药、生物、法医和诊断行业，适用范围极其广泛。层析纸性能指标见表5-8。

表5-8　层析纸性能指标

类别	含铁量/%	裂断长度/km	灰分/%	吸水性/(mm/10min)	定量/(g/m²)	水抽提液pH	亮度/%
新华1#	≤0.003	≥1.80	≤0.10	91～120	95.0±5.0	6.5～7.5	≥85.0
新华3#	≤0.003	≥1.80	≤0.10	91～120	180.0±9.0	6.5～7.5	≥85.0

三、茶叶过滤纸基

进入21世纪后，随着设备制造业和材料工业的飞速发展，茶叶袋滤纸行业基本形成了完整的产业链，上游种植采摘、中游生产加工、下游销售市场以及向后延伸的市场。

1. 茶叶袋滤纸的作用原理

茶叶原料、包装材料和袋泡茶包装机是袋泡茶生产的三要素，而包装材料又是袋泡茶生产的基本条件。茶叶中水溶性成分与非水溶性成分分子量大小不一，所处状态不一，性质不一。饮茶则是利用茶叶中的水溶性成分而摒弃水不溶性成分。因此袋泡茶等产品即根据扩散理论和渗透理论，利用特殊的长纤维过滤纸的过滤作用，使茶叶袋中的水溶性物质不断地向外渗透和扩散，达到浸提的目的。而其中的水不溶性茶末，颗粒较大，难以通过过滤纸袋的孔径而被截留在纸袋内，从而达到过滤作用。将不同的茶叶及其他内含物通过包裹折叠或压合装于纸袋内的茶叶加工产品，具有定量、快速、方便、省时、卫生、环保等优点。

2. 茶叶袋滤纸的制备工艺

茶叶袋滤纸分为非热封型茶叶袋滤纸和热封型茶叶袋滤纸。

（1）非热封型茶叶袋滤纸的制备工艺

① 工艺材料　目前，非热封型茶叶袋滤纸基本上都是由漂白木浆与麻浆按照一定比例，混合抄造成形，初步干燥后经过改性天然高分子材料涂布、干燥后制得。其中，漂白木浆由漂白针叶木浆纤维和漂白阔叶木浆纤维组成，漂白木浆通过水力碎浆机疏解分散为主。麻浆可以是剑麻、马尼拉麻、汉麻、亚麻纤维中的一种或多种，常以马尼拉麻浆纤维为首选，经过打浆机分丝帚化，控制打浆度在30～50°SR。改性天然高分子材料为羧甲基纤维素（CMC）、羟基纤维素、氧化淀粉、阳离子淀粉、阴离子淀粉中的一种或多种，多数选用CMC作为涂布

增强的首选。

疏解分散为主的漂白木浆由于未打浆，有利于提高滤纸的厚度和挺度，同时，较高的烘缸表面温度，使滤纸能够迅速干燥，也有利于提高滤纸的厚度；而纤维长度较长的麻浆作为增强材料，通过打浆，使麻浆纤维表面分丝帚化，可以进一步提高滤纸强度，同时由于麻浆所占比例不高，不会明显降低纸张的厚度；采用CMC进行施胶，可以进一步提高滤纸的强度。

② 工艺设备及流程　杭州新华纸业有限公司（前身杭州新华造纸厂）是国内较早开发出非热封型茶叶袋滤纸的厂家，所用生产设备为其自主设计制造的侧浪式长网纸机。该设备两侧错列对称分布数只浪斗（布浆器），其中传动侧另设一只白水浪斗。浪斗在转动时，将网槽中的浆料装入斗中，在浪斗转到上位时，将斗内的浆料扑向运动中的长网成形器，浪斗直至对面网槽。第二只浪斗从对面将浆料扑过来，如此数次后，可完成浆料上网和得到匀度很好的湿纸页，最后一只浪斗一般作为白水斗用，扑出的是白水，以进一步整饰湿纸页。这种上浆方式对抄造长纤维纸特别有利，可以生产以麻浆、桑皮浆等长纤维原料为主的低定量薄型纸。

但侧浪式长网造纸机却也存在着其本身无法克服的缺陷，如纸机车速不高，门幅窄。车速一般在100m/min以下，门幅在2m以内。随着造纸设备技术的飞跃式改进，利用斜网造纸机生产长纤维低定量特种纸的技术日益成熟。如图5-16所示为国内某公司长纤维斜网生产线工艺流程示意图，采用该工艺可以生产高透纸、非热封型茶叶袋滤纸等，并可以根据产品性能需求增加压光、水分控制等操作。

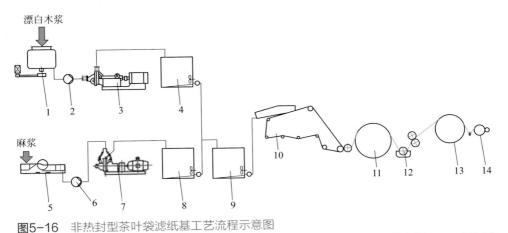

图5-16　非热封型茶叶袋滤纸基工艺流程示意图

1—漂白木浆碎浆机；2,6—浆泵；3—疏解机；4—木浆成浆；5—麻浆碎浆机；7—麻浆磨浆机；8—麻浆成浆；9—混合浆；10—斜网成形器；11,13—烘缸；12—涂布；14—收卷

（2）热封型茶叶袋滤纸的制备工艺

① 工艺材料　热封型茶叶袋滤纸是由漂白木浆或本色未漂白木浆与热熔性化纤（有些产品还会根据性能和风格需要，使用部分麻浆），按照一定比例，混合抄造成形，干燥后再经热加工处理制得。在加工使用时，只需要将封口设备加热到热熔性化纤的热熔点温度，便可完成快速的热熔黏合封包[14]。

其中，漂白木浆由漂白针叶木浆纤维和漂白阔叶木浆纤维组成，漂白木浆通过水力碎浆机疏解分散为主，也会根据产品性能的需要，通过精浆设备对木浆打浆度进行一定的调整。某些热封型茶叶袋滤纸产品需要较高的强度性能时，也会添加少量的马尼拉麻浆纤维，也主要是疏解为主，提高纸张的干湿抗张强度。热熔性化纤材料以聚丙烯纤维为主。

② 工艺设备与流程　新华纸业有限公司（前身杭州新华造纸厂）是国内较早引进热封型茶叶袋滤纸生产设备和技术的厂家，生产过程采用日本大昌纸机。将圆、长网双层复合而成形的工艺，再经过热加工预处理设备使合成纤维黏结，能防止掉毛并能增加纸张干湿强度，同时能起高温消毒作用。后续国内造纸设备技术不断更新迭代，但也基本上都是延续这种双层复合或是多层复合的工艺思路。热封型茶叶袋滤纸生产工艺流程见图 5-17。

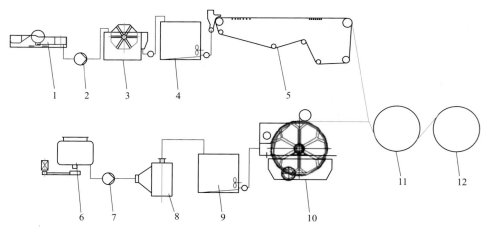

图5-17　热封型茶叶袋滤纸生产工艺流程示意图
1—损纸回收；2,7—浆泵；3—打浆机+热熔纤维；4,9—成浆；5—长网成形器；6—木浆+麻浆碎浆；8—精浆；10—圆网成形器；11—烘缸；12—热处理

3. 茶叶袋滤纸的技术参数

非热封型茶叶袋滤纸的主要技术参数见现行国家标准 GB/T 28121—2011《非热封型茶叶滤纸》；热封型茶叶袋滤纸的主要技术参数见现行国家标准 GB/T

25436—2010《热封型茶叶滤纸》。

另外根据中华人民共和国行业标准 SB/T 10035—92《茶叶销售包装通用技术条件》中 3.1.4 型式与材料的技术要求：滤袋采用非热封型或热封型茶叶袋滤纸制作，滤纸的主要技术参数应符合表 5-9 规定。

表5-9　茶叶袋滤纸的主要技术参数

指标	非热封型茶叶袋滤纸	热封型茶叶袋滤纸
定量/（g/m²）	13±1	17±1
纵向抗张强度/（N/mm）	≥0.6	≥0.52
横向抗张强度/（N/mm）	≥0.2	≥0.12
过滤速度/s	≤3	≤5
水分/%	≤7	≤7
异味	无	无
湿强度（煮沸10min）	不溃破	不溃破

4. 关于茶叶过滤纸基的展望

随着我国经济的快速发展，人们生活水平的不断提高，袋装茶叶及制品越来越受到消费者的青睐，茶叶过滤纸基是袋泡茶的内包装用过滤纸，它除了应用于袋泡茶的包装外，还可用于制成中成药、保健饮品的滤袋等。用茶叶过滤纸基制成的滤袋在遇热水冲泡时不破裂，并且能够迅速地浸出茶汁而茶末不漏。茶叶袋滤纸是由植物纤维组成，纸质均匀，柔软适中，干、湿强度高，滤水速度快，无毒、无异味，是完全符合食品卫生要求的绿色环保产品。未来的茶叶过滤纸基将向健康、高强、高滤水、出汁快、低定量的方向发展。

参考文献

[1] 王菊华. 中国造纸原料及显微图谱 [M]. 北京：中国轻工业出版社，1999: 43-53, 163-185.

[2] 姚向荣，王雷. 谈斜网成形技术在长纤维特种纸中的应用 [J]. 东华纸业，2015, 46(5): 30-36.

[3] Micheal Durst, Gunnar-Marcel Klein, Nikolaus Moser. Filtration in Fahrzeuge[M]. Germany: Verlag Moderne Industrie, 2002: 9-11.

[4] 许钟麟. 空气洁净技术原理 [M]. 第 3 版. 北京：科学出版社，2003: 85-87.

[5] 赵扬，姬忠礼，王湛. 液体过滤技术现状与我国的发展趋势 [J]. 合肥工业大学学报（自然科学版），2010,

33(6): 812-816.

[6] Loesecke D, Murphey B. An overview of engine filtration[J]. Filtration and Separation, 2008, 45(7): 17-22.

[7] 于天 , 江燕斌 , 胡健 . 发动机油滤纸的性能与发展 [J]. 造纸科学与技术 , 2013, 32(6) : 58-61.

[8] 李惠 , 伍茜 , 潘志娟 . 高精度燃油过滤材料的结构与性能分析 [J]. 现代纺织技术 , 2018, 6: 10-15.

[9] 邵岚 , 张勇 . 一种发动机空滤用纤维复合滤芯材料的制备方法 : CN201610334363. 2[P]. 2016-10-12.

[10] 梁云 , 胡健 . 汽车用梯度结构过滤纸的研制 [J]. 中国造纸 , 2005, 24(8): 18-21.

[11] 杨家喜 , 梁云 . 两种超细纤维复合空气过滤纸的结构与性能研究 [J]. 造纸科学与技术 , 2017, 36(2): 8-14.

[12] 谢献忠 . 进气处理质量对燃气轮机的影响 [J]. 汽轮机技术 , 2007, 49(3): 226-227.

[13] 刘仁庆 . 滤纸与化学分析滤纸之不同 [J]. 天津造纸 , 2004, 26(1): 43-45.

[14] Schoeller & Hoesch Papierfab. Heat sealing filter materials: DE 03800077. 6[P]. 2005-03-30.

第六章

疏水／疏油／亲水／亲油性纸基功能材料

第一节
纸基材料表面润湿性机理介绍

一、物体表面的润湿模型

物体的润湿性主要由接触角来表征，图 6-1 为描述物体接触角的主要模型 Young's 模型、Wenzel 模型以及 Cassie-Baxter 模型的示意图[1]。

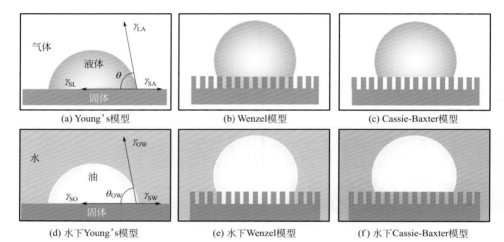

(a) Young's模型　　　(b) Wenzel模型　　　(c) Cassie-Baxter模型

(d) 水下Young's模型　(e) 水下Wenzel模型　(f) 水下Cassie-Baxter模型

图6-1　液滴在空气中不同粗糙度固体表面的典型润湿状态（a）、（b）、（c）；油滴在水下不同固体表面的润湿状态（d）、（e）、（f）

其中，Young's 模型描述了理想状态下，液体在光滑均一固体表面的润湿性：如图 6-2 所示，当接触角小于 90°时为亲液，接触角 90°≤ θ ≤ 150°时为疏液，大于 150°时为超疏液[2]。

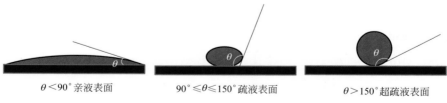

θ<90°亲液表面　　90°≤θ≤150°疏液表面　　θ>150°超疏液表面

图6-2　亲液、疏液和超疏液表面的示意图
（图中液体同时包括水相和油相）

Young 认为，液体静置在固体表面时，液体在固体表面上的接触角（θ）是由固体、气体和液体之间的界面张力引起的，且满足 Young's 模型：

$$\cos\theta=(\gamma_{SA}-\gamma_{SL})/\gamma_{LA} \tag{6-1}$$

式中，γ_{SA}，γ_{SL}，γ_{LA} 分别为固 - 气，固 - 液，液 - 气界面之间的张力。

当液滴静止在粗糙表面上时，液滴能完全浸入到粗糙表面的空隙中，如图 6-3（a）所示，此时 Young's 模型修正为：

$$\cos\theta=r(\gamma_{SA}-\gamma_{SL})/\gamma_{LA}=r\cos\theta_0 \tag{6-2}$$

人们把方程式（6-2）称为 Wenzel 模型。式中，θ_0 为光滑表面的接触角数值，r 为表面粗糙度因子，是指粗糙表面固 - 液接触面积（A_{SL}）与光滑表面固 - 液接触面积（A_F）之比：

$$r=A_{SL}/A_F \tag{6-3}$$

由于 $r>1$，由方程式（6-2）得出：疏液表面（$90°\leqslant\theta_0\leqslant150°$）粗糙度增加，使得 θ 增大，表面更加疏液；相反，亲液表面（$\theta_0<90°$）粗糙度减少，使得 θ 减小，表面更加亲液。Wenzel 模型用于化学组分均匀的固体表面，对于化学组分不均匀的粗糙表面不再适用。因此，为了更接近真实表面，Cassie 和 Baxter 提出，当液体与固体表面接触时，这种化学组分不均匀的粗糙固体表面为固 - 气复合表面，这种复合表面的接触角可由 Cassie-Baxter 模型给出：

$$\cos\theta=f_1\cos\theta_1+f_2\cos\theta_2 \tag{6-4}$$

式中，θ_1、θ_2 分别为液体在这两种介质表面的接触角，f_1、f_2 分别为液 - 固界面与液 - 气界面占总表面的百分比，且 $f_1+f_2=1$。当液体与复合表面接触时，粗糙结构的空隙完全被空气填满，此时，液滴不但与固体接触形成液 - 固界面（$f_1=f_{SL}$，$\theta_1=\theta_0$），还与空气接触形成液 - 气界面（$f_2=f_{LA}=1-f_{SL}$，$\theta_2=180°$），如图 6-3（b）所示。所以由方程式（6-2）、方程式（6-4）可以得到下列方程：

$$\cos\theta=f_{SL}(r\cos\theta_0+1)-1 \tag{6-5}$$

由式（6-5）可知：对于疏液性表面（$\theta_0>90°$），随着 f_{SL} 增加，θ 增大，疏液表面更加疏液；对于亲液表面（$\theta_0<90°$），随着 f_{SL} 增加，θ 减小，亲液表面更加亲液。

Cassie-Baxter 模型可适用于化学组分不均匀的粗糙表面，液滴静置于该表面上时，表面粗糙结构的空隙被空气填满。但是，在外力作用下，液滴被下压浸入到粗糙结构的空隙中，固、液接触时的模型由 Cassie-Baxter 模型转变为 Wenzel 模型。也就是说，在 Cassie-Baxter 模型和 Wenzel 模型中存在一种新的过渡态模型，如图 6-3（c）所示 [3]。

(a) Wenzel模型

(b) Cassie-Baxter模型

(c) 过渡态模型

图6-3 液滴与表面接触的几种模型

二、不同润湿界面的定义

1. 疏水疏油界面定义

双疏表面既可疏水也可疏油，这种表面具有较大的接触角（水相和油相接触角均大于90°）和较小的滚动角（sliding angle，SA），液滴在表面上不能稳定地停留，因此具有排斥液滴的能力[4]。滚动角和接触角滞后（contact angle hysteresis，CAH）通常用来描述液滴放置于倾斜的固体表面时的润湿行为。通常来讲，当界面的水接触角和油接触角都大于90°时，可称为双疏界面；当界面的水接触角和油接触角都大于150°，且对水相和油相的滚动角都小于10°，具有较低CAH时，此时的界面可称为超双疏界面。

2. 疏水亲油界面定义

疏水亲油是材料表面润湿性的一种特殊现象，材料表面既表现出疏水性又表现出亲油性。当材料界面的水接触角大于90°，同时油接触角小于90°时，界面称为疏水亲油界面。同理，若疏水亲油界面的水接触角大于150°而油接触角接近0°时，则将其称为超疏水超亲油界面。若固体的表面自由能介于水和油之间，光滑固体表面应呈现为疏水亲油性[5]；再结合Wenzel模型和Cassie模型，构造一定的粗糙度，即可制备出超疏水超亲油表面[6]。

3. 亲水亲油界面定义

亲水亲油（双亲）界面是指材料界面的水相和油相接触角都小于90°，表现出既可以被水润湿也可以被油润湿的现象。与超疏液界面相反，当界面的水相和油相接触角都接近0°时，材料界面的液体可以被完全吸收，表现出极端润湿行为，称为超亲液界面。超亲液界面是水和油都能完全扩散的表面，近年来得到了广泛的研究。一般来说，获得超亲性表面的方法主要有两种，一种是采用UV照射的光催化涂层，另一种是对非常粗糙的表面进行表面形貌加工[7]。目前，人们通常采用静电纺丝法、纳米聚合物涂层法、等离子体刻蚀法、固体表面刻蚀氧化法、浸渍法等多种方法制备超双亲表面。

其中，超亲液二元协同界面材料技术（以下简称超双亲纳米材料），其基本原理是光照射下可引起材料表面在纳米区域形成亲水性与亲油性两相共存的二元协同纳米界面结构，这样在材料表面会形成奇妙的超双亲性。利用这种原理制造的新材料，可修饰在玻璃、瓷砖等建筑材料表面，使之具有自清洁及防雾效果。其中，防雾纳米涂层材料可广泛应用到浴室的镜子、各种眼镜、商店橱窗、农用暖房薄膜以及军用防毒面具、坦克、舰船、车辆的视窗等，使其具有防雾效果；超双亲自清洁纳米涂层材料可以修饰到建筑物、军用民用帐篷的表面使其具有自清洁功能。

4. 亲水疏油界面定义

亲水疏油界面是指界面的水接触角小于90°而油相接触角大于90°，当亲水疏油界面的水接触角接近0°而油接触角大于150°时称其为超亲水超疏油界面。超亲水超疏油是固体表面润湿性的一种特殊现象，主要与表面的粗糙度和化学组成有关。完全不沾油但完全亲水的超亲水超疏油材料，在诸如防油纸等许多领域有重要的应用前景。

图6-4为四种基本的表面超湿/防湿性能（在蓝色框中）与其他特殊的表面超湿/防湿功能（在黄色框中）之间的关系的说明，图中的功能是通过组合其中的两种基本性能而获得的。

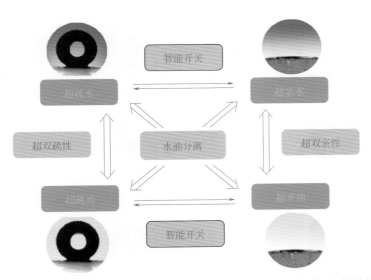

图6-4 四种基本的表面超湿/防湿性能（在蓝色框中）与其他特殊的表面超湿/防湿功能（在黄色框中）之间的关系的说明

由于水和油具有不同的表面张力，所以通过构造对水和油具有不同润湿性的特殊润湿性涂层，涂覆于网状基底上，可以在常压下实现高效率、高通量的油水分离。目前应用于油水分离的特殊润湿性表面主要有超疏水超亲油表面和超亲水超疏油表面两类。超疏水超亲油涂层与油液间黏附力较大，在分离过程中油滴及油中的杂质容易吸附在网膜表面上，对网膜造成污染，使渗透通量快速衰减，严重影响网膜的使用性能和工作寿命。同时由于油的密度一般比水小，在油水分离过程中，水会处于混合液的下层，油浮于水面上，而在超疏水超亲油的分离膜上，水不能通过分离膜，又阻碍了可以通过分离膜的油与网膜接触，形成阻碍。

　　相比之下，超亲水超疏油表面能弥补上述缺点，具有更为广阔的应用前景。根据经典的表面自由能理论，由于超疏油的表面往往同时也是超疏水的，使得制备同时超亲水且超疏油的"反常"润湿性表面十分困难。目前大都研究采用制备超亲水、水下超疏油涂层等间接方法来实现超亲水超疏油功能。这类涂层一般在空气中表现为超亲水超亲油（或亲油）性，当接触水后，由于涂层表面的超亲水性，使其极易被水润湿，形成稳定的水化层，又因为油和水具有不相容性，所以形成了疏油或超疏油表面，如图 6-5 所示。虽然超亲水、水下超疏油涂层构造的油水分离网膜具有相对广泛的应用前景，但由于这类网膜涂层的疏油性依赖于表面水膜的形成与保持，导致其应用受到限制。

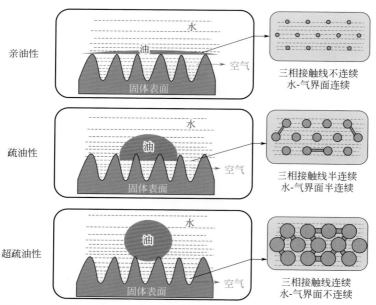

图6-5　气囊向液囊转换示意图（由上至下为亲油表面向疏油、超疏油表面转化）

第二节
疏水疏油纸基功能材料

一、制备

基于"荷叶效应"的疏液表面可以通过两种方法来制备：一种是利用疏液材料来构建表面粗糙结构；另一种是在粗糙表面上修饰低表面能物质。由于油的界面张力要小于水（72mN/m），尤其是一些油（如正十六烷、十二烷等）具有比较低的界面张力（20～30mN/m），要远远小于水的界面张力。因此，要排斥这类油滴，必须更加严格地控制表面粗糙度和表面自由能，图6-6为通过控制上述两种主要影响因素来构筑超疏液界面示意图 [8]。

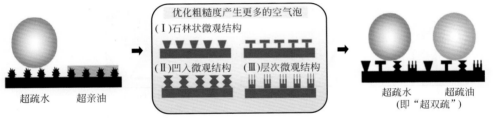

图6-6　通过调控表面粗糙度和降低表面能构筑超疏液表面

化学组成确定了材料的表面能，对材料的润湿性起着至关重要的作用。为了实现超疏油性，固体表面的表面能必须低至几毫牛/米（mN/m），这只能通过如—CF_3 等特殊的分子官能团来实现。比如 $1H,1H,2H,2H$- 全氟磷酸、$1H,1H,2H,2H$- 全氟辛酸（PFOA）、$1H,1H,2H,2H$- 十五氟辛酸三氯硅烷、$1H,1H,2H,2H$- 全氟十一烷基三氯硅烷、$1H,1H,2H,2H$- 全氟癸烷 -1- 硫醇、$1H,1H,2H,2H$- 全氟甲基丙烯酸酯。此外，材料的超双疏性还可通过喷涂或旋转涂覆氟化聚合物（氟聚物）溶液来实现，氟单体也可以通过气相或液相沉积应用于接枝氟化层。对特定含氟官能团的苛刻要求是制造超疏油表面的一大瓶颈，其限制了超双疏材料的选择性。

影响材料表面润湿性的另一个重要因素是材料表面的拓扑结构。当液体接触时，空气可以被困在粗糙的区域，大大减少了表面和液滴之间的接触。然而只有确定几种凹角形状的粗糙结构才适合实现超疏油性，如悬挑结构、负斜率结构、反梯形结构和蘑菇状结构（图 6-7）。Tuteja 等第一次提出了凹角几何结构的概念，在他们的工作中，利用一类合成的多面体低聚硅氧烷（POSS）分子制得一种纤维垫，尽管各组分的接触角均小于 90°，但由于具有凹角几何结构，纤维垫表现出了超疏水特性[9]。这意味着即使将低接触角物体置于平面上，在这种特殊情况下，实际粗糙面上的接触角仍然足够高。以图 6-7（a）中反梯形结构曲面为例，如果这个纹理的凹角的几何角度总和（α）和接触角放在一个平面上（θ_{flat}）大于 90°，这种几何形状即可在液 - 气界面上支撑一个良好的形状，并且其表面张力向上。由于这种结构的空气袋和液 - 固复合界面的接触角较低，故该表面不可被液体润湿。如图 6-7（b）和（c）所示，尽管其平面接触角低于 90°，但各种液体在具有凹角结构的表面上也能显示出高接触角，在气 - 液界面处诱导形成一个负的压强差，从而使气 - 液界面由凹面转变为凸面，阻止油的浸润[10-12]。因此具有各种接触角的液体可以润湿折返物曲率达到不同程度，以获得理想的液 - 气界面形状，多重凹形结构可以有效地维持油 - 气界面，对于形成稳定的超疏油效果具有重要的意义。

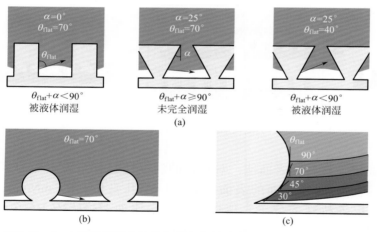

图6-7　（a）液体在凹角结构和非凹角结构表面的润湿情况；（b）具有凹曲率的几何结构可支持θ_{flat}=70°；（c）具有凹曲率的几何结构支持多个θ_{flat}＜90°

上述可知，构建双疏表面的关键：一是构建表面的微纳米粗糙结构；二是用低表面能物质修饰微纳米粗糙结构进行疏水疏油化处理。与单一疏水和疏油界面相比，双疏表面对微纳米结构要求更高，同时需要的低表面能物质更优越，因此构建双疏表面难度更大。制备双疏表面的方法主要分为自下而上法和自上而下法：自下而上法是指利用原子、分子或者团簇的堆积，从底部开始构造微纳米微观结构，包括溶胶 - 凝胶法、电纺丝法等；自上而下法是指从顶部出发，粉碎或者破坏基底材料得到微纳米结构，包括刻蚀技术、模板法等[13]。以下主要从物理化学法、化学法、表面涂布和纳米粒子沉积等方面介绍疏水疏油纸基功能材料的制备。

1. 物理化学改性法

物理化学改性法主要包括浸渍法、模版法、等离子体法和造纸填料法。其中，采用浸渍方法制备双疏性纸基功能材料简单方便。Jiang 等使用市场上可买到的脱胶剂有效去除细屑和修饰纤维间氢键来控制纤维网络的尺寸，然后使用氧等离子体在微米级纤维上产生纳米级粗糙度，并去除堵塞纤维间孔的残留细小组分，最后将纸浸渍到氟硅烷溶液中以获得超薄的低表面能涂层的双疏性纸基材料[14]。

模版法通过在表面沉积烟尘后形成纳米粗糙结构制备超疏水表面。Zhang 等在纸张表面沉积灰层后通过气相沉积 SiO_2 涂层，制得高疏水性、低黏附性的超疏水纸张。若将纸张湿法拉伸，可以显著提高纸张表面的黏附性能，表面由 roll-off 型转变为 sticky 型[15]。

等离子体由带正、负电荷的离子和电子组成，对纤维素纸张刻蚀处理后，可在无定形区形成微晶丛束，但同时也降减了纤维间结合力，对内部纤维结构和涂层的表面形貌产生影响。Li 使用等离子体在纸张表面刻蚀后，在纸张表面沉积低表面能的含氟聚合物，制得了双疏性纸基材料，所得纸样品的油接触角达到了（149±3）°。用仲丁醇交换纸浆溶液中的水可进一步控制纤维间距，形成水、乙二醇、机油和正十六烷的接触角均大于 150° 的超双疏性纸基材料[16]。Jiang 等通过氧等离子体使纤维稀化并去除纸屑来产生纳米级粗糙度和增加纸基材料的表面孔隙率，并将这些特性与自然存在的凹折纤维结构和微米级纤维尺寸相结合，可以在纸上形成分层结构。接着，为了获得必要的表面化学性质，通过气相沉积在表面上形成了一层薄的氟硅烷层，最终成功制备了超双疏的纸基材料[17]。

采用造纸填料如沉淀碳酸钙（PCC）和高岭土等制备超疏水纸张，不仅需要确保矿物粒子能够均匀分散，还需要对矿物粒子疏水化改性或提高矿物粒子的表面粗糙度。通常使用交联剂如胶乳等将 PCC 连接到纸张表面，形成双尺度的粗糙结构，然后在硬脂酸钾或造纸施胶剂烷基烯酮二聚体（AKD）溶液中浸渍后获得超疏水疏油纸基材料[18]。将原纤化纤维素（MFC）用作 PCC 连接剂制备超疏水纸张，可同时提高 PCC 留着率和纸张表面的粗糙结构。MFC 涂布在纸张表面后可以形成有层次的纳米粗糙结构，氟化改性后能够赋予纸张超疏液性能[19]。Mirvakili 等研究了造纸填料在等离子体法制备超疏水纸张中的加填量，发现碳酸钙和滑石粉在超疏水纸张中的加填量可达到 45%，而高岭土的最大加填量只有 35%。浆内添加改性无机颗粒，由于添加量大、工艺调节困难，因而这种方法制备超疏水纸基的应用实例并不常见。

大连工业大学王海松团队将具有皮芯结构的聚烯烃（ES）纤维（外层为聚

乙烯，熔点 110～130℃；内层为聚丙烯，熔点 160～170℃）10% 和纸浆纤维混抄制备的超疏水纸的接触角高达 153°，而未添加 ES 纤维相同条件下抄造的纸张接触角只有 25°[20]。这是因为 ES 纤维熔化后不仅覆盖了植物纤维表面的羟基，而且会填注纤维和纤维之间的孔洞，所以极大地提高了纸张表面的疏水性，获得超疏水表面的机理如图 6-8 所示。

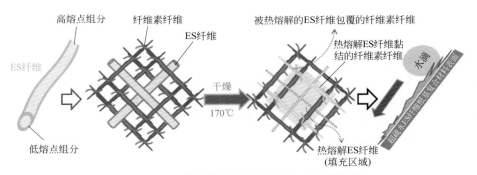

图6-8　皮芯结构的ES纤维和纸浆纤维混抄获得超疏水表面的机理

2. 表面涂布法

溶胶 - 凝胶法经常采用表面涂布的方式实现 SiO_2 与纤维上羟基的共价键结合，形成微/纳粗糙结构。涂布方式有旋涂、刷涂等，但凝胶的制备工艺比较长，并且硅醇与纤维素羟基间的氢键结合力低，黏附性能差，抗水性低。因此，此法需要使用交联剂或硅氧烷前驱体提高无机物与纤维素间的连接性能，在表面形成稳定的网络结构。

Qu 等通过简单的涂覆方法，使用氧化锌（ZnO）颗粒和有机硅烷（PFDS），成功地制备了一种可由乙醇触发且高度稳定的超双疏性纸基材料，该材料具有可切换的表面润湿性，其水接触角为 160°，甘油、乙二醇和葵花籽油的油接触角均大于 150°。反应过程如图 6-9 所示[21]。Li 等通过在 A4 纸表面喷涂氟化的 SiO_2 纳米颗粒悬浮液制造了半透明超双疏纸。首先，在 SiO_2 纳米颗粒表面注入全氟癸基三氯基团制得氟化的 SiO_2 纳米颗粒，其次，聚集体突起、孔的结合以及通过喷涂工艺获得的高全氟化碳含量可以保持凹角弯曲形态且具有低表面能，从而能够与低表面张力的液体形成坚固的复合界面。这种超双疏的纸对多种液体，从水到有机液体，即使是菜籽油和十六烷的接触角均超过 150°，并且在低滑动角时容易滑落。此外，发现所获得的超疏水性 SiO_2 纸是半透明的，在喷涂氟化的 SiO_2 纳米颗粒后，纸上字符的可见性几乎没有改变[22]。Tang 等以烷基三氯硅烷为模型物，研究了烷基链长度对烷基三氯硅烷（甲基、丁基、十二烷基和十八烷基三氯硅烷）制备纤维素基纸张疏水疏油性的影响，发现甲基三氯硅烷涂布后纸张的超疏水疏油性能最好，水接触角可达到 152°[23]。

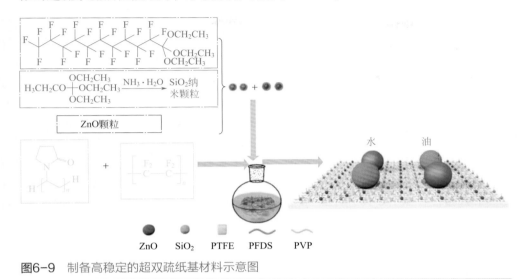

图6-9 制备高稳定的超双疏纸基材料示意图

另外，聚羧酸可在纤维和硅纳米粒子间通过酯键连接形成稳定网络结构，还可作为溶胶形成时的催化剂[24,25]。例如，柠檬酸在次磷酸钠催化下，可在纤维素和硅胶间产生共价键连接。含氰酸酯基官能团的前驱体也被用于连接纤维和 SiO_2 纳米粒子。Cunha 等将 3-异氰酸丙基三甲氧基硅烷接枝到纤维素上再与硅烷聚合物发生共聚，提高了超疏水疏油纸基表面的稳定性[26]。

直接将 SiO_2 纳米颗粒在硅氧烷溶液中均匀分散，通过涂布也可以制得疏水疏油纸张。Liu 等制备了三氯（$1H$，$1H$，$2H$，$2H$十三氟-正辛基）硅烷、原硅酸四乙酯、SiO_2 和 TiO_2 纳米颗粒的己烷悬浮液，并通过将滤纸浸渍 10min 获得了可分离极性和非极性液体的超双疏滤纸，例如水、甘油、1,4-丁二醇、大豆油和 1-十八碳烯，其接触角分别为 168°、158°、154°、145°和 121°[27]。Zhang 等使用聚苯乙烯-聚甲基丙烯酸甲酯共聚物与 SiO_2 混合后涂布在纸张表面，仿生水黾的足制成承重能力强、低定量的疏水纸张[28]；若在纸张表面涂布蜡质乳液，经加热后可制得超疏水疏油纸张[29]。苯乙烯-马来酸酐共聚物亚胺化后涂布在纸张上，可获得水接触角达 148°的疏水疏油表面[30]。将脂肪酸铁和聚苯乙烯复合物喷涂在滤纸表面可制得超疏水疏油纸张[31]。

环境污染和能源危机的到来，迫使纸张的疏水改性向使用其他绿色生物基聚合物（如脂肪酸、植物油、壳聚糖、淀粉和蛋白质等）倾斜，这也是绿色可持续生产的趋势。在超疏水领域，采用生物聚合物改性超疏水纸张发展迅速，Samyn 等使用植物油封装的纳米颗粒提高了纤维的疏液性，涂布后的纸张水接触角达到160°[32]。

3. 纳米颗粒沉积法

利用纳米技术获得均匀的双尺度微／纳粗糙结构也是制备疏水疏油纸基材料的常用方式。Fragouli 等将纸张浸渍于新鲜的超磁性纳米铁氧（$MnFe_2O_4$）和氰基丙烯酸酯混合液中，赋予纸张疏水疏油性能（接触角120°～140°之间）；若用固化后的溶液浸渍纸张，可形成更有层次的粗糙结构，获得更大的接触角，有助于实现纤维素基纸张在感应器和微流体装置中的应用[33]。TiO_2 纳米颗粒用于纸张超疏水疏油改性，可赋予纸张光催化、降解污染物的性能。Ai 等通过简便的喷涂方法在棉织物表面沉积了花状 TiO_2 纳米颗粒，并用 $1H$，$1H$，$2H$，$2H$ 全氟辛基三氯硅烷（FOTS）进行进一步修饰，构建了具有优异机械稳定性和防污性能的超双疏棉织物[34]。一般纳米粒子在纸张表面沉积时，需要与纤维间具有良好的相容性和连接性。如图 6-10 所示，Su 等用环氧基团（EP）或聚氨酯（PU）将 SiO_2 包裹后，浸渍沉积到棉纤维表面，得到耐摩擦性能优异的超疏水疏油织物[35]。

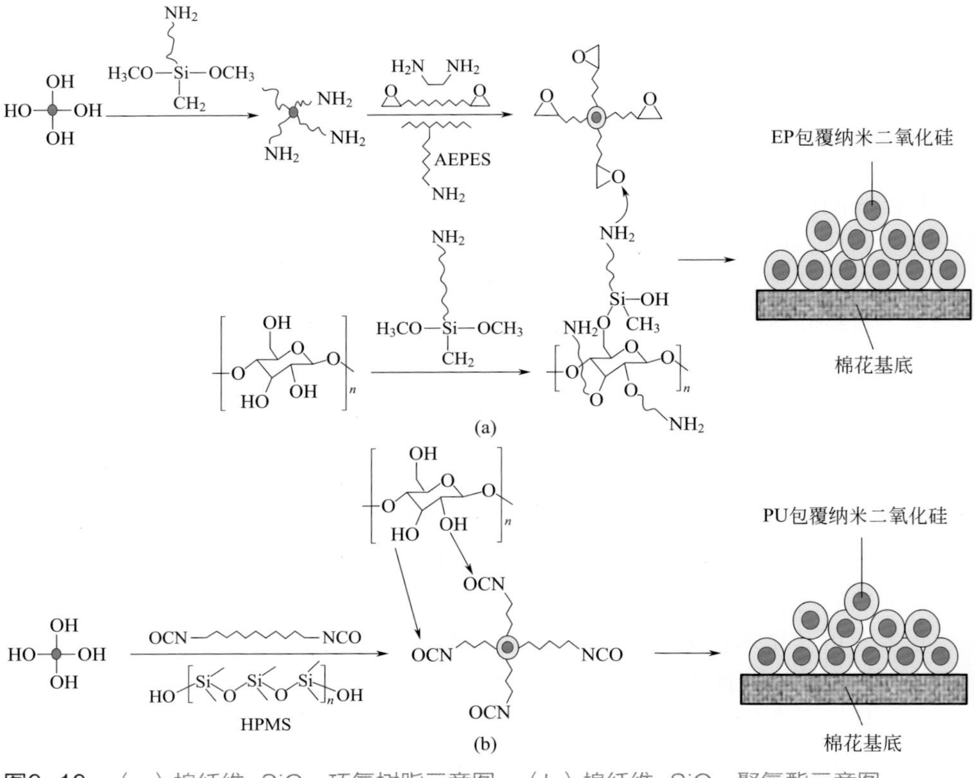

图6-10 （a）棉纤维-SiO_2-环氧树脂示意图；（b）棉纤维-SiO_2-聚氨酯示意图

4. 化学改性法

化学改性法制备疏水疏油纸基材料的方法主要有层层组装法和相分离法。

层层组装法操作简便易行，通过连续使用相反电荷的聚合电解质，在纤维表面进行组装。Gustafsson 等将聚烯丙胺盐酸盐和聚丙烯酸在纤维表面层层组装后，吸附一层固体石蜡，160℃加热处理后制得水接触角为150°的超疏水纸张[36]。Peng 等按照图 6-11 所示将聚丙烯基氯化铵（PAH）和木素磺酸胺在纸张表面层层组装，加热后制得超疏水疏油纸张[37]。这一方法为木素的高值化利用开辟了新的途径，并具有环境友好性。

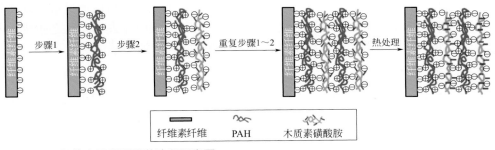

图6-11 纤维表面层层组装流程示意图

相分离法是在成膜过程中，通过控制条件，使体系产生两相或多相，形成均一或非均一膜的成膜方式。Li 等采用相分离法，在纸张表面沉积低成本、无毒且具有阻湿特性的棕榈蜡制备超疏水疏油纸张，简单经济，符合工业化生产要求[38]。此外，采用相分离法将聚羟基丁酸酯沉积在纸基表面，也可以同时提高表面微 / 纳粗糙结构，并降低表面能，制得超疏水疏油纸张。Joao 等采用相分离法将聚羟基丁酸酯吸附在纤维表面可形成微 / 纳粗糙结构，制得水接触角为 153°的超疏液纸张[39]。

二、应用

由于超双疏表面的优异性能和对超双疏材料的需求越来越大，其多功能应用受到越来越多的关注，并取得了很大的进展。超疏水纤维素纸基材料具有优异的疏水性能，常用于包装等领域。例如，Li 等将海藻酸盐和 TiO_2 层层组装在纸张表面，制得无氟、抑菌的超疏水包装纸张[38]。由于油的界面张力要比水小（有的甚至要小很多），因此制备超双疏材料需要更巧妙精细的微观结构以及更低的表面自由能。超双疏材料既可以排斥水滴，还可以排斥油滴，比超疏水材料有着更为广泛的应用，如自清洁、防腐蚀、油运输、防生物黏附器件、集油、防污、微液滴转移和油水分离等。近年来，纤维素基超双疏纸基材料的应用呈现出多样化，如制备纸基微流体装置，获得对光、温度和 pH 等环境条件智能响应的功能材料等。

1. 油水分离

由纤维制备而得的纸质材料具有很高的孔隙率，当纸张被疏水化后，就成了潜在的具有油水分离功能的滤材。利用材料的多孔性和浸润性能来分离油水混合物比传统的油水分离方法更稳定，分离效果也更好。例如，Ge 等在纸巾上涂覆氟化 SiO_2 纳米颗粒作为隔板制得超双疏纸基材料，进而作为一种多功能的重力驱动油水分离器，该分离器可以选择性地从游离油水混合物和表面活性剂稳定的乳液中去除水或油。在用乙醇对分离器进行预湿润之后，可以通过重力以高分离效率（99.9%）和分离通量从轻质油水混合物和乳液中除去水。反之亦然，可以在乙醇 - 油预湿的超双疏纸基材料上通过重力除去重油[40]。

2. 自清洁

Stanssens 等将亚胺改性的聚合物纳米离子涂敷在纸张的表面形成疏水涂层，该涂层以微米结构为主，水接触角达到 150°，而采用未改性的聚合物纳米离子的纸张其表面水接触角为 135°。水滴的滚落实验和接触角的滞后数据表明该材料有良好的自清洁能力[41]。Zhu 等用简单的浸渍法制备了无氟的疏水纸，先将纸浸在聚二甲基硅氧烷中，使表面获得黏性，之后用 ZnO 浸泡获得粗糙的表面，然后再次浸泡在聚二甲基硅氧烷中，得到超疏水纸，此法制备的纸的接触角达到了 160°，具有自清洁、防紫外线和油水分离等多种功能[42]。Geissler 等制备了烷基化纤维素纳米颗粒，将原纸浸在该纳米粒子的甲苯溶液中三次，其接触角可达 120°，之后再喷涂该纳米粒子的分散液，其接触角达到 150°，该纸张表面具有自清洁的能力[43]。

3. 微流体装置

纸基微流体检测装置的先河是由 Martinez 团队开辟的[44]，近些年来得到了迅速的发展。纸基微流体装置，通过微通道结构来控制流体流动，完成不同的化学或生物反应过程，可以实现微量、方便、快速检测，为开创生化分析新局面提供了新的研究平台。Songok 等采用超疏水疏油纸制得拥有封闭通道的微流体检测装置，研究发现，疏水疏油透明薄膜与纸基间隙为 100μm 时流体获得最大的毛细动力[45]。与敞开式传统纸基通道相比，封闭通道的流通体系不仅提高了液体的流动速度，还有效地减少了液体的留着和蒸发，对降低测试样体积、实现微量快速检测有一定意义。

4. 智能响应功能材料

为了扩大超疏水疏油纸张的应用领域，关于对温度、pH、光和热等具有响应性能的智能化超疏水疏油纸的研究越来越多。Zhao 等利用浸涂法制备了一种具有热修复能力的坚固的超双疏涂层，该涂层可以牢固地黏附在各种基材（织物、海绵、木材和滤纸）上，同时还具有抗强紫外线（UV）、耐强酸/碱腐蚀等优点，表现出良好的耐久性。此外，该涂层在热退火后表现出良好的热修复能力[46]。Stepien 等使用 TiO_2 纳米颗粒法制得光敏性的超疏水疏油纸张，如图 6-12（a）所示，紫外照射后转变为亲水表面，微波加热后（150℃，3min）可恢复为超疏水表面。分析表明，紫外照射和微波加热可引起 $C_4H_7^+$ 和含氧分子数目的变化，从而使润湿性发生转变[47]。Yin 等使用钛酸四丁酯和含氟硅烷偶联剂合成 TiO_2 溶胶，研究了离子种类（Mg^{2+}、Ba^{2+}、N^+、F^-）和加填浓度对疏水/亲水表面转变速度的影响，发现 F^- 添加量为 2% 时转变最快。如图 6-12（b）所示，紫外照射将 TiO_2 中的 Ti^{4+} 还原成 Ti^{2+}，超疏水表面转变为亲水状态，黑暗中放置后又可恢复为超疏水表面[48]。Xu 等采用环保方式制备了无氟、pH 响应性能的超疏水疏油纤维，涂布层由 SiO_2 和癸酸改性的 TiO_2 纳米颗粒组成，如图 6-12（c）所示，表面的亲水亲油性能会随 pH 的变化而改变，从而实现油水混合物的智能化分离[49]。

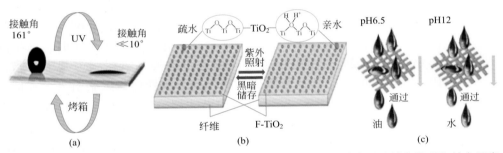

图6-12 （a）TiO_2纳米纸润湿性转变示意图；（b）F-TiO_2涂布层光催化机理和转变示意图；（c）不同pH下的表面润湿性示意图

第三节
疏水亲油纸基功能材料

一、制备

疏水亲油纸基功能材料的制备方法与疏水疏油纸基功能材料的制备方式

相似，区别在于纸基功能材料对于各类油品的亲和性。上一节论述了疏水疏油纸基功能材料的制备方法主要有：①物理化学改性法：浸渍法、模板法、等离子体法、造纸填料法等；②表面涂布法；③纳米颗粒沉积法；④化学改性法：层层自组装法、相分离法。研究表明，室温下水的表面张力约为 0.072N/m，而油的表面张力约为 0.020～0.035N/m 之间，由此可得，要获得同时具备超疏水性和超亲油性表面的关键技术在于选择合适的低表面能物质对材料表面进行修饰，使其表面能介于二者之间。在上一节对疏水疏油纸基材料制备方法的基础上，本节主要讨论如何在疏水的同时实现亲油以及其实际应用。

Xu 等把滤纸浸渍在甲基硅树脂溶液中，利用氨水的催化作用，溶液体系进一步进行缩聚反应，滤纸由此变成疏水亲油性的。滤纸本身具有大量的孔隙，通过扫描电镜照片发现，经过树脂浸渍的滤纸仍然保留了大部分的纤维交织结构，但是滤纸的孔径有所减小。这种滤纸具有重复分离油水混合物的性能[50]。Wang 等把聚苯乙烯充分分散在甲苯试剂中，之后往体系中加入一定量的疏水的 SiO_2 纳米粒子，用混合溶液浸泡滤纸，干燥后得到的滤纸疏水（接触角为 139°～158°）亲油，滤纸可以吸附浮在水面上的柴油或者水中的乳化油。当柴油和水的体积比为 1 : 1 时，滤纸的油水分离率可达 98.2%[51]。黄相璇用双酚 A 型酚醛环氧树脂为基础树脂，对其采用疏水化学改性，然后给阴离子法得到的水性环氧树脂引入含氟低表面能基团；最后，把用溶胶 - 凝胶法制备出的超疏水 SiO_2 粒子与含氟水性环氧树脂乳液共混去浸渍滤纸，滤纸不仅疏水亲油（水接触角为 152°，油相接触角为 5°），还具有了很好的物理机械强度，达到去除油液中污染水的油水分离的作用[52]。

二、应用

特殊润湿性材料因其对油相和水相的润湿性不同，可将水中的油或油中的水分离出来，疏水亲油材料就是一类特殊的润湿性材料。以植物纤维为骨架得到的纸张本身是疏松多孔的结构，通过对其疏水化，在不同的分离过滤等领域有广泛的应用前景[53]。

1. 油水分离

超疏水的纸基功能材料孔隙丰富，具有微纳米级别的粗糙表面和孔隙，所以疏水亲油纸基功能材料可以用来分离油水混合物。利用材料的多孔性和浸润性来分离油水混合物比传统的油水分离方法更加稳定，分离效果也更加理想[54,55]。

Cao 等将超疏水超亲油滤纸（水接触角为 153°，油的接触角为 0°，滚动角约为 12°）用于分离 Span 80 稳定的正己烷包水乳液，将滤纸卷成漏斗状，用于过滤。滤纸的超疏水超亲油性和内部的三维结构实现成功破乳，使乳液由原来的乳白色变成了澄清透明状。过滤前后乳液中的水滴粒径由 1000 ～ 4000nm 减小至 0.5 ～ 4.0nm，且油的渗透通量在 5500L/(m^2·h) 以上[56]。超疏水超亲油纸基功能材料更适宜处理重油与水的混合液。重力作用使油沉至水的下方，与固体表面接触并不断地从膜孔流出。若将轻油与水的混合液倒入滤柱，由于水的密度比轻油大，在油和表面之间会形成一层水层，油无法从表面下渗，阻碍油水分离。而超疏水超亲油吸附材料的吸附容量一般有限，材料有时容易受到腐蚀性水体的侵袭而破坏表面的润湿性，因此，应用时还需要考虑表面的耐久性，提高抗腐蚀性及重复利用性。

2. 燃油滤纸

车用滤纸是滤清器的主要材料之一，是一种特殊的滤纸，它主要分为三类：空气滤纸、机油滤纸、燃油滤纸。燃油滤纸的作用是净化进入车辆体系中的燃油。用来生产燃油滤芯的材质多种多样，有棉纱、无纺布、金属丝等，但目前燃油滤芯多采用滤纸作为滤芯。近些年来，我国燃油滤纸行业的发展速度加快，很多国内厂家生产出的燃油滤纸与以往相比，抗水性及强度性能有了较大改善。与此同时，水量高的生物质柴油正在逐渐走向日常生产和生活，尽管还未大范围应用，但基于其自身的一系列优点，未来生物质柴油必将大规模取代传统柴油。生物质柴油的特点使其对燃油滤清器提出更高的要求，即更耐水、更高的油水分离性能。如果将燃油滤纸与纸张的疏水化结合，那么燃油滤纸就同时具备了多孔结构及超疏水亲油的条件，这样不仅可以阻挡油品中的杂质，还可以达到高效的油水分离目的。

金鑫等用棉浆、破布浆等为原料，将其进行一定的前处理后抄造成疏松多孔的滤纸，之后用水性氟碳乳液浸渍滤纸，干燥后得到的滤纸抗水性良好、耐燃油浸润[57]。丙烯酸树脂乳液是一种水溶性的体系，它具有许多突出的优点，如耐候性优异、耐紫外光照射、耐热性好、耐腐蚀、柔韧性极好、黏附力很强等。太原理工大学的孔少奇采用合成的丙烯酸树脂与改性的纳米 SiO_2 粒子进行复合，制备出了超疏水涂层，并得出了最佳的涂层工艺条件[58]。这种高度抗水的复合涂层有望用于燃油滤纸的浸渍。严世成等人用乙烯基三乙氧基硅烷和八甲基环四硅氧烷改性丙烯酸单体，得到了耐水性能及耐擦洗性能优异的树脂，该树脂对固化温度的要求很低，室温即可，不需要进行额外的加热等固化操作[59]。这种树脂在燃油滤纸的应用上也具有很大的潜力。

第四节
亲水亲油纸基功能材料

一、制备

1. 物理改性法

纤维的物理改性是指在不改变纤维表面化学结构和组成成分的前提下，通过外力作用改变纤维的结构和形貌，从而增强其与聚合物之间的相容性[60-63]。常用的物理方法主要包括热处理、蒸汽爆破处理和放电处理。

因为植物纤维的纤维素自身含有大量的羟基，具有天然的吸湿性能，水分以自由水和结合水的形式存在于植物纤维中，所以表现出较强的亲水性，相对来说其吸油性能较弱。因此，可以对纤维进行热处理，去除其部分内部的水分。江茂生等以红麻杆为原料，经热解处理制备成吸油材料，并利用元素分析、红外光谱和扫描电镜等对热解物进行了分析。结果发现，随温度升高，材料中碳的含量逐渐升高，氧的含量逐渐降低，亲油的芳香环结构比例显著增加[64]。通过这一实验，可以调节适当温度，去制备吸水吸油性兼备的纸基材料。

蒸汽爆破处理方法是在高温高压下水蒸气通过植物纤维表面的微孔进入纤维的非结晶区，然后压力急剧降低，在力瞬间产生剧烈变动的情况下，木质纤维发生膨胀，纤维细胞壁破裂，纤维形态结构发生变化。该方法不需要添加化学药剂、成本低且对环境无污染。Kotoro 在 170℃、0.7 ~ 0.8 MPa 下对竹纤维进行蒸汽爆破处理，并与聚乳酸（PLA）形成复合材料，研究发现，经爆破处理的复合材料除有部分撕裂现象外，其弯曲强度、冲击强度和界面剪切强度均有显著提高[65]。受此启发，可以通过调节爆破参数，制备亲水亲油性的纸基功能材料。

放电处理是在外部电场作用下，激活纤维表面的醛基，从而提高纤维表面的氧化活性，经过放电处理的纤维，其表面能发生改变，从而改善了纤维与聚合物基体之间的界面结合能力。常用的放电方法有电晕放电、等离子体处理以及辐射放电等。Sang 等利用不同强度的电子束对黄麻纤维进行辐射处理，然后与 PLA 形成复合材料，研究发现，经辐射处理的复合材料较未改性处理的复合材料的界面剪切强度提高[66]。该方法简单易操作，但是设备费用较高，难以实现工业化应用。Park 采用等离子体处理聚对二氧环己酮纤维，并与 PLA 制备复合材料，结果表明处理时间对复合材料性能有较大影响，通过低温等离子体改性可以提高纤维的强度，降低表面极性，减少应力集中，制备亲水亲油性的纸基功能材料[67]。

2. 表面涂布法

表面涂布是一种简单的方法。日本专利 JP 2003-204824A 公开了一种由植物纤维和源自石油的烃树脂组成的吸油纸：首先将植物纤维浆料制备成纸，然后以印刷图案的方式在纸页表面涂覆透明剂（如源自石油的烃树脂）和吸油剂（如基于硅酸盐为载体）[68]。美国专利 US 4643939 公开了由大麻纤维与聚烯烃树脂纤维按一定比例制成的复合吸油纸。该复合吸油纸吸油后变透明，而且由于使用的是传统的造纸技术，使得制备得到的复合吸油纸手感粗糙，这样一来，在吸油的同时，还可以吸水[69]。

Fu 等报告了一种新的策略，以制备一种超双亲性织物，该织物在空气和水下环境都可实现双亲性，具体可见图 6-13。以聚酯纤维为基材，采用特殊设计的可交联的亲水亲油官能团聚合物作为涂层材料，通过一步湿化学涂覆法将涂层材料涂覆在织物基体上。处理后的织物对水的接触角为 0°，水在 1s 内完全渗入织物，同时选择了十六种常用油液（表面张力为 18.4 ～ 50.8mN/m，与水不混溶）进行超亲油性测试。无论表面是干燥的（在空气中），还是预先用水润湿或浸入水中，油的接触角均值为 0°。在水中，油液可在 1min 内散布在完全被水润湿的织物上[70]。

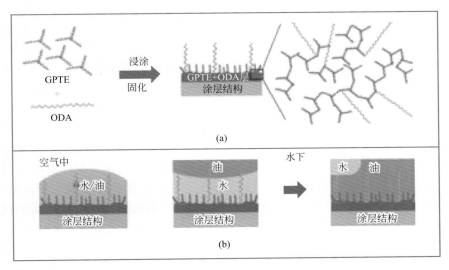

图6-13

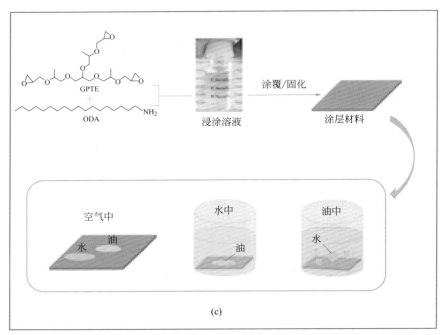

图6-13 （a） 丙酸甘油三缩水甘油醚（GPTE）与十八胺（ODA）涂层形成示意图；
（b）涂层可能的润湿机理；（c）图形摘要

Fu 等使用浸渍涂层的方法制备了一种新型的水下定向输油织物，该方法将一种由亲油和亲水官能团组成的可交联聚合物涂在织物基体上，然后在织物的一侧用紫外线照射涂层织物。采用涤纶（PET）织物作为模型织物衬底。这种处理使织物具有超亲性表面，对水和油（表面张力为 18.4 ～ 72.8mN/m）的接触角均为 0°。织物在两面表现出几乎相同的表面润湿性特征[71]，具体可见图 6-14。

Makoto 等用锐钛矿溶胶在玻璃衬底上制备了一层薄的 TiO_2 多晶薄膜，并在 773K 退火制备了一个高度两亲性（亲水和亲油）的光生 TiO_2 表面[72]。这种表面的独特性质归因于紫外线辐射产生的亲水和亲油相的微观结构组成。紫外线照射可能在桥接位点形成表面氧空位，从而导致相关的转化有利于解离水吸附的 Ti^{4+} 位点到 Ti^{3+} 位点。这些缺陷可能影响其周围位点的化学吸附水的亲和力，形成亲水区域，而表面的其余部分仍然是亲油的，亲水相和亲油相之间的纳米级分离是 TiO_2 表面高度亲水性的原因。因为液滴比亲水（或亲油）区域大得多，所以它会立即在这样的表面扩散，类似于二维的毛细管现象。阳光的紫外线照射足以维持两亲性表面，因此表面上的亲水或亲油污染物很容易被分散开。

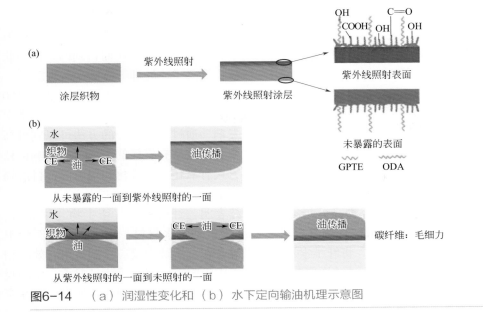

图6-14 （a）润湿性变化和（b）水下定向输油机理示意图

3. 化学改性法

与物理改性相比，化学改性使得功能基团以化学键与纸基表面键合，从而不会在物质透过纸片时被稀释，不会引起功能基团的流失，这样就避免了物理方法所带来的缺陷[73]。

（1）化学改性法提高吸水性　天然的纤维素本身就具备一定的吸水性能，但因为高度密集结晶结构使绝大部分羟基处于氢键缔合状态，限制了其本身的吸水能力。因此，人们通过连接亲水性羟基、羧基、酰胺基等一系列的化学反应来破坏这种晶体结构，然后再通过适度交联保证其吸水后的凝胶强度。

① 醚化与交联　纤维素的醚化和交联虽可以在一定程度上提高吸水性，但是单一作用是有限的。单纯的醚化还不够，还需要一定的交联。早期的交联剂有甲醛、氨基酸、柠檬酸等，其中应用最多的是环氧氯丙烷交联，先用氢氧化钠/异丙醇对硫酸盐浆进行处理，然后用一氯丁二酸醚化反应，再用环氧氯丙烷交联，得到的产品吸0.9%氯化钠溶液倍率可达121g/g。以上操作属于先醚化，再交联的方法，也有先交联再羧甲基化（醚化反应）的报道。据报道，羧甲基纤维素经环氧氯丙烷交联后，再冷冻干燥，吸水倍率可达860g/g。

② 接枝共聚　接枝共聚是制备纤维素基高吸水材料的另一个重要方法，可分为纤维素直接接枝和纤维素醚化后（羟烷基纤维素和羧烷基纤维素）再进行接枝。在接枝亲水性基团（如丙烯腈）时，常用交联剂为 N,N-亚甲基双丙烯酰胺。

日本某研究小组对多肽链进行改性，制得了智能型多肽膜。他们先将副玫瑰红基团和副玫瑰红无色花青素基团以共价键连接在聚谷氨酸的侧链上，然后成膜。另外，他们还将亮氨酸和谷氨酸酯的共聚物成膜后进行氨解，从而得到两亲性多肽膜。接枝改性可通过化学接枝、光引发接枝、等离子体处理等方法来实现。

纤维素也可直接接枝丙烯酸，采用棉纤维或微晶纤维素为原料，可得到100倍以上的吸水倍率。与丙烯腈相比，接枝丙烯酸吸水能力强且速度快。以纤维素为浆料，加入适当的交联剂、乳化剂和引发剂，通过乳液聚合的方法可以制得高吸水材料。纤维素接枝丙烯酸产物的吸水率和接枝率有直接的关系，而影响接枝率的重要因素是纤维素的活化性能，活化方式有氧化、原纤化和辐射等，目前辐射接枝丙烯酸是制备纤维素基高吸水材料的重要方法之一。

③ 纤维素与聚合物高分子复合　研究表明，纤维素及其衍生物与甲壳素、壳聚糖、淀粉、玉米秸秆等复合可制备纤维素基吸水材料，用于食品、医疗卫生、生活用品等领域。将纤维素和甲壳素混合在总溶液中反应，制备出有效的相分离复合吸水材料，该材料可在低浓度溶液中吸附重金属离子，且对重金属的吸附能力大于纯甲壳素片，这主要得益于它良好的亲水性和微型网络形态。半互穿网络技术也是制备纤维素-高聚物复合材料的有效方法。Liu等将预处理的小麦秸秆接枝丙烯酸钾和聚乙烯醇混合制备半互穿网络高吸水材料，一方面，所应用的硝酸铈铵、小麦秸秆、氢氧化钾和丙烯酸赋予了吸水材料为农作物提供氮、钾元素的能力；另一方面，乙烯醇可以提高吸水材料的韧性，所以产品可以用于农作物，来改善土壤的保水性能。据研究报道，壳聚糖和羧甲基纤维素溶液同戊二醛交联可生成一种两性吸水材料，而且它还可以通过pH来选择靠近阳极或阴极，这种特性受电场力和离子强度的影响[74]。

④ 纤维素-无机物复合　近年来，纤维素-无机物复合多功能材料应用越来越广泛，在光学、电子、生物等领域有着良好的应用前景。高岭土属于亲水性层状黏土矿物材料，经深加工后有大的表面积，且表面含有大量的羟基，所以它也可以与高聚物的氢键或化学键作用，形成有机-无机半互穿三维网络结构。林松柏等以硝酸铈铵作引发剂，用水溶液聚合法将羧甲基纤维素接枝丙烯酰胺共聚物（AM-g-CMC）与高岭土复合制备了高吸水材料，结果表明丙烯酰胺和羧甲基纤维素的比例为5∶1，引发剂用量为1.6%，交联剂为0.08%，高岭土为10%，NaOH用量为12%时，高吸水材料吸收蒸馏水倍率达1182g/g、吸收0.9%氯化钠溶液倍率达92g/g。其中高岭土的加入有助于形成交联点，从而形成有效网络结构，有利于吸水凝胶强度的提高[75]。蒙脱土是一种层状铝硅酸盐，表面有活泼的羟基官能团，平面强度和刚度好，纵横比高，所以广泛应用于高吸水材料的研究[76]。

（2）化学改性法提高吸油性　基于纤维素分子结构中含有大量活性羟基基团

和其反应特点，主要采用碱液浸泡处理、偶联剂处理和酯化接枝处理，来改变纤维的化学极性和结构，以改善纤维和聚合物基体之间的界面相容性，并最终提高复合材料的整体性能[77]。

① 碱液处理　碱液处理是比较普遍且简单易操作的纤维改性方法。利用纤维各组成成分对碱液的稳定性差异，通过控制碱液浓度，使浸泡在碱液中的纤维各组分包括半纤维素、木素、果胶以及其他杂质通过化学刻蚀作用被去除。经碱液刻蚀之后的纤维表面会变得粗糙，出现许多沟壑，并且碱液可以削弱纤维素分子间的氢键作用，使得纤维素分子之间距离变大，从而使得各种试剂能够更加容易浸入纤维内部分子结构之间。

② 偶联剂改性　纤维的表面能与其天然的亲水性密切相关，一些研究主要集中于降低其亲水性的方法。硅烷偶联剂分子中含有两种极性不同的化学基团，能够在亲水性的纤维和疏水性的聚合物之间起到桥梁作用而将其二者结合起来，有效增强纤维和聚合物之间的界面结合性能。

③ 酯化改性　酯化处理包括对纤维进行乙酰化处理和烷基化处理等，通过改变纤维表面的化学组成和极性，增强纤维和聚合物基体的界面相容性，进而改善复合材料的整体性能。纤维表面含有的大量羟基，比较容易和酯化试剂反应，从而导致纤维表面羟基数量的减少，降低了羟基之间氢键形成的概率，改变了纤维表面的极性，减弱了纤维的亲水性。由于木浆纤维含有较多的木素和半纤维素，具有较高的酯化反应程度。通过酯化反应对纤维的改性，酯化基团存在于纤维表面，纤维表面化学组成发生改变，并且由于酯化反应的发生，纤维的结晶度略有下降。据报道通过酯化而制备的纤维素高级脂肪酸酯（C_4以上），其非极性溶剂溶解性能优良，与疏水性聚合物有很大的相容性，这为保藏性吸油材料的开发提供了依据。

④ 接枝改性　接枝改性是增强纤维与聚合物基体之间界面黏合性的比较有效的方法。首先对纤维进行预处理，使得其表面产生活化点，然后在一定的反应条件下将聚合物大分子接枝到纤维上。由于纤维表面具有大量羟基基团，一般将其作为活化点以提高接枝率。近年来，出现了利用接枝共聚使纤维接上憎水性基团，使其具有疏水亲油性。

（3）化学改性法提高双亲性　化学改性法提高双亲性是利用离子与纤维表面相互作用，在纤维表面引入新的基团，显著改变纤维表面的亲/疏水性、黏接性、印染性等，但因其不改变材料的内部结构，可在不改变纤维本体性能的前提下，赋予纤维表面优异的浸润性能。改性后的纤维表面接枝了羟基（—OH）、醛基（—CHO）及羰基（C=O）等亲水性官能团，且纤维表面形貌发生了一定的变化，表面微观粗糙度有所增大。这些变化最终使纤维表面润湿性得到了有效改善。

二、应用

1．工业擦拭纸

工业擦拭纸，一般用于工业电子仪表、印刷、精密机械等各种行业。近年来由于我国工业和汽车制造业的发展，工业擦拭纸在机械制造行业得到快速推广和应用。国内部分企业也已开始工业擦拭纸的生产，其中大部分利用木浆和聚酯纤维复合，再利用纸的制备工艺——水刺复合成形，然后经精细加工处理，最终形成工业吸水吸油擦拭纸。虽然制备的产品具有很多优异的性能，但无法避免原料成本高、制备过程复杂，制备工艺成本高。因此，人们开始采用以 100% 原生木浆为原料、湿法造纸机抄造工艺制造，但产品湿强度低，使用时易留毛尘，吸收性能差，质量较差，使用时很容易损坏被擦拭表面。

就以上问题，2007 年我国一发明专利申请公开了一种光学镜头擦拭纸的制造方法[78]。该方法生产的工业擦拭纸细腻柔软、质量高、成本低、无污染（以木浆为原料，采用湿法造纸机抄造、通过干法起皱制成产品，图 6-15），特别适合在汽车等机械制造行业使用。且应用本发明专利制备工业擦拭纸具备以下几个优点：

① 采用传统的湿法纸机，通过工艺及设备调整即可生产，设备投资小，生产过程易于控制，生产成本低。

② 采用 100% 的原生木浆制造，制成的工业擦拭纸纸张平滑、细腻，不会刮花被拭物表面，纤维结合致密，擦拭不留毛尘，具有良好的吸液性能和去污能力，湿强度高，擦拭后不易破损。

③ 产品为 100% 再生纤维，无污染。

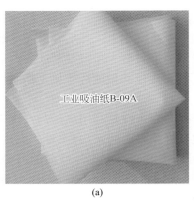
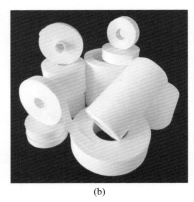

(a)   (b)

图6-15　（a）木浆和聚酯纤维复合工业吸油纸；（b）无尘工业擦拭纸

2. 厨房吸水吸油纸

随着经济的快速发展和人们生活水平的提高，人们对厨房用纸的需求量和要求也越来越高。相比于传统的洗碗巾和抹布，厨房洗水吸油纸有着极强的吸水能力，不易碎，不掉渣，不会残留水渍等，还具有超强的吸油能力，能够清理厨具、去除油污、吸收食物多余的油分等，而且一次性使用更是赋予其方便、清洁、舒服于一身。但市场上的一次性厨房用纸多以聚酯纤维为原料通过水刺复合技术加工而成，原料成本高、制备过程复杂，影响了一次性厨房用纸的普及和应用，所以开发一种成本低、吸水吸油效果好的一次性厨房用纸具有重要意义。

大连工业大学王海松课题组以漂白针叶木硫酸盐浆为主要原料，通过复配棉浆、合成纤维、吸水树脂等，在 ZQJ2 型纸页成形器上探索了厨房用吸水吸油纸的生产工艺。在漂白针叶木硫酸盐浆71%、棉浆10%、合成纤维15%、吸水树脂4%的配比条件下，添加1.5%的湿强剂、0.1%阳离子聚丙烯酰胺制备的手抄片，可以代替市场上以聚酯纤维为原料通过水刺复合技术生产的一次性厨房用纸[79]。在人们对一次性厨房用纸需求量越来越大的今天，利用湿法成形技术低成本制造具有高吸水吸油能力的厨房纸巾，代替市场上以聚酯纤维为原料通过水刺复合技术生产的一次性厨房用纸，对于改善人们生活质量以及促进传统造纸产业的转型升级都有重要意义。

3. 湿度调节保鲜纸

国外已广泛将高吸水纸用于蔬菜鱼肉水果包装储运。小包装时，一般采用塑料底盘，在盘里先放几层高吸水性纸，再放上洗净的蔬菜、鱼肉、水果等，最后用透明的薄膜包起来；在使用纸箱这样的大包装时，在纸箱内壁和底部先铺上数层高吸水纸。这些高吸水纸既可以吸收多余的水分、油分、余血等，又可以保持适当湿度。这种包装物品即使在冰箱中长期储存也仍然能够保持湿润和新鲜[80]。

4. 医用吸水纸

压力蒸汽灭菌时，包装是确保灭菌成功的重要环节。包装不当，可产生湿包，导致灭菌失败。灭菌出现湿包，大多与冷凝水有关，即经过一个灭菌周期和适当冷却后，若在包裹表面或里面有肉眼可见或隐蔽存在的湿气、水滴、水柱，就认为是湿包。湿包分为包外和包内湿包两种，包外湿包可通过严格遵守包装规范，把控消毒人员操作，正确装载、卸载灭菌包，检查蒸汽质量，延长干燥时间等手段给予有效控制；但包内湿包是在灭菌过程中，蒸汽介质冷凝在器械或金属物品表面，所形成的大面积颗粒状雾滴、湿气，极其不易干燥，且肉眼无法观察，易耽误临床工作，造成医疗隐患。目前，多数医院灭菌器械包内采用双层纯棉布吸湿，多有吸湿不彻底，絮状物残留，反复使用不便于管理等不足之处。因此，罗怡等通过对比 100% 原生木浆制备的纸基复合材料与双层纯棉布两种包装方法对包内湿包数量及包内湿包率的影响，验证医用吸水纸的功效，发现医用吸水纸具有高效吸水特性，能吸收超过自身质量 400% 的液体，且干湿态落絮率极低，用于灭菌包内层包裹器械或铺垫于器械框底部，能在灭菌周期中大量吸附冷凝水，并迅速将其分散开，有利于干燥，减少包内湿包的产生；另外，医用吸水纸与器械密切接触，肉眼观察其絮状残留物与布类相比几乎为零，虽然它不直接接触患者，但纤维脱屑量少，可避免器械因沾染细小纤维及异物，引起伤口无菌性炎症、延长愈合时间、肉芽增生等弊端。医用吸水纸具有高温高压后理化性质及颜色不改变、吸水充分、抗菌性、不掉屑等优良性质。

5. 面部吸油纸

在温度和湿度相对较高的环境下，人们的面部，尤其是额头和鼻子比较容易分泌油脂，给人们的生活带来不便，成为困扰大家的难题。吸油纸的出现有效解决了人们对于该类问题的困扰，携带方便，只要轻轻按压擦拭便可保持面部皮肤的清爽，成为广受大家欢迎的产品。吸油纸最早出现于日本，随着社会的进步和人们生活水平的提高，吸油纸已成为一种普遍使用的面部吸油擦拭纸。

李洁[81]采用麻纤维和木纤维并以一定比例将两者混合制备吸油纸，材料全部为天然纤维，制成的吸油纸吸油性好，柔软度和韧性均较好，能有效吸收面部多余油脂。日本专利 JP 6-319664 公开了一种由植物纤维和无机填料混合抄造的吸油纸[81]。另一项日本专利 JP 4-45591 中首先采用植物纤维抄造成纸页，然后在纸页的表面黏附多孔球形珠来解决由于砑光或是在纸页表面涂布碳酸钙等粉末所带来的问题，此球形珠被认为可以提高吸油纸对皮脂的吸收能力[82]。

第五节
亲水疏油纸基功能材料

一、制备

空气中同时具备超亲水性和超疏油性的材料是极为理想的油水分离材料，但是经典表面自由能理论认为超亲水 - 超疏油是一种"反常"润湿性，所以这一类表面的研究一直以来都进展缓慢，直到近些年少量研究者才取得成功，其中亲水疏油纸基功能材料相关报道较少。

Okada 等利用氟代烷基丙烯酸低聚物（FAAO）首次制备了一种油的接触角大于水的表面，并将这一"反常"润湿性解释为这一类由具有两种不同润湿性基团分子构成的材料在与水接触时，在水的吸引下，亲水基团翻转至材料表面而使材料表现出亲水性，然而材料与油类接触时并不发生这一翻转现象，因而油类的接触角较大，即"Flip-Flop"理论，也称表面重构或表面重组。在这之后的一些超亲水／超疏油表面都用这一理论来解释[83]。Yang 等先后利用 PDDA 和壳聚糖吸附全氟辛酸钠的阴离子制备了超亲水超疏油表面，并成功地应用于油水分离[84]。

二、应用

1. 防油纸

纸张作为现代包装材料的主要支柱之一，具有和塑料一样原料来源广、价格相对便宜等优点，而且相对玻璃与金属来说，轻便易携、印刷适性优、便于运输等，因此，在日常生活与工业生产上得到了较广泛的应用。众所周知，因材料的性质、产品的制作工艺及用途不同可以得到不同功能的包装材料，如防潮包装材料、防霉包装材料、防油包装材料等。近年来，伴随着经济的飞速发展，纸包装材料在运输包装与食品包装上的应用不断增加，纸包装材料成为用量最大的包装材料。

为了获得防油阻油效果，人们会采用聚乙烯、聚丙烯及聚氯乙烯等塑料包装材料制成薄膜，但这些薄膜材料在自然界难以降解或者降解极其缓慢。尽管它们具有抗拒油脂渗透的能力，但这些塑料包装材料的废弃物难以回收且给人类环境造成极大的污染。易降解的高分子材料和纸制品能替代这种自然环境难以降解的包装材料，其中易降解的高分子材料可划分为三种：一种是运用生物工程方法聚合制备的高分子聚合物，它可以在自然环境中逐步降解成小分子的碳水化合物，几乎不会对环境造成危害，但需要的生产设备投资大；第二种则是在高分子树脂中加入淀粉，利用淀粉的易降解性，这种包装材料在雨水或微生物的作用下，由于淀粉的腐烂而使包装材料分裂成细小的颗粒，但这些细小的颗粒留在土壤中，很多年也不会分解，也没有真正解决环境污染的问题；第三种是双降解塑料，这种塑料是在高分子树脂中加入可光敏降解的催化剂，通过微生物的分解和植物的光合作用，高分子材料的高分子链断裂，逐步降解成小分子化合物，但目前还处于科研试验阶段，还需要进一步考察。而纸质材料则不同，它易降解，环保可回收，使用后的纸质材料不易对环境造成污染，并且原料来源广泛，价格便宜，能被广大消费者所接受，能够适用于多种印刷技术。但由于纸纤维本身带有羟基，并且纸张结构具有多孔性，因此普通纸质包装材料不具备防油性能，必须进行防油处理，才能达到防油包装的要求。

2. 防油剂

能使纸张具有防油性的防油剂大致分为含氟与非含氟两类。固体的表面不可避免与外界发生联系，当与液体接触时，润湿是常见的一个界面现象，因此表面张力成为固体表面的一个重要参数。防油剂主要用来提高纸张表面张力，使纸张在使用的过程中不被油类润湿。纸张能否被油类润湿取决于纸张表面和油滴的界面张力。当纸张表面的张力足够大时，纸面与油滴之间的界面张力大于纸面与空气之间的界面张力，油滴就不能润湿纸张。相反，若纸的表面张力不够大，纸面与油滴之间的界面张力小于纸面与空气的界面张力时，纸张就会被油滴润湿。

3. 食品包装防油纸

为了取得防油性，过去是采用合成聚合物，如聚乙烯（PE）、聚丙烯（PP）等对纸张淋膜，赋予纸张一定的防油性能，但大量使用后会对环境造成污染。目前工业上常用含氟类化合物处理纸张，得到的防油纸具有良好的防油性、耐热性、耐气候性和气密性，但最近研究发现含氟类化合物对人体健康构成隐患。常用的防油剂 GPI 在受热时产生全氟辛磺酰胺，研究表明全氟辛磺酰胺是有毒的，并可能导致肝癌，能使人体内脂肪代谢紊乱，延迟儿童正常骨化，给人类健康带来危害。为了应对严峻的环境问题以及食品安全问题，基于安全、可降解和可再生材料的食品包装防油纸吸引了许多学者的兴趣。

Kjellgren 和 Giillstedt 研究了用壳聚糖在纸张涂布的防油效果，并对比分析不同透气度原纸在涂布后的防油性能。结果表明，当透气度小于 0.001nm/(Pa·s) 时，防油纸的防油性随着涂布量的不断增加，透气度不同的防油纸的防油性能都很好；但当涂布量小于 2.49g/m² 时，透气度较高的纸张的防油效果不佳，只有透气度较低的防油纸的防油性能较好[85]。

美国专利 US2008/0171213A1 提出了在涂布量一定时，通过改变涂布层数来提高防油纸防油性能的方法。具体方法是在纸张表面预涂一层底涂涂层，该涂层的主要成分是用 $C_2 \sim C_6$ 亚烷基氧化物进行改性的淀粉衍生物（直链淀粉含量大于 70%），同时涂料中可以添加甘油、硼砂、尿素等来增大涂层的弹性，并改善防油纸的防油性能[86]。

Pichavant 等用壳聚糖取代氟碳化化合物，对涂布纸的防油性能做了详细研究。当只用壳聚糖（浓度 3%，涂布量 2.2%）对原纸进行涂布时，纸张的防油效果与氟碳化化合物防油剂的效果相当，但是此时壳聚糖类防油剂的浓度较高，防油剂的黏度比较大，不利于实际生产，并且相对于氟碳化化合物防油剂的成本较高。为降低生产成本，对天然聚合物高分子材料与壳聚糖的混合使用进行研究，在壳聚糖溶液中加入羧甲基纤维素后，对纸张防油性能没有影响；将壳聚糖与海藻酸钠混合使用，防油纸的防油效果与氟碳化化合物防油剂防油性能相当，但也存在黏度过高的缺陷，不利于实际生产[87]。

Park 等将分离大豆蛋白用于纸张涂布，对涂布纸的防油性能和力学性能进行研究，发现在溶液中加入甘油和聚乙二醇的混合物，纸张的力学性能发生变化[88]。Trezza 和 Vergano 对玉米醇溶蛋白涂布纸张进行了研究，结果发现涂布后纸张防油性能突出，防油效果可与一些淋膜纸相当[89]。Butkinareel 等将硬脂酸与疏水淀粉溶液混合用于纸张涂布，油脂在纸张表面的接触角增加，防油性能较好[90]。也有研究者分别将玉米蛋白、分散乳清蛋白、浓缩乳清蛋白以及卡拉胶等天然高分子材料用于纸张防油性研究，研究表明许多天然高分子材料用于纸张涂布都能使纸张获得防油性，但它们之间的防油性能还是有差别的。

同样，有研究表明 MFC 这种纳米环保材料也可用于纸张涂布，以改善纸张的防油性能。比如 Aulin 等人在对羧甲基化 MFC 的阻隔性研究中发现 MFC 不仅具有较好的阻气性，还具有较好的防油性能。他们用 MFC 对纸张进行涂布，之后参照 Tappi T-454 标准研究蓖麻油和松节油对涂布后纸张的穿透时间，得出的结论是当纸张的透气性下降时，纸张的阻油性能增强，并分析防油性能增强的原因是涂布后羧甲基化 MFC 在纸张表面形成连续致密薄膜，密封了纸张空隙[91]。Lavoine N 等将酶促处理的 MFC 悬浊液用于纸张涂布，研究两种涂布方式对纸张力学性能和阻隔性能的影响，实验验证了 MFC 具有防油性，并且涂布量越高，防油性能越好[92]。

4. 油水分离膜

在工业生产和人们的日常生活中会产生大量的含油污水。目前，含油污水的处理一直是一个世界性难题，特别是复杂环境下乳化含油污水的处理。利用膜分离技术来实现油水分离被认为是最有效的分离手段之一。吴伟兵等开发了一种用于油水分离的纸基功能材料的制备方法。以木质纤维素为原料，柠檬酸为交联和功能化试剂，次磷酸钠为催化剂，采用抄纸、浸渍和干燥熟化工艺，制备出具有良好湿强度和油水分离性能的纸基功能材料。该纸基功能材料的湿抗张指数最高可达到 18N·m/g，在水下对三氯甲烷、蓖麻油等油滴的接触角可达到 150°以上，具备了水下超疏油性能，可高效过滤三氯甲烷、蓖麻油、甲苯、乙酸乙酯等有机溶剂与水的混合物，油水分离效率可达 99% 以上[93]。

第六节
展 望

　　随着现代科技的发展，对功能材料的需求越来越高，然而大部分功能材料存在耗费大、制作工艺复杂等缺点，已经满足不了越来越大的应用需求，在此基础上，纸基功能材料成为前沿科技的一个考察重点。纸基功能材料对国家经济、文明发展和国家建设方面具有极为重要的意义。它包含生物工程技术、能源开发方法、纳米科技、环保科技、空间科技、计算机科技、海洋工程科技等当代高新科技及相关产业，不仅对高新技术的推进起着重要的作用，还对我国相关传统技术的改善、实现跨时代发展有重大推进作用。

　　目前，在实际应用过程中，具有特殊润湿性的纸基功能材料的应用还受到一些因素的限制，具体有以下几个方面：一方面，现有的方法多涉及昂贵的仪器设备或复杂的工艺流程，难以实现大面积的制备，且一些材料易受到外界条件的影响，不能满足长期使用的要求，例如超亲水材料具有的高表面能容易向低表面能方向进行转化以达到稳定状态，这一转化过程会导致其失去超亲水性能，其潜在应用领域仍处于探索阶段；另一方面，一些材料的修饰离不开氟化物，这就导致材料表面性能大大降低，所以耐磨性和通透性仍然需要进一步提升。此外，制备方法多在空气中进行，限制了其进一步应用；由于水、空气的介质不同，使得材料表现出不同的润湿性能。研究人员发现，鸟的羽毛具有很好的疏水性能，但是却不能避免被海洋石油污染，鱼的鱼鳞却能够抵御石油污染，在空气中具有超亲水 - 超疏油的性能。因此，研究超亲水 - 超疏油表面具有重要的现实意义。

　　总的来说，虽然一些研究已经在制备超亲水 - 超疏油表面方面取得了突破，然而对于超亲水 - 超疏油这一"反常"润湿性形成的原因并没有一个可以用实验证明的理论解释。而没有一个统一理论导致超亲水 - 超疏油表面的制备缺乏方向指导，相应的研究也停留在漫无目的地尝试不同的制备材料和制备工艺上，发展十分缓慢。同时超亲水 - 超疏油表面在油水分离应用中出现的一些如分离膜使用寿命短、机械强度低等问题一直未能有效解决。所以从目前来看，找到一个能够得到实验验证并指导表面制备的理论模型对推动超亲水 - 超疏油表面研究的发展及促进其在油水分离等领域的实际应用具有重要意义。

参考文献

[1] Liu H, Wang Y D, Huang J Y, et al. Bioinspired surfaces with superamphiphobic properties: concepts, synthesis, and applications[J]. Advanced Functional Materials, 2018, 28(19): 1707415.

[2] Ganesh V, Raut H, Nair A, et al. A review on self-cleaning coatings[J]. Journal of Materials Chemistry, 2011, 21(41): 16304-16322.

[3] Du C, Wang J, Chen Z, et al. Durable superhydrophobic and superoleophilic filter paper for oil-water separation prepared by a colloidal deposition method[J]. Applied Surface Science, 2014, 313(9): 304-310.

[4] Qu M N, Ma X R, He J M, et al. Facile selective and diverse fabrication of superhydrophobic, superoleophobic-superhydrophilic and superamphiphobic materials from Kaolin[J]. ACS Applied Materials & Interfaces, 2017, 9(1): 1011-1020.

[5] Piltan S, Seyfi J, Hejazi I, et al. Superhydrophobic filter paper via an improved phase separation process for oil/water separation: study on surface morphology, composition and wettability[J]. Cellulose, 2016, 23(6): 3913-3924.

[6] Wang J, Geng G, Liu X, et al. Magnetically superhydrophobic kapok fiber for selective sorption and continuous separation of oil from water[J]. Chemical Engineering Research & Design, 2016, 115(11): 122-130.

[7] 倪书振，王春俭，戴红旗. 纤维素基超疏水纸的研究进展 [J]. 纤维素科学与技术，2017, 25(2): 58-68.

[8] Su B, Tian Y, Jiang L, et al. Bioinspired interfaces with superwettability: from materials to chemistry[J]. Journal of the American Chemical Society, 2016, 138(6): 1727-1748.

[9] Artus G, Zimmermann J, Reifler F, et al. A superoleophobic textile repellent towards impacting drops of alkanes[J]. Applied Surface Science, 2012, 258(8): 3835-3840.

[10] Brown P, Bhushan B. Durable, superoleophobic polymer–nanoparticle composite surfaces with re-entrant geometry via solvent-induced phase transformation[J]. Scientific Reports, 2016, 6: 21048.

[11] Tuteja A, Choi W, Mabry M, et al. Robust omniphobic surfaces[J]. Proceedings of the National Academy of Sciences, 2008, 105(47): 18200-18205.

[12] Im M, Im H, Lee J H, et al. A robust superhydrophobic and superoleophobic surface with inverse-trapezoidal microstructures on a large transparent flexible substrate[J]. Soft Matter, 2010, 6(7): 1401-1404.

[13] Mirvakili M, Hatzikiriakos G, Englezos P. Superhydrophobic lignocellulosic wood fiber/mineral networks[J]. ACS Applied Materials & Interfaces, 2013, 5(18): 9057-9066.

[14] Jiang L, Tang Z G, Clinton M R, et al. Fabrication of highly amphiphobic paper using pulpdebonder[J]. Cellulose, 2016, 23: 3885-3899.

[15] Zhang J, Wang H, Liu M, et al. Controlling the evaporation lifetimes of sessile droplets on superhydrophobic paper by simple stretching[J]. RSC Advances, 2016, 6(16): 12862-12867.

[16] Li L, Breedveld V, Hess D W. Design and fabrication of superamphiphobic paper surfaces[J]. ACS Applied Materials & Interfaces, 2013, 5(11): 5381-5386.

[17] Jiang L, Tang Z G, Clinton M R, et al. Two-step process to create "Roll-Off" superamphiphobic paper surfaces[J]. ACS Applied Materials & Interfaces, 2017, 9(10): 9195-9203.

[18] Arbatan T, Zhang L, Fang X Y, et al. Cellulose nanofibers as binder for fabrication of superhydrophobic paper[J]. Chemical Engineering Journal, 2012, 210(6): 74-79.

[19] Mertaniemi H, Laukkanen A, Teirfolk J E, et al. Functionalized porous microparticles of nanofibrillated cellulose for biomimetic hierarchically structured superhydrophobic surfaces [J]. RSC Advances, 2012, 2(7): 2882-2886.

[20] Yun T T, Wang Y L, Lu J, et al. Facile fabrication of cellulosic paper-based composites with temperature-

controlled hydrophobicity and excellent mechanical strength[J]. Paper and Biomaterials, 2020, 5(2): 20-27.

[21] Qu M N, Liu L L, Liu Q, et al. Highly stable superamphiphobic material with ethanoltriggered switchable wettability for high-efficiency on-demand oil–water separation[J]. Journal of Materials Science, 2021, 56: 2961-2978.

[22] Li J, Yan L, Ouyang Q L, et al. Facile fabrication of translucent superamphiphobic coating on paper to prevent liquid pollution[J]. Chemical Engineering Journal, 2014, 246: 238-243.

[23] Tang Z, Li H, Hess D W, et al. Effect of chain length on the wetting properties of alkyltrichlorosilane coated cellulose-based paper[J]. Cellulose, 2016, 23(2): 1401-1413.

[24] Huang W, Xing Y, Yu Y, et al. Enhanced washing durability of hydrophobic coating on cellulose fabric using polycarboxylic acids[J]. Applied Surface Science, 2011, 257(9): 4443-4448.

[25] Liu J, Huang W, Xing Y, et al. Preparation of durable superhydrophobic surface by sol-gel method with water glass and citric acid[J]. Journal of Sol-Gel Science and Technology, 2011, 58(1): 18-23.

[26] Cunha A G, Freire C S R, Silvestre A J D, et al. Preparation and characterization of novel highly omniphobic cellulose fibers organic-inorganic hybrid materials[J]. Carbohydrate Polymers, 2010, 80(4): 1048-1056.

[27] Liu K F, Li P P, Zhang Y P, et al. Laboratory filter paper from superhydrophobic to quasisuperamphiphobicity: facile fabrication, simplified patterning and smart application[J]. Cellulose, 2019, 26: 3859-3872.

[28] Zhang J, Feng H, Zao W, et al. Flexible superhydrophobic paper with a large and stable floating capacity[J]. RSC Advances, 2014, 4(89): 48443-48448.

[29] Zhang W, Peng L, Qian L, et al. Fabrication of superhydrophobic paper surface via wax mixture coating[J]. Chemical Engineering Journal, 2014, 250(6): 431-436.

[30] Stanssens D, Abbeele H V D, Vonck L, et al. Creating water-repellent and super-hydrophobic cellulose substrates by deposition of organic nanoparticles[J]. Materials Letters, 2011, 65(12): 1781-1784.

[31] Lee W, Ahn Y. Spray coating of hydrophobic iron fatty acids/PS composite solutions for the preparation of superhydrophobicpaper[J]. Bulletin of the Korean Chemical Society, 2016, 37(11): 1862-1865.

[32] Samyn P, Schoukens G, Stanssens D, et al. Incorporating different vegetable oils into an aqueous dispersion of hybrid organic nanoparticles[J]. Journal of Nanoparticle Research, 2012, 14(8): 1-24.

[33] Fragouli D, Bayer I S, Corato R D, et al. Superparamagnetic cellulose fiber networks via nanocomposite functionalization[J]. Jmaterchem, 2012, 22(4): 1662-1666.

[34] Ai J X, Guo Z G. Facile preparation of superamphiphobic fabric coating withhierarchical TiO_2 particles[J]. New Journal of Chemistry, 2020, 44: 19192-19200.

[35] Su C, Li J. The friction property of super-hydrophobic cotton textiles[J]. Applied Surface Science, 2010, 256(13): 4220-4225.

[36] Gustafsson E, Larsson P A, Warburg L. Treatment of cellulose fibres with polyelectrolytes and wax colloids to create tailored highly hydrophobic fibrous networks[J]. Colloids & Surfaces A: Physicochemical & Engineering Aspects, 2012, 414(46): 415-421.

[37] Peng L, Meng Y, Li H. Facile fabrication of superhydrophobic paper with improved physical strength by a novel layer-by-layer assembly of polyelectrolytes and lignosulfonates-amine[J]. Cellulose, 2016, 23(3): 1-13.

[38] Li H, Yang J, Li P, et al. A facile method for preparation superhydrophobic paper with enhanced physical strength andmoisture-proofing property[J]. Carbohydrate Polymers, 2016, 160(6): 9-17.

[39] Joao F, Obeso, Constancio G, et al. Modification of paper using polyhydroxybutyrate to obtain biomimetic superhydrophobic substrates[J]. Colloids & Surfaces A: Physicochemical & Engineering Aspects, 2013, 416(1): 51-55.

[40] Ge D T, Yang L L, Wang C B, et al. A multi-functional oil–water separator from aselectively pre-wetted

superamphiphobic paper[J]. Chemical Communication, 2015, 51(28): 6149-6152.

[41] Stanssens D, Van D A H, Vonck L, et al. Creating water-repellent and super-hydrophobic cellulose substrates by deposition of organic nanoparticles[J]. Materials Letters, 2011, 65(12): 1781-1784.

[42] Zhu T X, Li S H, Huang J Y, et al. Rational design of multi-layered superhydrophobic coating on cotton fabrics for UV shielding, self-cleaning and oil-water separation[J]. Materials Desisn, 2017, 134: 342-351.

[43] Geissler A, Loyal F, Biesalski M, et al. Thermo-responsive superhydrophobic paper using nanostructured cellulose stearoyl ester[J]. Cellulose, 2014, 21(1): 357-366.

[44] Martinez A W, Phillips S T, Whitesides G M. From the cover: three-dimensional microfluidic devices fabricated in layeredpaper and tape[J]. Proceedings of the National Academy of Sciences of the United States of America, 2008, 105(50): 19606-19611.

[45] Songok J, Toivakka M. Enhancing capillary driven flow for paper-based microfluidic channels[J]. ACS Applied Materials &Interfaces, 2016, 8(44): 30523-30530.

[46] Zhao D D, Pan M W, Yuan J F, et al. A waterborne coating for robust superamphiphobic surfaces[J]. Progress in Organic Coatings, 2020, 138: 105368.

[47] Stepien M, Saarinen J J, Teisala H, et al. ToF-SIMS analysis of UV-switchable TiO$_2$-nanoparticle-coated paper surface[J]. Langmuir the Acs Journal of Surfaces & Colloids, 2013, 29(11): 3780-3790.

[48] Yin Y, Ning G, Wang C, et al. Alterable superhydrophobic-superhydrophilic wettability of fabric substrates decoratedwith ion-TiO$_2$ coating via ultraviolet radiation[J]. Industrial & Engineering Chemistry Research, 2014, 53(37): 14322-14328.

[49] Xu Z, Zhao Y, Wang H, et al. Fluorine-free superhydrophobic coatings with pH-induced wettability transition for controllableoil-water separation[J]. ACS Applied Materials & Interfaces, 2016, 8(8): 5661-5667.

[50] Xu Z, Jiang D, Wei Z, et al. Fabrication of superhydrophobic nano -aluminum films on stainless steel meshes by electrophoretic deposition for oil-water separation[J]. Applied Surface Science, 2018, 427: 253-261.

[51] Wang S H, Li M, Lu Q H, et al. Filter paper with selective absorption and separation of liquids that differ in surface tension[J]. ACS Applied Materials & Interfaces, 2010, 2(3): 677-683.

[52] 黄相璇 . 超疏水 / 超亲油水性环氧树脂乳液涂层的制备及在油水分离滤纸中的应用研究 [D]. 广州：华南理工大学 , 2012.

[53] 王雅婷 . 疏水亲油纸基复合材料的制备及其油水分离特性的研究 [D]. 广州：华南理工大学 , 2017.

[54] Sun T L, Feng L, Gao X F. Bioinspired surfaces with special wettability[J]. Account Chemical Research. 2005, 38(8): 644-652.

[55] Adebajo M O, Frost R L, Kloprogge J T. Porous materials for oil spill cleanup: A review of synthesis and absorbing properties[J]. Journal of Porous Materials. 2003, 10(3): 159-170.

[56] Cao C, Cheng J. A novel Cu(OH)$_2$ coated filter paper with superhydrophobicity for the efficient separation of water-in-oil emulsions[J]. Materials Letters, 2018, 217: 5-8.

[57] 金鑫 . 一种安全环保稳定性好的燃油滤清器滤纸及其制备方法：中国 , 201410170104. 7 [P]. 2014-08-27.

[58] 孔少奇，严国超，岳彪，等 . 新型丙烯酸树脂超疏水材料研究 [J]. 太原理工大学学报 , 2014(1)：71-75.

[59] 严世成，石宝珠，郑翔，等 . 有机硅改性丙烯酸树脂的合成工艺 [J]. 弹性体 , 2013, 23(4)：43-46.

[60] Aguilera F, Méndez J, Pásaro E, et al. Review on the effects of exposure to spilled oils onhuman health[J]. Journal of Applied Toxicology: An International Journal, 2010, 30(4): 291-301.

[61] Zhu H, Guo Z. Understanding the separations of oil/water mixtures from immiscible toemulsions on super-wettable surfaces[J]. Journal of Bionic Engineering, 2016, 13(1): 1-29.

[62] George S, Ott A, Klaus J. Surface chemistry for atomic layer growth[J]. The Journal ofPhysical Chemistry, 1996, 100(31): 13121-13131.

[63] Suntola T. Atomic layer epitaxy[J]. Materials Science Reports, 1989, 4(5): 261-312.

[64] Riatla M, Leskelä M. Atomic layer epitaxy-a valuable tool for nanotechnology?[J]. Nanotechnology, 1999, 10(1): 19-24.

[65] Kim S W, Han T H, Kim J, et al. Fabrication and electrochemical characterization ofTiO$_2$ three-dimensional nanonetwork based on peptide assembly[J]. ACS Nano, 2009, 3(5): 1085-1090.

[66] Xia L, Li C, Zhou S, et al. Utilization of waste leather powders for highly effectiveremoval of dyes from water[J]. Polymers, 2019, 11(11): 1786.

[67] 江茂生, 黄彪, 周洪辉. 红麻杆热解物高吸油特性的形成机理 [J]. 中国麻业科学, 2009, 31(2): 143-147.

[68] Tokoro R, Vu D M, Okubo K, et al. How to improve mechanical properties of polylacticacid with bamboo fibers[J]. Journal of Materials Science, 2008, 43(2): 775-787.

[69] Ji S G, Cho D, Park W H, et al. Electron beam effect on the tensile properties and topology of jute fibers and the interfacial strength of jute-PLA green composites[J]. Macromolecular Research, 2010, 18(9): 919-922.

[70] Park J, Kim D, Kim S. Nondestructive evaluation of interfacial damage properties for plasma-treated biodegradable poly(*p*-Dioxanone) fiber/poly(L-Lactide) composites by micromechanical test and surface wettability[J]. Composites Science and Technology, 2004, 64(6): 847-860.

[71] 罗怡, 舒畅. 医用吸水纸控制包内湿包的实践应用 [J]. 医学信息, 2016, 29(18): 391-393.

[72] Wang S, Li M, Lu Q. Filter paper with selective absorption and separation of liquids that differ in surface tension[J]. ACS Applied Materials & Interfaces, 2010, 2 (3): 677-683.

[73] Fu S D, Zhou H, Wang H X, et al. Amphibious superamphiphilic fabrics with self-healing underwater superoleophilicity[J]. Materials Horizons, 2013, 6: 122-129.

[74] Fu S D, Zhou H, Wang H X, et. al. Superhydrophilic, underwater directional oil-transport fabrics with a novel oil trapping function[J]. ACS Applied Materials & Interfaces, 2019, 11: 27402-27409.

[75] Prathap A, Sureshan K M. Organogelator-cellulose composite for practical and eco-friendly marine oil-spill recovery[J]. Angewandte Chemie International Edtion. in English, 2017, 56 (32): 9405-9409.

[76] Feng X J, Jiang L. Design and creation of superwetting/antiwetting surfaces[J]. Advanced Materials, 2006, 18 (23): 3063-3078.

[77] Zhang W, Shi Z, Zhang F, et al. Superhydrophobic and superoleophilic PVDF membranes for effective separation of water-in-oil emulsions with high flux[J]. Advanced Materials, 2013, 25 (14): 2071-2076.

[78] Tursi A, Beneduci A, Chidichimo F, et al. Remediation of hydrocarbons polluted water by hydrophobic functionalized cellulose[J]. Chemosphere, 2018, 201: 530-539.

[79] 郭金塔, 何思涵, 王海松. 厨房用吸水吸油纸生产工艺研究 [J]. 研究开发, 2017, 22: 35-38.

[80] Braga E R, Huziwara W K, Martignoni W P, et al. Improving hydrocyclone geometry for oil/water separation[J]. Brazilian Journal of Petroleum and Gas, 2015, 9 (3): 115-123.

[81] 李洁. 洁面吸油纸: CN00120630. 3[P]. 2001-07-24.

[82] Gu J, Xiao P, Chen J, et al. Janus polymer/carbon nanotube hybrid membranes for oil/water separation[J]. ACS Applied Materials & Interfaces, 2014, 6 (18): 16204-16209.

[83] Kota A K, Li Y, Mabry J M, et al. Hierarchically structured superoleophobic surfaces with ultralow contact angle hysteresis[J]. Advanced Materials, 2012, 24 (43): 5838-5843.

[84] Tian Y, Jiang L. Wetting: intrinsically robust hydrophobicity[J]. Nature Materials, 2013, 12(4): 291-292.

[85] Kjellgren H, Gallstedt M, Engstrom G, et al. Barrier and surface propoties of chitosan-coated greaseproof paper[J]. Carbohudrate Polimers, 2006, 65(4): 453-460.

[86] Ji S G, Cho D, Lee B C. Chemical and thermal characterizations of electron beam irradiated jute fibers[J]. Journal of Adhesion and Interface, 2010, 11(4): 162-167.

[87] Fu S D, Zhou H, Wang H X, et al. Superhydrophilic, underwater directional oil-transport fabrics with a novel oil trapping function. [J]. ACS Applied Materials &Interfaces, 2019, 11(30): 27402-27409.

[88] Hyun J Park, Si H Kim, Seung T Lim, et al. Grease resistance and mechanical properties of isolated soy protein-coated paper [J]. Journal of the American Oil Chemists' Society, 2000, 77(3): 269-273.

[89] Guo K, Jiang B, Zhao P, et al. Review on the superhydrophilic coating of electric insulator[J]. IOP Conference Series: Earth and Environmental Science, 2021, 651(2).

[90] Chen B B, Dong Z, Zhang M J, et al. A novel sepiolite-based superhydrophilic/superoleophobic coating and its application in oil-water separation [J]. Chemistry Letters, 2020, 49(12).

[91] Bordenave N, Grelier S, Pichavant F, et al. Water and moisture susceptibility of chitosan and paper-based materials: structure-property relationships[J]. Journal of agricultural and food chemistry, 2007, 55(23): 9479-9488.

[92] Lavoine N, Desloges I, Khelifi B, et al. Impact of diferrent coating processes of microfibrillated cellulose on the mechanical and barrier propoties of paper[J]. Journal of Materials Science, 2014, 49(7): 2879-2893.

[93] 吴伟兵, 田寒, 蒋珊, 等. 一种用于油水分离的纸基功能材料及其制备方法和应用: CN111218853A[P]. 2020-06-02.

第七章

阻燃与隔热类纸基功能材料

第一节
阻燃纸基功能材料

阻燃类纸基功能材料是通过阻燃处理的具有难燃和耐高温特性的特种纸，主要在建筑、包装、室内装饰、汽车过滤、电缆绝缘等领域广泛应用。由于纸制品的主要成分是天然纤维素，该成分易燃，属于易燃品。现实生活中火灾有很大一部分是由纸制品引起的，尤其是壁纸等室内装修材料的广泛应用，加剧了火灾的发生[1]。随着人们防火意识的增强，人们对纸张阻燃性能的要求与日俱增，阻燃纸的研究也备受关注[2]。

能够赋予纸张阻燃性能的材料称之为阻燃剂。由于世界范围内阻燃防灾的呼声日益高涨及阻燃法规日趋完善，促进了阻燃剂的研发和生产应用。全球阻燃剂的消费量已超过200万吨，我国阻燃剂消费量达40多万吨，阻燃剂主要用于塑料、橡胶领域，纸基功能材料用阻燃剂的占比相对较少，约为2%。

一、纸基功能材料用阻燃剂分类

阻燃剂的种类繁多，按使用方法一般可以分为反应型阻燃剂和添加型阻燃剂，纸基功能材料用阻燃剂主要为添加型阻燃剂。按照化学组成分为有机阻燃剂和无机阻燃剂两大类，有机阻燃剂主要有卤系阻燃剂、磷系阻燃剂和氮系阻燃剂等；无机阻燃剂主要有无机磷系、硼系、金属氢氧化物、金属氧化物和碱金属盐、氨盐等。按照阻燃元素种类分类，阻燃剂常分为卤系、有机磷系及卤-磷系、氮系、磷-氮系、锑系、铝-镁系、无机磷系、硼系、钼系等[3,4]。近年来，出现了一类新的所谓膨胀型阻燃剂，它们多是磷-氮化合物或复合物。目前在工业上用量最大的阻燃剂是卤化物、磷酸酯类、氧化锑、氢氧化铝及硼酸锌等。纸基功能材料用环保型阻燃剂研究较多的是聚磷酸铵、水滑石，此外，通过表面改性和协同复配提高阻燃效率的研究也较多。

表7-1展示部分有机阻燃剂和无机阻燃剂的特点[5]，其中有机溴系阻燃剂常用的有四溴双酚A、十溴二苯醚；有机磷系阻燃剂常用的是磷酸酯类；无机磷系阻燃剂常用的是红磷、聚磷酸铵；金属氢氧化物、氧化物类的阻燃剂常用的是氢氧化铝、氢氧化钾、三氧化二锑。这些阻燃剂中有机溴系阻燃效果最好，价格适中，但有毒气放出，抑烟性弱，耐光性差；金属氢氧化物和氧化物阻燃效果最差，毒性最低，抑烟性好，但添加量大，且影响材料性能；有机磷系和无机磷系阻燃效果较高，毒性低，其中有机磷系挥发性大、稳定性差，无机磷系易氧化变

质和吸潮。

表7-1　不同种类阻燃剂的特点[5]

项目	有机阻燃剂		无机阻燃剂	
	有机溴系	有机磷系	无机磷系	金属氢氧化物、氧化物
代表产品	四溴双酚A、十溴二苯醚	磷酸酯类	红磷、聚磷酸铵	氢氧化铝、氢氧化钾、三氧化二锑
阻燃效率	最高	高	高	低
环保性	部分产品燃烧后释放出有毒、腐蚀性气体	低毒、低腐蚀、抑烟效果好	低毒、低腐蚀、抑烟效果好	低毒、低腐蚀、抑烟效果好
价格	适中	较高	适中	较低
主要缺点	部分抑烟性弱、渗出性和耐光性较弱	挥发性大、热稳定性弱	易氧化变质、易吸潮	添加量大，影响材料的物理性能

1. 有机阻燃剂

有机阻燃剂主要有卤系阻燃剂、有机磷系阻燃剂和有机氮系阻燃剂等。

（1）卤系阻燃剂　卤系阻燃剂是指含有卤素元素并以卤素元素起阻燃作用的一类阻燃剂[6]。卤系阻燃剂是目前世界上产量最大的有机阻燃剂之一。但是，卤系阻燃剂在燃烧时释放出带有刺激性和腐蚀性的卤化氢气体，当与协同剂锑氧化物配合使用时，燃烧时会释放出大量的烟，这些带有刺激性和腐蚀性的气体和烟都会对生命安全构成威胁。目前，卤系阻燃剂逐步被环保型阻燃剂所取代。欧盟（EU）发布法规，制定了欧盟能源相关产品生态设计指令（ErP指令，2009/125/EC）中有关电子显示器的生态设计要求，其中包括禁止在电子显示器的外壳和支架中使用卤系阻燃剂；大于50g的塑料部件应清楚地标识材质类型，如果含有阻燃剂还需标识阻燃剂的相应信息。该新法规于2021年3月1日正式实施[7]。我国也在积极推进阻燃剂产品结构从卤系向环保型转变。

卤系的4种元素氟（F）、氯（Cl）、溴（Br）、碘（I）都具有阻燃性，阻燃效果按F、Cl、Br、I的顺序依次增强，以碘系阻燃剂最强。生产上，只有氯系和溴系阻燃剂被大量使用，而氟系和碘系阻燃剂少有应用，这是因为含氟阻燃剂中C—F键太强而不能有效捕捉自由基，而含碘阻燃剂的C—I键太弱易被破坏，影响了聚合物性能（如光稳定性），使阻燃性能在降解温度以下就已经丧失[8]。目前，氯系阻燃剂和溴系阻燃剂已有70多个品种，其中氯化石蜡等氯系阻燃剂和十溴二苯乙烷、十溴二苯醚、四溴双酚A等溴系阻燃剂应用最为广泛。

（2）有机磷系阻燃剂　有机磷系阻燃剂包括磷酸酯、亚磷酸酯、有机盐类、氧化膦、含磷多元醇及磷氮化合物等[9]。

磷酸酯是由相应的醇或酚与三氯氧磷反应，或者由相应的醇或酚与三氯化磷反应然后氯化水解制得。其典型品种有磷酸三苯酯、磷酸三甲苯酯、磷酸三（β-氯乙基）酯等。磷酸酯资源丰富，价格低廉，与其他材料相容性好，用量大、应用广泛，多属于添加型阻燃剂[10]。

由于只有在很高温度下，碳-磷键才能断裂，碳-磷键的存在使磷酸酯化学稳定性增强，具有耐水耐溶剂性，因而阻燃性能持久。磷酸酯类阻燃剂燃烧产生的毒性气体和腐蚀性气体比卤系阻燃剂少，其主要产品有甲基磷酸二甲酯、烯烃基磷酸酯、酰胺磷酸酯、环状磷酸酯等。

2. 无机阻燃剂

无机阻燃剂主要是通过比容大的填料蓄热和导热使材料达不到分解温度，或通过阻燃剂受热分解吸热使材料升温减缓来实现阻燃[11]。常见的无机阻燃剂主要有金属氢氧化物，无机磷系、硼系、金属氧化物等。

无机阻燃剂主要以两种途径发挥阻燃作用：一是热分解产生的水蒸气在气相中稀释氧气和可燃物浓度；二是水蒸气逸出带走部分热量以及分解残留的氧化物阻隔热量，可燃挥发物传递到气相中阻止氧气进入到燃烧体系[12]。虽然无机阻燃剂有各自的优点，但存在添加量大、与基体相容性差等问题。因此，对无机阻燃剂的研究更加倾向于将两种或两种以上不同的阻燃剂进行复配，利用不同元素之间的协同效应来提高阻燃性能。

（1）金属氢氧化物阻燃剂　金属氢氧化物阻燃剂主要有氢氧化镁和氢氧化铝、层状双氢氧化物等，由于环境友好、无毒、不产生腐蚀性气体、稳定性好、发烟量小、阻燃抑烟效果好而不断受到人们的重视[13]。其阻燃机理均是以稀释效应、隔离效应、吸热效应为主。

① 氢氧化镁阻燃剂　氢氧化镁属于添加型无机阻燃剂，与同类无机阻燃剂相比，具有更好的抑烟效果。同时，它能中和燃烧过程中产生的酸性与腐蚀性物质。

由于氢氧化镁冷却、稀释、隔热的阻燃机理，导致氢氧化镁的阻燃效率相对较低，要达到阻燃要求，氢氧化镁添加量为60%左右[14]。所以氢氧化镁阻燃剂存在填充量大，对阻燃材料的力学性能影响大等缺点。为进一步扩大其应用领域，改善氢氧化镁粉体的分散性，改善氢氧化镁与高分子材料的相容性，提高氢氧化镁的阻燃性能，对氢氧化镁进行改性研究至关重要。目前常用的改性方式主要包括超细化法、表面化学改性和胶囊化法。纳米级氢氧化镁具有量子尺寸效应、小尺寸效应和表面效应等特性，用作高分子材料的阻燃剂时，填充量少，相容性好，可增强材料的力学性能。

氢氧化镁在应用于不同的高聚物阻燃时，往往需要搭配各种增效协同阻燃剂，在几种阻燃机理共同作用下发挥阻燃作用，以期达到协同阻燃的效果，并降低其使用量。氢氧化镁常见的阻燃协效剂有氢氧化铝、有机硅化物、红磷、磷化物、蒙脱土等。周辉等研究了以氢氧化镁为主的阻燃剂体系，通过涂布加工工艺优化纸张进行阻燃处理后的阻燃效果。结果表明，氢氧化镁、氢氧化铝、聚磷酸铵和红磷之间具有良好的协同作用[15]。孙俊军等采用氢氧化镁 - 硅酸钠型复合阻燃剂涂覆制备了基于可膨胀石墨的阻燃纸板，结果表明该复合阻燃剂具有优异的阻燃性能[16]。

② 氢氧化铝阻燃剂　氢氧化铝是用量最大阻燃剂之一，它具有阻燃、消烟、填充三大功能，不产生二次污染，能与多种物质产生协同作用，不挥发、无毒、无腐蚀性、价格低廉。目前，全球氢氧化铝占无机阻燃剂消费量的80%以上[17]。

近年来，氢氧化铝阻燃剂改性应用主要包括以下几个方面：一是表面改性，采用偶联剂对氢氧化铝阻燃剂进行表面处理，改善其界面亲和性，常用硅烷和酞酸酯类；二是超细化改性，目前氢氧化铝超细化和纳米化是主要研究开发方向，国外有多种超细甚至纳米氢氧化铝商品上市，我国也有多家企业可以生产超细产品；三是大分子键合，采取大分子键合的方式进行氢氧化铝改性，改性后的产品张力明显下降，可以较好改善填充后材料的力学性能[18]。

可采用浆内添加或涂布加工工艺将阻燃剂添加到纸张内部或涂覆在纸张表面制得具有阻燃效果的纸。具体工艺路线如图 7-1 所示：首先将纤维经烘干制成浆板备用，用时首先将 Al-Mg-B 复配阻燃剂按照比例加入一定量的水，搅拌均匀后再将含有 Al-Mg-B 复配阻燃剂的溶液在纤维打浆过程中添加到浆料体系中，通过打浆使阻燃剂在浆中混合均匀，然后再抄纸成形，并对抄好的湿纸用过磷铝凝胶进行纸面涂布，结束后对涂布的湿纸进一步干燥，最终制成成品。

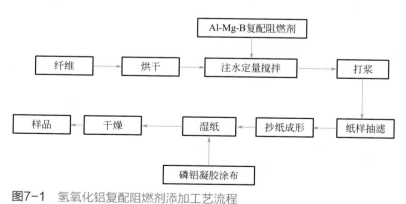

图7-1　氢氧化铝复配阻燃剂添加工艺流程

③ 层状双氢氧化物阻燃剂　层状双氢氧化物具有类似蒙脱土的层状结构，通常是由带正电荷的主体层板和插入层板之间的阴离子通过非共价键的相互作用组装而成[19]，主体层板内有较强的共价键存在，而层间阴离子通过氢键、范德华力、静电作用等与层板结合，其组成通式为：

$$[M^{2+}_{1-x}M^{3+}_x(OH)_2]^{x+}[A^{m-}]_{x/m} \cdot nH_2O$$

式中　M^{2+}——二价金属阳离子；

　　　M^{3+}——三价金属阳离子；

　　　A——层间可稳定存在的阴离子；

　　　x——M^{2+} 与（$M^{2+}+M^{3+}$）的摩尔比，通常 $0.2 \leqslant x \leqslant 0.3$。

层间距随着层板金属阳离子和层间阴离子的种类及数量的不同而发生变化，故可以根据用途、性能等不同要求，对其组成或结构进行相应的调控或改性[20]。目前，层状双氢氧化物阻燃剂的阳离子主要有 Ca^{2+}、Mg^{2+}、Al^{3+}、Zn^{2+}、Fe^{3+}、Cr^{3+}、Co^{3+} 等，阴离子主要有 BO_3^{3-}、SiO_3^{2-}、F^-、Cl^-、Br^-、SO_4^{2-}、NO_3^-、$H_2PO_4^-$ 等。

其中，水滑石类插层阻燃剂具有高效、无毒、无卤和低烟等特点，水滑石类阻燃剂在纸基功能材料中的应用研究现已成为热点。李超研究了以镁铝水滑石为主的阻燃体系，采用涂布工艺制备阻燃纸，结果发现单独使用镁铝水滑石制备的阻燃纸阻燃效果不佳，镁铝水滑石与红磷复配具有良好的协同作用[21]。李贤慧等使用镁铝水滑石作为造纸阻燃填料，采用浆内添加阻燃剂制备阻燃纸，当未加阳离子聚丙烯酰胺（CPAM）、仅添加 40% 镁铝水滑石时，纸的极限氧指数达到25%；当添加 0.025% CPAM 和 30% 镁铝水滑石时，极限氧指数为 26.2%，达到难燃级[22,23]。

赵会芳等开发出一种由聚磷酸、磷酸、尿素、氢氧化铝和硼酸锌制备的改性聚磷酸铵/氢氧化铝/硼酸锌复合阻燃剂，对阻燃剂再用硅烷偶联剂改性后添加于纸浆中制备阻燃纸板，复合阻燃剂水溶性低，其用量 10% 以下即可达到难燃效果，且具有良好的抑烟性，生产成本较低[24]。

（2）无机磷系阻燃剂　无机磷系阻燃剂主要为聚磷酸铵、红磷、磷酸酯等，具有热稳定性好、不挥发、不产生腐蚀性气体、效果持久等特点，获得广泛的应用[25]。

① 聚磷酸铵阻燃剂　有机磷系阻燃剂有其独特的阻燃优势，但是磷元素本身具有神经性毒性，大量使用对人体造成危害，这是有机磷系阻燃剂存在的最大问题[26]。近年来，环保型的无机磷系阻燃剂是研究较多的纸基功能材料用阻燃剂。聚磷酸铵是近二十年来迅速发展起来的一种重要的高效无机阻燃剂。聚磷酸铵能与其他任何物质复配，故常常单独或与其他阻燃剂复配使用，作为添加型阻燃剂而被广泛应用于造纸工业。

聚磷酸铵是一种典型的无机含磷阻燃剂，其组成通式可表示为 $(NH_4)_{n+2}P_nO_{3n+1}$，聚合度 n 在 10～20 之间为水溶性的，聚合度 n 大于 20 难溶于水。高温下，聚磷酸铵迅速分解成氨气和聚磷酸，氨气可以稀释气相中的氧气浓度，从而起阻止燃烧的作用；聚磷酸是强脱水剂，可使聚合物脱水炭化形成炭层，隔绝聚合物与氧气接触，在固相起阻止燃烧的作用[27]。

洪莉等使用聚磷酸铵制备出阻燃性能优异的空气过滤纸，研究表明：聚磷酸铵的添加量达到 15% 时，滤纸阻燃性即满足 GB/T 14656—2009 的阻燃要求，聚磷酸铵具有优异的阻燃效果[28,29]。莫紫玥等采用三聚氰胺甲醛树脂微胶囊化处理聚磷酸铵，通过浆内加填制备阻燃纸。纸张的极限氧指数明显提高，在加填量 10% 时，阻燃纸达到难燃的要求[30]。沙力争通过原位聚合法制备了三组分的聚磷酸铵 - 硅藻土 - 协效剂的复合填料，浆内加填制备的阻燃纸达到不燃程度，指出聚磷酸铵 -10% 硅藻土 -4% TiO_2 是一种效果优良的纸基功能材料复合阻燃填料[31]。

② 红磷阻燃剂　红磷是一种重要的无机阻燃剂，具有阻燃效率高、添加量少等优点。红磷受热分解，形成具有强脱水性的偏磷酸，偏磷酸促使聚合物表面炭化，此过程一方面可以吸收部分热量，另一方面炭化层还可以减少可燃性气体的释放；除此之外，红磷与氧形成的 PO• 自由基进入气相后，可捕捉大量的 H•、羟基自由基，从而切断基体的链增长反应[32]。

但在实际应用中红磷阻燃剂存在许多弊端，在空气中易水解、易氧化，并释放出有毒气体磷化氢；红磷粉尘易爆炸，不易均匀分散，导致基材物理性能下降等。为此，研究人员开发出了改性红磷，如在红磷中加入金属粉末（铝、锌等）或金属氢氧化物（氢氧化铝、氢氧化锌等）可抑制其氧化速度；使用硝酸银、氯化汞、活性炭、氧化铜等可以捕捉磷化氢，从而解决了红磷阻燃剂的毒性问题；把液状石蜡、氯化石蜡、有机硅酮等添加到红磷里，可以减少粉尘。红磷的微胶囊化技术近年获得长足发展，经包覆处理的红磷具有低烟、低毒、无卤、相容性好、物化性能优良等特点。

③ 膨胀型阻燃剂　磷系阻燃剂使用过程常采用氮 - 磷组合，氮的协同增效作用，使得磷系阻燃剂的阻燃效果好，热稳定性高，具有自熄性。以磷、氮、碳为核心的膨胀型阻燃剂是近年来阻燃领域研究的热点。

膨胀型阻燃剂为添加型阻燃剂的一种，通常由酸源（脱水剂）、碳源（成炭剂）和气源（发泡剂）组成，不含卤素。膨胀型阻燃剂作用过程可简述为：含磷物质促进聚合物在燃烧过程中脱水并形成膨胀炭层，由于膨胀炭层良好的致密性，可减少热源和聚合物表面的热传递，并阻止氧气进入燃烧区域。同时，气源产生的惰性气体如氮气在气相中稀释氧气及可燃物浓度，从而保护被阻燃基材在熔融过程中因膨胀碳化而不继续燃烧。膨胀型阻燃剂阻燃作用过程见图 7-2[33]，膨胀型阻燃剂中的酸源、脱水剂、碳源在空气燃烧时发生酯化脱水反应生成大量的炭、不燃气体并产生气泡，这些物质构成了膨胀疏松炭层覆盖在材料表面形成泡沫炭层，被阻燃基材在这个过程中发生熔融，并被阻燃材料形成的膨胀疏松炭层保护，起到隔热、隔氧、抑烟、防熔滴的作用，阻止凝聚相和气相之间的传热和传质起到阻燃作用。因此膨胀型阻燃剂具有良好的低毒、低烟、高效阻燃性能。

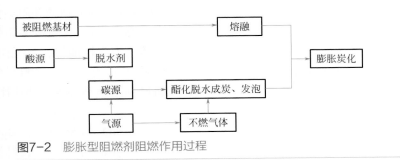

图7-2 膨胀型阻燃剂阻燃作用过程

典型且应用广泛的磷-氮系膨胀型阻燃剂是聚磷酸铵-三聚氰胺-季戊四醇体系。其中，聚磷酸铵既可作酸源又可作为气源，三聚氰胺充当气源，季戊四醇是碳源。黄高能等采用浆内添加结合表面施胶的方式在纸张中添加单分子膨胀型阻燃剂季戊四醇-多聚磷酸酯-三聚氰胺盐，当三聚氰胺盐用量为30%时，纸张的极限氧指数提高到了33.3%，达到难燃级别[34]。

（3）硼酸盐阻燃剂　硼酸盐阻燃剂也是一种常用的无机阻燃剂，目前主要使用的是硼酸锌。硼酸锌的通式为$xZnO \cdot yB_2O_3 \cdot zH_2O$，简称为$xyz$型硼酸锌。硼酸锌具有良好的热稳定性，是一种无毒、无味的白色粉末。硼酸锌在300℃开始释放出结晶水，在卤素化合物存在下，生成卤化硼、卤化锌，抑制和捕获羟基自由基，阻止燃烧连锁反应；同时形成固相覆盖层，隔绝燃烧物的表面空气，阻止火焰继续燃烧并能发挥消烟灭弧作用[35]。

由于硼酸盐类阻燃剂价格相对较高，限制了其应用，我国对硼酸盐阻燃剂的应用与合成工艺研究都处于开发阶段。硼酸锌的纳米化是其主要研究方向之一。纳米级的硼酸锌可以与基体接触更加充分，提高界面相容性，又可以表现出更强的阻燃效率。

（4）氮系阻燃剂　氮系阻燃剂有挥发性极小、无毒、与聚合物相容性好、分解温度高、适合加工等优点，成为很受欢迎的一类阻燃剂。氮系阻燃剂除了以铵盐形式（如磷酸一氢铵、磷酸二氢铵、硫酸铵等）出现以外，近年来，成功开发了三聚氰胺聚合物阻燃剂。氮系阻燃剂不需添加其他任何助剂，且添加量少，可用于多种材料阻燃，因此具有良好的经济效益[36]。

（5）可膨胀石墨阻燃剂　可膨胀石墨是近年出现的一种新型无卤阻燃剂，是由天然石墨经浓硫酸酸化处理，然后水洗、过滤、干燥后在 900 ～ 1000℃下膨化制得。可膨胀石墨在瞬间受到 200℃以上的高温时，由于吸留在层型点阵中的化合物的分解，石墨会沿着结构的轴线呈现出数百倍的膨胀，并在 1100℃时达到最大体积，任意膨胀后的最终体积可达到初始的 280 倍，这一特性使得可膨胀石墨能在火灾发生时通过体积的瞬间增大将火焰熄灭 [37]。

（6）无机硅系阻燃剂　无机硅系阻燃剂主要成分为 SiO_2，兼有增强和阻燃作用，包括硅酸盐矿物（如高岭土、蒙脱土、膨润土等）、SiO_2 等。无机硅系阻燃剂不仅具有良好的阻燃性能，还能改善基体的加工性能、力学性能等，且无卤、低烟、低毒，是一种理想的通用型阻燃剂。其阻燃机理是：当高分子材料燃烧时形成 SiO_2 覆盖层，起到绝燃和屏蔽双重作用，无机硅系阻燃剂很少单独使用，常与卤化物并用。

海泡石是一种纤维状富镁黏土矿物，理论化学成分：SiO_2 为 55.56%，MgO 为 24.89%，H_2O^+ 为 8.34%，H_2O^- 为 11.12%。海泡石浆中配以一定比例的长纤维原料，抄造耐高温海泡石纸垫，可以用于防火器材、绝热保温材料等很多领域。由于海泡石具有强的阻燃性能，且无毒无害，质轻、色白、价格低廉，因此在制作阻燃纸中作为添加材料，既可以降低成本又能提高纸的阻燃性能。

3. 纳米阻燃剂

自 20 世纪末期以来，纳米技术日趋成熟，为新材料的发展注入新的动力，其以极少的填充量就能使复合材料的阻燃性能得到明显提高，因此被誉为阻燃技术的革命。

（1）碳纳米管阻燃剂　碳纳米管结构可视作由石墨烯片层卷曲而成的中空管状物质，按照管壁层数可将碳纳米管分为单壁碳纳米管（SWCNT）和多壁碳纳米管（MWCNT）。碳纳米管阻燃剂添加量小，一般 < 5% 即可达到很好的阻燃效果 [38]。研究显示，球磨后的碳纳米管的阻燃效果更佳，材料的引燃时间延长了一倍左右。这是因为球磨过程使碳纳米管断裂、比表面积增大，且可能产生较多的自由基，从而延长了点燃时间。因此，碳纳米管的类型、用量、尺寸大小等均对其阻燃效果具有重要影响。

（2）石墨烯阻燃剂　石墨烯是一种具有二维平面结构的碳纳米材料，其组成碳原子均采用 sp^2 杂化，彼此形成二维平面分子，导致其具有很多优良的性能，如超大的比表面积、超强的弹性模量、高导热系数等。石墨烯的阻燃性能是最近 10 年的研究热点，Kim 等将高纯度的石墨烯直接在空气中点燃，观察发现，虽然火焰点燃的部分石墨烯变红，但火焰并未传播；将火焰移开后，石墨烯迅速猝灭 [39]。Han 等考察了不同氧化程度的氧化石墨烯（GO）与石墨烯阻燃性能的差别，结果发现，复合材料的热稳定性和功率的降低程度都随氧化程度的增大而降低，未被氧化的石墨烯的阻燃效果最好[40]。

石墨烯的阻燃性能主要取决于残炭层的结构和产量。首先，石墨烯的二维结构本身就可以起到保护层的作用；其次，石墨烯片与片之间形成"扭曲的通道"，也在一定程度上减缓了可燃性物质的传递；最后，石墨烯的加入大大提高了残炭层的石墨化程度，使残炭层的热稳定性提高，结构也更加完整。

总体而言，碳系纳米阻燃剂的阻燃效率都很高且无毒无害，但是存在制备技术困难、成本较高等问题，限制了其更广阔的应用。这类阻燃剂的发展前景主要取决于相关制备技术的改进，如碳纳米管和石墨烯的简易、低成本制备等。

（3）纳米二氧化硅阻燃剂　纳米二氧化硅是具有三维链状结构的粉末状物质，具有多种优点，如对抗紫外线的光学性能、超塑性、高强性、大磁阻、大比表面积、低热导性等。将其加入高分子材料后，复合材料的力学性能和热稳定性均有一定程度的提高，因而可用于材料的阻燃改性。

二、纸基功能材料的燃烧和阻燃机理

1. 纸基功能材料的燃烧

植物纤维纸张的主要成分是纤维素（$C_6H_{10}O_5$）$_n$，另外还含有半纤维素和木质素。纤维素燃烧的过程中主要包括热解反应和氧化反应，可以分有焰燃烧和无焰燃烧两种方式。无焰燃烧即阴燃，是在有焰燃烧的基础上发生的，有焰燃烧的产物继续发生氧化，即为无焰燃烧，无焰燃烧所需温度比有焰燃烧高得多[41]。

一般来说，当温度低于300℃时，纤维素脱水碳化，生成 H_2O、CO、CO_2 和固体残炭，此过程为吸热反应，且该过程无法自我维持，需要外界提供一定的热量。可以说，在这个温度范围内，纤维素具有一定的阻燃性。当温度高于300℃时，纤维素的热解反应开始，生成不挥发的液体左旋葡萄糖，不挥发的液体左旋葡萄糖而后裂解得到可燃性气体和挥发性液体，这些物质将大大推进火势，可燃性的气体和挥发性的液体在氧的存在下发生燃烧产生大量的热，并将火焰传递给邻近的材料，邻近的纸张表面被加热到热解温度，并开始热解反应，燃烧将不断进行下去[42]。

在纤维素燃烧过程中也伴随着一系列剧烈的自由基反应。燃烧时，纤维素材料热解，化学键断裂生成羟基自由基，然后羟基自由基催化新的纤维素发生分解，生成碳氢化合物自由基等。在合适的条件下，碳氢化合物自由基能够生成新的羟基自由基。如此，自由基反应循环进行，直到纸张燃烧完全为止。

2. 阻燃机理

对纸基功能材料进行阻燃，就是设法阻碍纤维的热分解，抑制可燃性气体的生成，或者通过隔离热和空气及稀释可燃性气体来达到目的。由纸的燃烧机理可以看出，要赋予纸以防火阻燃性，一般的阻燃措施都是从破坏燃烧过程来进行的。从燃烧机理可以看出，阻燃过程是通过减缓或阻止以下六个方面要素来实现的：提高材料热稳定性、捕捉游离基、形成非可燃性保护膜、吸收热量、形成重质气体隔离层、稀释氧气和可燃性气体。

因此，根据阻燃材料终止燃烧的途径，阻燃机理分为气相阻燃机理、凝聚相阻燃机理和中断热交换阻燃机理。

（1）气相阻燃机理　气相阻燃机理指在气相中使燃烧中断或延缓链式燃烧反应的阻燃作用。例如，氮系阻燃剂受热时放出 CO_2、NH_3、N_2、H_2O 等气体，降低了空气中氧气和高聚物受热分解时产生的可燃气体浓度，生成的不燃性气体带走了一部分热量，降低了聚合物表面的温度，生成的 N_2 能捕获自由基，抑制链式燃烧反应，从而阻止燃烧[43]。

（2）凝聚相阻燃机理　凝聚相阻燃机理是指阻燃材料在固相中延缓或阻止可产生可燃性气体和自由基的热分解，在其表面生成难燃、隔热、隔氧的多孔碳层，阻止可燃气体进入燃烧气相，致使燃烧中断。

例如，无机阻燃剂是在受热时释放出结晶水，蒸发、分解并释放出水蒸气，此反应吸收大量燃烧热，降低了材料的表面温度，使高分子材料的热分解和燃烧率大大降低；分解时产生的大量水蒸气稀释了可燃性气体的浓度也起到阻燃作用，并有一定冷却作用；热解生成的氧化镁、氧化铝等产物与燃烧时塑料表面的炭化产物结合生成保护膜，即可切断热能和氧的入侵又可阻止小分子的可燃性气体逸出，亦达到阻燃效果[44]。

另外，无机磷系阻燃剂阻燃机理也为凝聚相阻燃机理。含磷基团受热分解，生成强脱水型的偏磷酸、焦磷酸等，一方面促进基体成炭，另一方面其自身可形成玻璃状的或液态的保护层，因此表现出较好的阻燃效果。

碳纳米管阻燃剂的阻燃机理也被认为是凝聚相阻燃机理。当碳纳米管添加量达到一定阈值，可在基体中形成连续的网状结构，此网状结构在燃烧过程中形成连续完整的保护层，即提高了残炭层的质量。残炭层覆盖在整个样品表面，隔绝减少可挥发物质迁移到气相中。在相同添加量的情况下，纳米材料可以使屏障阻隔效应发挥得更为突出，阻碍凝聚相和气相之间热和质的传递。

（3）中断热交换阻燃机理　中断热交换阻燃机理是指将阻燃材料燃烧产生的部分热量带走，致使材料不能维持热分解温度，因而不能持续产生可燃气体，于是燃烧自熄。

例如，卤系阻燃剂的阻燃机理包括阻隔降温、终止链反应、切断热源三个方面。其中，由于卤系阻燃剂受热时分解，其间吸收一部分热量，降低了温度，同时分解生成的卤化氢气体的密度大于空气，可以排挤走材料周围的空气，形成氧渗屏障；卤化氢还可以与聚合物分解产生的自由基反应生成卤系自由基，卤系自由基又可以与高分子链反应生成卤化氢，如此循环，从而切断了聚合物分解产生的自由基与氧的反应。而且，阻燃剂的存在减弱了高分子链之间的范德华力，使材料在受热时处于黏流态，此时的材料具有流动性，而在受热流动时可以带走一部分火焰和热量，从而实现阻燃的效果 [45]。

3. 阻燃剂要求

阻燃剂种类多达几千种，适用于纸基功能材料的阻燃剂应满足以下要求：

阻燃剂添加量一般小于纸品总质量的 10%。因为纸品的植物纤维强度不高，若阻燃剂添加大于 10%，可能会改变纸品本身的特性，如抗张强度降低、撕裂度下降、施胶度下降等，严重时可能会出现纸品发硬、掉粉、产生腐浆等现象。

阻燃剂毒性小，无色无味。从环保角度出发，要求阻燃剂毒性小，并且无色无味等。有些卤素化合物虽也有阻燃效果，但在受热时可能释放卤化氢等有毒气体，不宜使用。一些硼酸盐，如硼砂毒性较高，因此不建议采用。

阻燃剂不返卤，不吸潮。一些易潮解、吸潮的物质不宜采用，因为这会严重损害纸的品质及外观，如硅酸钠、氯化镁、磷酸等用于阻燃时就会出现返卤、吸潮现象。

极限氧指数大于 27%。阻燃纸极限氧指数达 21% 时，在空气中就不能点燃了，但是考虑火灾时空气的流动，规定极限氧指数大于 27%，使其达到难燃级，以真正达到阻燃的目的。

4. 阻燃效果评价

纸基功能材料阻燃效果的评价方法还没有统一的国际标准，目前评价纸基功能材料阻燃性能的方法主要有燃烧实验法、极限氧指数法、锥形量热法和热重分析法等。

（1）燃烧实验法　根据 GB/T 14656—2009《阻燃纸和纸板燃烧性能实验方法》，实验采用垂直燃烧，距离样品边缘 50mm，4 份样品裁取尺寸为 210mm×70mm。将样品固定在样品架上，施焰 12s 后立即移开火焰，并记录续燃时间及灼燃时间。然后取下试样，除去炭渣后测量从样品底边到缺损部分顶点的垂直距离，记为炭化长度。若炭化长度≤115mm，续燃时间≤5s，灼燃时间≤60s，则视为符合标准 [30]。

（2）极限氧指数法　极限氧指数的评价标准参考 GB/T 5454—1997，试样采用尺寸为 150mm×58mm，横纵向裁取各 15 块。实验时所采用的初始氧气浓度可设定为 18%，试样点燃后立刻自熄、续燃、阴燃或续燃和阴燃时间少于 2min，或损毁长度达不到 40mm 时均视为氧气浓度过低，需提高氧气浓度，反之则需要降低氧气浓度。两种氧气浓度之差记为 d，记最后一次氧气浓度为 cF，通过下面的公式计算极限氧指数。

$$LOI=cF+Kd$$

式中　LOI——极限氧指数，%；

　　　cF——最后一次实验的氧气浓度，%；

　　　d——氧气浓度差值，%；

　　　K——系数。

对照标准确定样品可燃性，即极限氧指数小于 20% 为易燃品，大于 25% 小于 30% 为难燃，大于 35% 为不燃品。一般纤维素的极限氧指数在 19% 左右，属易燃品[46]。

（3）锥形量热法　锥形量热（仪评价）法指的是当试样暴露于锥形加热器的热源时，锥形量热仪可测量试样的引燃时间（TTI）、总热释放量（THR，MJ/m^2）、热释放速率（HRR，kW/m^2）、峰值热释放速率（pkHRR，kW/m^2）、试样的初始质量和残余质量（kg）、平均存放燃烧值（MJ/kg）、质量损失速率（MLR，g/s）、烟雾释放速率（SPR，m^2/s）、比消光面积（SEA，m^2/kg）、有效燃烧热（EHC，MJ/kg）、有毒气体（CO、CO_2）生成速率等。通过综合 HRR、pkHRR 和 TTI，可以定量地判断出材料的燃烧性能。当 HRR、pkHRR 值均有所降低，而 TTI 值升高时，可以认为该材料的阻燃性能有所提升。由 EHC、HRR 和 SEA 等性能参数可分析材料在气相阻燃方面的效果。当 EHC 降低、SEA 增加，而 HRR 下降则表明材料的阻燃性有所提高。若 EHC 变化不大，而平均 HRR 下降，说明 MLR 亦下降，这属于凝聚相阻燃。该方法虽无相关标准规范，但其得出的数据可以直观地判断出样品的燃烧性能[47]。

（4）热重分析法　热重分析法（TG 或 TGA）是指在程序控制温度条件下测量样品的质量与温度变化关系的一种热分析技术，主要用来研究材料的热稳定性和组分。热重分析法在实际的材料分析中经常与其他分析方法联用进行综合热分析，全面准确分析材料的阻燃性能。热重分析法的重要特点是定量性强，能准确地测量物质的质量变化及变化的速率。通过分析热重的残留物含量和初始分解温度可以间接地反映出材料的阻燃性能。材料热重分析后的残留量升高，可以说明材料在燃烧过程中损失的质量减少，即总热释放量减少，说明其阻燃性提高；初始分解温度降低可以说明材料受热提前发生炭化现象从而达到阻燃的目的[48]。

在评价样品阻燃性能时通常综合采用以上方法中的一种或几种，以更加精确地评估阻燃性。

三、阻燃纸基功能材料的制备

阻燃纸基功能材料的制备方法一般可分为两种，一种方法是以普通天然纤维为原料，利用传统造纸工艺抄造，抄造过程加填阻燃剂或者将阻燃剂涂覆在纸张表面制得阻燃纸；另一种方法是利用难燃或者不燃纤维为原料抄造阻燃纸，常用的阻燃纤维主要包括碳纤维、玻璃纤维、陶瓷纤维、芳纶纤维和石棉纤维等[49]。

1. 浆内添加法

浆内添加法是在打浆时或在供浆系统中添加阻燃剂，因纸浆中的水最终需要从抄纸系统中去除，只留下分布均匀的纸浆纤维，所以这种方法一般只能使用水不溶性、粉末状的阻燃剂，而不适用于水溶性的或液体的阻燃剂。一般能用于三氧化二锑、不溶性氧化物、氢氧化铝、氢氧化镁等水不溶性细粉末状阻燃剂的添加，且常用于生产浆模压制品、绝缘板和硬纸板等。

浆内添加法添加部位比较灵活，只要能够保证其在浆料中均匀分散就可以了，该方法的优点是适用于各种纸的生产，工艺操作简单，阻燃剂在纸中的分布比较均匀，故纸的阻燃功能比较均匀。浆内添加法缺点是阻燃剂流失比较严重，一般阻燃剂的留着率达80%就非常不容易，解决流失问题的最好办法是加入合适的助留剂。

浆内添加法用于生产防火纸板或高定量纸张时，效果更好。阻燃剂的用量应根据纸及纸制品的用途、阻燃剂的使用效果等因素而定。一般对低定量纸配用20%（绝干纤维质量）左右的阻燃剂，对定量较大的纸配用5%～10%的阻燃剂。在实际应用中，为了赋予纸张良好的阻燃效果，加入纸张中的阻燃剂往往是几种阻燃元素的阻燃剂复合或复配而成的，如磷-卤体系、锑-卤体系、磷-氮体系等。这些复合或复配的阻燃剂，可发挥协同作用，比单一元素阻燃剂效果优异得多[50]。赵会芳等利用植物纤维、过硫酸盐与三聚氰胺多聚磷酸酯为原料，通过接枝反应制备阻燃植物纤维，再加入其他造纸助剂后经抄制、压榨、表面施胶和干燥后制得阻燃纸，其定量为60～80g/m²，纵向干抗张强度为25～30N/15mm，耐破指数为2.6～3.5kPa·m²/g，极限氧指数≥27%，阻燃性好[51]。沙力争等用过硫酸盐为引发剂，将三聚氰胺多聚磷酸酯接枝改性到植物纤维上制得反应型阻燃植物纤维，该纤维制成的阻燃纸具有良好的阻燃效果[52]。沙力争等还用原位聚合法制备了聚磷酸铵-硅藻土复合填料，并加填到纸页内部。结果发现磷酸和尿素在硅藻土的表面和微孔内部发生原位聚合反应生成聚磷酸铵，聚磷酸铵-硅藻土复合填料比聚磷酸铵有更好的热稳定性，其对加填纸页的成炭作用明显[50]。

2. 表面涂布法

表面涂布法就是将阻燃剂涂布在纸张表面制得阻燃纸的方法，该方法适用于不溶或难溶性阻燃剂。其生产工艺如图 7-3 所示：气刀式涂布是纸张通过上料辊后用气刀将涂布在纸面上多余的涂布液吹去，这种方法对原纸的要求相对较低，不会因纸表面粗糙而出现严重的刮刀痕迹；刮刀式涂布是利用刮刀把经过上料辊涂布纸面上过量涂料刮去，它适合高浓涂料和高速纸机；辊式涂布是利用辊子对纸面进行涂布。这三种方法都要将阻燃剂粉料均匀分散在某种黏结剂中，制成乳状涂料，然后再利用涂布的方法把此涂料涂在纸张表面，经加热干燥即可得涂布型阻燃纸[53]。

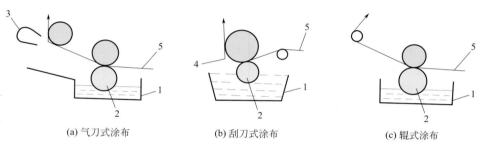

|(a) 气刀式涂布|(b) 刮刀式涂布|(c) 辊式涂布|

图7-3 三种表面涂布法制备阻燃纸基功能材料

1—涂料槽；2—上料辊；3—气刀；4—刮刀；5—纸页

表面涂布法的优点是阻燃剂大部分集中在纸的表面，对纸的物理性能影响也较小，特别是对需要涂布的加工纸而言，只需在涂料中加入阻燃剂就可以了，该方法可在涂布机上完成。为取得良好的阻燃效果，阻燃剂以粒径小且均匀的为好。该方法的缺点是阻燃效果不理想，不能赋予纸张内部阻燃性，但对纸张表面要求耐燃性相当有效，它可以作为隔氧屏障，适用于热压硬质纤维板、壁纸用板、瓦楞箱衬纸板等的表面处理。

3. 浸渍法

浸渍法适用于水溶性阻燃剂，把水溶性阻燃剂配成溶液，在抄纸系统成形纸张后浸渍其中，经加热干燥后即可制得阻燃纸。浸渍法是机外处理，处理量变化范围广，且处理时间短、操作容易，要求纸张具有相当高的吸收性和湿强度指标，非常适用于棉短绒纸、装饰用皱纹纸、特殊壁纸、无纺布、建筑用浸渍纸等的生产。但该方法得到的阻燃纸耐水性差，吸潮性强，纸的强度下降显著，易发黄变硬[54]。

纸基材料采用浸渍法加入阻燃剂时，纸张的表面会停留大量的阻燃剂，而停留在纸张表面的阻燃剂由于施胶剂等助剂的包覆，作用效果也会下降。通过真空抽吸作用，可以将淋在原纸表面的阻燃剂吸入纸张纤维之间，使阻燃剂不仅仅附着在原纸表层纤维表面，而是深入到纸张层间内。同时，真空抽吸作用也使植物纤维相互靠近，加强了植物纤维的氢键结合力，提高了原纸本身的抗张强度[55]。浸渍法和经真空抽吸法成纸的 SEM 图像对比见图 7-4。浸渍法使阻燃剂能够包裹在纸面的纤维表面，但能够深入到纸张内部的阻燃剂较少。真空抽吸法可以让阻燃剂在纤维表面附着，纸张内部也能被阻燃剂填充，使得阻燃剂能够有效地包裹纤维，在纸上附着阻燃剂的量更多，因此真空抽吸法能够在不影响纸张其他性能的情况下阻燃效果好。

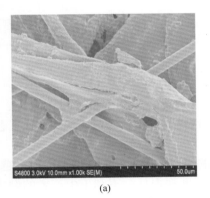
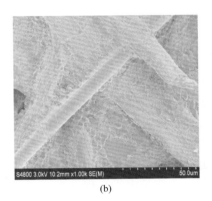

(a)　　　　　　　　　　　　　　　　(b)

图7-4　浸渍法（a）和真空抽吸法（b）成纸SEM图像

4. 喷雾法

喷雾法是将阻燃剂溶解于溶液中，通过专用设备将其喷成雾状，湿纸页从该雾中穿过，经干燥箱干燥后，即得阻燃纸基功能材料。喷雾法是近年来在国外应用较多的一种方法。该方法优点是阻燃剂浪费较少，对纸张的强度影响也不大，是一种适合规模化生产的方法。该方法的缺点与施胶压榨法和涂布法相似，生产出的阻燃纸只具有表面阻燃性。表 7-2 对四种不同阻燃剂添加方法进行了对比，即浆内添加法、表面涂布法、浸渍法和喷雾法，比较四种阻燃剂的溶解特性和生产工艺条件，通过比较发现这四种方法各有优缺点，需根据产品性能要求灵活选择。

表7-2　不同阻燃纸生产工艺特点

生产方法	适用类型	生产工艺	优点	缺点
浆内添加法	不溶或难溶阻燃剂	打浆或抄纸过程中向浆内添加阻燃剂，常与其他填料一同添加	阻燃剂均匀地分散在纸张中，适用于各种纸的生产，工艺简单灵活	阻燃剂流失严重，效果和成本不好控制

生产方法	适用类型	生产工艺	优点	缺点
表面涂布法	不溶或难溶阻燃剂	阻燃剂与黏结剂混合制成乳状涂料，用涂布的方法将涂料涂在纸表面，经加热干燥制得阻燃纸	节省阻燃剂，对纸张物理性能影响较小，适用于需要涂布的加工纸，操作简单	只能做到表面阻燃，纸张的整体阻燃效果不理想
浸渍法	水溶性阻燃剂	在造纸设备之外进行处理，将纸张浸渍在阻燃剂溶液中，有时需要加少量渗透剂，经加热干燥后制得阻燃纸	处理时间短，操作方便	阻燃纸耐水性差、吸潮性强，纸张强度下降明显，且易发黄发硬
喷雾法	水溶性阻燃剂	将阻燃剂溶液喷成雾状，纸从该雾中穿过，经干燥后制得阻燃纸	阻燃剂浪费少，对纸张强度影响也不大	只能做到表面阻燃，对于纸张的整体阻燃效果不理想

5. 难燃或不燃纤维抄造工艺

采用难燃或不燃的纤维原料生产阻燃纸，主要是采用无机纤维（石棉、矿棉、玻璃纤维等）、金属纤维、合成纤维或改性植物纤维，经过干法或湿法工艺，制成不燃或者难燃纸张。

近年来，石棉纤维或者玻璃纤维等制造的难燃纸或不燃纸应用范围越来越受到限制，主要是由于石棉纤维或者玻璃纤维强度都很低，不利于生产者的健康，具有致癌性，而且成形纸页的各项物理及外观性能较差。目前，国内外正在致力于高强度难燃纤维的研究。有机耐热纤维因其高强、质轻取得广泛应用，其耐温在300℃以上，如杜邦公司的 Nomex 和 Kevlar 纤维等[56]。

四、阻燃纸基功能材料的应用

20世纪60年代末期国外对阻燃纸的研究取得了成功，并取得了丰硕的成果。我国对阻燃纸的研究起步于20世纪80年代末，虽然起步较晚，但也已研制出阻燃性能优良的纸种，广泛应用于包装、装饰建筑、汽车过滤、航空航天等特殊工业领域。

1. 阻燃壁纸

壁纸作为一种室内装饰材料，在装饰装修市场占有重要份额，但以纸为基材的壁纸，一旦发生火灾，火焰极易沿壁纸蔓延，造成火势迅速扩大。阻燃壁纸就是将壁纸原纸经过阻燃处理所得到的壁纸，经阻燃处理后的壁纸克服了易燃的缺点，大大降低了室内火灾发生率[57]。

目前，常用的壁纸产品主要是聚氯乙烯（polyvinyl chloride，PVC）壁纸。普通型 PVC 壁纸以定量为 $80g/m^2$ 的纸为底层纸基、表面涂敷 $100g/m^2$ 的 PVC 树脂；发泡型 PVC 壁纸以 100g/m² 的纸为底层纸基、表面涂敷 300g/m² 的 PVC 树脂。PVC 壁纸的面层采用了高分子有机材料，底层纸基为极易燃烧的纸张，导致 PVC 壁纸的致命缺陷是燃烧时起火速度快，同时释放出的有毒气体对人体和环境形成极大危害。因此，需要在壁纸原纸成形或表层高分子材料中添加阻燃剂提升其阻燃性能。应用于壁纸中的阻燃剂根据化学组成可分为：有机阻燃剂和无机阻燃剂，其中，无机阻燃剂因其污染小、成本低等特点而应用更广[58]。

目前，对阻燃壁纸的研究层面主要是对壁纸燃烧性能的对比（图 7-5），而对于 PVC 壁纸而言，其产烟量大而且燃烧时的烟气毒性也很高，需要研究开发新型的性能更加优良的壁纸产品。

图7-5　阻燃壁纸难燃实验现象

2. 阻燃包装材料

纸品包装材料在整个包装材料中占有十分重要的地位。未经处理的纸质包装材料，在储存、运输、使用过程中存在着火灾隐患，因此，对纸品包装材料的阻燃处理显得十分重要。

阻燃包装纸主要有两种生产方法：一种是浸渍法，另一种是涂布法[59]。另外，通过精制木浆进行磷酸酯化，改造纤维素分子中的部分基团，使得到的变性纸浆在水中带有正电荷，在 pH 值较低的情况下能够与数量不多于 50% 的玻璃纤维或陶瓷纤维等相互吸引，纸机上以慢速、常温的方式抄造，即可制得强度较高的阻燃包装纸板。同时，孙俊军等采用复合阻燃剂可膨胀石墨、氢氧化镁、硅酸钠制备了基于可膨胀石墨的阻燃纸板，其阻燃性能达到难燃级别。磷酸胍阻燃液质量分数为 10%，氢氧化镁质量浓度为 20g/L，羟甲基纤维素质量浓度为 10g/L，涂覆温度为 60℃时，可制备出难燃等级的阻燃性包装纸板材料[60]。赵志芳等利用三聚氰胺多聚磷酸酯处理得到阻燃二次纤维，用其制备的阻燃牛皮箱纸板物理强度较好，耐破指数可达 2.1 ～ 2.3kPa·m²/g，裂断长度为 3.5 ～ 3.8km，极限氧指数 ≥ 27%[61,62]。沙力争等用聚磷酸铵-硅藻土/纳米二氧化钛复合阻燃抑烟剂制作了一种阻燃抑烟包装纸板，该阻燃抑烟植物纤维纸基材料有较好的阻燃抑烟性能，生产成本低，对环境友好[31]。赵会芳等用针叶木浆板、阔叶木浆板和芳纶浆粕复配抄纸，然后利用凹版印刷机将聚磷酸铵与硅藻土混合的印刷油墨涂敷于原纸表面。用该方法制作的阻燃纸阻燃效果好，而且能保持原纸的抗张强度等主要物理强度指标，后加工容易[63]。吴敏等发明了一种由壳聚糖与磷酸二氢铵反应制成的阻燃剂，反应温度为 95 ~ 100℃；聚糖与磷酸二氢铵的摩尔比为 1：（4 ~ 10），该纸不但阻燃效果好，还具有较高的强度和良好的抗菌性能[64]。东丽株式会社开发了一种含有纸浆 10% ~ 35%、氢氧化铝 40% ~ 70%、磷酸胍和氨基磺酸胍 0.1% ~ 10% 的阻燃纸[65]。

3. 阻燃蜂窝纸

阻燃蜂窝纸是采用瓦楞纸芯做原料，采用浸渍涂布法添加高效环保膨胀型阻燃剂制成阻燃纸，后加工成蜂窝纸芯，具有承重大、弹性好、质量轻、成本低的特点，广泛应用于烟草业、陶瓷业、玻璃仓储业等行业，还可用于隔墙、门、窗、柜、家具和隔板的填芯材料[29]（图 7-6）。陆祥根等采用全国产废旧箱板纸（obsolescence corrugated cardboard，OCC）废纸，用三聚氰胺多聚磷酸酯为反应型阻燃剂，以过硫酸盐为引发剂，在 80 ~ 90℃发生接枝反应制备 40% ~ 70%阻燃 OCC 浆，再将阻燃 OCC 浆抄制成超低定量瓦楞隔离纸，并用接枝改性后的废液配制阻燃表面施胶剂用于超低定量瓦楞隔离纸的表面施胶[66]。宋彬章等使用含 P、N 的高效环保膨胀型阻燃剂采用浸渍涂布的方式，研制的阻燃蜂窝纸芯达到国家阻燃标准 B1 级（难燃等级）[67]。

 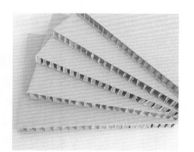

图7-6　阻燃蜂窝芯纸用高强瓦楞原纸

4. 阻燃过滤材料

随着汽车工业的发展，近年来越来越多的发动机主机厂商对内燃机用空气过滤纸的要求越来越高。高性能的汽车空气滤纸不仅要求纸张具有良好的阻燃性，还必须具备良好的物理性能，如良好的耐老化能力、良好的耐水洗性能、高温下阻燃滤纸不会发生变色及纤维脆化、吸潮之后阻燃滤纸的挺度仍然能够达到所需标准等[68]。

目前，韩国的奥斯龙、日本的阿波、德国的 Gessner 等公司都已经推出了阻燃性能优异的环保型空气滤纸。国内的少数厂家也生产出了相应的产品，但国产阻燃空气滤纸很多是采用市场上的普通商品阻燃剂与胶乳复配后浸渍原纸来生产的，这种工艺难以满足高性能阻燃滤纸的综合性能要求，导致很多滤清器生产企业只能依托进口阻燃空气滤纸来满足客户需要。

随着汽车空气滤纸对阻燃性的要求越来越高，为了打破国外阻燃空气滤纸的垄断地位，提高我国在该行业的竞争力，研究者开始对用于汽车空气滤纸的阻燃剂进行实验研究。沙力争等提出，单一阻燃剂已经不能满足人们对于阻燃的需求，将多种阻燃剂进行复配，利用不同阻燃元素间的协同作用来提升阻燃效果，目前这已成为阻燃行业的研究热点[68]。卤系阻燃剂由于污染问题已经被造纸企业所淘汰，无机磷系、硼系、金属氢氧化物及无机填料成为主要的发展方向。洪莉和胡健等采用聚磷酸铵 I 型和 II 型制备内燃机用阻燃型空气过滤纸，发现添加聚磷酸铵的阻燃空气滤纸的阻燃性能良好，且添加量越多，其对阻燃性的提高作用越大[66]。近年来，研究者开始对阻燃剂进行改性后再与乳液复配，如吕健、刘文波等用乙烯基三甲氧基硅烷与苯乙烯、丙烯酸酯共聚合成苯丙乳液，采用合成的苯丙乳液对汽车工业滤纸原纸进行浸渍处理，发现随着苯丙乳液中乙烯基三甲基硅烷含量的增加，滤纸的机械强度、耐水性均有提高[69]。魏健雄等在氮磷环氧树脂乳液的制备及其在空气滤纸中的应用的研究中，将不同的树脂体系复配应用于浸渍滤纸，并将环氧树脂改性，之后制得含磷环氧树脂乳液，最后将水性环氧树脂固化剂与水性化阻燃改性环氧树脂乳液进行共混，制得的乳液应用于空气滤纸中，发现在阻燃方面达到了很好的效果[70]。洪莉在磷氮系阻燃剂制备阻燃型空气过滤纸的研究中，以红磷阻燃剂与氰尿酸三聚氰胺分别为磷系阻燃剂和氮系阻燃剂，发现通过复配处理的阻燃纸与直接采用聚磷酸铵、红磷等阻燃剂制得的阻燃纸相比较，在对纸张的物理性能影响相当的条件下，前者能够赋予纸张更高的阻燃性[71,72]。李静等采用衣康酸作为功能性单体对苯丙胶乳进行改性，并将改性苯丙胶乳与阻燃剂复配，以浸渍施胶的方式对阻燃性空气滤纸的性能进行改善。将阻燃剂与改性苯丙胶乳按质量比 1：1.4 进行复配后对空气滤纸原纸浸渍处理发现，纸张的挺度、耐破度及极限氧指数分别达 4.07mN/m、301kPa 和 30.9%，满足我国有关阻燃性空气滤纸行业标准的性能要求[73]。陈建斌等开发出一种无纺滤材阻燃性提高装置，此无纺滤材阻燃性提高装置能够通过定位推送装置，将不同尺寸大小的滤纸放置在按压板与定位板间，实现对带有阻燃剂的滤纸进行定位，进而使测试仪本体对滤纸的透气性进行快速检测，同时实现对滤纸的不同部位的透气性进行全面检测[74]。

5. 阻燃地板浸渍纸

防火阻燃地板一般是以纤维板、刨花板、胶合板等为基材，以涂料或浸渍纸为饰面材料，通过阻燃处理，达到一定阻燃等级，具有阻燃功能的木质复合地板。其中阻燃浸渍纸在地板耐磨层和高密度基材层之间，为地板提供防火保障（图7-7）。

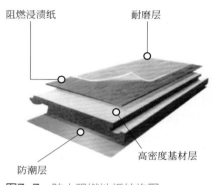

图7-7　防火阻燃地板结构图

高金贵等在纤维搅拌的同时加入阻燃剂，并优化生产工艺，生产阻燃高密度纤维板作为地板基材，开发了三聚氰胺浸渍纸层压阻燃地板[75]。该产品经检测其结果表明：生产的阻燃地板符合 GB/T 18102—2020《浸渍纸层压木质地板》中规定要求，与普通强化木地板相比，阻燃地板点燃时间延长了 8s，pkHRR 下降了 62%，热释放速率平均值（average heat release rate，AvHRR）下降了 31.7%，EHC 下降了 11.5%，THR 下降了 21.8，阻燃效果明显。

6. 阻燃彩虹纸

彩虹纸是具有赤、橙、黄、绿、青、蓝、紫七色彩虹般明亮而又颜色鲜艳的纸张。它是一种新型喜庆装潢用纸，可用于如烟花、礼花、彩花、彩炮、圣诞玩具等。目前国内生产彩色阻燃纸的厂家有淄博同泰纸业有限公司和青岛海王纸业公司，产品大部分出口外销。湖南浏阳特种纸厂、山东青州永发彩庆有限公司、浙江义乌和江苏无锡悦迪礼宾花公司也生产彩色阻燃纸和简装礼宾花。新大纸业集团公司研究所生产的彩纹阻燃装饰纸，采用浆内添加那夫妥染料打底，在真空吸水箱处运用饰面辊在湿纸页上施加显色剂显示彩纹，再经阻燃剂处理便可取代聚氯乙烯膜，达到良好的装饰效果。

7. 阻燃绝缘材料

阻燃纸制品在电气绝缘方面具有广泛的应用前景。因为其"绝干"状态下电阻趋于"无限大"，阻燃纸可用作高压变压器的成形材料，也可用于电缆包缠。阻燃纸板可作为绝缘纸板，广泛用作电器、仪表、开关、变压器等构件用的电工纸板。孙义坤成功研制出新型的复合轻质板的配套用纸——阻燃蜂窝板原纸[76]。这一新产品的开发对国防军工产品——舰用复合轻质板的成功研制起到了积极的推进作用，为生产研制舰用复合轻质板舱室系统以取代复合岩棉板耐火舱室系统做出了贡献。陈继伟使用 5000～6000 目的氢氧化铝，通过浆内添加法及表面浸渍阻燃剂的生产工艺技术，制备出环保阻燃绝缘纸板[77]。

五、展望

目前，阻燃技术已进入一个新的发展阶段，未来纸基功能材料的阻燃技术正朝着高效、经济、环保的方向发展。其中，无卤化阻燃剂和无机阻燃剂制备的阻燃纸具有低的火焰传播速度、低烟、低毒的特点，而且阻燃高效，是未来的发展方向。为发挥无机阻燃剂在纸张阻燃处理中更大的作用，无机阻燃剂的超细化、表面改性、协同复配、多功能化等各种新阻燃技术将是近年来无机阻燃剂的发展重点。阻燃纸生产一般需要较多的阻燃剂，复合型阻燃剂具有各种阻燃剂的特性，怎样发挥复合型阻燃剂中每种阻燃剂的最大优势也是一个重要方向。

第二节
隔热纸基功能材料

隔热纸基功能材料以纤维为主要原料，是通过造纸成形技术制备得到的具有隔热功能的新材料，其结构和性能与传统纸基材料形成较大差别。隔热纸基功能材料在制备过程中具有以下特点[78-80]：

① 以水作为最主要的分散介质；

② 原料以短纤维为主，其长度一般小于 30mm；

③ 采用造纸成形工艺技术制备隔热纸基功能材料；

④ 在该材料中纤维之间的结合主要不是通过氢键，而是靠机械力、黏结剂、热压、溶剂溶胀或者其他增强技术实现纤维的结合。

一、隔热纸基功能材料的现状

植物纤维极易燃烧，隔热纸基功能材料隔热性能的实现需要依靠特种纤维及隔热材料等协同作用[81]。隔热材料是指具有绝热性能、对热流可起屏蔽作用的材料或材料复合体，通常具有质轻、疏松、多孔、导热系数小的特点[82,83]。隔热材料种类繁多，分类方法也很多，可按材质、形态结构和使用温度等进行分类，通常根据材质可分为有机隔热材料、无机隔热材料和金属隔热材料三大类[84-86]。有机隔热材料可分为天然高分子材料和人工合成高分子材料，常见的有发泡聚苯乙烯、聚氨酯海绵、软木、酚醛泡沫、纤维素等；无机隔热材料是由不可再生的材料组成，但其来源较为丰富，不腐烂、不燃烧、成本低、隔热效果好；金属隔热材料一般为金属材料或金属与有机或无机材料的复合材料，有较高的红外热辐射反射率，多用于航空航天等高温领域及各种保温隔热材料的外层防护[87, 88]。

1. 有机隔热材料

天然的有机隔热材料有软木、植物纤维、兽毛等；人工合成的材料是以有机聚合物为原料，在合成过程中加入发泡剂和稳定剂，使有机聚合物在固定的模具内迅速产生大量气泡，体积增大数倍，而后干燥而成[89]，常用的有聚氨酯、聚苯乙烯泡沫塑料等；此外，蜂窝状的材料如蜂窝板已经在人们的生产生活中得到了应用[90]。有机隔热材料具有保温隔热性能好、耐低温、质轻、吸声等优点，但其易燃、抗老化能力差、不易降解、易产生毒性等缺点在一定程度上限制了其应用范围[91]。例如，2010 年 11 月 15 日上海特大火灾，就与使用的聚氨酯泡沫材料的自然特性有很大程度的关系[92]。2017 年 6 月 14 日，英国伦敦北肯新顿区一座 24 层公寓大楼发生群死群伤火灾事故，据调查，这座高楼建筑在 2 ～ 4 层起火后，因外墙材料可燃，导致火势快速蔓延扩大[93]。

2. 无机隔热材料

无机隔热材料是无机原料经过一定工艺制备得到的高强、绝热、轻质材料，一般为多孔结构，由固相被气相包围形成，多孔结构使得其传热机理复杂[84]。无机隔热材料的市场占有率较高，种类繁多，根据外在形貌可以划分为纤维状、多孔状、粉末状隔热材料。常见的天然无机隔热材料有石棉、珍珠岩、硅藻土等，常见的人造无机隔热材料有泡沫玻璃混凝土、陶瓷纤维、玻璃纤维和多孔状隔热砖等[84, 94]。与有机隔热材料相比，无机隔热材料导热系数低、耐受高温、不支持燃烧、原料来源广泛、成本较低，但在使用过程中仍存在一定的缺陷，例如，矿棉具有致癌性；泡沫玻璃生产工艺复杂，容易产生缺陷而影响产品质量；粉末状的隔热材料成形性差，吸水易腐烂，会污染建筑环境，对工业设备产生安全性问题等。

3. 金属隔热材料

金属隔热材料有较高的红外热辐射反射率，金属隔热材料包括铜、铝、镍等金属箔材，以及金属箔与有机或无机材料夹层（如蜂窝）所形成的复合材料[84]。材料表面光滑平整，反射率高，纵横向抗拉强度大，可以用于减少对流、传导和辐射的热量，但这类材料货源较少，价格较贵。

4. 新型隔热材料

（1）气凝胶保温隔热材料 随着纳米技术的发展，国内外学者对纳米材料的研究越来越深入，其中，纳米孔气凝胶超级绝热材料的研究正不断走向实用化和工业化。气凝胶的孔隙率高度发达（80% ~ 99.8%），密度可低至 0.03g/cm³，其纳米级孔径可显著降低气体分子热传导和热对流，纤细的纳米级骨架颗粒可显著降低固态热传导，使得材料具有极低的导热系数。此外，气凝胶材料具有柔软、易裁剪、整体疏水、绿色环保等特性，正逐步替代玻璃纤维制品、石棉保温毡、硅酸盐纤维制品等一系列不环保、保温隔热性能差的传统柔性保温隔热材料[95,96]。付平通过机械发泡法，将具有低密度、低导热、高孔隙率的气凝胶作为填充材料，以短切玻璃纤维为增强体，制备出一种新型超轻纤维气凝胶泡沫混凝土，测试结果表明，纤维气凝胶泡沫混凝土比传统材料具有更好的保温隔热性能，在建筑墙体保温隔热领域中具有较大的应用前景[97]。陈罚使用具有超长纳米线结构的羟基磷灰石作为支撑骨架，二氧化硅气凝胶颗粒作为填充物，通过二次成形法，制备出了一种新型的具有低导热系数、优良的耐火性能且柔性的纳米复合隔热纸[98]。

（2）复合型隔热材料　传统耐火材料具有高温强度的特点，但隔热性能欠佳；而一般隔热材料具有优异的隔热性能，但缺乏高温强度[99, 100]。为了克服单一隔热材料的不足并制备出综合性能优异的隔热材料，通常将两种或者多种保温材料进行组合利用，发挥其各自优点，制备得到复合型隔热材料，不仅改善了材料热性能还优化了成本[101,102]。目前研究的较多的有无机 - 无机复合型保温隔热材料，主要种类有硅酸镁、硅酸铝、稀土复合保温隔热材料等，已被用于火箭发动机部件的隔热层、点火装置内衬、氧气发生器的绝热层等；以及无机 - 有机复合型保温隔热材料，其中中空陶瓷 - 乳液复合型和泡沫塑料 - 硅酸盐复合型已经被广泛用于航天航空、化工生产、房屋建筑、食品工业、能源输送等众多领域。

二、隔热纸基功能材料的热量传递方式

热力学第二定律指出，凡是有温度差的地方，就有热量自发地从高温物体传向低温物体，或从物体的高温部分传向低温部分。根据材料的隔热机制，热量的传递主要是通过热传导、热对流和热辐射[103]，如图 7-8 所示。自然界中的这三种热量传播方式通常是通过载体实现的，载体有多种，一般是通过分子、原子、电子和声子这四种。从宏观上来看，固体传播热量主要是通过热传导，液体传播热量主要是通过热对流和热传导，气体传播热量主要是通过热辐射。从环境来区分导热方式的话，不同环境下的主要热量传递方式也是不一样的，温度较高时主要是辐射传热，温度较低时主要是热传导传热，而在气体以及液体中，热传递方式始终以对流传热为主。

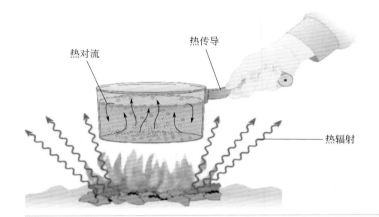

热对流 — 热传导 — 热辐射

图7-8
三种热量传递的方式

1. 热传导

当不同物体直接接触或者同一物体内部存在温度梯度时，就会引起能量的交换。无论是固体还是液体、气体，都存在热传导，其机理主要有两种：①通过分子间的相互作用；②通过自由电子。根据热传导的第一种机理，温度较高的分子会将热量传递给周围温度较低的分子，通过分子或原子的震动来传递。在金属固体中，单位体积的自由电子数量十分庞大，所以金属固体的热传导能力与单位体积中自由电子的数量直接相关。根据傅里叶定律，可以定量地描述出热传导过程中的热流密度 q ：

$$q = -k \frac{\mathrm{d}t}{\mathrm{d}x}$$

式中　q——热流密度（单位面积上的热流量），W/m^2；

　　　$\mathrm{d}t/\mathrm{d}x$——温度梯度，K/m；

　　　k——导热系数，$W/(m \cdot K)$。

2. 热对流

热对流是在有温差的条件下，伴随流体的宏观移动而发生的因冷热流体相互掺混导致的热量迁移，是流体内部相互间的热量传递方式。热对流只存在于单一液相、单一气相或气液两相混合物质中。根据牛顿冷却公式，可以定量描述出热对流过程中的热流密度 q ：

$$q = h(t_w - t_f)$$

式中　h——表面传热系数，$W/(m^2 \cdot K)$；

　　　t_w——壁面温度，K；

　　　t_f——流体温度，K。

3. 热辐射

热辐射是一种由分子热运动产生的传热方式，它通过电磁波的形式与外界进行能量交换。物体所发射热辐射射线的强弱主要与该物体的温度和表面的特性有关。电磁波辐射到物体表面的能量一部分会被物体吸收，转化为热量，另一部分则通过反射或者透射继续传播。根据斯特藩-玻尔兹曼定律，可以定量地描述出热辐射过程中的热流密度 q：

$$q = \varepsilon\sigma(t_w^4 - t_f^4)$$

式中 σ——斯特藩玻尔兹曼常数（也称黑体辐射常数），其值为 $5.67\times10^{-8}W/(m^2\cdot K^4)$；

   ε——发射率（也称黑度），其值的大小介于 0 和 1 之间。

一般来说，根据实际情况的不同，物体表面温度受这三种传热方式中的一种或者几种的综合支配。

三、隔热纸基功能材料的构效关系

1. 导热系数及其影响因素

隔热材料的隔热性能一般通过导热系数的大小来衡量。导热系数是指在稳定传热状态下，当 1m 厚的材料，在材料两面温度差为 1K 时，1s 时间内，经由 $1m^2$ 面积传递的热量，其单位为 $W/(m\cdot K)$，数值大小表示材料热传递能力强弱。因此，可以通过测量材料的导热系数，对不同隔热材料的隔热性能进行定性的比较。

隔热材料的导热系数与材料的气孔尺寸、体积密度、物相组成等相互影响。

（1）气孔尺寸 气孔数量和孔径大小一般两者是同时呈现的，在保持气孔总量不变的前提下，减小孔径可使气孔数量增大，从而减小材料的导热系数；当气孔数量增多时，隔热材料的比表面积就会增大，辐射传导率减小。

（2）体积密度 固体的导热系数高于气体的导热系数，体积密度的减小意味着材料中气相增多，所以导热系数下降。然而当体积密度过低时，材料中的气相传热的作用就会增强，导热系数就会升高。所以欲使隔热材料具有优良的保温隔热性能，并非体积密度越低越好，在特定温度下，每种材料都会有一个适宜的导热系数。

（3）物相组分 根据 Loeb 热辐射模型可知，隔热材料的发射率与材质、温度及颗粒大小有关，因此在隔热材料配比中可以适当提高或加入 Al_2O_3、MgO、CaO、ZnO 等发射率小的组分，同时避免 Fe、Ni、Cr 等过渡元素氧化物的掺入[104]。

此外材料导热系数也受使用温度、含水量或吸水度等影响。一般情况下绝大多数材料的导热系数随着温度的升高而升高；此外由于水是热量的良好导体，因此含水量越高，材料的导热系数也越大。

2. 宏观传热原理

常温下气体的导热系数远小于固相物质的导热系数，故目前隔热材料基本上是由气相结构和固相结构组合而成，且气相结构的存在会极大削弱隔热材料固体传热的贡献。固相和气相结构在隔热材料中存在的主要形式有：气相连续结构，比如粉末状隔热材料填充层；固相连续结构，比如有机泡沫塑料等；固相气相均相连续结构，比如纤维类隔热材料等。图7-9展示了三种隔热纸基材料的结构示意图。从宏观上看，隔热材料内部存在着以下的传热方式：固相热传导、气相热传导、固相和气相之间的热传导、气相之间的热对流以及以电磁波形式向外界传输的热辐射等，隔热材料总的导热系数应为各部分传热对导热系数效果的叠加。在温度较高的情况下，热辐射对导热系数影响占据首要地位，常温时热辐射则可以忽略不计。

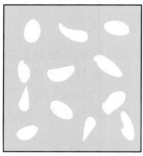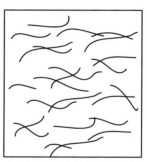

(a) 气相连续结构　　　　　(b) 固相连续结构　　　　(c) 气相、固相均相连续结构

图7-9　隔热纸基材料的结构

四、隔热纸基功能材料的制备

隔热纸基功能材料的制备方法有很多种，除了将本身具有一定隔热性能的纤维直接抄造成纸之外，最常用的方式就是在纸张中添加隔热材料，而根据其添加方式的不同可以分为湿部添加法、纤维抄造法及表面加工法[105, 106]。

1. 直接抄造法

直接抄造法是将具有隔热性能的纤维直接抄造成纸的方法，造纸过程相对简单，但是在抄纸之前需要对纤维进行改性，这也是该法的缺点所在，纤维经过改性后其本身的性质发生变化（如电荷特性），对纤维之间的结合产生较大影响。除此之外，纤维改性的工艺复杂，时间长且成本也相对较高，在工业上的应用存在一定的局限性。沈晓平等将硅酸铝纤维经抄纸机抄造得到 0.2～5mm 厚的硅酸铝纤维纸，用作高温炉和高温气体管道的内衬、电热器具的绝缘层，用于高温气体的过滤等[107]。陆赵情等人以聚酰亚胺（PI）及其前体聚酰胺酸为主要纤维原料，同时加入一定量的聚环氧乙烷（PEO）和芳纶 1414 浆粕抄造聚酰亚胺纤维原纸，再对原纸进行浸渍和热压处理，研究了不同配抄工艺对 PI 纤维纸基材料强度性能、电气性能及耐热性能的影响[108]。

2. 湿部添加法

湿部添加法是一种将纸浆与隔热材料混合成纸的方法，这种方法在添加隔热材料的同时会影响纸浆本身的一些性能，而隔热材料可能在与浆料抄造成纸的过程中随着细小纤维及填料流失，不仅会造成浪费还会对水体产生污染，从而增加后续水处理的成本，因此在抄纸过程中往往会添加助留剂使隔热材料更多地留着在纸中。虽然存在多种问题，但在实际生产过程中这种方法的操作比较简单，隔热材料在纸张中分布也比较均匀。

3. 纤维抄造法

纤维抄造法是指首先制备具有隔热性能的纤维，然后将该纤维与天然的植物纤维进行配抄成纸，制备流程如图 7-10 所示：经碎浆机处理后的纸浆存放于储浆池中，在纸浆中加入具有隔热性能的材料，进行配浆，再通过纸张抄造的一般方法，经流浆箱，上网成形后，经压榨、干燥、压光、卷取等过程，得到成品。该方法操作简单，可操作性强，但通过该法制得的隔热纸，内部氢键遭到破坏，纸张的力学性能下降。莫继承等以硅酸钠、硫酸铝和硫酸镁为原料，在阔叶木浆纤维的细胞腔和细胞壁中原位合成硅酸镁铝，并用该复合纤维抄造低温型保温隔热纸，确定了合成的适宜工艺条件[109]。

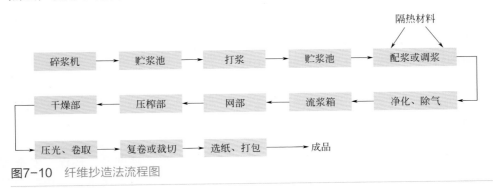

图7-10 纤维抄造法流程图

4. 表面加工法

表面加工法是将含有隔热材料或添加了少量隔热材料的涂料通过喷洒、施胶、涂布、浸渍等方式添加到材料表面，制备具有隔热功能的材料。这几种方式有各自的优缺点，涂布法因隔热材料分布均一且用量较少，在实际生产中的操作简单，是常用的制备隔热纸基功能材料的方法。表面涂布法就是在原纸表面涂覆上一层具有隔热功能的涂料，制备过程如图 7-11 所示：首先，选用适量的助剂、颜填料、基料和隔热材料，在水为分散体系的情况下，配制得到具有隔热功能的涂料；然后，利用涂布机，在原纸表面涂覆上一层隔热涂料，以此赋予原纸隔热功能 [110]。涂布法工艺简单，经济效益高，有利于资源利用和环境保护，经表面涂布法制得的隔热纸张内部结构不会遭受破坏，其力学性能和阻隔性均能在一定程度上得到改善。现今，许多科研工作者正致力于研发出具有高效隔热效果的涂料，以期达到高节能减排的效果。沈斌华通过表面涂覆的方法制备了掺入氧化铝和氧化硅空心球的环氧聚硅氧烷树脂复合隔热涂层，导热系数从 0.92W/(m·K) 降低到 0.30W/(m·K) [111]。叶秀芳等研究了硅藻土、空心玻璃微珠、纳米氧化锡锑（ATO）3 种不同隔热机理的功能填料对聚偏氟乙烯涂料（PVDF 光油）隔热效果的影响，据此制备了一种具有协同隔热效应的复合型隔热保温氟碳涂料。经检测，该复合型隔热保温氟碳涂料的隔热温差可达 16.9℃ [112]。

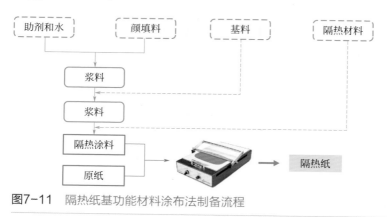

图7-11 隔热纸基功能材料涂布法制备流程

五、隔热纸基功能材料的应用

隔热纸基功能材料因其质轻、易生产、易加工、易携带、环保、安全等优点，在隔热材料领域占据了一席之地，可用于微波炉的烘烤纸盘、快餐食品包装、电热锅隔热底层、保温杯以及高温炉炉衬等领域[113]。图 7-12 为隔热纸基功能材料常见的一些应用领域。

图7-12 隔热纸基功能材料常见应用领域

1. 变压器绝缘隔热纸张

电力变压器在运行过程中绝缘纸会出现热老化现象，老化产生的水分又会进一步加速绝缘纸的热老化，故绝缘纸的老化状态在很大程度上决定着变压器的使用寿命，所以提升绝缘纸的耐热老化性能对变压器的安全运行具有很重要的意义。祁一信等采用硅烷偶联剂 KH-550 和酚醛树脂为改性剂，先后浸渍经干燥处理后的绝缘纸，热固化后得到改性绝缘纸。结果表明：KH-550 与酚醛树脂发生了反应，引入少量的 Si—O 键使改性绝缘纸的力学性能和耐热性能得到提高[114]。马军等在聚酰胺酸预聚体溶液中加入改性纳米 SiO_2 颗粒，通过浸渍法制备出纳米 SiO_2/PI 复合耐热绝缘纸。将复合绝缘纸在 150℃、160℃、170℃、180℃、190℃、200℃下老化 32h，每隔 4h 取出绝缘纸进行力学性能测试及微观形貌分析，研究了复合绝缘纸的耐热性能[115]。

2. 食品包装中的隔热纸基功能材料

随着人们生活节奏的加快，越来越多的一次性产品充斥着人们的生活，一次性快餐盒、一次性纸杯等，为避免人们在使用过程中烫伤，需要赋予这些一次性纸制品一定的隔热功能。Benders 纸杯公司改进了该公司生产的隔热纸杯的耐热性和盛装热水时的强度，相关测试表明，即便是纸杯内装满了热水，消费者也能非常舒服地握在手中长达 3min 以上，避免了烫伤的危险[116]。为了提高现有巧克力包装材料的隔热降温能力，缓解巧克力高温易融化的问题，刘劲阳等利用隔热降温涂料，采用涂布形式将隔热降温涂料与巧克力包装材料复合在一起，结果表明该法切实可行[117]。

3. 生产生活中的隔热纸基功能材料

全球气候的变暖使得人们更加依赖于空调、冰箱等制冷设备，这些电器在使用过程中不可避免地会释放温室气体，加剧环境的恶化。毛腾利用二氧化钛（TiO_2）和空心玻璃微球制备隔热涂料，并通过表面涂布工艺将其与纤维素原纸进行复合制成隔热纸。结果表明，该隔热纸张能有效反射 200 ~ 920nm 波长范围内的紫外、可见光及部分近红外光，有助于降低室内温度，减少能源的消耗[118]。澳大利亚一家公司在其 110 层大楼里使用了隔热纸，结果发现该法既节省了 15 万美元的开支，还阻绝了 96% 以上的紫外线。

参考文献

[1] 杨扬 . 阻燃纸的研究现状及阻燃性能表征 [C] // 中国造纸学会 . 中国造纸学会第十八届学术年会论文集 . 北京：中国造纸学会 , 2018: 240-243.

[2] 魏微 . 高效无卤阻燃纸制备工艺及阻燃性能研究 [D]. 福州：福建农林大学 , 2017.

[3] 石延超 , 王国建 . 有机磷阻燃剂的合成及在阻燃高分子材料中的应用研究进展 [J]. 高分子材料科学与工程 , 2016, 32(5): 167-175.

[4] 韩文佳 , 赵传山 . 阻燃型高密度植物纤维功能材料制备的研究 [J]. 浙江造纸 , 2012, 36(3): 30-32.

[5] 王玉忠 , 陈力 . 新型阻燃材料 [J]. 新型工业化 , 2016, 6(1): 38-61.

[6] Shaw S D, Blum A, Weber R, et al. Halogenated flame retardants: Do the fire safety benefits justify the risks?[J]. Reviews on Environmental Health, 2010, 25(4): 261-305.

[7] Regulation (EEC) No 4064/89 Merger Procedure[EB/OL]. www. europa. eu, 2020[2020-03-14]. https: //ec. europa. eu/competition/mergers/cases/decisions/m1663_en. pdf.

[8] Inagaki N, Onishi H, Kunisada H, et al. Flame retardancy effects of halogenated phosphates on poly(ethylene terephthalate) fabric[J]. Journal of Applied Polymer Science, 2010, 21(1): 217-224.

[9] Tian N, Wen X, Gong J, ea al. Synthesis and characterization of a novel organophosphorus flame retardant and its application in polypropylene[J]. Polymers for Advanced Technologies, 2013, 24(7): 653-659.

[10] Nguyen T M D, Chang S C, Condon B, et al. Development of an environmentally friendly halogen - free phosphorus-nitrogen bond flame retardant for cotton fabrics[J]. Polymers for Advanced Technologies, 2012, 23(12): 1555-1563.

[11] 施华杰 . 我国无机阻燃剂的发展与应用 [J]. 化学工程与装备 , 2014 (5): 158-159, 173.

[12] 严淑芬 . 金属氢氧化物阻燃剂 / 聚丙烯研究进展 [J]. 化工新型材料 , 2009, 37(5): 15-16.

[13] 韩黎刚 , 郭正虹 , 方征平 . 金属氢氧化物协效阻燃聚烯烃的研究进展 [J]. 材料科学与工程学报 , 2015, 33(6): 923-926.

[14] Chen M, Liu Z, Li L. Development of magnesium hydroxide flame retardant and crystallization mechanism[J]. Guangzhou Chemical Industry, 2010, 38(7): 17-19.

[15] 周辉 , 刘忠 , 魏亚静 . 以氢氧化镁为阻燃剂制备阻燃纸的研究 [J]. 中国造纸 , 2009, 28 (1): 13-16.

[16] 孙俊军 , 索艳格 , 张治国 , 等 . 基于可膨胀石墨的阻燃纸板制备和研究 [J]. 浙江科学院学报 , 2016,

28(3): 191-194.

[17] Yuan B, Zhang J, Yu J, et al. Transparent and flame retardant cellulose/aluminum hydroxide nanocomposite aerogels[J]. Science China Chemistry, 2016, 59(10): 1335-1341.

[18] 李玉芳. 氢氧化铝及其复合体系阻燃应用研究进展 [J]. 乙醛醋酸化工 , 2017, 25(4): 46-49.

[19] 瞿保钧, 陈伟, 邱龙臻, 等 . 聚合物 / 层状双氢氧化物纳米复合材料的研究与展望 [J]. 自然科学进展 , 2015, 15(3): 272-281.

[20] 倪哲明, 潘国祥, 王力耕, 等 . 二元类水滑石层板组成、结构与性能的理论研究 [J]. 无机化学学报 , 2006, 22(1): 91-95.

[21] 李超, 刘忠, 惠岚峰 . 镁铝水滑石制备阻燃纸的研究 [J]. 中华纸业 , 2011, 32(2): 39-42.

[22] 李贤慧, 钱学仁 . 镁铝水滑石用作造纸阻燃填料的研究 [J]. 中国造纸 , 2008, 27(12): 16-19.

[23] 王松林, 黄建林, 陈夫山 . 镁铝比例对造纸阻燃剂镁铝水滑石性能的影响 [J]. 纸和造纸 , 2011, 30(10): 47-49.

[24] 赵会芳, 沙力争 . 一种环保型阻燃纸板及其制备方法 : CN106868916A[P]. 2017-06-20.

[25] 虞鑫海, 吴冯 . 无机磷系无卤阻燃剂的研究进展 [J]. 绝缘材料 , 2014, 47(4): 6-11.

[26] Veen I V D, Boer J D. Phosphorus flame retardants: Properties, production, environmental occurrence, toxicity and analysis[J]. Chemosphere, 2012, 88(10): 1119-1153.

[27] 杨云艳, 谢德龙, 梅毅, 等 . 聚磷酸铵的改性研究进展 [J]. 塑料工业 , 2018, 46(5): 20-24.

[28] 洪莉, 胡健, 徐桂龙, 等 . 聚磷酸铵制备阻燃型空气过滤纸 [J]. 中华纸业 , 2011, 32(24): 49-52.

[29] 中华人民共和国国家质量监督检验检疫总局 . GB/T 14656—2009 阻燃纸和纸板燃烧性能试验方法 [S]. 北京 : 中国标准出版社 , 2009.

[30] 莫紫玥, 赵会芳, 吴春良, 等 . 三聚氰胺甲醛树脂微胶囊化聚磷酸铵制备阻燃纸的研究 [J]. 纸和造纸 , 2016, 35(7): 35-38.

[31] 沙力争, 赵会芳 . 一种阻燃抑烟植物纤维纸基材料及其制备方法 : CN106120431B[P]. 2019-01-15.

[32] 高俊海 . 红磷阻燃剂的检测方法研究进展 [C] // 中国仪器仪表学会 . 2017 全国激光前沿检测技术军民融合交流研讨会论文集 . 北京 : 中国仪器仪表学会现代科学仪器编辑部 , 2017: 125-130.

[33] 梁基照, 冯金清 . 膨胀型阻燃剂的研究现状 [J]. 塑料科技 , 2011, 39(8): 94-100.

[34] 黄高能, 刘盛华, 路风辉, 等 . 新型含氮阻燃剂 /PEPA 协同阻燃 PP 的性能 [J]. 工程塑料应用 , 2017, 45(2): 7-11.

[35] 张亨 . 硼酸锌的改性研究进展 [J]. 橡塑技术与装备 , 2013, (12): 9-12.

[36] 姜建洲, 虞鑫海 . 应用于 PA6 工程塑料的氮系阻燃剂的研究现状 [J]. 合成技术及应用 , 2014, 29(3): 9-12.

[37] 寇波, 谈玲华, 杭祖圣 . 可膨胀石墨协同阻燃的研究进展 [J]. 材料导报 , 2010, 24(5): 84-85.

[38] 董振峰, 朱志国, 王锐, 等 . 碳纳米管 / 聚合物复合体系阻燃性能的研究进展 [J]. 纺织学报 , 2009, 30(3): 136-142.

[39] Kim S, Wilkie C A. Transparent and flame retardant PMMA nanocomposites[J]. Polymers for Advanced Technologies, 2008, 19(6): 496-506.

[40] Chen S, Zhu J, Wu X, et al. Graphene oxide MnO_2 nanocomposites for supercapacitors[J]. Acs Nano, 2010, 4(5): 2822-2830.

[41] 田红, 吴艳, 尹艳山, 等 . 纤维素类草本能源植物燃烧动力学研究 [J]. 燃烧科学与技术 , 2016, 22(4): 335-341.

[42] 余春江, 骆仲泱, 方梦祥, 等 . 一种改进的纤维素热解动力学模型 [J]. 浙江大学学报 (工学版), 2002, 36 (5): 509-515.

[43] 李成兵 . N₂/CO₂/H₂O 抑制甲烷爆炸化学动力学机理分析 [J]. 中国安全科学学报 , 2010, 20(8): 88-92.

[44] 郑今欢 , 顾艳楠 , 邵建中 . 一种环保阻燃防水涂层织物的整理方法 : CN103046316A[P]. 2013-04-17.

[45] 刘景宏 . 木材纤维基超轻质材料的阻燃性能及机理研究 [D]. 福州 : 福建农林大学 , 2013.

[46] 张中 . 高温极限氧指数测定仪的设计与开发 [D]. 南京 : 东南大学 , 2016.

[47] 王许云 , 张军 , 张峰 , 等 . 应用锥形量热法评价聚合物复合材料热释放速率 [J]. 复合材料学报 , 2004, 21 (3): 162-166.

[48] 颜龙 , 贾晓林 , 夏云春 , 等 . 含阻燃涂料的装饰材料热稳定性的热重法研究 [J]. 青岛科技大学学报 (自然科学版), 2011, 32(4): 390-394.

[49] 张伟 , 卢宗红 , 刘利琴 , 等 . 天然纤维阻燃纸的制备研究进展及其应用前景 [J]. 天津造纸 , 2019, 41(2): 1-7.

[50] 林宏 , 沙力争 , 赵会芳 . 聚磷酸铵 / 硅藻土复合填料的合成及对纸页阻燃性能的影响 [J]. 纸和造纸 , 2017, 36(2): 30-33.

[51] 赵会芳 , 沙力争 . 一种利用反应型阻燃纤维制备的阻燃纸基材料及其制备方法 : CN109853289A[P]. 2019-06-07.

[52] 沙力争 , 马超 , 赵会芳 . 一种反应型阻燃植物纤维及其制备方法和应用 : CN109811571A[P]. 2019-05-28.

[53] 张美云 . 加工纸与特种纸 [M]. 北京 : 中国轻工业出版社 , 2010: 82.

[54] 黄高能 . 新型氮 - 膨胀型阻燃剂的合成及应用研究 [D]. 广州 : 华南理工大学 , 2017.

[55] 徐永建 , 周会宁 , 左磊刚 , 等 . 玻璃纤维基黑色吸音阻燃纸浸胶方式的研究 [J]. 陕西科技大学学报 : 自然科学版 , 2015, 33(5): 19 -23.

[56] 吴士波 , 许士玉 , 钱学仁 . 功能纸的开发动向 [J]. 中华纸业 , 2010, 31(11): 69-71.

[57] 李超 . 镁铝水滑石制备阻燃纸的研究 [D]. 天津 : 天津科技大学 , 2011.

[58] 陆伟 , 谢萍华 . 纸的阻燃技术 [J]. 阻燃材料与技术 , 1993 (1): 6-11.

[59] 沙力争 . 聚磷酸铵 - 硅藻土复合阻燃填料的制备及对纸张阻燃机理的研究 [D]. 广州 : 华南理工大学 , 2016.

[60] 孙俊军 , 索艳格 , 张治国 , 等 . 基于可膨胀石墨的阻燃纸板制备和研究 [J]. 浙江科技学院学报 , 2016, 28(3): 191-194.

[61] 赵志芳 , 沙力争 , 顾佳燕 . 一种利用阻燃二次纤维制备的阻燃牛皮箱纸板及其制备方法 : CN 109853282B[P]. 2020-05-29.

[62] 赵志芳 , 沙力争 , 顾佳燕 . 一种阻燃二次纤维及其制备方法和应用 : CN109881527A[P]. 2019-06-14.

[63] 赵会芳 , 沙力争 . 一种复合阻燃纸基材料及其制备方法 : CN103510429A[P]. 2014-01-15.

[64] 吴敏 , 黄勇 , 张同玲 . 一种阻燃纸及其制备方法 : CN111608013A[P]. 2020-09-01.

[65] 东丽株式会社 . 阻燃纸 : CN111699291A[P]. 2020-09-22.

[66] 陆祥根 , 沙力争 , 顾佳燕 . 一种超低定量阻燃型瓦楞隔离纸及其制备方法 : CN109811577A[P]. 2019-05-28.

[67] 宋彬章 , 李志生 , 陈继伟 . 阻燃蜂窝纸的研制 [J]. 造纸科学与技术 , 2006, 25 (6): 53-55.

[68] 李燕 , 沙力争 , 赵会芳 . 纸用阻燃剂的研究进展及在汽车空气滤纸中的应用 [J]. 纸和造纸 , 2018, 37 (3): 37-41.

[69] 吕健 , 刘文波 , 于钢 , 等 . 苯丙乳液中硅烷偶联剂对浸渍滤纸性能的影响 [J]. 中国造纸 , 2007, 26(1): 7-10.

[70] 魏健雄 , 徐桂龙 , 胡健 , 等 . 阻燃环氧树脂乳液的制备及其阻燃性能研究 [J]. 高校化学工程学报 , 2014, 28(2): 325-329.

[71] 洪莉 . 磷 - 氮系阻燃剂制备阻燃型空气过滤纸 [D]. 广州 : 华南理工大学 , 2012.

[72] Li Y, Sha Z, Zhao H, et al. Preparation and flame-retardant mechanism of flameretardant air filter paper[J].

BioResources, 2019, 14(4): 8499-8510.

[73] 李静，李燕，赵会芳，等. 衣康酸改性苯丙胶乳及其在阻燃性空气滤纸中的应用 [J]. 中国造纸，2020, 39(5): 29-36.

[74] 陈建斌，赵天君，马龙虎，等. 一种无纺滤材阻燃性提高装置及工艺：CN110006802A[P]. 2019-07-12.

[75] 高金贵，李双昌，陈志林，等. 三聚氰胺浸渍纸层压阻燃地板的燃烧性能 [J]. 消防科学与技术，2011, 30(7): 634-636.

[76] 孙义坤. 阻燃蜂窝板原纸的研制 [J]. 浙江造纸，1997 (1): 8-13.

[77] 陈继伟. 环保阻燃绝缘纸板的研制 [J]. 造纸科学与技术，2016, 35(6): 31-33.

[78] 吴安波. 纸基功能材料的开发与应用 [J]. 中华纸业，2019, 40(13): 181-184.

[79] 颜鑫，王习文. 纸基功能材料的研究进展 [J]. 中国造纸，2018, 37(7): 76-79.

[80] 陈港. 特种纸与纸基功能材料的研发及应用 [J]. 中华纸业，2018, 39(23): 56-61.

[81] 逄锦江，赵传山，姜亦飞. 提高耐火隔热纸成纸强度的研究 [J]. 2009 (3): 6-8.

[82] 施伟，谭毅，曹作暄. 隔热材料研究现状及发展趋势 [J]. 材料导报，2012, 26(S1): 344-347.

[83] 邹红雨，姚明武. 建筑中最常用的保温隔热材料 [J]. 砖瓦，2008 (6): 64-64.

[84] 黄华锟. 微纳米纤维隔热材料的制备与热辐射性能研究 [D]. 广州：广州大学，2016.

[85] 鲁文娟. 阻燃型聚氨酯材料在建筑保温中的应用研究 [J]. 合成材料老化与应用，2020, 49(1): 71-73.

[86] 吴海华，任超群，王俊，等. 结构型隔热材料研究现状及发展趋势 [J]. 化工新型材料，2020, 48(1): 6-9, 14.

[87] 党朝旭. 我国保温材料工业的现状与发展 [J]. 建筑技术与应用，2003(3): 5-7.

[88] 李文辉，汪泽幸，冯浩，等. 避火服及隔热材料的研究进展 [J]. 中国个体防护装备，2018(3): 22-28.

[89] 温中印，马宏明，罗振扬. 硬质聚氨酯泡沫塑料阻燃研究进展 [J]. 高分子通报，2014(7): 7-12.

[90] Zou S, Li H Q, Wang S, et al. Experimental research on an innovative sawdust biomass-based insulation material for buildings[J]. Journal of Cleaner Production, 2020, 260: 1-13.

[91] 凡双玉，韩卫济. 绝热保温材料研究进展 [J]. 科技创新与应用，2013 (8): 18-19.

[92] 田军县. 有机保温材料在建筑节能工程中的作用及风险评估 [J]. 建筑设计管理，2011, 28(1): 75-77.

[93] 刘培江. 高层建筑外墙保温材料火灾案例分析 [J]. 低温建筑技术，2017, 39(9): 150-151.

[94] 周白霞. 无机保温材料在外墙保温系统中的应用展望 [J]. 四川建筑科学研究，2013, 39(1): 203-205.

[95] Cuce E, Cuce P M, Wood C J, et al. Toward aerogel based thermal superinsulation in buildings: A comprehensive review[J]. Renewable and Sustainable Energy Reviews, 2014, 34: 273-299.

[96] 李鉴霖，刘超，王旭，等. 新型轻质高分子硅橡胶气凝胶膜隔热材料制备技术 [J]. 冶金与材料，2019, 39(4): 81-82, 84.

[97] 付平. 纤维气凝胶泡沫混凝土的制备及热工性能研究 [D]. 广州：广州大学，2019.

[98] 陈罚. 羟基磷灰石 / 二氧化硅气凝胶纳米复合隔热纸的制备及性能研究 [D]. 重庆：重庆交通大学，2018.

[99] 宋杰光，刘勇华，陈林燕，等. 国内外绝热保温材料的研究现状分析及发展趋势 [J]. 材料导报，2010, 24(S1): 378-380, 394.

[100] 张娜，张玉军，田庭艳，等. 高温低热导率隔热材料的研究现状及进展 [J]. 中国陶瓷，2006(1): 16-18.

[101] Asdrubali F, D'Alessandro F, Schiavoni S. A review of unconventional sustainable building insulation materials[J]. Sustainable Materials and Technologies, 2015, 4: 1-17.

[102] 魏慧娟. 几种有机多孔聚合物的制备及其隔热和阻燃性能的研究 [D]. 兰州：兰州理工大学，2018.

[103] 陈港，况宇迪，李瑞卿. 纸张材料隔热性能评价模型的建立及应用 [J]. 应用基础与工程科学学报，2015, 23(2): 400-408.

[104] 易萍，赵惠忠，赵鹏达. 硅溶胶对莫来石微球质隔热耐火材料性能的影响 [J]. 硅酸盐通报，2018, 37(12):

3930-3934.

[105] 张美云 . 纸基功能材料科学技术发展研究 [C] // 中国造纸学会 . 2016-2017 制浆造纸科学技术学科发展报告 . 北京 : 中国科学技术出版社 , 2018: 81-102, 185-187.

[106] 林宏 , 沙力争 , 赵会芳 . 聚磷酸铵 / 硅藻土复合填料的合成及对纸页阻燃性能的影响 [J]. 纸和造纸 , 2017, 36(02): 30-33.

[107] 沈晓平 . 石棉的最佳替代品——陶瓷纤维 [J]. 产业用纺织品 , 1994(2): 29-30.

[108] 陆赵情 , 徐强 , 王志杰 . 聚酰亚胺纤维纸基材料成纸性能的探究 [J]. 造纸科学与技术 , 2012, 31(5): 40-44.

[109] 莫继承 , 于钢 , 陈宇 , 等 . 原位合成硅酸镁铝制备低温型隔热纸 [J]. 中国造纸 , 2012, 31(2): 11-14.

[110] 莫继承 , 范玉敏 , 于钢 . 粉煤灰纤维与植物纤维配抄制备保温隔热纸 [J]. 造纸化学品 , 2012, 24(2): 11-14.

[111] 沈斌华 . 氧化物空心球的湿化学制备与隔热涂层性能研究 [D]. 杭州 : 浙江大学 , 2019.

[112] 叶秀芳 , 陈东初 , 梁棋华 , 等 . 隔热节能型氟碳涂料的制备 [J]. 现代化工 , 2014, 34(3): 90-92.

[113] 曹继刚 . 快餐纸包装的发展趋势 [J]. 印刷杂志 , 2006 (2): 76-79.

[114] 祁一信 , 周竹君 , 吴义华 , 等 . 改性绝缘纸的制备及其短期耐热性研究 [J]. 绝缘材料 , 2015, 48(09): 25-28, 33.

[115] 马军 , 周月梅 , 朱正国 , 等 . 高耐热等级绝缘纸的制备及短时热老化性能快速评价研究 [J]. 绝缘材料 , 2017, 50(3): 43-48.

[116] 佚名 . 具有隔热功能的纸杯 [J]. 包装财智 , 2013 (8): 46.

[117] 刘劲阳 , 陈景华 . 巧克力包装隔热性能改进方案 [J]. 包装工程 , 2014, 35(19): 18-24.

[118] 毛腾 . 太阳热反射隔热涂料的制备及其在涂布纸中的应用 [D]. 杭州 : 浙江理工大学 , 2019.

第八章

过滤与分离纸基功能材料

第一节
概　述

过滤材料是工业净化与分离非常重要的基础材料之一，随着现代科学技术的发展，各个行业的水平不断提高，人们对环保的概念意识也逐渐加强，全世界对过滤材料的需求逐年上升，目前的发展趋势是多种材料的复合应用，可以有更好的过滤效果。

纸基功能材料是以纤维为主要原料，采用造纸成形技术制备的具有三维网络状结构的新材料，其结构和性能完全不同于传统纸张，具有灵活可设计的结构和形态性能、透气性、耐温性、耐腐蚀性、防水防油性、过滤性能等。因此纸基功能材料在油水分离、过滤吸附等各领域都有着广泛的应用。

在纸基功能材料中，有一类被称作过滤纸。过滤纸或纸板能够从气体或液体中分离出无用的物质或杂质，以回收利用有用物质，常被用来分离不同相的物质组成的混合物。过滤性特种纸（及纸板）有如下一些特点：物理强度好，孔隙率高，化学稳定性好，过滤效率高等。

根据组成滤纸的原料种类、添加助剂、抄造条件等的不同，滤纸的性能和用途也不一样。过滤纸基功能材料原料的选择，对过滤过程中产品的力学性能、化学性能和热学性能起着决定作用，目前市面上常用的纤维种类主要有下列几种。

1. 聚四氟乙烯

聚四氟乙烯纤维（polytetrafluoroethylene，PTFE）国内也称"氟纶""特氟龙"，正逐步应用到高温气体的过滤中，它能承受260℃的持续高温和280℃的瞬时高温。这种纤维耐酸、耐碱、不易溶解。它的体积质量是聚酯的两倍，通过热处理和在低于300℃条件下的收缩，可以使其具有很高的尺寸稳定性。然而PTFE与其他纤维相比，其撕裂强度、耐腐蚀强度和拉伸性能较差。但通过特别的针刺毡强化处理，尤其是强化的收缩处理，可使其具有足够的强度，使用期限可达3～5年。如图8-1所示为聚四氟乙烯筛网。

图8-1　聚四氟乙烯筛网

2. 聚丙烯腈

聚丙烯腈在干湿条件下均具有良好的耐热和耐腐蚀性能，并且能在热酸的环境下保持性能稳定。在干热条件下，聚丙烯腈比聚酰胺（尼龙）、天然纤维的性能要好。一般推荐均聚物单元的最高耐受温度为130℃，共聚物为120℃。聚丙烯腈对大多数无机酸和有机酸具有很强的抵抗能力，并且比芳香族聚酰胺纤维、聚酰胺纤维的性能好。聚丙烯腈的耐碱能力也相当好，几乎和聚酰胺纤维相当。

3. 芳香族聚酰胺

芳香族聚酰胺（arylpolyamide）是一种非热塑性纤维，不自燃也不助燃，在高温状态下（如371℃时）只会碳化或分解成小分子，不会像一般热塑性纤维那样突然软化，可在干燥条件下经受200℃的操作温度。其中Nomex纤维（一种商业化的合成芳香族聚酰胺聚合物）滤料不能采用压光工艺后处理，但可采用烧毛方式进行后处理。Nomex纤维滤料是一种水解性纤维，在高温和存在化学成分及水汽的情况下会很快水解而损坏；在水汽浓度小于10%的弱酸性及中性环境下适用于190℃的操作温度，使用寿命可达2年；若水汽浓度增加为20%，使用寿命如要达到2年，则需把温度降到165℃以下，若温度还在190℃左右，其寿命只有半年多。在室温条件下，Nomex纤维的抗弯能力非常好，几乎和聚酯纤维相当。通过在135℃以上条件下的老化，Nomex纤维具有良好的耐磨损性能和抗弯能力。Nomex纤维能承受大部分无机酸、有机酸、弱碱和大部分碳氢化合物的化学作用，同时它的性能不受冶金企业、采矿企业产生的粉末和气体的影响。

4. 聚苯硫醚

聚苯硫醚（polyphenylenesulfide，PPS），熔点285℃，是一种高性能热塑性工程塑料，具有耐热、阻燃等特性。PPS滤料可在190℃的温度下连续使用，瞬时温度可达200℃；在160℃的热压釜中能保持90%以上的强度。PPS滤料的耐化学性非常好，抗硫、抗酸效果很好。

5. 聚酰亚胺

聚酰亚胺（polyimide，PI），截面呈不规则的叶片状，因此比一般圆形截面增加了80%的表面积。不规则的异形纤维能生产出过滤性能和释放颗粒性能俱佳的高效毡缩过滤介质。聚酰亚胺纤维耐高温性能好，可在260℃以下温度连续使用，有一定的水解性，耐磨性能和稳定性能良好。另外它还具有阻燃性能，对所有常见的有机溶剂具有很强的抵抗能力，对无机酸和有机酸也具有良好的抵抗能力，而对碱的抵抗能力，在pH值为5～9时，表现一般。

6. 聚丙烯

聚丙烯的短纤维和长丝均可用于气体或粉尘过滤。聚丙烯纤维在100～110℃的条件下能保持良好的强度，其最高工作温度为77℃。聚丙烯纤维具有良

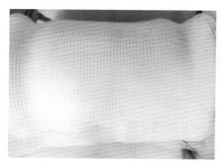

图8-2　聚丙烯气液过滤网

好的耐磨性能，对大部分化学物质均具有很好的抵抗能力，并且，其防腐性和防霉性比大部分人造纤维要好，如图 8-2 所示为聚丙烯气液过滤网。

7. 聚酯

聚酯主要指聚对苯二甲酸乙二醇酯（polyethyleneterephthalate，PET），又称涤纶，熔点 256℃。它是一种热塑性纤维，遇火会燃烧并滴落，所以涤纶滤料能采用压光、烧毛等方式进行后处理，可在干燥条件下经受 135℃ 的操作温度，若在 135℃ 以上温度连续工作时会变硬、褪色、发脆。涤纶纤维抗水解性差，不适于在高碱、高湿气的工况条件下（5% 以上水汽，100℃ 以上高温）使用。针对这些不足，解决办法是：温度超过 135℃，选用 Nomex 等耐高温纤维滤料；水汽超过 5%，将温度降到 100℃ 以下；高碱、高湿气情况下，可选用耐水解的聚丙烯腈纤维等其他纤维滤料。

8. 玻璃纤维

由于一般的有机纤维不能承受超过 280℃ 的高温，因此，无机纤维就显示出了其优越的性能。在所有的过滤材料中，由于玻璃纤维的性能独特，其过滤效果最为理想、有效。同时，玻璃纤维具有耐高温、耐腐蚀、尺寸稳定、除尘效率高、粉尘剥离性好、价格便宜等突出优点，所以它是一种比较常用的高温过滤材料，并且玻璃纤维化学性质不活泼，不吸湿，因此不会产生膨胀。玻璃纤维所具有的耐高温性能和热学稳定性能使它们在高于室温的条件下取得良好的过滤效果，且没有产生火灾的危险。它们以小柱的形式存在，这正是过滤材料最为理想的形状，玻璃纤维具有以下优势：

① 优良的耐热性。经表面化学处理的玻璃纤维滤料最高使用温度可达 280℃，这对除尘工程是非常合适的。所以在目前和今后一段时间内，玻璃纤维仍是一种重要的高温过滤材料。

② 强度高、伸缩率小。玻璃纤维的抗拉强度比其他各种天然、合成纤维都要高，伸长率仅为 2% ～ 3%，这一特性足以保证使用其设计制作的长径比大的滤袋具有足够的抗拉强度和尺寸稳定性能。

③ 优良的耐腐蚀性能。目前我国生产的常用玻璃纤维分为无碱和中碱两种。无碱玻璃纤维在室温下对水、湿空气和弱碱溶液具有高度稳定性，但不耐较高浓度的酸、碱侵蚀；中碱玻璃纤维有较好的耐水性和耐酸性。因此，必须根据性质介绍选择不同成分的玻璃纤维作为滤料材料，才能发挥较好的效果。

④ 玻璃纤维表面光滑过滤阻力小，有利于粉尘剥离，且不燃烧、不变形。

第二节
基本原理

过滤纸基功能材料与其他过滤材料在过滤机理上可以根据相态的不同，分为气体过滤、液体过滤、固体分离等机理和机制。本节将介绍常见的几种过滤原理，过滤纸基功能材料多数都遵循这些基本原理。

一、气体过滤原理

1. 机理

过滤过程中，流体中微粒的沉积，有若干机理起作用，下面论述其中最重要的几种沉积机理。

（1）扩散沉积　由于布朗运动，各细微粒子的运动轨迹与流体的流线不一致。微粒尺寸减小，则布朗运动的强度增大，细微颗粒与纤维碰撞的概率增大，结果，扩散沉积作用也增大。对于小于 $1\mu m$ 的粒子，特别是小于 $0.2\mu m$ 的亚微米粒子，在气体分子的撞击下脱离流线，像气体分子一样作布朗运动，如果在运动过程中和滤材纤维接触，即可从气流中分离出来，这种作用即称为扩散沉积作用。扩散沉积作用随流速的降低、纤维和粉尘直径的减小而增强。

（2）直接拦截　对于较大颗粒来说，颗粒相互碰撞并黏附在过滤材料表面，形成起到过滤作用的灰尘层，除尘机理取决于颗粒的相对尺寸和速度以及有无静电场、重力场、热吸引力或排斥力的作用等。

（3）惯性沉积　当压缩空气通过纤维时流线会发生弯曲。由于惯性的作用，压缩空气中的较大微粒（大于 $1\mu m$）不跟随弯曲的流线，而是继续沿着原来的运动方向前进，最后撞击到滤材纤维上并沉积在那里。一般粒径较大的粉尘主要依靠惯性碰撞作用捕集。这种惯性碰撞作用，随着粉尘粒子粒径及气流流速的增大而增强。因此，提高通过滤料的气流流速，可提高惯性碰撞作用。

（4）重力沉积　各种微粒，由于重力的作用都有一定的沉降速度。因此，微粒的运动轨迹就与流体的流线相偏离，这种偏离作用能使微粒碰到纤维发生沉积。

（5）静电沉积　许多纤维编织的滤料，当气流穿过时，由于摩擦会产生静电现象，同时粉尘在输送过程中也会由于摩擦和其他原因而带电，这样会在滤料和粒子之间形成一个电位差。当粉尘随着气流趋向滤料时，由于库仑力作用促使粉尘和滤料纤维碰撞并增强滤料对粉尘的吸附力，最终导致粉尘粒子被捕集，提高捕集效率。

（6）范德华沉积　当微粒与纤维之间的距离很小时，伦敦-范德华分子间力可以引起微粒沉积。

一般来说，各种空气过滤机理并不是同时有效，而是一种或是几种联合起作用。而且，随着滤料的空隙、气流流速、颗粒粒径以及其他因素的变化，各种机理对不同滤料的过滤性能的影响也不同。由于上述几种过滤机理的同时作用，可以使得纤维过滤器的过滤效率达到99%以上，因此在气体过滤器中纤维过滤器的使用十分广泛。

2. 过滤过程

气体过滤过程可以用几个参数来描述，即压力降 Δp、微粒量 G 和过滤效率 E。过滤器的压力降 Δp 由下面的公式确定：

$$\Delta p = p_1 - p_2$$

式中　p_1——过滤器入口的气体压力，Pa；

p_2——过滤器出口的气体压力，Pa。

对于"干净"的过滤器，Δp 值仅仅取决于流体的特性和用作过滤器的多孔材料的特性。当过滤继续进行时，压力降还与沉淀在过滤器中或过滤器上的微粒的特性有关。

就微粒量 G 而言，如果用 G_1 表示单位时间内流入过滤器的微粒量，G_2 为单位时间内离开过滤器的微粒量，G_3 为单位时间内留在过滤器上的微粒量，根据守恒定律，则

$$G_1 = G_2 + G_3$$

对于单分散型的微粒，确定过滤器过滤效率 E 的公式为：

$$E = \frac{G_3}{G_1} = \frac{G_1 - G_2}{G_1} = \frac{G_3}{G_2 + G_3}$$

式中的第一个等式以截获的微粒和进入的微粒确定 E，第二个等式以进入的微粒和离开的微粒确定 E，第三个等式以截获的微粒和离开的微粒确定 E。

理论上，过滤过程是一个微观上复杂的过程，通常可以根据流体的特性分为稳态过滤与非稳态过滤。

（1）稳态过滤　微粒的沉积出现在有某种结构的"干净"的过滤器上，由于

沉积的微粒引起的结构变化量甚微，故不足以影响基本参数 Δp 和 E。在这个阶段，Δp 和 E 不随时间而变化，所以这个阶段的过滤称为稳态过滤。从实际的观点着眼，在过滤的初期阶段，对于有低浓度悬浮微粒的气体可把过滤过程近似地视作稳态过程。稳态过滤常常基于这样一种假定条件：各种微粒与过滤器的结构元件的碰撞效率是1，这样，撞到捕集表面的微粒就搁置在接触面，并且在以后的过滤中不再分离。

（2）非稳态过滤　实际的过滤过程远较上述复杂得多，尤其是过滤的后阶段。各种微粒的沉积，导致过滤器产生结构变形；基本参数 Δp 和 E 随时间而变化（可以减少或增加）；最后，过滤器被阻塞，这个过滤阶段称为非稳态过滤。非稳态过滤的研究包括：研究微粒同捕集表面的碰撞效率，进而研究微粒的黏附性等。在捕集表面的黏附过程和通常所说的二次过程将使 Δp 和 E 随时间而变化。

接下来，针对稳态过滤和非稳态过滤进一步进行介绍。

3. 稳态过滤

解决过滤基本问题的第一个步骤是计算各个纤维周围或纤维系统中的速度场，这种计算是以气体的各种运动方程为基础。在各种近似计算中一般使用那维尔-斯托斯方程，其中最常采用的是欧塞（Oseen）方程——用于低雷诺数（Re）和欧拉方程——用于高雷诺数。众所周知，这些方程只有在气体可以认为是连续介质时才能应用。满足这种假设的条件是：克努森（Knudsen）数的值为 $Kn=\lambda/a$。式中 λ 是气体分子的平均自由程；$a=d/2$ 是纤维半径，是很小的。

按照德维尼（Devienne）提出的气体不同区域的分类，如果 Kn 数处于这样的范围：$0<Kn<10^{-3}$，则可把流动气体看作是连续介质[1]。根据这种分类，那么在此范围内就可以应用经典流体动力学的关系式、方程式和其他方法。由于正常情况下空气的 λ 值为 $\lambda=0.653\times10^{-5}cm$[2]，所以对于具有较密纤维（$\lambda>65.3\mu m$）的过滤器，这个条件得到满足。当前纤维的制造技术已经大大提高，以至于能够制造粗度接近 λ 或更小的各种纤维。这种情况下，不再应用经典力学描述气流，而必须采用稀薄气体力学。由于气流的性质对于描述微粒沉积具有头等的重要性，所以人们把过滤过程分为连续区过滤和非连续区过滤。这样，连续区过滤理论是以连续介质力学为基础，而非连续区过滤理论就以稀薄气体力学为基础，就连续介质力学和稀薄气体力学的发展状况而言，连续区过滤理论已得到充分的阐述，而对非连续区过滤过程的研究却很少下功夫。

到现在为止所研究的过滤理论是基于这样的假设：可以把气体视作一种连续流。如前所述，如果克努森数 Kn 小于 10^{-3}，则能满足这个假设条件。

对于 Kn 值较大的情况，按德维尼的分类，存在以下其他几种状态的气流。

区域 $10^{-3}<Kn<0.25$ 包括部分稀薄的气体流。此时，可用两种方法计算速度场。第一种方法是在边界条件不变的条件下（物体表面的速度为零），应用稀薄气体的运动方程——伯纳特（Burnett）方程；第二种方法是在边界条件变化的情况下，应用连续介质力学的方程（那维尔 - 斯托克斯方程）。边界条件的变化表示在障碍物表面气体有滑流，即存在速度的不连续性。

区域 $0.25<Kn<10$ 代表过渡区。Kn 在 1 左右时的情况是最难描述的，所以直到目前为止，尚无这种型式流的一般性理论。

区域 $Kn>10$ 被称作自由分子流区。此时，气体分子同物体表面的碰撞数大于分子之间的碰撞数。

（1）过滤器特性　过滤理论的具体应用涉及新的纤维过滤器的设计、过滤材料的选择以及过滤装置的使用等。因此，应用过滤理论时，要求对导出的有关压力降和过滤效率的各种方程进行分析，从而了解过滤器的质量与微粒、气流和过滤器的各种特性之间的相关性。人们注意到，三个因素（微粒、气流和过滤器）参与过滤过程，所以这些因素的相关性（特性）可以分成三类：第一类是过滤器的过滤效率与微粒的特性（大小、形状、密度、电荷量等）的相关性。清洁过滤器的压力降与微粒的特性无关，阻塞状态过滤器的压力降变化与微粒的尺寸、形状、质量和其他特性的关系将在后面研究非稳态过滤时进行讨论。第二类是过滤器压力降和过滤效率与气流特性（流速、压力、温度和黏度）的相关性。第三类是过滤器压力降和过滤效率与过滤器特性（过滤器厚度、纤维直径、孔隙率、纤维排列类型等）的相关性。除了理论分析之外，所有这些相关性还可以通过试验予以测定，至少在理论上是如此的。

① 选择特性　第一类中，最重要的相关性是捕集系数或过滤效率对于微粒特性的相关性——这里称为选择特性，即过滤器的选择性。如果仅仅考虑扩散沉积、直接拦截和惯性沉积机理，则从各个相应的无量纲参数可以得出：扩散沉积参数 N_D 随微粒尺寸的增大而减小，而直接拦截参数 N_k 和惯性沉积参数 St_k 则随微粒尺寸的增大而增大。如果这些机理同时作用，那么相应的捕集系数是它们参数的递增函数，而过滤效率或许是各个捕集系数的递增函数。这样，可以预料：选择特性将显示最弱。

② 速度特性　关于第二类相关性，首先论述捕集系数对于气体流速的相关性或过滤效率对于气体流速的相关性，也称作纤维或过滤器的速度特性。根据扩散沉积参数 N_D 的定义，可知：扩散沉积参数 N_D 的值以及扩散沉积的捕集系数随着气体流速的增大而减少。直接拦截参数 N_k 与气体流速无关，而惯性沉积参数 St_k 随着气体流速的增大而增大，因此惯性沉积的捕集系数随速度的增大而提高。这样，在相反的意义上，就是：扩散沉积和惯性沉积的机理取决于气体流速。人们可以料想：和选择性曲线的特性一样，速度特性曲线也显示一个最小值。这条

曲线的下降分支与扩散沉积机理相对应，而上升分支与惯性沉积或直接拦截的机理相对应。直接拦截参数 N_k 与速度无关，而捕集系数则由于雷诺数的关系，稍与速度有关，在高雷诺数时，则与独立纤维或过滤器有关。

③ 压力特性　基本参数 Δp 和 E 两者与过滤气体压力的相关性被视作过滤器的压力特性。对于函数关系 $\Delta p = f(p)$：在连续区，Δp 与气体的压力无关；而在滑流区和自由分子流区，Δp 随克努森数的增大而减小，即随着气体压力的减小而减小。这个结论与惠特比[3]、沃纳和克拉伦[4]、伯哥及斯特坦[5] 等的试验结果是一致的。

（2）其他过滤理论　过滤理论还不完善。现在的过滤理论是根据圆柱周围的速度场，并且适用于圆柱系统。这些速度场表示两种极限情况——仅对很小的雷诺数（缓慢的黏性流，有时称作蠕流）和大雷诺数（势流）有效。在这两种极限状况之间是雷诺数的中间（过渡）区。例如惠特比认为：黏滞流区限于 $Re<0.2$，势流区限于 $Re>150$，过渡区为 $0.2<Re<150$（对于这种分类没有给予论证）[6]。按照惠特比的意见，作为一种实用的过滤理论，必须也能够适用于 Re 的过渡区，因此，过滤理论需要日后更加完善。

4. 非稳态过滤

以上所研究的稳态过滤理论是根据两个基本的假设条件：①微粒与捕集表面的碰撞效率是 1，即微粒一旦触及纤维就被捕集；②沉积的微粒对于过滤过程没有进一步影响。在这种情况下，两个基本参数过滤效率 E 和过滤器压力降 Δp 都与时间无关，因此过滤过程是稳态的。这种理论只有在低的引入微粒浓度条件下，在过滤的初始阶段才能近似地实现。

但是实际上，过滤过程是十分复杂的。微粒即使在沉积以后，也会在各种力的作用下与纤维分离并且通过过滤器。另外，沉积的微粒会改变捕集器的几何形状，这样就使过滤器产生结构变形。由于过滤效率和压力降两者都随时间而变化，故过滤过程是不稳定的。过滤效率 E 和压力降 Δp 随时间的这种变化称作"二次过程"。

认识到这些事实，如果不考虑过滤的全过程，二次过程包括：①沉积微粒从纤维表面的再分离（此时，与沉积微粒的状态和黏附力的问题有关）；②过滤器的阻塞；③毛细管现象；④过滤器电荷损失；⑤过滤器结构变形。下面按这个顺序简要论述二次过程。

（1）微粒的黏附和再分离　稳态过滤理论中，假定微粒与纤维表面接触后，在以后的过滤过程中总是保持在纤维上，这个假设的有效性取决于微粒与纤维表面之间的黏结强度，称作黏附力。黏附力可以定义为从一定的表面去除黏附微粒所需之力。基于这个原因，所以大量的理论和试验论文都着眼于黏附问题，伦敦[7]、格雷戈里[8]、富克斯[9]和克鲁普[10]曾经研究过这个问题。根据古伊的研究，范德华力和静电力支配促成微粒黏附的吸引力[11]。

关于沉积微粒从纤维再分离的问题，可以说，沉积微粒的命运既取决于作用在微粒与纤维之间的黏附力，也取决于作用在沉积微粒上的气动阻力。低速时，气动阻力太小，不足以克服黏附力。因此，微粒与纤维碰撞之后，要保持在纤维上，气动阻力必须小于黏附力，即黏附能必须大于微粒的动能。这种情况下，微粒就黏附在纤维表面。黏附力的强度取决于微粒的尺寸、形状、化学成分、电荷量和纤维表面状态、湿度、接触时间以及其他因素等。微粒从纤维分离的现象很复杂，所以一般只有来自特殊条件的试验数据或经验公式可供利用。

（2）过滤器的阻塞　各种不同尺寸、形状和状态的微粒造成过滤器的阻塞，这也是一个重要的二次过程。过滤器阻塞时的压降变化在工业过滤器的应用中具有特殊的重要性，并且与过滤器的"寿命"密切地相关（有时，对过滤器进行所谓的加速寿命试验，就是采用这种"阻塞法"）。沉积微粒（阻塞）引起的压降变化主要取决于下列各种因素：①微粒的状态：从气体中过滤液态微滴时，Δp 的变化量小于过滤固体微粒时的变化量，这是因为微粒与纤维接触后，其状态是不同的；②微粒尺寸：较细的微粒产生的 Δp 一般高于较粗的微粒；③过滤器结构：有时过滤器的结构决定微粒是否能沉积在过滤器中或它的表面，这就使过滤器阻塞时 Δp 产生各种不同的变化；④沉积微粒的数量：数量 $Z_i(i=1,2,3,4)$ 称为负载量或聚集量，这样函数关系 $p=f(Z_i)$ 就是过滤器压降的负载特性。对于这种函数关系已有许多人予以研究。

（3）毛细管现象　毛细管现象在过滤中，尤其在过滤液态微粒时具有十分重要的作用。根据之前研究，毛细管现象包括：微滴在纤维上流动，或彼此融合，或分成更小的微滴[12]；在纤维的交接处形成液层；水汽在微粒与纤维的接触点或在各个微粒相互接触点产生毛细凝聚；相邻的纤维由于毛细力而结合；某些物质的沉积微粒在高温等条件下溶化。毛细力的影响通常导致过滤效率降低。

（4）过滤器电荷损失　和过滤器的结构变化一样，纤维上的电荷给予过滤作用以正的影响，即提高过滤器的效率。但是过滤某些气溶胶（水和油滴）时，却发现过滤器的效率降低了，这种现象可以用过滤器上的电荷被中和来解释。当放射性和 X 射线产生的电离化气体流动时，也会发生电荷损耗。另一个影响过滤器电荷稳定性的因素是湿度。例如，西尔弗曼等发现，如果每 453.28g 的干燥空气含有 7.78g 的湿气，就会导致用机械方法产生的感应电荷消失[13]。最后，当放射性微粒聚集在过滤器上面时，能够使过滤器放电，或至少损失电荷。

（5）过滤器结构变形　沉积的微粒会使过滤器的结构变形。除此之外，微粒与纤维之间的强烈的化学反应、纤维的泡胀（纤维素纤维用于过滤含水气溶胶时）、温度的突然升高、纤维溶解在不同的溶液或有机体中等，都可能使整个过滤器的结构发生变形。

二、液体过滤原理

1. 过滤类型

固 - 液过滤是指所有这样的过程：悬浮液通过一个多孔介质时，使含有悬浮固体粒子的液体去除部分的或全部的微粒，普通固 - 液过滤器的结构如图 8-3 所示。

不是每种过滤器都能清楚地区别出图 8-3 所示的所有结构。例如，许多纸质滤筒，滤纸本身就起自支撑作用；而深层过滤器，滤饼分布在整个介质的深处，而不是在介质的顶部。为一定的过程选择一种过滤设计取决于许多因素：要去除的固体粒子的特性，即微粒的尺寸和形状分布以及聚集的状态；流体的特性，即黏度、密度和同结构材料的相互作用；处理物质的数量；过滤过程是断续的、连续的或两者兼有；产生的滤饼干燥度；固体粒子在悬浮液中的密集度；处理对象的价值；截留物是固体、液体还是两者兼有。

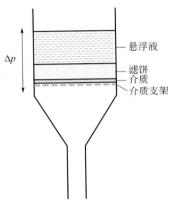

图8-3　普通固－液过滤器的结构

设计过滤器的一个重要因素是驱动力源，可以是重力、吸力、正压力或利用离心力，而这些力源的选择本身又取决于上述的各种因素。

为了便于对有关的因素进行分析，根据所采用的过滤介质不同，一般把固 - 液过滤类型分成格筛过滤、微孔过滤、膜过滤、深层过滤、滤饼过滤。

（1）格筛过滤　过滤介质为栅条或滤网，用以去除粗大的悬浮物，如杂草、破布、纤维、纸浆等，其典型设备有格栅、筛网和微滤机，此种过滤方式一般适用于大流量、对过滤精度要求不高的场合。

（2）微孔过滤　采用成形滤材，如滤布、滤片等，也可在过滤介质上预先涂上一层助滤剂（如硅藻土）形成孔隙细小的滤饼，用以去除粒径细微的颗粒。根据过滤精度的不同采用不同的过滤材质。

（3）膜过滤　采用特别的半透膜作过滤介质，在一定的推动力（如压力、电场力等）下进行过滤，由于滤膜孔隙极小且具有选择性，可以除去水中细菌、病毒、有机物和溶解性溶质，主要设备有反渗透、超过滤和电渗析等。膜过滤的耐高温腐蚀等优越性使其获得了越来越多的应用，但是相对高昂的价格和高技术限制使其还未能够完全普及。

（4）深层过滤　分离过程只发生在介质的内部，如果把介质视作许多弯曲的通道，那么过滤时出现的微粒就会碰撞到通道的壁上，然后由某种力使其保持在那里。当微粒撞到通道壁上时，就有可能脱离液流，是否能达到这一点，取决于微粒受到的惯性力和阻力的平衡。深层介质可以是粒状物质层或多孔固体，前者包括厚层砂质过滤器和预涂助滤剂的过滤器，其介质是一层硅藻土或类似材料，支撑在一个巨大的筛子上；后者包括毛毡过滤器和烧结金属过滤器。

（5）滤饼过滤　滤饼过滤时固体物质聚集在介质的表面，这样经过一段很短的初始期，就通过沉积的固体层进行过滤。这个过程一直继续到滤饼两侧的压降超过经济或技术允许的最大值，或填满有效的间隙。这种过滤方法广泛地应用于加工工业，并且特别适于过滤浓缩的悬浮体和回收大量的固体。滤饼过滤中最重要的因素是滤饼的透过率或阻力，对于这个因素或多或少可以通过改变物质的微粒尺寸分布予以控制；有时，把其他的固体粒子添加到滤饼中也能达到目的；也可以通过改变固体粒子的聚结状态进行控制。

如上所述，实际的过滤过程是复合式的，若干或全部的过滤机理同时或相继发生。

2. 过滤性能理论

本部分针对日常生活中比较常见的滤饼过滤和深层过滤的理论进行深一步具体介绍。

（1）滤饼过滤　滤饼过滤过程就是分离细小的固体微粒，通常分离这样大小的微粒：在把固体粒子捕集到仅能透过液体的介质表面时，它们不容易从自己所弥散的液体中沉积下来。当这个过程继续进行，另外的微粒就被捕集到初始的固体粒子层的表面，从而形成滤饼。滤饼过滤可以分为两种，一种为不可压缩滤饼过滤，另一种为可压缩滤饼过滤。

若构成滤饼的颗粒是不易变形的坚硬固体颗粒，则当滤饼两侧压力差增大时，颗粒形状和颗粒间空隙不发生明显变化，这类滤饼称为不可压缩滤饼。如果压差增加时，透过率和孔隙率也随着变化，则把滤饼称为可压缩的。真正的不可压缩滤饼应有一个与压差或液流速率无关的恒定透过率和孔隙率。但是绝大多数的滤饼当过滤条件改变时，其透过率或孔隙率会有某些变化。人们容易发现：滤饼的含水量不同，则其孔隙率各异。显然，对于完全不可压缩的滤饼，不可能通过过滤压力来减少含水量。

如果把过滤压力变化而产生的透过率变化值标绘在双对数图表纸上，就能十分清楚地看到后者随前者的变化状况。一般会出现一条带负斜率的直线，这意味着下面形式的一种关系式：

$$K \propto K_\sigma (\Delta p)^{-s}$$

式中　K——透过率；

　　　s——可压缩系数；

　　　K_σ——初始透过率。

显然，对于总的不可压缩系统，s 具有零值，此值越大，材料越可压缩。

中等程度的可压缩性是有利的，因为这样既可达到相当低的含水量，又不会产生使过滤过程不经济的过分低的过滤速率。相反，高可压缩的泥水沉积物对于最小的压差也有很大的阻力，所以过滤速率低，含水量高，作为一种过滤程序是不能接受的。这种情况下，必须通过改变泥状沉积物的生成过程，即使用助滤剂或其他预处理技术来减少可压缩性。

（2）深层过滤　深层过滤是让液体通过一层微粒或纤维，使之净化的一种方法。就固 - 液分离而言，这种方法广泛地用于水的净化和含烃基、醇、酯的化合物的污水的处理。其过滤介质具有立体的孔隙结构，能捕集小于孔隙（流道）的固体粒子，甚至远小于孔隙的固体粒子也能在介质的深部被捕集。

深层过滤具有复杂的混合机理：固体粒子在惯性力、液压力或布朗运动（分子运动）作用下，首先同孔隙流道壁相接触，然后粒子附在孔隙流道壁上，或者粒子在范德华力或其他表面力作用下彼此附聚在一起。

深层过滤的各种微粒捕集机理有：拦截、惯性、扩散、重力沉降和各种流体效应。这些机理在上述均已详细介绍，此处用图解示于图8-4。值得注意的是，维格斯瓦兰证明直径为 $2 \sim 10\mu m$ 的微粒，其重力沉降速率对于快速过滤是重要的[14]。由于悬浮流体分子的碰撞产生能量转换，使悬浮的细小微粒出现无规则的扩散运动，粒子越小，无规则运动越剧烈，撞击障碍物的机会越多，因此过滤效果越好。

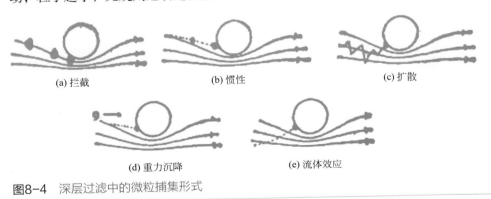

(a) 拦截　　　　　　　(b) 惯性　　　　　　　(c) 扩散

(d) 重力沉降　　　　　　(e) 流体效应

图8-4　深层过滤中的微粒捕集形式

3. 滤饼性能的改善

为了提高滤饼的透过率和过滤速率，可以通过改变结成滤饼的微粒的尺寸分布和堆积状态来实现。在过滤之前，有两种改变悬浮微粒凝聚状态的实用方法，拉默和希利（Healey）提出：用"凝聚"和"絮凝"来区分它们[15]。"凝聚"用于通过改变存在的离子的性质和密集度，使悬浮在电解液中微粒的 Zeta 电势减少所产生的那些现象；"絮凝"用于这样一些过程：某些型式的长链聚合物或聚合电解质通过微粒之间形成"桥接"使微粒凝聚。

（1）凝聚

① 胶体稳定性　拉默描述的凝聚现象是微粒在分子和原子力作用下的黏附现象。根据胶体稳定性的德赖亚吉恩兰多（Landau）-弗韦（Verve）-奥弗比克（Overbeek）理论[16,17]，是否产生凝聚取决于吸引的或分散的范德华力与排斥的双电荷层力之间的平衡。

为了解释实际气体显示的与理想状态的某些偏差，范德华假设分子和原子之间存在着吸引力。最早由伦敦在 1930 年证明：这些力的作用距离很短[18]。通常在固液系统中，把范德华力控制到任何有效的程度是不可能的，所以凝聚倾向只有通过改变排斥的双电荷层相互作用力来控制。

吸引力和排斥力的总的影响可以势能曲线的形式表示。图 8-5 分别给出了稳定的微粒体系与凝聚的微粒体系的势能曲线图，其中曲线 Ⅰ、Ⅱ、Ⅲ 分别表示体系范德华力所产生的引力势能、双电荷层力所产生的排斥势能以及两者合力所产生的总势能随微粒间的距离 r 的变化。图中曲线 Ⅰ 所代表的系统范德华能随着微粒间距离 r 的减少其负值越来越大，这表明它是一个吸引力。当 r 很小时，由于微粒的电子场重叠，微粒开始彼此互相扰动，故总势能曲线急剧上

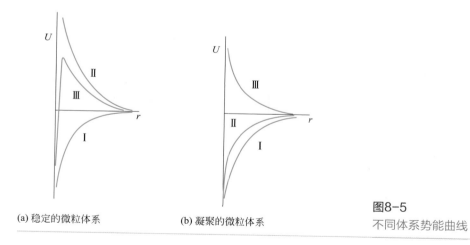

(a) 稳定的微粒体系　　(b) 凝聚的微粒体系

图8-5
不同体系势能曲线

升。对于稳定的微粒体系，出现总势能的最大值表明产生了一个能障，这个能障足以防止微粒过于接近，以致达到稳定能量的最小值。因此，系统不出现凝聚。对于凝聚的微粒体系，排斥的双电荷层能较小时，合力曲线不显示最大值。此时，如果微粒得到足够紧密的接触，它们就会凝聚起来。

斯莫卢乔斯基曾于1916年发表了用于凝聚的基本速率方程，这种计算的假设条件是：微粒相互碰撞时，如果它们的相互作用势能适宜，它们就凝聚在一起，对于太小以致不能经受有效重力的微粒，则它们在重力作用下的碰撞率取决于布朗扩散速率[19]。

要研究总的碰撞反作用，必须描述这些原有微粒对于其他微粒的碰撞率，因此就产生了级数形式的各种方程，这些方程预测：总的碰撞反作用相对于微粒的浓度，是次要的因素。故在很稀悬浮液中的微粒，例如在水处理时发现的悬浮微粒，它们的凝聚可能是很慢的。图8-6表示作为快速凝聚中时间函数的原有的微粒数目和微粒聚集物数目，其中 T 为凝聚一半微粒数目所需的理论时间，n 为原有的微粒数目，n_x 为当 $t=x$ 时的微粒数目（$x=1s$、$2s$、$3s$、$4s$），n_0 为 $t=0$ 时的微粒数目。

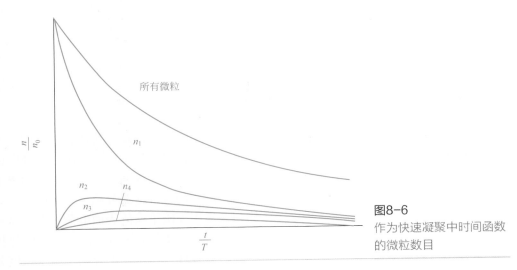

图8-6
作为快速凝聚中时间函数的微粒数目

斯莫卢乔斯基通过研究认为：势能曲线是一个无限深的凹坑，没有最大值，如果出现不足以阻止完全凝聚的最大值，那么只有一些以足够能量碰撞得以越过这个屏障的微粒才能凝聚。福赫斯在他的低速凝聚理论中曾对这种状况予以研究。米勒（Müller）已经证明，用斯莫卢乔斯基的基本理论可以解释这样的事实：在大小微粒混杂的系统中，似乎较小的微粒去除得更快，这是因为大小微粒之间的碰撞不会有效地改变较大微粒的浓度，产生的结果便是小微粒被大微粒捕获[20]。图 8-7 表示大微粒其直径为小微粒的 10、20 和 100 倍时是怎样影响小微粒的去除速率的，其中顶部的曲线是只含有较小微粒的凝聚速率。上述作用对于去除低浓度的细微物质是十分重要的，例如在水处理过程中常常有这种需要。

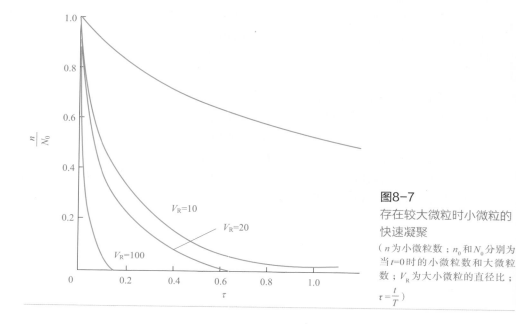

图8-7

存在较大微粒时小微粒的快速凝聚

（n为小微粒数；n_0和N_0分别为当$t=0$时的小微粒数和大微粒数；V_R为大小微粒的直径比；$\tau = \dfrac{t}{T}$）

② 双电荷层和 Zeta 电势　当固体与电解液接触时，表面间就有电位差。产生这种情况可能是由于固体吸收了离子，或从固体中溶解了离子。由于这种电位差的作用，液相中的带有相反电荷的离子就被吸引到交界面，而相同电荷的离子则从交界面弹回。这样，由于存在交界面，液相的这种电荷分离导致固体被一双电荷层包围住。有人提出了一个关于均匀介质中无限平面的表面电荷和点电荷的双层理论[21,22]：距离表面的任何位置上的势能 ψ 取决于使离子任意运动的热扩散作用与表面电荷所施加的吸力作用之间的对抗性。这个理论导出了离子密度分布和势能梯度，如图 8-8 所示。

根据所作的各种假设，特别是离子相当于点电荷，人们发现：古伊和查普曼模型与实验不一致。所以斯特恩提出了一个经验理论，按照这个理论，离子双层被视为具有两部分足以牢固地附着到微粒表面，即克服热扰动引起的各种影响的离子内层和古伊与查普曼所论述的外部扩散层。微粒所显示的有效势能是在内、外两层之间的交界面，可用各种电动实验测量其大小，双电荷层的斯特恩模型如图 8-9 所示。双层理论很复杂，而斯特恩模型采用一个界限分明的剪平面，虽然仅仅是一种近似的模拟，但确实能够使凝聚现象容易理解。

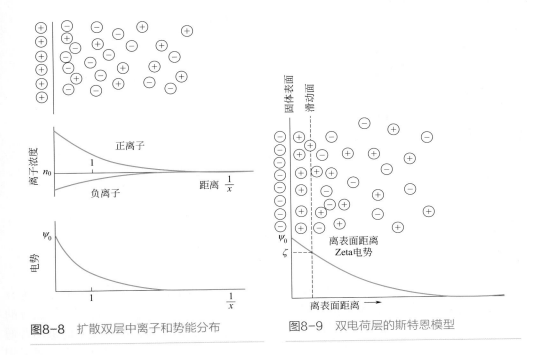

图8-8 扩散双层中离子和势能分布

图8-9 双电荷层的斯特恩模型

（2）絮凝

① 絮凝反应的性质 长期以来，人们把天然的聚合电解质用作絮凝剂。帕克哈姆（Packham）指出：一种印度树的砸碎坚果好几个世纪以来被用于澄清饮用水；而鱼胶，特别是鲟鱼的浮囊的蛋白质提炼物，很久以来就用于英国称为"澄清"的方法[23]。这些材料的作用取决于存在的可溶于水的聚合物，这种聚合物通常是蛋白质或多醣。用来产生絮凝作用的其他聚合物有可溶性淀粉、凝胶、单宁和藻酸钠。最近，这些天然材料已经逐渐被合成的聚合电解质代替。尽管合成物质的单位成本较高，但是有各种优点：配料量低和生成的絮凝物比较结实，能经受许多处理程序中常有的搅拌所产生的剪切力。

微粒絮凝时，各种作用与絮凝剂的性质有关；絮凝反应的操作条件，最好根据总的絮凝反应机理来考虑。鲁尔温（Ruehwein）和沃德（Ward）认为：聚合电解质絮凝物的主要作用是使每个微粒与其相邻的微粒形成"桥接"[24]，絮凝反应形成的这种桥接体是不均衡的[25,26]。如图8-10所示，这种机理需要把聚合物链从溶液中吸附到一个微粒上，并且当另一颗微粒进入到足以使伸出的聚合物链被吸到该微粒上的很近范围内时，两颗微粒之间就形成有形的桥接。

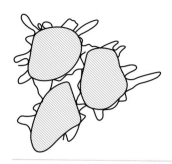

图8-10
聚合物桥接而絮凝的微粒

三、分离原理

1. 液液分离

（1）特殊精馏　普通精馏操作是以液体混合物中各组分挥发能力的差异为分离依据的，组分的挥发能力差异越大越容易分离。但对某些液体混合物，组分的挥发能力差异特别小，相对挥发度接近于1或形成恒沸物，不宜或不能采用普通的精馏方法分离，而从技术上、经济上又不适宜用其他方法分离时，则需要采用特殊的精馏方法，即特殊精馏。特殊精馏的原理是在原溶液中加入另一溶剂，由于该溶剂对原溶液中关键组分作用的差异，这样就改变了关键组分间的相对挥发度。因此，就可以用精馏方法分离关键组分。特殊精馏包括萃取精馏、共沸精馏、反应精馏、分子精馏四种。

① 萃取精馏原理　向混合液中加入第三组分（称为萃取剂或溶剂）以改变原组分的挥发度而得以分离，不同的是，要求萃取剂的沸点较原料液中各组分的沸点高很多，且不与组分形成恒沸液。萃取精馏常用于分离各组分沸点（挥发度）差别很小的溶液。

② 共沸精馏原理　共沸精馏与萃取精馏的基本原理是一样的，不同点仅在于共沸剂在影响原溶液组分的相对挥发度的同时，还与它们中的一个或数个形成共沸物。

③ 反应精馏原理　反应精馏是在进行反应的同时用精馏方法分离出产物的过程。其基本原理为对于可逆反应，当某一产物的挥发度大于反应物时，如果将产物从液相中蒸出，则可破坏原有的平衡，使反应继续向生成物的方向进行，因

而可提高单程转化率，在一定程度上变可逆反应为不可逆反应。

④ 分子精馏原理

a. 分子运动自由程　分子碰撞是分子与分子之间存在着相互作用力。当两分子离得较远时，分子之间的作用力表现为吸引力，但当两分子接近到一定程度后，分子之间的作用力会改变为排斥力，并随其接近程度而迅速增加，当两分子接近到一定程度，排斥力的作用使两分子分开，这种由接近而至排斥分离的过程就是分子的碰撞过程。分子有效直径是分子在碰撞过程中两分子质心的最短距离，即发生斥离的质心距离。分子运动自由程是一个分子相邻两次分子碰撞之间所走的路程。

b. 分子运动平均自由程　任一分子在运动过程中都在变化自由程，而在一定的外界条件下，不同物质的分子其自由程各不相同。就某一种分子来说，在某时间间隔内自由程的平均值称为平均自由程。由热力学原理可以推导出：

$$\lambda_{\mathrm{m}} = \frac{KT}{\sqrt{2}\pi\, d^2\, p}$$

式中　λ_{m}——平均自由程，m；

　　　　K——玻尔兹曼常数，其值为 1.3806×10^{-23}J/K；

　　　　T——分子所处环境温度，K；

　　　　d——分子有效直径，μm；

　　　　p——分子所处环境压强，Pa。

c. 分子蒸馏的基本原理　根据分子运动理论，液体混合物的分子受热后运动会加剧，当接受到足够能量时，就会从液面逸出而成为气相分子。随着液面上方气相分子的增加，有一部分气体就会返回液体。在外界条件保持恒定的情况下，最终会达到分子运动的动态平衡，从宏观上看，达到了平衡。

根据分子运动平均自由程公式知，不同种类的分子，由于其分子有效直径不同，故其平均自由程也不同，即不同种类分子，从统计学观点看，其逸出液面后分子碰撞的飞行距离是不相同的。

分子蒸馏的分离作用就是利用液体分子受热会从液面逸出，而不同种类分子逸出后其平均自由程不同这一性质来实现的。

（2）膜分离　膜分离是利用天然或人工制备的具有选择透过性能的薄膜对双组分或多组分液体或气体进行分离、分级、提纯或富集。物质选择透过膜的能力可分为两类：一种是借助外界能量，物质由低位向高位流动；另一种是以化学位差为推动力，物质发生由高位向低位的流动。膜分离按分离尺寸不同分为微滤、超滤、纳滤、反渗透四种。

① 微滤过滤原理　微滤（微孔过滤，microporous filter membrane，MFM）

是与常规的粗滤十分相似的膜过程。微滤是采用特种纤维树脂或高分子聚合物制成的微孔滤膜作为过滤介质的过滤过程，滤膜的孔径范围为 0.1 ~ 10μm，具有筛网结构，近似于一种多层叠起来的筛网，其厚度为 100 ~ 150μm。因此，其过滤机理类似于筛分机理，被分离出来的颗粒基本上被截留在膜表面，微孔过滤推动力为压力，它主要用来截留颗粒大小在 0.1 ~ 10μm 范围的杂质，如病毒等。微滤的操作压力较小，一般小于 0.3MPa。微孔滤膜（微滤膜）的截留机理因其结构上的差异而不尽相同，如图 8-11 所示。通常认为，微孔滤膜的截留作用大体可分为以下几种：

a. 机械截留作用　作用指膜具有截留比它孔径大或与孔径相当的微粒等杂质的作用，此即过筛作用。

b. 物理作用或吸附截留作用　如果过分强调筛分作用就会得出不符合实际的结论。除了要考虑孔径因素之外，还要考虑其他因素的影响，其中包括吸附和电性能的影响。

c. 架桥作用　通过电镜可以观察到，在孔的入口处，微粒因为架桥作用（在两个或多个微细粒子间，利用絮凝剂起架桥作用，是微细粒子聚集而成较大颗粒的絮体。当加入絮凝剂时，它会离子化，并与粒子表面形成价键。为克服粒子彼此间的排斥力，絮凝剂会由于搅拌及布朗运动而使得粒子间产生碰撞。当粒子逐渐接近时，氢键及范德华力促使粒子结成更大的颗粒。碰撞一旦开始，粒子便经由不同的物理、化学作用而开始凝集，较大颗粒粒子从水中分离而沉降），也同样可被截留。

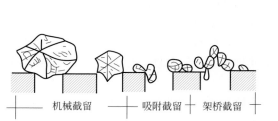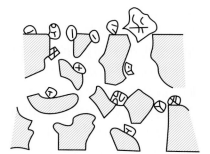

|—— 机械截留 ——|—— 吸附截留 —|—架桥截留—|

(a) 在膜表面层的拦截　　　　　　　　　(b) 在膜内的网络中拦截

图8-11　微滤膜各种截留作用示意图

② 超滤过滤原理　超滤与微滤的基本原理相同，超滤是指在外界推动力作用下截留水中胶体颗粒，而水和小的溶质粒子透过膜的分离过程。超滤膜的膜表皮层较厚（约 1μm），空隙孔径在 0.005 ~ 0.01μm 之间。在超滤过程中，溶质

被截留的过程可分为三种情况：一是溶质在膜表面和微孔孔壁上被吸附（一次吸附）；二是与微孔孔径大小相当的溶质堵塞在微孔中被除去（堵塞）；三是颗粒大于微孔孔径的溶质被机械截留在膜表面，即发生所谓的机械筛分。第三种情况是超滤截留溶质的主要机理，其工作原理示意图如图 8-12 所示。筛分理论认为，膜的表面具有无效微孔，在一定的压力作用下，当含有高 A 低 B 分子物质的混合溶质的溶液流过被支撑的膜表面时，溶剂和低分子溶质（如无机盐类）将透过薄膜，作为透过物被搜集起来，高分子溶质（分子量在 500 以上的有机物等）则被薄膜截留而作为浓缩液被回收，超滤膜两侧的渗透压较小，所以超滤的操作压力比反渗透小得多。

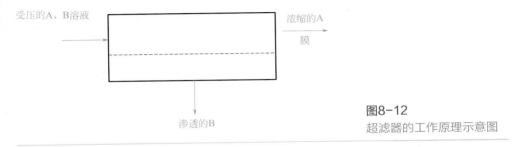

图8-12
超滤器的工作原理示意图

③ 纳滤过滤原理　纳滤的分离原理近似机械筛分。当溶液由泵增压后进入纳滤膜时，在纳滤膜表面发生分离，溶剂和其他小分子量溶质透过纳滤膜，相对大分子溶质被纳滤膜截留，从而达到分离和纯化的目的。在实际应用中，通常条件下纳滤膜组件是竖直安装在系统中的，与物料流向一致，在物料浓缩过程中，物料在泵的压力下进入纳滤系统，由于纳滤膜的截留性能，水及少部分分子量小的可溶于水的物质可透过膜与原物料分离，形成透过水流，被移送或排放，其他物料则被截留，形成浓缩物料流。在给料泵的作用下，物料仍进行高速连续流动，将浓缩物料输出系统外，进入浓缩循环罐中，进行循环浓缩，同时自行清理膜孔表面滞留的截留物，从而实现阶段性连续作业，直至达到预定的浓缩分离目的。

④ 反渗透膜透过原理　反渗透膜透过原理目前还没有统一，主要以氢键理论、选择性吸附 - 毛细孔流理论及溶解扩散理论为主。

a. 氢键理论　当水与膜接触时，由于把膜看作是一种无定形的链状聚合物，它有与水等溶剂形成氢键的能力，即形成所谓的"结合水"。因此，在反渗透推动力的作用下，由第一个氢键位置断开而移到下一个位置形成另一个氢键，这样水通过一连串的形成氢键和氢键断裂而不断下移，直至离开膜的表皮层进入多孔支撑层。多孔支撑层中含有大量的毛细孔水，水分子能畅通地流出膜外。需指出的是，在表皮层形成的"结合水"，由于它的介电常数非常小，对水中离子无溶剂化作用，这样离子就不能进入"结合水"，从而达到膜除盐的目的。

b. 选择性吸附－毛细管流理论　选择性吸附－毛细管流理论是在 Gibbs 吸附方程的基础上提出来的。当水溶液与反渗透膜接触时，由于膜的亲水性而选择性地吸附水溶液中的水分子，此时在膜与水溶液界面附近的溶质浓度大幅度下降，在界面上形成一个有 1～2 个水分子厚（0.5～1.0mm）的纯水分子层，水中溶解盐类被排斥在此水分子层外，离子价数越高，排斥越强烈。在反渗透压力的推动下，此纯水分子层中的水分子通过膜表面的大量细孔不断流出，这些细孔的孔径为 1nm 时，称为临界孔径。反渗透膜表皮的细孔孔径在临界孔径范围内，就能起到除盐的目的。选择性吸附－毛细管流理论模型如图 8-13 所示。需指出的是，当水中存在有机物时，由于有机物分子不断被膜表面排斥，加之有机物倾向于降低溶液与膜表面张力。因此，一些分子量小于 200 的有机物会聚集在膜表面的水分子层边并透过膜，而分子量在 200 以上的有机物基本上能被除去。

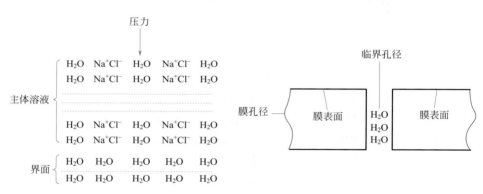

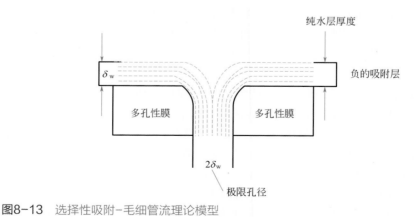

图8-13　选择性吸附－毛细管流理论模型

c.溶解扩散理论　溶解扩散理论认为，当水溶液与反渗透膜接触时，溶剂和溶质与膜相互作用并溶于膜中，然后在化学位差的推动力下，在膜中扩散透过膜。问题是为什么水分子比溶质易透过膜。这可从水分子和溶质的扩散系数不同得到说明。例如在对乙酰基含量一定的醋酸纤维素膜（33.6% ～ 43.2%）中，水分子的扩散系数（$5.7 \times 10^{-6} ～ 13 \times 10^{-6} cm^2/s$）比溶质的扩散系数（$2.9 \times 10^{-8} ～ 3.9 \times 10^{-7} cm^2/s$）大几个数量级。实验证实，随着乙酰基含量的增加，两者扩散系数相差就更大，这时水的透过量就更大，透过的水质就更好。

⑤ 电渗析原理　电渗析的基本原理是将被分离的溶液导入有选择性的阴、阳离子交换膜，浓、淡水隔板交替排列在正、负极之间所形成的电渗析器中。被分离的溶液在电渗析槽中流过时，在外加直流电场的作用下，利用离子交换树脂对阴、阳离子具有选择透过性的特征，使被分离溶液中阴、阳离子定向地由淡水隔室通过膜转移到浓水隔室，从而达到纯化、分离的目的，其原理如图 8-14 所示。由图可见，一张阳膜、阴膜与另一张阳膜、阴膜交替排列，由阳膜与阴膜间的隔室通入需分离的溶液，并在两端设置电极。以一个单元第3、第4隔室为例，进入图中第 3 隔室需分离的溶液，在直流电场作用下，当溶液中的阳离子移到阳膜边时，由于阳膜只允许阳离子透过，阳离子即透过阳膜进入第 2 隔室。同样，阴离子则向阳极方向移动，由于阴膜只允许阴离子透过，阴离子即透过阴膜进入第 4 隔室。因而从第 3 隔室流出去的水溶液中，阴、阳离子的数量均减少，成为分离纯化产品。进入第 4 隔室水中的离子，在直流电场的作用下也作定向移动，阳离子移向阴极遇阴膜受到阻挡，阴离子移向阳极遇阳膜同样受到阻挡，溶液中阴、阳离子均比原来增加，成为浓缩水排放。

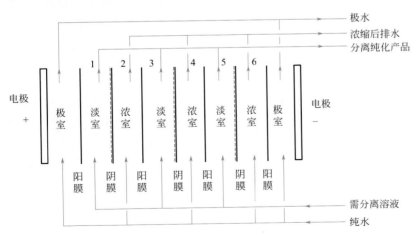

图8-14　电渗析原理

淡室水路系统、浓室水路系统与极室水路系统的流体，由水泵供给，互不相混，并通过特殊设计的布、集水机构使其在电渗析器内部均匀分布、稳定流动。从供电网供给的交流电，经整流器变为直流电，由电极引入电渗析器。经过在电极溶液界面上的电化学反应，完成由电子导电转化为离子导电的过程。

⑥ 渗透汽化原理　渗透汽化是利用致密高聚物膜对液体混合物中组分的溶解扩散性能的不同实现组分分离的一种膜过程（见图8-15）。液体混合物原料经加热器加热到一定温度后，在常压下送入膜分离器与膜接触，在膜的下游侧用抽真空或载气吹扫的方法维持低压。渗透物组分在膜两侧的蒸气分压差（或化学位梯度）的作用下透过膜，并在膜的下游侧汽化，被冷凝成液体而除去，不能透过膜的截留物流出膜分离器。

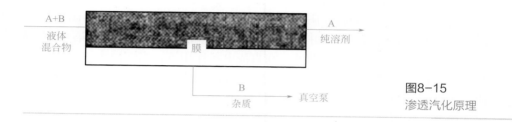

图8-15
渗透汽化原理

渗透汽化膜的分离过程是一个溶解扩散脱附的过程。溶解过程发生在液体介质和分离膜的界面。当溶液同膜接触时，溶液中各组分在分离膜中因溶解度不同其相对比例会发生改变。通常选用的膜对混合物中含量较少的组分有较好的溶解性。因此该组分在膜中的相对含量会大大高于它在溶液中的浓度，使该组分在膜中得到富集。大量的实验证明，混合物中两组分在膜中的溶解度的差别越大，膜的选择性就越高，分离效果就越好。在扩散过程中，溶解在膜中的组分在蒸气压的推动下，从膜的一侧迁移到另一侧。由于液体组分在膜中的扩散速度同它们在膜中的溶解度有关，溶解度大的组分往往有较大的扩散速度。因此该组分被进一步富集，分离系数进一步提高。最后，到达膜的真空侧的液体组分在减压下全部汽化，并从体系中脱除。只要真空室的压力低于液体组分的饱和蒸气压，脱附过程对膜的选择性影响不大。从上面的介绍中不难发现，渗透汽化的分离机理同蒸馏完全不同。因此，那些形成共沸的液体混合物，只要它们在膜中的溶解度不同，都能用渗透汽化技术得以分离。

⑦ 液膜分离原理　液膜是用来分隔与其互不相溶的液体的一个介质相，它是被分隔两相液体之间的传质桥梁。通常不同溶质在液膜中具有不同的溶解度

（包括物理溶解和化学络合溶解）与扩散系数，即液膜对不同溶质的选择透过，从而实现溶质之间的分离。液膜分离机理包括非流动载体液膜分离和含流动载体液膜分离。

a. 非流动载体液膜分离机理　利用液膜对物质作选择性渗透，当液膜中不含有流动载体时，其分离的选择性主要取决于溶质在膜中的溶解度。溶解度越大，选择性越好。这是因为对非流动载体液膜迁移来说，它要求被分离的溶质必须比其他的溶质运动得更快才能产生选择性，也就是说，混合物中的一种溶质的渗透速率要高。为了实现高效分离，可以采取在接受相内发生化学反应的办法来促进溶质迁移，即滴内化学反应的机理，如图 8-16 所示。

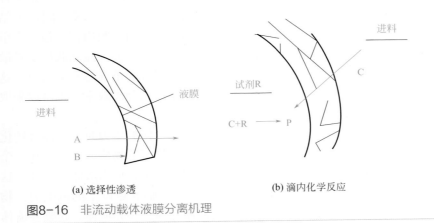

(a) 选择性渗透　　　　　　(b) 滴内化学反应

图8-16　非流动载体液膜分离机理

b. 含流动载体液膜分离机理　使用含流动载体液膜时，其选择性分离主要取决于所添加的流动载体。载体主要有离子型和非离子型。流动载体负责指定溶质或离子选择性迁移，因此，要提高液膜选择性的关键在于找到合适的流动载体，其迁移机理有以下两种。

第一种逆向迁移机理：当液膜中含有离子型载体时，载体在膜内的一侧与欲分离的溶质离子结合，生成络合物在膜中扩散，扩散到膜的另一侧与同性离子（供能溶质）进行交换。由于膜两侧要求电中性，在某一方向一种阳离子移动穿过膜，必须由相反方向另一种阳离子来平衡。所以待分离溶质与供能溶质的迁移方向相反，而流动载体又重新通过逆扩散回到膜的外侧重复上述步骤，这种迁移称为逆向迁移，它与生物膜的逆向迁移过程类似，如图 8-17 所示。

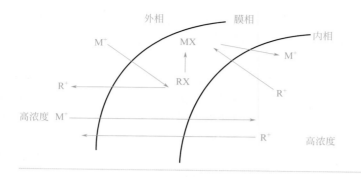

图8-17
液膜分离逆向迁移机理

第二种同向迁移机理：当膜中含有非离子型载体时，它所带的溶质是中性盐。例如用冠醚化合物载体时，它与阳离子选择性络合的同时，又与阴离子结合，形成离子对一起迁移，这种迁移过程称为同向迁移。由于膜内相中被分离组分的浓度较外相低得多，引起被分离组分向内相释放，而游离的流动载体逆扩散回到膜的外侧重复上述步骤，但内外两相中欲被分离组分的浓度达到平衡时，这种迁移就会被停止，它同样不能达到浓缩效应。为了提高分离效率，也可以采取上述所说的滴内反应机理。

（3）超临界流体萃取　在较低温度下，不断增加气体的压力时，气体会转化成液体，当压力增高时，液体的体积增大。对于某一特定的物质而言总存在一个临界温度和临界压力，高于临界温度和临界压力，物质不会成为液体或气体，这一点就是临界点。例如图 8-18 所示为纯水的相图。在临界点以上的范围内，物质状态处于气体和液体之间，这个范围之内的流体称为超临界流体。超临界流体具有类似气体的较强穿透力和类似于液体的较大密度和溶解度，具有良好的溶剂特性，可作为溶剂进行萃取、分离单体。

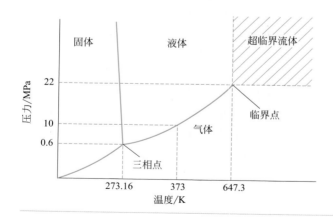

图8-18
纯水的相图

为了更好地理解超临界流体萃取，以 CO_2 为例子，纯 CO_2 的临界压力为 735MPa，临界温度为 31.1℃，处于临界压力和临界温度以上状态的 CO_2 被称为超临界 CO_2。这是一种可压缩的高密度流体，是通常所说的气、液、固以外的第四态，它的分子间力很小，类似气体，它的密度可以很大，接近液体，所以这是一个气液不分的状态，没有相界面，也就没有相际效应，有助于提高萃取效率和大幅度节能。

超临界流体的黏度是液体的 100%，自扩散系数是液体的 100 倍，因而有良好的传质特性；在临界点附近，压力和温度的微小变化会引起 CO_2 的密度发生很大的变化，如图 8-19 所示。所以，可通过变换 CO_2 的压力和温度来调节它的溶解能力，提高萃取的选择性；通过压降来分离 CO_2 和所溶解的产品，省却脱除溶剂的工序。

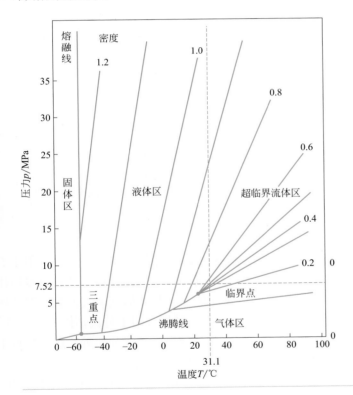

图8-19
纯 CO_2 的密度随温度和压力变化的曲线

（4）双水相萃取　双水相萃取与水有机相萃取的原理相似，都是依据物质在两相间的选择性分配，但萃取体系的性质不同。当物质进入双水相体系后，由于表面性质、电荷作用和各种力（如憎水键、氢键和离子键等）的存在和环境的影响，使其在上、下相中的浓度不同。分配系数 K 等于物质在两相的浓度比，各

种物质的 K 值不同，例如，各种类型的细胞粒子、噬菌体等分配系数都大于100或小于0.01，酶、蛋白质等生物大分子的分配系数大致在0.1～10之间，而小分子盐的分配系数在1.0左右，因而双水相体系对生物物质的分配具有很大的选择性。

水溶性两相的形成条件和定量关系常用相图来表示，如图8-20所示，以聚乙二醇/葡聚糖体系的相图为例。这两种聚合物都能与水无限混合，当它们的组成在图中曲线的上方时（用 M 点表示），体系就会分成两相，分别有不同的组成和密度，轻相（或称上相）组成用 T 点表示，重相（或称下相）组成用 B 点表示，C 为临界点，曲线 TCB 称为结线，直线 TMB 称为系线。结线上方是两相区，下方是单相区。所有组成在系统上的点，分成两相后，其上下相组成分别为 T 和 B。M 点时两相 T 和 B 的量之间的关系服从杠杆定律，即 T 和 B 相质量之比等于系线上 MB 与 MT 的线段长度之比。

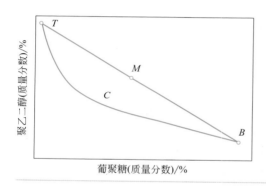

图8-20
聚乙二醇/葡聚糖体系的相图

2. 气液分离

气液分离技术是从气流中分离出雾滴或液滴的技术。该技术广泛应用于石油、化工（如合成氨、硝酸、甲醇生产中原料气的净化分离及加氢装置重复使用的循环氢气脱硫），天然气的开采、储运及深加工，柴油加氢尾气回收，湿法脱硫，烟气余热利用，湿法除尘及发酵工程等工艺过程，用于分离清除有害物质。气液分离技术的机理有重力沉降分离、惯性碰撞分离、过滤分离等，这些机理上述均已详细介绍，此处对工业常用气液分离器进行介绍。

（1）重力沉降气液分离器　采用重力沉降分离原理的气液分离器结构简单、制造方便、操作弹性大。但需要较长的停留时间，分离器体积大，投资高，分离效果差，只能分离较大液滴，其分离液滴的极限值通常为100μm，主要用于地面天然气开采集输。经过几十年的发展，该项技术已基本成熟。当前研究的重点是研制高效的内部填料以提高其分离效率，此类分离器的设计关键在于确定液滴的沉降速度，然后确定分离器的直径。重力沉降气液分离器一般有立式和卧式两类，如图 8-21 所示。

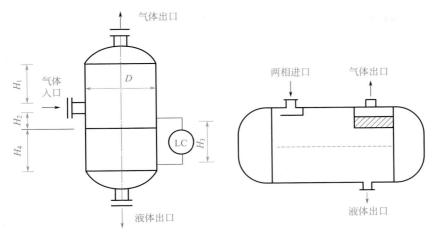

图8-21 立式和卧式重力沉降气液分离器简图

（2）惯性碰撞类气液分离器　采用惯性碰撞分离原理的分离器主要指波纹（折）板式除雾（沫）器，它结构简单、处理量大，气流速度一般在 15 ～ 25m/s，但阻力偏大，且在气体出口处有较大吸力造成二次夹带，对于粒径小于 25μm 的液滴分离效果较差，不适于一些要求较高的场合。

上述分离器的除液元件是一组金属波纹板，如图 8-22 所示，波纹板间形成"Z"字形气流通道。其性能指标主要有液滴去除率、压降和最大允许气流量（不发生再夹带时），此外还要考虑是否易发生污垢堵塞。因为液滴去除的物理机理是惯性碰撞，所以液滴去除率主要受液滴自身惯性的影响。它通常用于：①湿法烟气脱硫系统，设在烟气出口处，保证脱硫塔出口处的气流不夹带液滴；②塔设备中，去除离开精馏、吸收、解吸等塔设备的气相中的液滴，保证控制排放、溶剂回收、精制产品和保护设备。

（3）过滤型气液分离器　以玻璃纤维和金属丝网为例，如图 8-23 所示，气体流过丝网结构时，大于丝网孔径的液滴将被拦截而分离出来。若液滴直接撞击丝网，它们也将被拦截，直接拦截可以收集一定数量比其孔径小的颗粒。除液滴直接撞击丝网外，过滤型气液分离器具有高效、可有效分离 0.1 ～ 10μm 范围小粒子等优点。但当气速增大时，气体中液滴夹带量增加；甚至，使填料起不到分离作用，而无法进行正常生产；另外，金属丝网存在清洗困难的问题，故其运行成本较高，现主要用于合成氨原料气净化除油、天然气净化及回收凝析油以及柴油加氢尾气处理等场合。

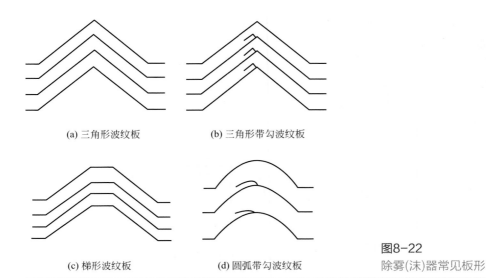

(a) 三角形波纹板   (b) 三角形带勾波纹板

(c) 梯形波纹板   (d) 圆弧带勾波纹板

图8-22
除雾(沫)器常见板形

图8-23
金属丝网

3. 气体分离和气固分离

（1）吸收过程分离原理　在一定的温度和压力下，当混合气体与吸收剂接触时，气体中的溶质从气相往液相吸收剂中转移（吸收过程），同时进入液相中的吸收质也可能往气相转移（解吸过程）；开始主要以吸收过程为主，随着液相中的吸收质浓度不断增加，吸收速率逐渐降低，解吸速率不断增大，经过足够长时间后，吸收速率与解吸速率相等，气液两相互呈平衡，这种状态称为相际动平衡，简称相平衡。在平衡状态下，吸收过程和解吸过程仍在进行，但在同一时刻从气相进入液相的溶质的量与从液相进入气相的溶质的量相等，即净转移量为零，组分在气相和液相中的浓度不再发生变化；此时溶液中的吸收质浓度称为平衡浓度，该浓度是在一定温度压力下能达到的最大溶解度，溶液上方气相中溶质的分压称为平衡分压（或饱和分压）；溶质组分在两相中的浓度服从相平衡关系，利用相平衡关系可以判断溶质在两相间传质的方向和限度，以及确定传质过程的推动力。

在一定条件下，两相间的平衡关系受相律制约：

$$f = C - \phi + 2$$

式中　f——自由度；

　　　ϕ——相的个数；

　　　C——系统的独立组分数，由物种数－独立化学反应数－独立浓度限制条件数得到。

该式说明，在温度、总压和气相组成、液相组成四个变量中，有三个是自变量，另一个是它们的函数，因此可以将组分的气相分压表示为温度、总压和液相组成的函数。在吸收过程中，当温度一定时，总压不很高的情况下，溶质在气相中的分压仅是液相组成的单值函数。根据组成的不同表示方法，可列出平衡时下列一系列函数关系。

$$p_A^* = f(x_A)$$
$$p_A^* = f(c_A)$$
$$y_A^* = f(c_A)$$

式中　p_A^*——溶质 A 在气相中的平衡分压，Pa；

　y_A^*，x_A——分别表示平衡时溶质 A 在气相、液相中的摩尔分数；

　　　c_A——平衡状态下溶质 A 在液相中物质的量浓度，mol/m^3。

p_A^* 的高低标志着溶质从液相向气相扩散能力的大小。对于总压不高的体系，可以认为气体组分在液相中的溶解度仅取决于该组分在气相中的分压，而与总压无关。在吸收过程中，除吸收质以外的其他气体组分都被视为不溶于吸收剂的，则气相中惰性组分的量在全塔范围内可视为不变，而液相中吸收剂的量也可视为不变，浓度以摩尔比表示，进行吸收过程的计算将显得更为方便，气体吸收过程的相平衡关系可以用溶解度曲线和相平衡关系式（如亨利定律）表示。

（2）变压吸附法分离原理　变压吸附法（pressure swing adsorption，PSA）是一种新的气体分离技术，其原理是利用分子筛对不同气体分子吸附性能的差异而将气体混合物分开，在工业上得到了广泛应用，已逐步成为一种主要的气体分离技术。它具有能耗低、投资小、流程简单、操作方便、可靠性高、自动化程度高及环境效益好等特点。随着分子筛性能改进和质量提高，以及变压吸附工艺的不断改进，使产品纯度和回收率不断提高，这又促使变压吸附在经济上立足和工业化的实现。该技术于 1962 年实现工业规模的制氢。进入 20 世纪 70 年代后，变压吸附技术获得了迅速的发展，装置数量剧增，规模不断增大，使用范围越来越广，工艺不断完善，成本不断下降，逐渐成为一种主要的、高效节能的气体分离技术。

变压吸附技术在我国的工业应用也有十几年的历史。我国第一套 PSA 工业装置是西南化工研究设计院设计的，于 1982 年建于上海吴淞化肥厂，用于从合成氨弛放气中回收氢气。目前，该院已推广各种 PSA 工业装置 600 多套，装置规模从每小时数立方米到 $600m^3/h$，可以从几十种不同气源中分离提纯十几种气体。

（3）气体膜分离原理　气体膜分离原理如图 8-24 所示，其基本原理是根据混合气体中各组分在压力的推动下透过膜的传递速率不同，从而达到分离目的。对不同结构的膜，气体通过膜的传递扩散方式不同，因而分离机理也各异。目前常见的气体通过膜的分离机理有两种：其一，气体通过多孔膜的微孔扩散机理；其二，气体通过非多孔膜的溶解扩散机理。

① 微孔扩散机理　多孔介质中气体传递机理包括分子扩散、黏性流动、努森扩散及表面扩散等，由于多孔介质孔径及内孔表面性质的差异使得气体分子与多孔介质之间的相互作用程度有所不同，从而表现出不同的传递特征。膜法从烟气中吸收脱除 CO_2 的原理如图 8-25 所示。

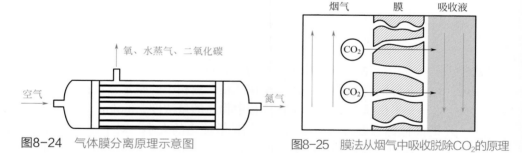

图8-24　气体膜分离原理示意图　　　　图8-25　膜法从烟气中吸收脱除CO_2的原理

混合气体通过多孔膜的传递过程应以分子流为主，其分离过程应尽可能满足下述条件：

a. 多孔膜的微孔孔径必须小于混合气体中各组分的平均自由程，一般要求多孔膜的孔径在 50 ～ 300μm；

b. 混合气体的温度应足够高，压力尽可能低，高温、低压都可提高气体分子的平均自由程，同时还可避免表面流动和吸附现象发生。

② 溶解扩散机理　气体通过非多孔膜的传递过程一般用溶解扩散机理来解释，气体透过膜的过程可分为三步：

a. 气体在膜的上游侧表面吸附溶解，是吸着过程；

b.吸附溶解在膜上游侧表面的气体在浓度差的推动下扩散透过膜，是扩散过程；

c.膜下游侧表面的气体解吸，是解吸过程。

一般来说，气体在膜表面的吸着和解吸过程都能较快地达到平衡，而气体在膜内的渗透扩散过程较慢，是气体透过膜的速度控制步骤。

由于膜分离过程中不发生相变，分离系数较大，操作温度可在常温，所以膜分离过程具有节能高效等特点，是对传统化学分离方法的一次革命。膜法分离气体是分离科学中发展最快的分支之一，在气体分离领域中的前途未可限量。

（4）气固旋风分离原理　旋风分离器是利用惯性离心力的作用从气体中分离出尘粒的设备。含尘气体由圆筒上部的进气管切向进入，受器壁的约束由上向下作螺旋运动。在惯性离心力作用下，颗粒被抛向器壁，再沿壁面落至锥底的排灰口而与气流分离。净化后的气体在中心轴附近由下而上作螺旋运动，最后由顶部排气管排出。

图 8-26 所示为旋风分离器代表性的结构形式，描述了气流在器内的运动情况。如图所示的旋风分离器称为标准旋风分离器，主体的上部为圆筒形，下部为圆锥形，各部位尺寸均与圆筒直径成比例。由图可见，通常把下行的螺旋形气流称为外旋流，上行的螺旋形气流称为内旋流（又称气芯），内、外旋流气体的旋转方向相同，外旋流的上部是主要除尘区。上行的内旋流形成低压气芯，其压力低于气体出口压力，要求出口或集尘室密封良好，以防气体漏入而降低除尘效果。高效环流旋风分离器可以去除普通以及粒径小至 3μm 以下的粉尘，分割直径可达到 1.5 ～ 3μm，对于中径 3μm 的分子筛粉末的除尘效率可达到 98% 以上，可广泛地应用于水泥窑炉、锅炉、烟道气等工业排放气的除尘中。

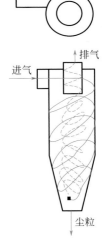

图8-26　旋风分离器代表性的结构形式

第三节
制备工艺

过滤与分离纸基功能材料的制备工艺多样，目前主要的制备工艺为湿法无纺布制备工艺以及复合法制备工艺，其中湿法无纺布制备工艺中纤维的黏结加固工艺是其关键。

一、湿法无纺布制备工艺

湿法无纺布制备工艺是非织造布制备的其中一种工艺，与其他非织造布制备工艺的区别在于其成形工艺是湿法的，与传统造纸工艺在成形原理上是一致的，以水为载体，将纤维原料均匀分散在水体系中形成浆料，浆料在成形网上进一步脱水，后经干燥、黏结加固而成[27]。

湿法无纺布制备工艺成熟，无纺布孔径及孔隙率可控，纤维匀度及致密性较好，无纺布抗张强度较强，因此使得其在过滤与分离材料领域得到较大的运用。

1. 湿法无纺布生产工艺流程

湿法无纺布生产工艺流程见图 8-27。

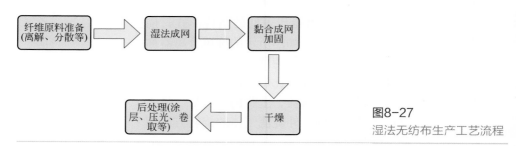

图8-27
湿法无纺布生产工艺流程

湿法无纺布的生产工艺流程与传统造纸工艺很相似，但由于纤维原料的差异使得其在原料准备以及成形阶段与传统造纸工艺存在很大差异。其中，在纤维原料准备阶段，湿法无纺布多以长度较长的纤维为主，长径比大于 300 的纤维占无纺布总质量的 50% 以上。由于这些纤维较长，滤水快，大部分是疏水的，因此会造成难以分散并聚集的现象。为使纤维在悬浮液中保持良好的分散效果，其浆浓往往会比较低，比传统造纸的浆浓低 90%[28]。除纤维原料准备阶段存在差异，其在成形阶段也存在差异，成网方式以及黏结方式的选择都会对无纺布质量造成很大影响。

2. 使用的纤维种类

湿法无纺布可使用的纤维原料种类较多，可为植物纤维和化学纤维等，总体上，其要求纤维长度较长，国内使用纤维长度大约为 4 ～ 10mm，甚至更长。用于湿法无纺布的天然纤维主要有各种木浆、棉浆、麻浆等。由于天然植物纤维无法赋予无纺布一些特殊性能，且无纺布的强度较低，因此在实际生产中，多以植物纤维和化学纤维混合抄造。一方面植物纤维可以提供大多数化学纤维所缺乏的湿纸强度及吸水性等，另一方面化学纤维可增强无纺布的抗张强度、撕裂度以及提供一些特殊性能，如高透气性、高离子选择性等。常用的化学纤维有聚丙烯纤维、聚乙烯纤维、聚酯纤维、聚乙烯醇纤维、黏胶纤维等。

3. 湿法无纺布成形原理

湿法无纺布的成形原理与传统造纸的成形原理一样，均是将纤维原料均匀分散于浆料悬浮液中。湿法无纺布使用的多是长度较长的化学合成纤维，其憎水性强，纤维表面光滑，纤维没有细纤维化，很难交织，容易发生聚集，因此在湿法无纺布纤维浆料分散的过程中，采用高速低浓搅拌和添加分散助剂，以改善纤维的分散性。分散助剂的作用机理是提高浆液的黏度，限制纤维的自由运动，减少聚集，同时降低纤维沉降的速度，使纤维分散均匀。湿法无纺布的成形区别于传统造纸工艺纤维浆料，在成形网上迅速脱水，其在成形过程中，可以通过过滤阻力控制纤维的附着状态，若出现纤维分散不均匀的现象，过滤阻力低的地方纤维分布较少，滤水快，其在后期纤维沉降的过程中，会先沉降到该位置，使纸页更加匀整[29]。

4. 湿法无纺布成形设备

成形设备的选择会影响无纺布的各项性能，目前，湿法无纺布的成形设备主要有圆网成形器和斜网成形器。

（1）圆网成形器　圆网成形的主要设备是真空圆网成形器，在成形区配备真空箱，在实际生产中，圆网成形器的最大问题是受离心力的影响难以提高车速，而真空圆网成形器可以克服离心力的影响，进一步提高抄造速度，提高生产效率[30]。

图8-28为真空圆网成形器的示意图，浆料主要由方锥总管进入，在扩散孔板进行扩散之后，进入导流板和波形流道组成的匀整器中，浆料与分散剂充分混合，经过波形流道的收缩和扩散，形成比较匀整的浆流。最后经唇板装置进行上网脱水，真空圆网辊是真空圆网成形器的核心部件，浆料经过波形流道混合均匀，浆料经唇口喷出进入成形区，在真空圆网辊的抽吸作用下，使纸页成形。真空圆网辊内部有若干个真空度不同的真空吸水室，根据纤维浆料在成形网的分布情况来调节真空度，以达到浆料脱水的可控性[31]。

圆网成形器在抄造时，往往在短时间、短距离内脱水，并且成纸纵横拉力比较大，因此不太适合化学纤维等长纤维滤材的抄造，目前用于湿法无纺布抄造的纸机主要是斜网成形纸机。

（2）斜网成形器　真空圆网成形器在设计时，真空吸水箱和成形区的设计相对斜网受到比较大的限制，斜网成形器与普通长网成形器的区别在于其与底轨成一定角度倾斜，成形网的倾斜角度约为$10°\sim15°$。

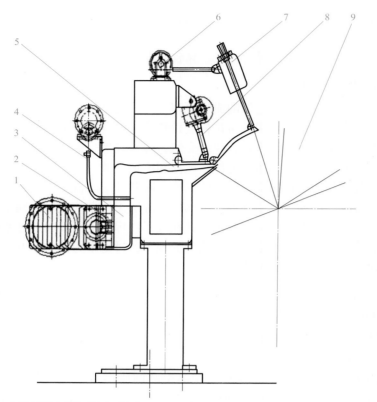

图8-28

真空圆网成形器示意图

1—方锥总管；2—扩散孔板；3—导流板；4—分散剂加入装置；5—波形流道；6—唇板起落装置；7—唇板横幅微调装置；8—直唇板起落装置；9—真空圆网辊

　　图 8-29 为斜网成形器示意图，浆料从布浆管喷出，经过流道进入纸页成形区，依靠成形区下方的真空脱水箱进行抽吸脱水，脱水箱也分为几个不同的脱水室，可单独调节。浆料进入成形区时，可通过使浆料悬浮液的流动方向与网下脱水箱成垂直角度来实现纤维的自由取向排列，通过控制网速和浆速来实现纤维的纵向排列。在成形区的末端有一唇板，盖住部分成形区，可防止浆料悬浮液在空气和水的交界处成形以造成纤维的聚集。调节唇板的长度可实现不同的浆料流动速度[32]。

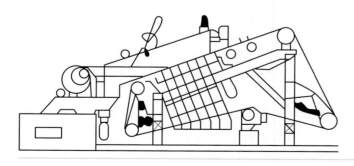

图8-29

斜网成形器示意图

斜网成形器较普通长网、圆网成形器抄纸匀度、透气性好，上网浓度低，脱水性好，更适合长纤维浆料的抄造，斜网成形器的工艺要求及适用性如下：

① 长纤维及其混合纤维在浆料浓度较低状态下的成形　长纤维纸浆其纤维较长，纤维长宽比较大，缺乏足够的挺度，纤维之间相互接触时，细长、柔软的纤维易絮聚。斜网成形器成形纸浆浓度低，能使长纤维在上网时有足够的空间保持其悬浮状态，以防止纤维聚集。一般斜网成形器的上网浓度为 0.01% ～ 0.05%，纤维长度为 3 ～ 25mm。

② 成纸匀度及透气性能优异　浆料悬浮液在高度稀释的条件下，能保证长纤维充分分散，斜网成形器能及时大量地进行脱水。整个脱水和成形过程基本同步进行，多次、长时间地使纤维在充分分散的情况下网上成形。不像长网和圆网成形器在短时间、短距离内成形，斜网成形器有着长网和圆网成形器起不到的作用。斜网成形器抄造成形后成纸匀度佳，并能满足对透气性能的特定要求，所以特别适用于生产如汽车过滤材料、咖啡过滤材料等。

③ 成纸纵横拉力比小　一般长网和圆网成形器所抄成的纸页纵横拉力比大，仅适用于一般用途纸张的抄造，而一些长纤维特种纸在性能上都有一些特殊要求，如茶叶过滤纸、汽车过滤纸等长纤维特种纸，成纸要求其纵横拉力比越小越好。由于斜网成形器特殊的成形和脱水原理，它既不像长网造纸机那样喷浆成形，又不像圆网造纸机那样挂浆成形，而是通过真空脱水箱的抽吸作用使纤维在成形网上成形，在网的运行过程中，无较大的外力改变纤维的自由排列，所成形的纤维在网上排列无明显的方向性，并能在网上的各个方向上均匀分布，一般的纵横拉力比为 (1.1 ～ 2.5)：1，而一般长网、圆网成形器成纸的纵横拉力比为 (2.5 ～ 5)：1。

随着过滤材料及特种纸的发展，斜网成形器已从最初的单层成形器发展到目前的多层成形器、液压式网前箱配备斜网成形器等，具体如图 8-30 ～图 8-33 所示。设备的改进完善，更有利于生产出性能优异的过滤材料及其他特种纸材料[33]。

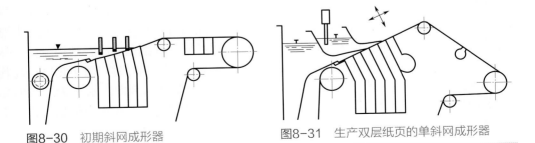

图8-30　初期斜网成形器　　　　　　图8-31　生产双层纸页的单斜网成形器

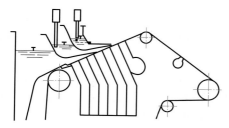

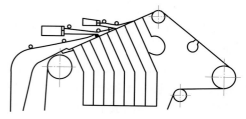

图8-32　生产三层纸页的单斜网成形器　　　图8-33　配备液压网前箱的三层式斜网成形器

5. 纤维的黏结加固工艺

湿法无纺布的制备过程中，纤维的黏结方式不同，制备出来的无纺布质量也会存在差异。植物纤维多通过打浆使纤维表面分丝帚化，使暴露在纤维表面的氢键数量增多，通过氢键作用，使纤维进行交织结合，达到纸页强度增加的目的。用湿法无纺布工艺制备过滤基材，多使用长度较长的化学合成纤维，其表面光滑，纤维无法通过氢键作用形成牢固的结构，因此在实际生产中，可通过添加黏结剂，使纤维黏结成网[34]。

例如，玻璃纤维具有良好的化学稳定性、耐高温、抗腐蚀、强度高等优点，被广泛用于空气过滤材料的制备领域。玻璃纤维表面光滑，无分丝帚化现象，纤维表面也没有可以形成氢键的羟基，在成形及烘干脱水时无法使成纸自然产生强度。为了保证玻璃纤维在成纸过程中能够牢固地穿插在混抄纤维之中，常常对玻璃纤维进行预处理，或是将成形的纸幅用黏结剂进行喷胶或浸胶处理，而加入黏结剂主要是赋予成纸更好的强度或是其他特殊性能。环氧树脂是一类在空气过滤材料中运用比较多的黏结剂，它泛指含有两个或两个以上环氧基的化合物，不能单独固化，通过与含有活性氢的化合物（固化剂）反应而形成固化状态，具有优良的物理力学性能、化学稳定性和黏结性能，在常温下呈液态，黏度低，树脂与纤维束的浸润性好，它的缺点就是硬而脆，耐冲击性差[35]。

燃油滤纸是一种过滤用纸，主要是为除去燃油中的杂质，防止发动机零件过度磨损，延长其寿命。在燃油滤纸的制备过程中，需加入树脂作为黏结剂。目前，滤纸原纸主要以植物纤维为原料，根据产品的特殊需求加入一些合成纤维混抄。原纸中的纤维直径大小以及纤维长短不尽相同，成纸紧度小、结构疏松、强度较低，不能满足过滤产品的要求，因此，需用黏结剂经过浸渍工艺以提高其性能。黏结剂主要有水溶型、乳液型等[36]。水溶型黏结剂即以水作为溶剂的黏结剂，如淀粉、聚乙烯醇、羧甲基纤维素等，乳液型黏结剂在水中呈悬浮状，主要有醋酸乙烯树脂、丙烯酸树脂等。

成纸的强度性能最主要是由制备过程中添加的黏结剂来提供，黏结剂主要是以乳胶状的形态起到胶黏作用，通过增强纤维间的结合强度来增大成纸的抗张强度。在实际使用黏结剂的时候，往往需要将黏结剂吸入纸张纤维之间，使黏结剂不仅仅附着在原纸表层纤维表面，而是深入到纸张层间内，保证纸张内部层间的纤维之间也可以通过黏结剂牢牢地固定，这样就可以更好地发挥黏结剂的黏结作用，提高黏结剂的使用效率[37]。除了添加黏结剂增加成纸强度外，有时候也需要添加其他助剂达到特殊性能要求，在用玻璃纤维混合植物纤维制备空气滤材的时候，植物纤维可以燃烧，玻璃纤维本身难燃，纸张中添加的黏结剂也是易燃物质，这就需要添加阻燃剂，阻燃剂是小颗粒状固体，在高温时先于可燃物融化，释放保护气体，阻碍可燃物质的燃烧[38]。

二、复合法制备工艺

无纺布的复合技术是将两种或多种性能各异的无纺布通过机械、化学或热处理达到复合的目的，复合之后的材料性能进一步提升。

1. 黏合剂复合

黏合剂复合法是采用化学黏合的方式，通过施加黏合剂将两层或多层材料复合在一起，形成复合过滤材料。黏合剂复合的优点是材料间的结合力较大，利于产品的后加工，但另外一方面，黏合剂的使用使纸基的孔径变小，对材料的结构造成了一定的破坏，缩短产品的最终使用寿命[39]。

2. 热黏合复合

热黏合复合法是利用热或热与压力的共同作用，由低熔点聚合物为皮层，高熔点聚合物为芯层的皮芯复合纤维，通过热风或者热辊，将两层或多层材料复合在一起的方法。这种方法的优点是工艺简单、生产速度快、成本低、产品不含化学黏合剂。

热黏合复合法中常用的一种是超声波复合。超声波能量是简单的机械振动能量，在极高的频率（20000Hz）下将被复合的材料置于超声波发生器"号角"与辊筒之间连续运行，在较低的压力下就能使高分子材料复合在一起，图8-34所示为超声波复合机理。当电压220V，频率50Hz电流进入超声波发生器，发

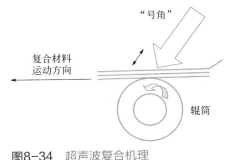

图8-34　超声波复合机理

生器就开始工作，将 50Hz 频率提高到 20000Hz，并保持在这个频率上。在压力和振动频率的共同作用下材料内部分子运动加剧，将高频振动的动能变成热能，使材料发生软化、熔融，从而实现对两层高分子聚合物材料的复合[40]。

单一过滤材料存在诸多缺陷，过滤效率低，使用寿命短，采用纺黏无纺布和聚丙烯无纺布复合制备过滤材料，具有多级过滤效果，净化能力和过滤效率高[41]。

图 8-35 所示为通过热黏合复合法制备的一种纺黏无纺布/聚丙烯无纺布复合过滤材料结构，其外层以低熔点纺黏无纺布层为皮层，接着以高熔点聚丙烯无纺布层为芯层，再到纤维过滤层，中心是透气层，透气层采用高分子树脂纤维制备而成，具有一定透气效率，对气流不会造成阻力，聚丙烯无纺布层与透气层之间设有纤维过滤层，此种多层复合过滤材料，可过滤不同粒径的颗粒，净化能力强。

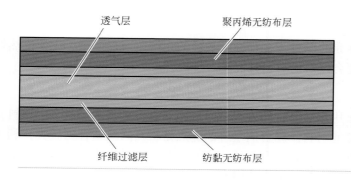

图8-35
纺黏无纺布/聚丙烯无纺布
复合过滤材料结构

正渗透膜技术在海水淡化领域有着广泛的运用，其能耗低，水产率高，采用无纺布作为支撑层，在支撑层上面复合活性层制备正渗透膜成为当下研究的热点。

图 8-36 所示为聚酰胺/聚酯纤维无纺布复合材料结构，以聚酯纤维无纺布为底层，先采用静电纺丝技术，在无纺布上形成一层超薄聚酯纳米纤维膜，并通过热压处理使纤维丝在界面处发生融合，增强纳米纤维膜与无纺布的界面结合力[42]。随后，通过界面聚合在复合支撑层膜表面形成聚酰胺活性层，制备出复合正渗透膜，由于支撑层和活性层的共同作用，该膜机械稳定性高，水处理效率高，抗污染能力强。

3. 机械复合

机械复合法是将两层或多层材料利用机械力的作用使其结合在一起的方法。以这种方式可以制备具有优异通透性的复合过滤材料，可以满足对高载体流速需求，并且由于无需使用化学黏合剂，增大了材料的使用范围。

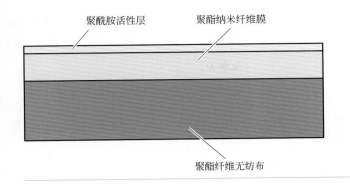

图8-36
聚酰胺/聚酯纤维无纺布复合材料结构

聚酰胺活性层　　聚酯纳米纤维膜

聚酯纤维无纺布

现有很多过滤材料采用植物纤维制成纸质过滤材料，如汽车上的空气过滤器等，但其孔径透气度、纸张耐破度等存在一定缺陷，也有直接采用化学纤维制成的无纺布过滤材料，如锅炉烟尘过滤器，无纺布过滤材料强度、耐破度等较高，但其孔径及透气度可变性比纸质过滤材料低，将两种材料复合，可弥补单一材料的不足，提高材料的强度及过滤精度。

图 8-37 所示为纸/无纺布复合过滤材料的结构，纸质层的制备由植物纤维经分散打浆，经湿法造纸工艺于造纸成形网成形，经过烘干形成纤纸页。无纺布层用聚丙烯经熔融喷丝成形，热压加固处理形成聚丙烯无纺布，将两种材料叠合，在高压水流的作用下，将纸质层的纤维经过微孔植入无纺布层，再经涂布制得纸/无纺布复合过滤材料，其弥补了纸质过滤材料和无纺布过滤材料单一的缺陷，综合性能进一步提升。

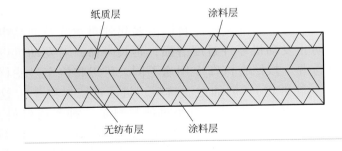

图8-37
纸/无纺布复合过滤材料结构

纸质层　　涂料层

无纺布层　　涂料层

采用静电纺丝制备的纳米纤维和纺黏无纺布进行穿插叠合，制备复合过滤材料，构造静电纺丝纤维和纺黏无纺布之间的夹层结构，形成分级过滤机理，能够提高过滤效率[43]。

图 8-38 所示为静电纺丝纳米纤维/纺黏无纺布复合过滤材料结构，多层穿插复合，复合材料主体粗纤维对粒径较大的颗粒有较好的过滤效果，形成较大孔径

有利于气流通过，复合穿插叠加结构对细颗粒具有较好的过滤效果。由于结构的柔软性，气流通过时，并不会造成阻力。此种结构的过滤材料过滤效率高，气流阻力小。

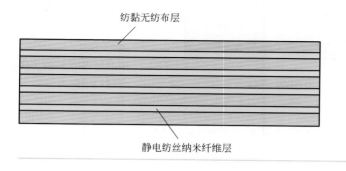

图8-38
静电纺丝纳米纤维/纺黏无纺布复合过滤材料结构

第四节
运用实例

一、汽车过滤

　　汽车过滤材料是生产汽车滤清器的关键原料，主要起到对空气及油品中杂质和水分过滤的效果，防止发动机零件过度磨损，延长寿命，对发动机设备的维护和正常运转极其重要。按照在汽车上用途不同，可以将汽车过滤材料分类为：空气过滤材料（图8-39）、燃油过滤材料、机油过滤材料[44]。这些过滤材料一些是折叠状、一些是平板状。汽车过滤材料是一种渗透材料，当含有杂质颗粒的流体通过时，能够使得杂质颗粒和流体分离开来。经过不断的发展，汽车过滤材料的制备工艺及性能逐步提升，根据过滤材料或工艺的不同，将汽车过滤材料分为车用过滤纸、无纺布过滤材料、复合过滤材料。车用过滤纸是将滤纸原纸经过树脂浸渍、烘干等工序制成。车用过滤纸主要是以植物纤维为原料，根据产品的特殊需求，可以加入一些合成纤维或者无机纤维进行性能优化。无纺布过滤材料具有较大的透气率、较多的单位面积孔数，其网状孔隙加强了分散效果，增加了粒子悬浮相与纤维碰撞的机会，大大提高了过滤效率，这些优越性能使得无纺布过滤材料的使用量呈现快速增加的趋势[45]。复合过滤材料是将两层或多层过滤材料进行复合，复合工艺不同，其结构也不尽相同，复合工艺已在第三节详细介绍，这里就不加以赘述，相对于单层过滤材料，复合过滤材料有着更优异的过滤性能。在多层复合过滤的基础上，有研究学者提出了深层梯度过滤的概念。梯度结构滤材通过有效的工艺控制，来达到纤维梯度分布及纵向孔径连续变

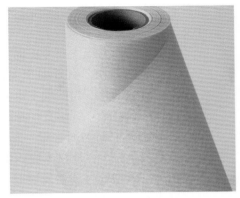

图8-39　汽车空调空气过滤材料

化。这种结构特点能合理地平衡过滤效率与过滤阻力的关系。梯度过滤结构的滤纸松厚度、耐破度、挺度和透气度都很高，而平均孔径很小，是一种理想的过滤材料。

我国汽车过滤材料发展起步较晚，于20世纪50～60年代开始发展起来，落后欧美国家100多年。随着改革开放的进行，国外资本的注入、技术的进步以及汽车行业的快速发展，目前国内已出现一批代表性的汽车过滤材料生产企业及产品，如杭州新华纸业有限公司"双圈"牌滤纸、杭州特种纸业有限公司"新星"牌滤纸、山东普瑞富特纸业有限公司"绿竹"牌滤纸、广东元建特种材料科技有限公司产品等，但目前国内企业生产的汽车用滤纸相比国外先进企业还存在过滤效率低、寿命短、稳定性差等问题。随着技术不断发展和大量资金的投入，国内企业正瞄准国际同行一流标杆企业，借鉴、引进、消化、吸收和自主创新，不断开发生产精度高、过滤效率好、使用寿命长、性价比优的滤纸系列产品。

二、高效空气过滤

高效空气过滤采用高效空气过滤器（HEPA）。空气过滤器的用途广泛，在工厂废气排放，医院、制药、食品、化妆品等行业领域的洁净车间都会用到[46]。在选择空气过滤材料时，除了根据国家的净化级别标准，确定最末端空气过滤器的过滤效率，还要选择上级各级过滤器的配套效率，选择过滤器时还应考虑阻力如初阻力、终阻力、容尘量等。终阻力高，使用寿命长但风量大，一般考虑终、初阻力比为2。对空调系统应选用比设计高一级效率的过滤器。尽管一次性投入费用大，但可避免因风道阻塞导致的风机性能变差

等种种弊端，其结果是延长了过滤器的寿命，减少了清洗次数并大大节约了开支。

在滤纸选择上应主要考虑以下几点：

（1）有效面积 有效面积大，即过滤纸使用面积大，容尘量就大，阻力就小，使用寿命就长，当然成本也就相应增加。

（2）纤维直径 纤维直径越细，拦截效果越好，过滤效率相应较高。

（3）滤材中黏结剂含量 黏结剂含量高，纸的抗拉强度就高，过滤效率就高，掉毛现象就少，滤材本底积尘小，抗性好，但阻力相应增大。

我国高效空气过滤器发展起步于 20 世纪 60 年代，20 世纪 80 年代引进国外空气过滤器后，我国空气过滤器得到进一步发展，但国内高效空气过滤器跟欧美等先进国家相比仍有很大差距。高效空气过滤器性能提升对其过滤效率有很大影响，随着科技的发展进步，对高效空气过滤器提出了更高的要求：首先是加工的精密化，现代产品的加工逐渐向更小的量级发展，直接在分子原子层面进行操作；其次是产品的微型化，现代产品的体积逐渐向微型化发展，体积变小的同时，如何保证其性能是关键；第三是产品的高纯度，原材料在高纯度的基础上充分发挥其固有特性或呈现出新的特性，这几个方面的要求越高，高效空气过滤器的过滤性能就会越好。

高效空气过滤器可分为有隔板高效空气过滤器和无隔板高效空气过滤器，分别见图 8-40 和图 8-41。有隔板高效空气过滤器的滤料是利用专用自动设备打成皱褶

图8-40 有隔板高效空气过滤器

图8-41 无隔板高效空气过滤器

的铝箔分隔并折叠成形，有隔板高效空气过滤器可将较大的灰尘累积在底部，两侧则可有效过滤其他微尘。大体而言，折景越深，使用寿命越长。无隔板高效空气过滤器是用热熔胶代替有隔板高效空气过滤器的铝箔对滤材进行分隔。由于没有了隔板使得厚 50mm 的无隔板型过滤器能够达到厚 150mm 的有隔板过滤器的性能，可以满足当今空气净化对各种空间和质量及能源消耗的严苛需求[47]。无隔板高效空气过滤器过滤效率高，阻力低，容尘量大。两种高效空气过滤器都广泛应用于航天、航空、电子、制药、生物工程以及各类洁净设备的空气净化等领域。

高效空气过滤器的过滤机理很复杂，各种机理相互配合能有效地改善过滤器的过滤效率[48]。随着空气过滤器的不断发展，从传统的有隔板高效空气过滤器到无隔板高效空气过滤器，部分行业目前甚至还会用到超高效过滤器（ULPA），超高效过滤器的过滤级别更高，但技术要求更难，是未来空气过滤发展的趋势。

三、水过滤

在水过滤领域，常用的技术是膜过滤法。膜过滤法在 20 世纪 50 年代在海水淡化领域开始发展使用，是一项重大的技术突破。膜的过滤是固液分离技术，它是以膜孔把水滤过，将水中杂质截留，而没有化学变化，处理简易的技术，但因膜孔非常细小，相应地存在某些技术问题[49,50]。

水处理过滤过程的主要研究目的包括提高滤速、增大截污容量、提高过滤效率及提高反冲洗效率。粒状滤料由于自身粒径的限制使得以上几个问题未能得到有效的解决。纤维滤料以其直径小，比表面积大，水流阻力小，过滤精度高的优点进入人们的视野，成为替代粒状滤料的重要材料。例如，近年来，随着纤维过滤技术的迅速发展，有人将纤维过滤技术应用于反渗透海水淡化预处理，研究胶囊挤压式纤维过滤器对混凝沉淀后海水的净化效果和水头损失变化，测试了浊度、污染密度指数（SDI15）、总铁、COD_{Mn} 和过滤水头损失等指标。结果表明，混凝沉淀后的海水经高效纤维过滤后，出水浊度在 0.2NTU 以下，去除效率维持在 93% 以上，出水 SDI15 小于 3.2，出水总铁含量小于 0.1mg/L，去除效率在 94% 以上，不同粒径颗粒去除率均在 85% 以上。过滤水头损失随着运行时间增加增长缓慢，小于 0.02MPa。出水水质完全达到了反渗透聚酰胺复合膜的进水要求。

过滤技术在海水淡化预处理中具有极其重要的作用。近年来不断发展的高效纤维过滤技术以其较大的比表面积，较大的孔隙率，过滤阻力小，清洗方便等优点逐渐代替传统的砂滤，在海水淡化预处理中得到了广泛的应用。

四、电池隔膜纸

电池隔膜纸作为一种特种纸功能材料，在电池中处于电池正极和负极之间，其主要作用是隔离电池正负极，让离子顺利通过，不让电子通过，避免电池内部发生短路，其质量的好坏直接影响到电池的使用寿命及安全性。按所用电池的不同，电池隔膜纸可以分为锌锰干电池隔膜纸、碱锰电池隔膜纸、镉镍电池隔膜纸、镍氢电池隔膜纸、锂离子电池隔膜纸等。对于使用于不同电池的隔膜纸在性能上具有不同的要求，但其总体要求如下[51-53]：①具有良好的隔离性能，绝缘性能好，将电池正负极隔开，保证两电极物料不直接接触，防止电池内部短路；②具有良好的离子渗透性，存在一定的孔径作为离子渗透通道；③电阻小，离子导电通畅；④具有良好的化学稳定性；⑤具有一定的机械强度和韧性。

纸基电池隔膜是利用纤维素及其衍生物作为原料，通过抄纸等工艺制备得到的性能优异的纤维素基电池隔膜。纸基电池隔膜的主要制备方法有纯纤维素制备法和纤维素纤维与其他纤维共混法。纯纤维素制备法制备的纸基电池隔膜具有介电常数高、热稳定性和化学稳定性好等优点；纤维素纤维与其他纤维共混法制备的纸基电池隔膜则能够根据不同需求获得不同优异性能。

纤维素纸基隔膜凭借其优良的各项性能，已经成为电池行业研究的重点，甚至可能会超过传统聚烯烃类隔膜。国内有研究人员利用仿生贻贝类材料多巴胺的自组装性能，在纸基隔膜表面涂覆一层聚多巴胺层，可以赋予纤维胶黏性，且具有良好的机械强度、稳定性和循环性，可以应用于电池密度大的电池内。

目前，纸基电池隔膜的制备尚处于研究阶段，虽然取得了良好的结果，但是距离真正投入生产尚需要一段时间。此外，纸基电池隔膜还存在匀度、厚度、防止改性纤维素溶于有机电解液等方面的问题，对于纸基电池隔膜仍需要进一步的实验研究。纤维素纸基隔膜一般用于普通的离子电池，对于新型的高压离子电池并不适用，所以具有耐高压性能的纤维素电池隔膜也是下一步研究的热点。

五、口罩

我国在过去很长一段时间内所使用的都是普通棉纱口罩，这种口罩织物结构疏松，面部密合性差，过滤效率低，对病毒缺乏明显防护功能。随着医疗卫生水平的提升，目前已经基本上使用由非织造材料制备的即用即弃式口罩。

市面上的医用口罩，起码有三层，中间层是核心过滤层，另外两层是保护层，保护层的制备工艺多为纺黏无纺布工艺，内外层作为口罩的骨架，可以有效拦截大粒径的颗粒物（颗粒直径大于 10μm），防止大颗粒物过早堵塞核心过滤层形成滤饼。纺黏无纺布制造技术的核心主要在纺黏无纺布纤维网固结技术和原料的改性技术两个方面[54]，如图 8-42 所示。纺黏纤网在热加固时，主要采用热压或热风技术，纤维原料经一对压辊高温高压的共同作用后，长丝发生形变、熔融，互相黏合固结成网。口罩的核心过滤层则主要采用熔喷无纺布成形技术[55]，如图 8-43 所示。熔喷无纺布成形技术具有纤维细度细、孔径小、比表面积大和孔隙率高等特点。熔喷无纺布的研究主要在纤维直径纳米化和聚合物改性等方面，通过改良喷丝板结构设计与选用高熔融指数聚合物切片的方法，减小熔喷材料直径，提高过滤效率，采用聚合物改性技术，可突破熔喷无纺布纤维存放时效短的共性技术问题。

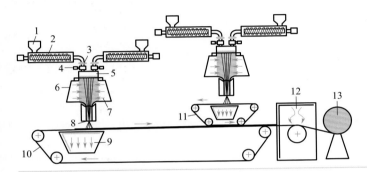

图8-42

纺黏无纺布成形技术工艺流程

1—料斗；2—螺杆挤出机；3—过滤器；4—计量泵；5—纺丝箱；6—牵伸装置；7—冷却风；8—分丝；9—抽吸装置；10，11—成网装置；12—加固装置；13—成卷装置

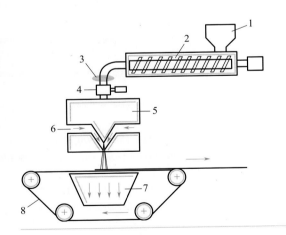

图8-43

熔喷无纺布的成形技术工艺

1—料斗；2—螺杆挤出机；3—过滤器；4—计量泵；5—纺丝模头；6—热空气；7—抽吸装置；8—成网装置

为了进一步满足人们的生命健康需求，防护口罩用非织造材料除了要达到必要的过滤标准外，如何增强其抗菌性和抗病性常常也是研究者们关注的重点。东华大学朱孝明利用抗菌性能强的光催化抗菌材料二氧化钛进行改性，使之抗菌性

能更加稳定；然后以在线复合的方式将改性后的 TiO$_2$ 负载到聚丙烯熔喷非织造布中，以离线复合的方式将其负载到聚乙烯 / 聚对苯二甲酸乙二醇酯纺黏非织造布中，然后将两种材料复合，制备出改性 TiO$_2$ 纺黏 - 熔喷抗菌复合滤材。产品表现出良好的抗菌效果，有望应用于医用口罩的研究与生产[56]。在 2019 年底爆发新冠疫情后，为了解决短时间内口罩材料短缺的问题，日本、美国、中国等国的企业采用湿法无纺布工艺进行了口罩过滤材料的研制，推出了多款纸基口罩。所研制的材料可以达到 N95 的过滤要求，为全球的抗击疫情工作作出了巨大贡献。

随着国家公共卫生应急管理体系的进一步健全，人们健康意识、安全意识的进一步增强，对防护口罩过滤效率、呼吸阻力和舒适性的要求将越来越高，未来需要提升现有防护口罩用材料的综合性能，解决呼吸阻力大、密合性与舒适性不够等问题，降低暴露风险，提高安全性。

参考文献

[1] Marcel D F, Bruce L R. Frottement et echangesthermiquesdans les gazraréfiés[J] . Physics Today, 1959, 12(7)：48-50.

[2] Fuchs N A, Davies C N. Aerosol mechanics. (Book Reviews：The Mechanics of Aerosols)[J] . Science, 1964, 146(3647)：1033-1034.

[3] Ison C R, Ives K J. Removal mechanisms in deep bed filtration[J] . Chemical Engineering Science, 1969, 24(4)：717-729.

[4] Clarenburg L A, Werner R M. Aerosol filters. pressure drop across multicomponent glass fiber filters[J] . Industrial & Engineering Chemistry Process Design & Development, 1965, 4(3)：293-299.

[5] Stern S C, Zeller H W, Schekman A I. The aerosol efficiency and pressure drop of a fibrous filter at reduced pressures[J] . Journal of Colloidence, 1960, 15(6)：546-562.

[6] Verwey E J . Theory of the stability of lyophobic colloids[J] . Journal of Physical & Colloid Chemistry, 1955, 10(2)：224-225.

[7] London F V. Zur theorie und systematik der molekularkräfte[J] . Zeitschrift Für Physik, 1930, 63(3)：245-279.

[8] Gregory D R, Littlejohn R F. A Survey of numerical data on the thermal decomposition of coal[J] .The BCURA Monthly Bulletin, 1965, 29(6)：173-175.

[9] Fuchs N. Über die stabilitätund aufladung der aerosole[J] . Zeitschrift Für Physik, 1934, 89(11/12)：736-743.

[10] Krupp H. Particle adhesion theory and experiment[J] . Advances in Colloid and Interface Science 1967, 1（2）：111-239.

[11] Gouy M. Sur la constitution de la charge electrique a la surface d'un electrolyte[J] . Journal De Physique Théorique Et Appliquée, 1910, 9：457-468.

[12] Grigor'Ev A A, Kozhevnikov B E , Chernyshev E A . Improved technology of vinylisopropenylacetylene hydration[J] . Pharmaceutical Chemistry Journal, 1999, 33(4)：214-215.

[13] Silverman L, Conners E W, Anderson D. Mechanical electrostatic charging of fabrics for air filters[J] . Industrial & Engineering Chemistry, 1955, 47(5)：952-960.

[14] Chang J S, Vigneswaran S . Ionic strength in deep bed filtration[J] . Water Research, 1990, 24(11)：1425-1430.

[15] Greiner A, Agarwal S, Giebel E. Adhesion optimisation of fibres produced by means of dispersion electro-spinning through variation of the softening point of the latex polymer：EP 2607528 A1[P] . 2013-6-26.

[16] Derjaguin B V, Landau L D. Theory of stability of highly charged lyophobic sols and adhesion of highly charged particles in solutions of electrolytes[J] . Acta Physicochimussr, 1941, 14(1-4)：30-59.

[17] Verwey E J W. Theory of the stability of lyophobic colloids.[J] . The Journal of Physical and Colloid Chemistry, 1947, 51(3)：631-641.

[18] London F. Theory and systematics of molecular forces[J] . Zeitschrift Für Physik, 1930, 63：245-279.

[19] Smoluchowski M. Drei vorträge über diffusion, brownsche molekularbewegung und koagulation von kolloidteilchen [cz. 1] [J] . IEEE, 1927, 17：557-585.

[20] Müller H. Die Theorie der koagulation polydisperser systeme[J] . Kolloid-Zeitschrift, 1926, 38(1)：1-2.

[21] Sudnitsyn I I, Egorov Y V, Bobkov A V, et al. The influence of soil structure on its hydrophysical properties[J] . Moscow University Soil Science Bulletin, 2014, 69(1)：11-16.

[22] ChapmanL D. A contribution to the theory of electrocapillarity[J] . Philosophical Magazine Series 1, 1913, 25(148)：475-481.

[23] Kost D J . Contamination of groundwater by petroleum products[J] . Thin Solid Films, 2007, 515(11)：4538-4549.

[24] Ruehrwein R A, Ward D W. Mechanism of clay aggregation by polyelectrolytes[J] . Soil Science, 1952, 73(6)：485-492.

[25] Croll B T, Arkell G M, Hodge R P J. Residues of acrylamide in water[J] . Water Research, 1974, 8(11)：989-993.

[26] Silberberg A. The adsorption of flexible macromolecules. Part Ⅰ. The isolated macromolecule at a plane interface [J] . Journal of Physical Chemistry, 1962, 66(10)：1872-1883.

[27] 李全朋，赵传山 . 无纺布技术在造纸中的应用 [C] // 中国造纸化学品工业协会 . 2009(第十七届) 全国造纸化学品开发及造纸新技术应用研讨会论文集 . 杭州：[出版者不详]，2009：70-73.

[28] 王忠杰，党育红，李鸿魁 . 湿法无纺布的工艺技术 [J] . 生活用纸，2006,28(3)：35-37.

[29] 杨艳丽，王征帆 . 湿法抄造复配型纤维无纺布实验研究 [J] . 安徽化工，2017, 43(6)：39-42.

[30] 叶明荣，段成学 . 压力圆网成型器 [J] . 纸和造纸，1991, 5(2)：33-34.

[31] 马占亮 . 超成型圆网成型器的制造与使用 [J] . 纸和造纸，1991, 5(2)：32-33.

[32] 姚向荣，王雷，黄立锋 . 斜网成形技术在长纤维特种纸中的应用 [J] . 华东纸业，2015, 46(5)：30-36.

[33] 郭忠明 . 适用于湿法无纺布和特种纸生产的斜网成形器 [J] . 生活用纸，2002, 24(12)：37-38.

[34] 屈鹏 . 纤维 / 树脂复合材料多尺度结构对力学性能的影响 [D] . 济南：山东大学，2012.

[35] 周彤 . 玻璃纤维在造纸法薄页基材中的应用研究 [D] . 西安：陕西科技大学，2013.

[36] 刘振 . 无纺布复合燃油滤材的制备及性能研究 [D] . 广州：华南理工大学，2013.

[37] 徐金龙 . 无纺布用外交联型丙烯酸酯共聚乳液胶粘剂的制备与应用研究 [D] . 南昌：江西师范大学，2011.

[38] 俞文军 . 空气过滤纸及其阻燃改性研究 [D] . 苏州：苏州大学，2017.

[39] 李燕霞 . 有机无机复合过滤材料的设计、制备及性能研究 [D] . 天津：河北工业大学，2015.

[40] 华志刚 . 湿法无纺布用作过滤材料的探讨及其发展 [J] . 天津造纸，1996(4)：25-30.

[41] 陈康，赵孔银，张志箭，等 . 海藻酸钙 / 聚丙烯无纺布复合过滤膜的制备及性能 [J] . 复合材料学报，2019,

36(1)：7-12.

[42] 李荣芬 . 湿法聚酯无纺布的过滤性能 [J] . 四川造纸，1995(3)：157-160.

[43] 王利娜，娄辉清，辛长征，等 . 空气过滤用电纺聚偏氟乙烯 - 聚丙烯腈 / 熔喷聚丙烯无纺布复合材料的制备及过滤性能 [J] . 复合材料学报，2019, 36(2)：277-282.

[44] 王瑞忠 . 国内外汽车滤纸的发展现状分析 [J] . 中华纸业，2010, 31(23)：67-69.

[45] 冯建永 . 汽车机油过滤材料的结构、性能与机理及制备技术研究 [D] . 上海：东华大学，2013.

[46] 牛彦静，苗利婷，张申申，等 . 高效空气过滤器性能实验研究 [J] . 沈阳航空工业学院学报，2010, 27(2)：69-72.

[47] 苗利婷 . 高效空气过滤器性能及其测试系统研究 [D] . 沈阳：东北大学，2009.

[48] 苏美先 . 空气净化器的研究和设计 [D] . 广州：广东工业大学，2014.

[49] 杨福才 . 过滤膜的性能和对饮用水的应用 [J] . 公用科技，1998, 14(4)：3-5.

[50] 杨华宇 . 无纺布支撑正渗透膜的制备及性能 [D] . 广州：华南理工大学，2018.

[51] 陈继伟 . 湿法无纺布型锂离子电池隔膜材料的研究 [D] . 广州：华南理工大学，2009.

[52] 冉景慧，王习文，胡健，等 . 湿法无纺布制备碱锰电池隔膜纸的研究 [J] . 天津造纸，2008(2)：42-48.

[53] 张洪锋，井澄妍，王习文，等 . 动力锂离子电池隔膜的研究进展 [J] . 中国造纸，2015, 34(2)：55-60.

[54] 张星，刘金鑫，张海峰，等 . 防护口罩用非织造滤料的制备技术与研究现状 [J] . 纺织学报，2020, 41(3)：168-174.

[55] 李猛 . PTFE 微孔膜 / 熔喷材料复合空气滤材的制备与性能研究 [D] . 上海：东华大学，2017.

[56] 朱孝明，代子荇，赵奕，等 . 改性二氧化钛 / 纺黏 - 熔喷非织造抗菌复合滤材的制备及性能 [J] . 东华大学学报（自然科学版），2019, 45(2)：196-203.

第九章

纸基分析检测功能材料

第一节
纸基分析检测功能材料的发展状况

　　纸基材料在分析检测方面的应用历史已久。纸基分析检测功能材料主要用于构建纸基分析检测芯片（简称纸基芯片，又称为纸基分析检测传感器或纸基分析检测器件等）。早在 1664 年，英国著名化学家 Boyle 就发现石蕊地衣中提取的紫色浸液遇酸变红色，遇碱变蓝色，并利用这一特点发明了石蕊试纸，用来鉴别溶液的酸碱性，这也是现代化学实验室中所使用的 pH 试纸的最早雏形[1]。在随后的大约 300 年中，研究者们开始尝试将纸基材料制作成的试纸应用于各种不同的分析检测领域。例如，1949 年，Müller 及其同事通过用石蜡浸渍滤纸形成一定通道，发明了用于洗脱混合颜料的纸基分析检测装置[2]；1956 年，Comer 发明了第一个用于半定量检测尿液中葡萄糖含量的检测试纸[3] 等。1952 年，英国化学家 Martin 与 Synge 因纸层析（paper chromatography，又称纸色谱）分析法的发明被授予诺贝尔化学奖[4]。自此，纸基分析检测技术开始得到全世界科学研究领域的广泛关注与认可。

　　随着纸基分析检测技术相关研究的不断深入，其研究成果的商业化也逐步发展起来。自 1960 年代中期开始，便不断有比较早期的纸基分析检测商业化产品推出，这些产品包括 1964 年推出的第一款 Dextrostix 血糖测试试纸[5] 及 1988 年联合利华公司推出的第一款"一步到位式的"验孕试纸[6] 等。纸基分析检测技术的商业化在 1990 年代中期至 2000 年期间经历了一个比较快速的发展阶段，这期间所推出的比较成功的纸基分析检测产品涵盖了糖尿病的检测、胆固醇的检测、病原体的检测、传染疾病的检测等多个方面[4]。这些产品的推出大大提高了人类健康管理与疾病检测的便利程度。值得注意的是，这一时期的纸基分析检测产品大部分以横向层析检测（lateral flow assays，LFAs）方式为主[7]。这类检测产品主要包括样品垫、结合垫、检测垫以及吸收垫，其结构如图 9-1 所示[8]。具体原理是向样品垫加样后，样品溶液在纸基材料毛细作用下流经结合垫，预先加入并干燥的带有信号指示剂的抗体和目标抗原结合，形成"信号物 - 抗原 - 抗体"结合物，共同流向检测垫，随后和固定在检测垫表面的捕获抗体结合，从而获得信号输出。吸收垫凭借纸基材料的毛细作用力对样品溶液横向流向试纸条末端形成强大的驱动力，从而可以增加进样量进而提高检测的选择性。其中，彩色乳胶微球或金纳米颗粒常被作为信号分子。此类试纸检测因操作简单、成本低且携带方便而取得了巨大的成功。然而这种检测方式也具有一定的局限性，比如对样品量需求较大，且不适用于多重分析和定量分析等。

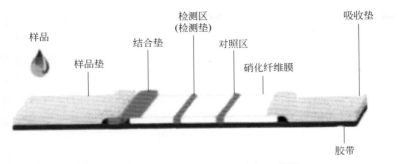

样品　样品垫　结合垫　检测区（检测垫）　对照区　硝化纤维膜　吸收垫　胶带

图9-1　横向层析检测式纸基分析检测产品结构示意图

20 世纪末，随着全球各领域科学技术的迅猛发展，传统的分析检测技术也开始经历新一轮的变革，分析检测设备逐步走向微型化、集成化以及便携化[9]。1990 年，Manz 等提出微全分析系统（miniaturized total analysis systems，μ-TAS）的概念，该系统又被称为"建在芯片上的实验室"（lab on a chip，LOC）[10]。其最终目的是通过微型化与集成化的分析检测设备，最大限度地将分析检测实验室的功能转移到便携的分析检测设备中或芯片上，以实现分析系统的个人化和家用化。而微流控芯片技术（microfluidic chip technology）通过利用微米或亚微米通道控制微量（$10^{-9} \sim 10^{-18}$L）的液体样品或检测剂，可以将生物化学分析过程构建在一个几平方厘米甚至更小的芯片上，实现样品的制备、反应、检测等操作，是微全分析系统中发展最快、最有研究前景的一个领域[11]。2007 年，美国哈佛大学 Whitesides 教授研究组充分结合微流控技术和纸基材料的特点，首次提出了纸基微流控分析检测器件（microfluidic paper-based analytical devices，μ-PADs）的概念，以纸基材料代替传统的石英、玻璃、硅、高分子聚合物等微流控芯片常规制作材料，在纸的表面加工出具有一定结构的微流体通道的微型分析器件，使其具有集成化测定葡萄糖和蛋白质的功能[12]。自此，纸基分析检测功能材料领域开启了新一轮的利用纸基材料设计微流控分析检测芯片的研究热潮。Whitesides 教授研究组也在随后的研究中设计出了纸基微流控芯片 - 移动设备联用体系，促进了纸基微流控芯片在远程医学上的应用[13]；他们还对多层平面纸基芯片进行叠加，并利用双面胶固定制成了首个 3D 纸基微流控芯片，实现了高通量的多靶标检测[14]。而 Crooks 教授课题组之后利用折叠法制作 3D 纸基微流控芯片，与先前的叠加法相比，该折叠法操作更方便，形式更多样化[15]。2009 年，加拿大麦克马斯特大学 Pelton 教授课题组提出了"生物活性试纸"（bioactive paper）的概念，力图构建"纸基上的实验室"（lab on paper），用于实现在低成本条件下的快速生物检测[16]。

纸基分析检测芯片技术的快速发展与纸基材料适合用作分析检测承载材料的

特性密不可分 [9,17]。众所周知，纸基材料来源广泛、可再生、造价低廉、易于加工、生物样品兼容性较好、可降解。此外，纸基材料还具有多孔亲水性的特点，在仅有毛细管力的作用下即可实现样品或试剂流体的输送 [4,18]。纸基材料与玻璃、硅、高分子聚合材料等传统材料在作为分析检测芯片基材方面的比较详情见表 9-1。与传统材料所制作而成的分析检测芯片相比，纸基分析检测芯片具有以下几点非常明显的优势：

① 原材料来源丰富，价格低廉，易于进行批量生产；

② 不需要外接泵或其他流体输送能源装置，流体可在纸基材料中通过毛细管力的作用流动传输；

③ 所需检测试剂消耗量和待检测样品量更低；

④ 检测背景不产生干扰，有利于光度法检测；

⑤ 生物兼容性好，易于通过化学修饰改变纸基材料表面的性质；

⑥ 轻质、可折叠、便于携带和运输；

⑦ 检测完成后可通过焚烧处理样品及检测试纸，不会对环境产生污染，且可避免生物污染的发生。

表9-1　纸基材料作为分析检测芯片的基材与传统材料的比较

属性	材料			
	玻璃	硅	聚二甲基硅氧烷（PDMS）	纸
表面负载率	非常低	非常低	非常低	中等
柔性	否	否	是	是
结构	固	固	固，透气性	成纤维状的
表面体积比	低	低	低	高
流体流动性	强	强	强	毛细管作用
对潮湿敏感性	否	否	否	是
生物兼容性	是	是	是	是
可处置性	否	否	否	是
生物降解性	否	否	在某种程度上	是
高通量制造	是	是	否	是
可改性化	困难	中等	困难	简单
空间分辨率	高	非常高	高	介于低和中等之间
材料的均一性	是	是	是	否
价格	中等	高	中等	低
初始投资	中等	高	中等	低

基于以上优点，纸基分析检测芯片成为现场快速检测（point-of-care testing，又称"即时检测"或"床边检测"）的有力工具[19,20]。近年来，低资源配置地区，例如偏远农村等地的基层医疗机构仍存在医疗资源短缺、设备水平有限、诊疗技术落后等问题。区域性人群健康与生理指标的检测问题已经引起了世界多国政府和卫生组织的广泛关注。由于许多检测诊断体系所用的大型仪器设备价格昂贵且不易操作，导致检测过程的复杂性增加，同时，也不利于移动医疗网点的快速筛查、及时诊断以及普通用户的自我检测。为了解决以上问题，亟须发展新型体外现场快速诊断产品[21,22]。世界卫生组织（WHO）对体外现场快速诊断产品的设计提出 ASSURED 标准，即低成本、高灵敏度、高特异性、用户友好、快速、无需大型设备（不需要昂贵的仪器）以及便携[22,23]，如图 9-2 所示。我国也在 2013 年颁布的《生物产业发展规划》中，明确指出要大力发展用于新型体外现场快速检测（血液、生化、免疫、病原体等）的方法与技术。在此趋势下，纸基分析检测芯片的技术革新，得到了众多政府机构以及企业的大力支持，其中由Whitesides 教授引导成立的"Diagnostics for All"非营利性组织与 Pelton 教授领导的"SENTINEL"生物活性试纸研究联盟已分别获得了 594 万美元和 1900 万加元的资助，用于开展相关的基础研究以及加速这些技术的发展和运用。著名的盖茨基金会也多次资助纸基分析检测芯片用于低成本检测诊断的研究。除此之外，纸基分析检测芯片也为环境监测、生化分析以及食品安全检测中需要的便携式检测和现场实时监测提供了强大的应用技术支撑。

图9-2 WHO关于体外现场快速诊断产品所发布的ASSURED标准

本章将在之后几节中详述纸基分析检测芯片的主要制造加工方法、检测方法和应用，同时展望其发展前景。

第二节
纸基分析检测芯片的制造加工方法

　　根据表面是否有微流通道的构建，可以将纸基分析检测芯片分为纸基微流控检测芯片和生物活性试纸两大类。其中，纸基微流控检测芯片的工作原理是通过封闭纸纤维阵列中的空隙或纸纤维表面改性等方法，在原本亲水的纸基上制造疏水边界，形成图案化的亲疏水的明显反差，实现在亲水区域构筑样品的传输通道、开关、分流通道、反应池等检测单元。利用毛细管力，样品溶液可自行在通道内单向或多向流动传递至检测区域，与预先固定于检测区的指示剂发生反应，在纸上实现流体的处理和分析。而生物活性试纸技术则是利用纸基亲水、多孔、生物分子友好等特性，将纸纤维阵列作为负载基底，通过生物化学修饰法（纸修饰法），将生物分子或指示剂固定在纸基上，从而使纸基具有生物检测的功能。

　　纸基分析检测芯片的制作方法分为三大类：①物理阻隔/沉积法；②化学改性法；③生物化学纸修饰法。

　　其中，物理阻隔是将疏水性物质如光刻胶或 PDMS 等浸渍到纸张中，阻隔纸纤维阵列的空隙来达到疏水的效果；物理沉积是将蜡、聚苯乙烯（PS）等疏水物质沉积在纤维表面，通过降低纸张的表面能，使液体更倾向于渗透到亲水通道内，从而实现控制液体输送的效果。该方法两种过程都是通过疏水物质与纤维的物理作用从而改变纸张的润湿性能。化学改性法则是通过使用烷基烯酮二聚体（AKD）或其他能与—OH 亲水基团发生反应的憎水性化合物，在纤维素分子链上引入疏水基团，使纸张形成疏水界限 [24]。以上两种方法主要用来制作纸基微流控检测芯片，即在原本亲水的纸基上制造疏水边界，形成图案化的亲疏水的明显反差，在纸上实现流体的处理和分析 [23]。生物化学纸修饰法则是通过物理修饰、化学共价、纳米/微米颗粒负载等方法，对纸张基底进行处理，从而实现生物分子或指示剂可以固定在纸基上，使纸基具有生物检测的功能，通常以此方法制作生物活性试纸。

　　目前，用于制作纸基微流控检测芯片的主要方法包括蜡图案法 [25,26]、光刻法 [27,28]、喷墨打印法 [29-31]、刻蚀法 [32,33]、印章转印法 [34,35]、绘图法 [36,37]、等离子体处理法 [38,39]、丝网印刷法 [40-43]、柔性版印刷法 [44]、裁剪法 [45,46]、激光处理法 [47,48]、喷涂法 [49]、化学气相沉积法 [50-52] 等。

　　常见的用于制作纸基微流通道疏水区域的材料有光刻胶、蜡、PDMS、PS、AKD 等。另外，用于制作生物活性试纸的方法主要是通过蛋白质溶液、壳聚糖溶液等物质对纸基进行处理，以改善纸张适于检测的性能，使检测试剂能够固着在无疏水边界的纸基上便于完成检测。或直接通过印刷的方式将吸附能力比较强的生物大分子转移到不经过处理的纸基上，再引入检测试剂与之发生反应，实现目标分析物的测定。

下面对常用的几种方法作具体介绍。

一、物理阻隔/沉积法

1. 蜡图案法

蜡作为一种廉价、常见的疏水性材料被广泛应用在纸基微流控检测芯片的制作中。用蜡制作纸基微流控检测芯片的方法有以下几种。首先是蜡印法，又分为喷墨打印蜡和丝网印刷蜡。两种方法均通过将蜡附着在纸基表面，然后经过加热使蜡融化渗透到纸张内部，冷却后固着在纸基上从而形成疏水区域。

2009 年，Whitesides 团队用固体蜡打印机在滤纸上按设计的图案打印蜡，印刷的蜡在微波炉中熔化，并渗透到具有多孔结构的滤纸中，在纸上形成清晰的微通道。整个制作过程很简单，只需要一个蜡打印机和一个微波炉，但通过这种方法制作的微通道分辨率仅能达到毫米级[25]。由于用蜡可以很容易通过打印的方法制作纸基微流控芯片，因此，蜡图案法已经成为一种主要的制作方法。

除了蜡印法，还可以通过浸蜡的方法制作纸基微流控检测芯片，通过在纸基上放置掩膜，浸入熔融的蜡中，然后待蜡充分扩散到纸张掩膜以外的部分后，去除掩膜。Songjaroen 等报道了一种浸蜡的方法，首先采用精密激光切割技术制作了可重复使用的图案化的掩膜，接下来，将滤纸放置在载玻片上，然后将掩膜放置在滤纸上，再在载玻片的背面放置永久性的磁体，利用磁力将模具暂时附着在玻片上。接下来，将组件浸入一个温度保持在 120 ~ 130℃熔化蜡的箱子中 1s。随后取出纸张并待其冷却到室温后，将掩膜和载玻片从纸上剥落，即可得到具有明显疏水性和亲水性区域边界的纸基微流控检测芯片[26]。

2. 绘图法

Whitesides 研究团队使用改装过的绘图仪制作了一种纸基微流控检测芯片[53]。他们首先用绘图仪在滤纸上打印了一层疏水性的树脂（PDMS）溶液，然后待 PDMS 完全渗透到纸基内部后，便形成了纸基微流控检测芯片的疏水边界。该方法经济有效，且制作过程简单。除了绘图仪外，使用蜡笔或者记号笔绘制疏水区域也是常用于制作纸基微流控检测芯片的方法。其中，使用记号笔的方法省略了加热的过程，更加简单便捷。但是，尽管使用绘图法制作纸基微流控检测芯片成本低廉、操作简单，但是难以控制疏水区域的尺寸，因此不宜使用该方法制作复杂图案的纸基微流控检测芯片，这就严重限制了该方法的应用范围。

3. 物理喷墨刻蚀法

一般来说，刻蚀是制作半导体材料的一种方法，随着微制造工艺的发展，刻蚀已经成为使用离子溶液、机械制造来剥落或消除材料的一种方法。Abe等将该方法用于制作纸基微流控芯片[54]，他首先将滤纸浸泡在1.0%的PS/丙酮溶液中2h，经过预处理的滤纸变成疏水材料，然后使用喷墨印刷机将丙酮打印在疏水的滤纸上进行图案化处理，将印有丙酮区域的PS去除干净从而变成亲水通道。这种经过喷墨刻蚀的方法制作的纸基微流控芯片，虽然具有较高的分辨率，但是制作过程比较复杂，而且使用的材料不符合环境友好的要求。

4. 丝网印刷法

丝网印刷法也是一种经常用来制作纸基分析检测芯片的方法。它主要是通过制作图案化的印版，然后将具有阻水或疏水性的材料通过印版沉积到纸基表面，通过后续进一步处理形成具有明显界限的亲水区域和疏水区域。Dungchai等报道了基于丝网印刷的方法，使用固体蜡通过在印版上摩擦，转移到滤纸上，然后将蜡加热融化渗透到纸张内部，制作了纸基芯片，并研究了蜡在纸基上的扩散情况[41]。另外，Sameenoi同样基于丝网印刷的方法来制作纸基芯片，但是，他们使用PS的甲苯溶液代替了蜡，印刷完成后，只需使用吹风机将纸基上的甲苯挥发掉即可[55]。丝网印刷作为最常见的印刷方法，很适合进行小规模的纸基分析检测芯片的制作。

5. 柔性版印刷法

柔性版印刷技术是一种直接的印刷方法。Olkkonen团队将聚苯乙烯直接印刷在滤纸表面上，聚苯乙烯渗透到滤纸内部形成疏水边界，而没有接触到聚苯乙烯的区域是亲水的[38]。该方法可以实现纸基微流控检测芯片的大规模制作。

6. 裁剪法

纸张的裁剪也是常见的、容易操作的、过程简单的纸基微流控检测芯片制作方法。Fenton等使用计算机控制的刻刀制作了基于硝基纤维素膜的微流控检测芯片[56]，其制作过程只需60s即可完成，该方法成本低，实用性很强。此外，还可以利用裁切机、压花器以及冲压机等设备进行纸张的裁剪和雕刻。所有的裁纸方法都具有同样的缺点，即制作的微流通道尺寸的精确度难以把握，另外，该方法只适合用于制作图案单一的纸基微流控检测芯片。

二、化学改性法

1. 光刻法

光刻法主要是通过光刻胶结合掩膜的使用实现亲水 / 疏水界限的形成。Whitesides 等报道了一种使用光刻技术制作纸基微流控检测芯片的方法[12]。他们先将色谱纸浸泡在光刻胶中，待色谱纸完全浸湿后，放置在 95℃的环境中加热 5min 以除去光刻胶中的溶剂，然后将色谱纸暴露在波长为 405nm 的紫外（UV）光中 10s，此过程通过使用图案化的掩膜来控制色谱纸上光刻胶的固化交联，经过 UV 光的照射后，色谱纸上未固化的光刻胶经过冲洗，最后纸张进行等离子清洗机的处理增加色谱纸上亲水区域的亲水性。使用光刻胶的方法可以制作高分辨率的纸基微流控芯片，但是其制作过程需要大型昂贵的设备作为支撑，因此限制了该方法的大规模使用。

2. 喷墨打印法

喷墨打印法不需要预先设计掩膜，操作过程简单，通过使用喷墨打印机可以同时在纸基上添加不同类型的试剂，在纸基芯片的批量生产中具有广阔的应用前景。Shen 等将 AKD 溶液使用数字喷墨打印机在滤纸上进行打印，然后把滤纸进行加热，使得 AKD 固化在纸基纤维上。待纸基干燥后，纸基微流控检测芯片的制作就完成了[11]。而 Wang 等使用喷墨打印机对分别使用硅氧烷、蜡以及 AKD 作为疏水性边界材料的情况进行了比较，发现使用硅氧烷制作的疏水边界具有更好的效果，可以有效地防止易扩散溶液的泄漏，证明了硅氧烷更适合用于纸基微流控检测芯片的制作[57]。Maejima 等也同样使用喷墨打印的方法制作了纸基微流控检测芯片。但是，他们使用疏水性的紫外固化丙烯酸酯代替了 AKD。先在纸张上打印这种特殊的墨水，然后将纸张在 UV 光下固化 60s，形成疏水边界。该方法操作简单，制作过程十分快捷[58]。然而，在使用改性油墨时，容易造成喷墨打印机喷嘴的堵塞，因此，在实现大规模制造之前，需要更多的研究来寻找更为合适的油墨。

3. 等离子体处理法

等离子体处理是另一种常见的用于制作纸基微流控检测芯片的化学方法，该方法最先由 Li 等报道[38]。滤纸先经过施胶剂 AKD 的浸泡，然后加热使得 AKD

固化，滤纸变成疏水化。然后将经过疏水化处理的滤纸夹在图案化的金属掩膜中放入真空等离子清洗机中处理 15min，暴露在等离子体中部分，即图案化的部分就变成了亲水区域。AKD 体作为一种常见的工业施胶剂，廉价易得，但是金属掩膜的图案化制作工艺比较复杂。

4. 化学刻蚀法

Cai 等提出了一种使用选择性湿法蚀刻疏水滤纸制造纸基微流控芯片的方法，该方法采用具有特定图案的纸掩膜实现滤纸纤维的部分硅烷化，制作疏水边界 [32]。首先使用三甲氧基十八烷基硅烷（TMOS）溶液将滤纸进行疏水化处理，然后将滤纸固定在经过 NaOH 溶液浸润的图案化的纸掩膜和载玻片之间，并进行加热。硅烷化的纤维素受到 NaOH 溶液的刻蚀变得亲水，而没有接触到掩膜的区域为硅烷化的疏水区域。该方法无需任何昂贵的设备和金属掩膜，但是制作的纸基芯片分辨率相对较低，且重复性较差。

三、生物化学纸修饰法

生物活性试纸的制作主要是通过对纸基进行修饰，使检测试剂能够固着在无疏水边界的纸基上，在引入检测试剂后，仍能在固定的位置发生反应，实现目标分析物的测定。

Yamada 团队基于比色法以文本化的结果显示形式实现了纸基的半定量检测 [59]。他们首先将滤纸用柠檬酸钠缓冲液进行预处理，然后使用喷墨打印机将反应剂四溴酚蓝（TBPB）墨水以字符图案的形式打印在纸基上，制作成生物活性试纸。干燥后，在检测区域添加不同浓度的蛋白溶液进行比色反应，并将反应结果与印有不同颜色梯度的透明膜进行比色，读取测量结果。该研究通过喷墨打印的方法，在无疏水边界限定的情况下，实现了文本化的结果显示，为扩展纸基分析检测芯片的应用范围做出了贡献。

Brennan 课题组同样以喷墨打印的方法制作了无需疏水边界的纸基生物适配体试纸 [60]。作为检测元素的连续 DNA 适配体直接以图案化的形式通过喷墨打印在纸基上，添加样品后实现生物检测，并可以有效地将样品截留在其原始位置。该方法简单、有效，不需要复杂的疏水屏障制作过程就能实现分析物的定量检测和文本显示结果，为开发用于即时检测的多种纸基分析检测芯片提供了新的机会。

此外，Zhang 等通过使用可以与金属离子反应生成不溶性产物的反应剂，以书写的方法实现了在无疏水边界的生物活性试纸上的重金属离子检测 [61]。而Liu 等同样以书写的形式，首先通过对纸基进行壳聚糖溶液处理，改善了滤纸的检测性能，在无需疏水边界的情况下实现了一系列的生物检测 [62]。

第三节
纸基分析检测芯片的主要检测方法

现有的文献报道所提出的纸基分析检测芯片的检测方法分别为：电化学法[63]、化学发光法[64,65]、电化学发光法[66,67]、荧光法[68,69] 以及比色法[29,70]。其中，电化学法通常用于检测葡萄糖、尿酸、乳酸、金属离子如 Pb、Au 等，此外，还被报道用于健康诊断中抗坏血酸、胆固醇和总铁量的检测以及测定食品中乙醇的含量。而化学发光法和电化学发光法，也曾分别被报道用于葡萄糖、尿酸的检测和生物医疗中烟酰胺腺嘌呤三核苷酸等多种样品的检测。荧光法可以用来检测水体中的 Mn、Co、Ni、Cu、Zn、Hg 等重金属离子以及农药残留物等。此外，比色法在纸基芯片检测方法中应用最为广泛，在健康诊断、生化分析以及环境检测领域有着巨大的应用潜力，常用于分析葡萄糖、蛋白质、尿酸、酮类，检测乳酸、pH 值、致病菌及亚硝酸盐，测定碱性磷酸酶或过氧化物酶等的酶活，以及定量或半定量分析环境中重金属的含量及浓度等。下面对各个方法进行详细的介绍。

一、电化学法

电化学法是基于检测物在纸基工作电极上发生的电化学反应，通过测量反应所产生的氧化或还原电流的大小来判定检测物含量的方法。电化学法的灵敏度相对较高，因此可以检测到较低浓度的检测物。将纸基分析检测芯片和电化学结合起来的方法可以提供一种灵敏、具有选择性检测标记物的平台。Noiphung 等报道了一种通过丝网印刷碳电极的可重复使用的纸基分析检测芯片，所用的碳经过媒介物——铁蓝改性，该芯片可以用于检测全血中的葡萄糖。血浆中含有的葡萄糖被分离出来进入到检测区域，由于检测区域葡萄糖氧化酶和过氧化物酶的存在，葡萄糖的含量可以通过电流分析法得到检测[71]。

将电化学方法用于低含量癌症标记物的检测在早期的医疗诊断和筛选检测中就已经成为研究的热点。使用夹心法进行标记物免疫结合的技术，产生免疫反应的动态信号由电化学表现出来。通过培养癌细胞，观察癌细胞的活动进行药物筛选也引起了研究者的关注。Su 等报到了在三维纸基分析检测芯片中培养癌细胞用于药物筛选的方法，他所使用的纸基分析检测芯片可以检测到细胞的凋零和多聚糖的产生，另外，纸基纤维采用金纳米微粒进行涂布处理，经过过氧化物酶标记的适配子可以在电极表面抓取到癌细胞，通过对多聚糖产生的过氧化氢的催化氧化，反应经电极检测到[72]。

二、化学发光法

基于化学发光法的纸基分析检测芯片是根据化学反应产生的光强度测定分析物的含量。用于化学发光的试剂一般都不贵，而且光强度的测量也具有很高的灵敏度，因此化学发光法成为一种很受欢迎的低成本、高灵敏度的检测方法。

Zhou 等使用纸基分析检测芯片展示了化学发光在即时检测中的应用，将单链寡核苷酸探针进行生物素化，利用生物素化的 DNA 靶标探针与磷 - 链球菌复合物进行杂交，共轭探针在 980nm 处激发发光，然后用荧光显微镜分析检测目标探针的浓度[73]。

三、电化学发光法

将电化学法和化学发光法结合起来的电化学发光法通过测量光信号从而获取分析物浓度。该方法利用电化学过程生成的一些特殊物质之间发生的进一步反应而产生的发光现象实现。

Delaney 等基于电化学发光法并使用智能手机用于分析物的检测[74]。他们通过丝网印刷电极结合喷墨印刷的方式制作了纸基分析检测芯片，并使用传统的光电探测器检测出目标分析物 2- 二丁胺基乙醇（DBAE）和烟酰胺腺嘌呤二核苷酸（NADH）的浓度。该研究将电化学法与化学发光法结合起来，利用手机检测和分析发光现象，对纸基分析检测芯片的发展具有明显的意义。

四、荧光法

荧光法是通过测量光致发光的光强来测定荧光物质含量的方法。荧光素由于其极具灵敏性而备受关注，几种基于荧光法检测的纸基分析检测芯片也得到了报道。但是，在纸上进行荧光反应有一个缺陷，即纸张的白度会影响荧光的表达。在最近的两年里，基于荧光的纸基分析检测芯片被用于细菌、生物蛋白、癌症标记物的检测，此外，荧光法检测也被应用到 DNA 的检测中。

Scida 等介绍了一种通过杂交实验用于检测单链 DNA 的方法，检测限可以达到 5nmol/L[75]。该方法使用的纸基分析检测芯片包含了四层，其中的三层分别包括四个独立的检测区域，将经过荧光标记的单链 DNA 和猝光剂添加到检测区域，然后将独立的几层进行折叠，同时保证基层之间相互连通。在每一个检测区域所添加的经过荧光标记的单链 DNA 和猝光剂都经过预混处理。最后使用夹钳固定整个芯片，最后再添加目标分析物进行检测。

五、比色法

比色法作为一种最常见的检测方法，它是基于检测物与反应剂或底物的结合进行有色反应，通过比较反应前后比色结果进行分析从而判定分析物种类以及含量或浓度的方法。

比色法可以用于检测常见的水中重金属离子、食品中的添加剂以及人体中的蛋白等，通过在纸基上添加相应的反应剂，再添加待测分析物与之发生显色反应。比色法同样适用于酶催化反应方面的检测，例如检测液体中的葡萄糖、尿酸等，通过酶的特异性催化，使分析物产生的中间产物与反应试剂发生显色反应。比色法还广泛应用在免疫测定上，将纸基作为检测基底，结合酶联免疫吸附测定即可实现低成本的免疫测定。此外，纳米材料作为检测剂已经广泛应用在纸基分析检测芯片上。纳米微粒由于其可以提高检测物（例如癌症抗原）的灵敏性而备受欢迎。很多研究小组通过纳米微粒修饰的方法提高了检测物的检测限和灵敏性。目前，使用纳米微粒修饰已经应用到癌症标记物、抗体、细菌、蛋白以及疾病感染物的标记检测。

第四节
纸基分析检测芯片的应用

纸基分析检测芯片作为一种新型的分析测定平台，已经应用于多个领域，主要概括为：医学诊断、环境监测以及食品安全控制。

一、医学诊断应用

纸基分析检测芯片在医学诊断中的应用主要包括实际样品（汗液、血液、唾液、尿液等）中的分析物的检测和诊断，分析物的种类主要包括葡萄糖、尿酸、蛋白质、胆固醇、核酸、酮类以及乳酸等，此外，血型的鉴定、癌症标记物的检测、疟疾等病原体的诊断等也均可以通过纸基分析检测芯片得以实现[76-85]。按照分析物的性质，可以将医疗诊断分为四类：蛋白质的分析、核酸的分析、细胞的分析以及其他小分子 / 离子的分析。

1. 蛋白质的分析

蛋白质是一种广泛应用于疾病诊断的生物标记物。常用的免疫分析技术包括酶联免疫吸附法（ELISA）、免疫荧光法、免疫印迹技术和免疫扩散法[86]。传统的检测方法大多比较复杂，需要昂贵的仪器。例如，ELISA 是最常用的技术之一。然而，它需要花费数小时（甚至一晚上）来完成，并且依赖昂贵的仪器（如微平板阅读器）。因此，有必要开发低成本、简单、快速、高灵敏度的诊断方法，近年来，已建立了许多纸基分析检测芯片技术来分析癌症和传染病的蛋白质生物标记物。

Whitesides 等制作了一种简单的纸基分析检测芯片，可以同时检测尿液中的葡萄糖和牛血清白蛋白（BSA）[12]。Cheng 等发明了一种 96 孔板纸基芯片进行 ELISA 实验。该纸基装置包括一个圆形试验区阵列（12×8）（与标准的塑料 96 孔板的布局和尺寸相同），用于同时进行多个酶联免疫吸附测定，实现了兔 IgG 和 HIV-1 包膜抗原的检测[87]。Songjaroen 等开发了一种可以将血浆从全血中分离出来的纸基分析检测芯片，并在一步中对血浆蛋白进行定量，该研究对后续的诊断具有重要意义[88]。Wang 等报道了一种可以进行化学发光酶联免疫吸附测定的纸基分析检测芯片。通过戊二醛的交联作用从而捕获抗体将其固定在纸基的亲水区域，并通过鲁米诺 - 碘酚增强的化学发光实验对经过辣根过氧化物酶（HRP）标记的抗体进行检测，成功地测出了 α 胎蛋白、癌抗原、癌胚抗原三种肿瘤标记物的浓度。该研究通过使用壳聚糖修饰纸基分析检测芯片以固定抗体，为高敏感性、高特异性和低成本纸基分析检测芯片的进一步发展奠定了基础[89]。

2. 核酸的分析

纸基分析检测芯片也能用于核酸的分析，通过使用扩增的微生物 DNA、RNA 对病原体进行敏感的识别和表征。通常情况下，可用的 DNA/RNA 数量是有限的，因此，扩增目标序列是核酸分析中提高分析灵敏度的关键步骤。

Rivas 等利用 DNA 在纸基上的筛选能力以及重组酶聚合酶扩增，制作了可以进行等温扩增的 DNA 垂直微阵列纸基芯片。通过探索不同的检测参数如杂交缓冲液、流速、打印缓冲液等，进行优化捕获探针的浓度，用于脑膜炎奈氏瑟菌（细菌性脑膜炎的主要病因）的检测[90]。另外，Ihalainen 等提出了两种不同的超分子识别体系，在基于喷墨印刷金电极的纸基芯片上用于 DNA 杂化的阻抗检测[91]。尽管纸基芯片可以用于核酸的检测，但是 DNA 的杂化分析以及核酸扩增过程仍然依赖昂贵而笨重的设备，因此，将 DNA 扩增步骤整合到纸基设备上仍然是一个挑战。

3. 细胞的分析

纸基细胞分析检测芯片的开发使癌细胞和其他类型的哺乳动物细胞在纸基上的分析、检测、分离以及培养成为可能。目前已经有各种纸基芯片用于癌症的研究。Wu 等制作了一种基于电化学发光的纸基芯片用于癌细胞的特异性捕获，采用适配体修饰的金 / 纸电极作为工作电极，对四种类型的癌细胞即人乳腺腺癌细胞（MCF-7）、人急性早幼粒细胞白血病细胞（HL-60）、人慢性粒细胞白血病细胞（K562）以及人急性淋巴细胞白血病细胞（CCRF-CEM）进行了准确的分析[92]。

4. 其他小分子 / 离子的分析

纸基分析检测芯片用于分析人体汗液、尿液或血液中的葡萄糖、尿酸、乳酸、酮类以及亚硝酸根离子也很常见。He 等发明了一种热响应的纸基分析检测系统，将一个形状记忆聚合物改性纺织品和一个基于纸张的比色芯片结合起来，用于检测人体汗液中的葡萄糖[93]。此外，还通过将该系统与智能手机分析平台相结合，实现定量地评估葡萄糖的浓度，该研究拓展了形状记忆聚合物和纸基芯片在分析人体汗液中的应用。Wang 等设计了一种基于比色法的纸基分析检测芯片，可以同时实现尿酸和葡萄糖的检测，且他们将测试纸置于 LED 灯上，有效地提高了检测的分辨率和灵敏度[94]。

二、环境监测应用

随着工农业的发展，环境污染也日益严重，水体质量恶化的程度已经远远超过其自净能力，尤其是水体中的污染物、有毒重金属和其他有害物质引起了世界各国的普遍关注，因此能够及时有效地检测水体质量对于进一步采取措施来减缓或治理水污染至关重要。目前，已经开发了低成本的纸基分析检测芯片，用于水体中重金属离子种类和含量的检测以及环境中无机化合物，例如磷酸盐[95]、硝酸盐和亚硝酸盐[96,97]、碘化物[98]、溴化物[99]、氯化物[100]、氰化物[101]，以及有机化合物[102]，如酚类化合物[103] 等的测定。

其中，人类对金属的摄入已被确定为造成发病率和死亡率的因素之一，氧化还原活性金属如 Fe、Cu、Cr 和 Co 具有产生可能在生物体中引起氧化应激的自由基的能力，而像 Pb 和 Cd 这样的金属是众所周知的神经毒素。Rattanarat 等将比色法和电化学法检测结合在不同的层上制作了一个纸基分析检测芯片，用于 Ni、Cu、Fe、Pb、Cr（Ⅵ）和 Cd 的检测。该技术针对空气中颗粒物质中存在的污染物，将样品在四个分离的通道中进行预处理，实现 Cu、Ni、Fe 和 Cr 的比色测定以及 Pb 和 Cd 的电化学检测。通过多层分离检测模式将交叉污染的可能性最小化，而不同的反应化学也提高了分析的特异性和灵敏度[104]。Lewis 等使用蜡对纸张进行图案化，并通过层压的方法将处理过的各层重叠起来，设计了通过计时获取检测物浓度的纸基传感器，实现了水中铅和汞的检测 [105]。

三、食品安全控制应用

纸基分析检测芯片在食品安全的实时监测方面也起到了重要的作用。食品中葡萄糖 [106]、亚硝酸盐 [107] 等食品添加剂含量，以及农药残留物 [108] 的检测均已经可以通过纸基分析检测芯片实现。纸基分析检测芯片也为食品安全控制提供了一种简单有效的方法。

1. 食品添加剂的检测

在食品和饮料工业中，广泛使用的有亚硝酸盐、葡萄糖、果糖和蔗糖等食品添加剂，葡萄糖、果糖和蔗糖被专门用作甜味剂，其他食品添加剂被用来改善或增强食品或饮料的风味或颜色。虽然这些食品添加剂基本上是无毒的，但大量摄入可能会对健康产生影响，有些超过一定的量就会中毒。因此，强烈需要便携的纸基分析检测芯片对食品添加剂进行快速、高灵敏度的分析。

亚硝酸盐通常被作为食品添加剂添加到肉制品中，如果人体摄入过量，就会出现中毒。He 等通过将疏水性十八烷基三氯硅烷（OTS）与 Whatman 1 号滤纸的纤维偶联，然后对 OTS 涂层进行紫外光化学处理，制备了用于检测食品中添加的亚硝酸盐的纸基芯片 [109]。他选择 Griess 试剂作为比色剂，亚硝酸盐与磺胺反应生成重氮盐，再与萘二胺盐酸盐反应生成强粉红色偶氮染料的两步重氮化反应，实现了食品中亚硝酸盐的定量分析。

2. 农药残留物的检测

农药已在农业中使用多年，对保持食品质量和产量做出了重大贡献。但同时，这些物质也对人体健康产生有害影响。农药残留物是在空气、水、土壤、食物和饲料产品中发现的众所周知的毒素，它可以通过摄取、吸入和皮肤吸收进入人体，并与神经毒性、肝毒性、肾毒性、皮炎和癌症有关。常见的分离方法如气体和高压液相色谱法是通常应用于农药敏感和选择性测定的技术，但分析价格昂贵，不适合现场测量。因此，纸基分析检测芯片为食品残留农药的快速分析提供了一种实用、经济有效的手段。Hossain 等采用将分析试剂与溶胶凝胶相结合的方法，通过压电喷墨打印的方式制作纸基分析检测芯片。首先将可以捕捉阳离子的试剂——聚乙烯胺印在纸基上，然后将酶夹在两层生物相容性很好的可溶性溶胶凝胶衍生二氧化硅中间。通过采用埃尔曼比色法测定乙酰胆碱酯酶（AChE）在纸上的残留活性，检测浓度很低的牛奶和蔬菜中的有机磷酸农药残留 [108]。

3. 细菌的检测

金黄色葡萄球菌、伤寒沙门氏菌、大肠埃希菌、单核增生李斯特菌等致病菌对人体健康和安全构成极大威胁。原材料和任何加工食品都可能被致病菌污染。根据 WHO 报道，全世界近十分之一的人患有食源性疾病，其中 42 万人没有治愈能力。因此，迅速和准确的诊断技术以及能够及时识别病原体在降低死亡率、减少病原体的传播中至关重要。在 Jokerst 等报道的一项研究中，他们制作了一种纸基分析检测芯片，用于即食肉类样品中大肠埃希菌、单核增生李斯特菌和鼠伤寒沙门氏菌的微斑点检测[63]。通过棉签取样技术从食物中收集病原体，然后在培养基中培养，最后加入到含铬的纸基芯片中。反应的颜色变化表明存在与目标病原体相关的酶，从而实现了检测。该研究能够检测食用肉类中的致病菌，且大大缩短了细菌检测和计数的时间。

同年，Hossain 等证实了用于特异性检测非致病性和致病性大肠埃希菌的多重装置。从 5- 溴 -4- 氯 -3- 吲哚基 -β-D- 葡糖苷酸钠盐的反应中检测到非致病性大肠埃希菌在 β- 葡糖苷酸酶的存在下，其产生高度着色的吲哚基物种和葡糖苷酸[64]。使用与上述相同的 β- 半乳糖苷酶化学结构指示总大肠埃希菌。此外，作者证明使用免疫磁性纳米颗粒通过磁选分离步骤浓缩大肠埃希菌，而不需要外部细胞培养。并用人造污染的橙汁和牛奶样品测试样品基质中其他组分的影响，确定了该芯片对液体试样中枯草芽孢杆菌和大肠埃希菌的特异性。

第五节
纸基分析检测功能材料应用案例

基于纸基功能材料所构建的分析检测芯片在低资源配置地区的快速诊断检测中具有较大的应用潜力，可广泛适用于临床诊断、环境监测、食品检测等领域。纸基分析检测芯片并非是在检测灵敏度上媲美或者超越先进的大型分析诊断设备，而是在相对准确并且可接受的灵敏度范围内，在低资源配置的条件下实现快速分析、检测、诊断以及大规模筛查，满足世界卫生组织提出的 ASSURED 标准。发展可用作大规模普查或自测的低成本、快速检测体系，实现分析实验室的"家庭化""个人化""现场化"和"普及化"，是对大型医院及检测机构所应用的标准检测体系的补充，具有重要的实际应用价值。本节将进一步针对纸基分析检测功能材料的应用进行举例分析。

一、血型检测纸基芯片及纸基结构的优化与调控

    Shen、田君飞等自 2007 年开始一直从事纸基分析检测与诊断器件的相关研究，在器件基材的设计、检测技术的优化、检测单元的合理构建、纸基的生物化学修饰、应用领域扩展等方面积累了丰富的经验，实现了从基础理论到产品样品的系统研究探索[11,38,110,111]。于 2008 年初即探索出了利用工业上常用造纸施胶剂 AKD，印制纸张表面具有强亲疏水对比的规整微流通道的方法。其中涉及的原材料及技术，来源于造纸印刷工业，研究将这些传统原料及已有技术创新性地重新组合并运用，不仅更容易实现纸基器件经济高效的大规模制造，并且将会给传统的造纸印刷行业创造新的发展空间[11]。随后，他们将疏水边界"文字"化，当在四个亲水的文字区域分别修饰上用于血型检测的抗体后，可以有效地检测到血红细胞表面 A、B 和 RhD 抗原，从而在国际上首次实现了以"文字"的形式显示 ABO/RhD 血型结果（图 9-3）。即使平民大众也可清楚地读取血型结果，同时可以减少造成配血错误的主要原因之一的人为误差，在快速检测血型上有着革命性的意义[82]。此研究成果引起了众多世界知名学术及新闻媒体 [例如，中国新华社新华网、英国国家广播电台（BBC）、澳大利亚国家广播电视台（ABC）等] 的争相报道。这项发明被剑桥大学 Yetisen 博士等评论为纸基分析检测芯片中第一个不借助附加装置来进行结果显示的用户友好型纸基传感器[20]，其以"文字"来显示结果的创新，为满足世界卫生组织对于低成本诊断器件在方便使用性上的要求，提供了一种全新的解决思路。

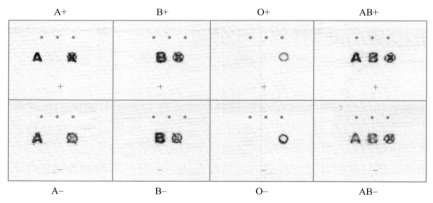

图9-3   以疏水边界限域技术构建的第一代ABO/RhD血型诊断纸[82]

    李丽姿、Shen 等通过纤维种类及纸张定量的调控构建出具有不同三维网络结构的纸基材料，并使用这些纸基材料制作出血型检测纸基芯片用以研究纸张的

纤维网状结构对血型检测纸基芯片检测结果的影响[112]。在试验设计方面，通过筛除细小纤维和不添加任何造纸助剂的方法把纤维种类对纸张网状结构的影响从诸多其他干扰因素中分离出来。使用表观厚度、松厚度及汞浸入法对纸基材料物理结构特性及内部孔状结构直径分布情况进行表征。血红细胞在纸张中的流动行为的研究实验分两种进行：一种是与纸面相平行的色谱分离法，一种是与纸面相垂直的流体冲洗法。研究结果如图 9-4 所示，使用比较短的阔叶木纤维抄造出的纸张比使用较长的针叶木纤维抄造出的纸张具有更高的孔隙率和更简单的孔状结构，而纸张内部孔结构的复杂性对于血红细胞在纸张中的流动行为具有最主要的影响。阔叶木纤维抄造出的低定量纸张具有较简单的内部孔状结构，使血红细胞在纸张内部的流动更为容易。使用这种纸张制作出的血型测试试纸具有较高的分辨率，可以提升检测结果的精准度。相反，针叶木纤维抄造出的纸张内部孔状结构较为复杂，血红细胞在这种纸张内部流动更为不易，使用这种纸张制作出的血型测试试纸分辨率较低，从而降低检测结果的精准度。因此，用以制作血型检测纸基芯片的纸基材料以选用阔叶木纤维、低定量设计为佳。

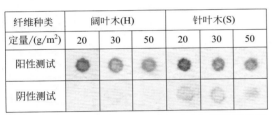

纤维种类	阔叶木(H)			针叶木(S)		
定量/(g/m²)	20	30	50	20	30	50
阳性测试						
阴性测试						

(a) 使用不同结构纸基材料进行流体冲洗法血型检测的结果

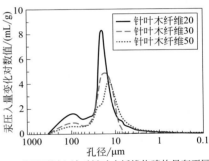

(c) 使用汞浸入法对针叶木纤维构建的具有不同定量的纸基材料进行内部结构表征的结果

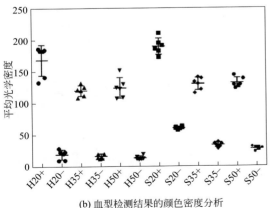

(b) 血型检测结果的颜色密度分析

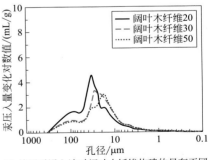

(d) 使用汞浸入法对阔叶木纤维构建的具有不同定量的纸基材料进行内部结构表征的结果

图9-4 纸基材料结构对血型检测结果的影响

田君飞、曹榕、李妙斯等研究了纸基纤维阵列对红细胞的过滤效应和"咖啡环"现象形成的机制（图 9-5），实现了对红细胞在纸上的动态迁移行为的定量控制[113]。在孵育和洗脱过程中，由于多孔纸纤维阵列中的红细胞在润湿中心的个体分布状态和边界上的凝集行为，导致了红细胞"咖啡环"现象的生成。随后，对于潜在影响红细胞"咖啡环"的因素，该研究采用正交实验进行了探索，并且通过纸基结构和表面化学性质的设计，实现了对红细胞沉积数量的调节和控制，量化了红细胞在纸上的动态迁移行为。该研究发现：①纸上的"咖啡环"现象主要是毛细管、过滤和溶剂蒸发共同作用的结果，并受到纤维结构、红细胞孵化时间、相对湿度和纸张添加剂的影响；②红细胞"咖啡环"现象的明显程度受纤维阵列的过滤效力和细胞与纤维之间亲和力的双重影响，其中过滤效力为主要因素，只有当纤维结构上有足够的红细胞时，细胞与纤维的亲和力才会有效地发挥作用，成为影响红细胞迁移分布的主要因素。实验结果表明，红细胞更容易在具有较大孔径和较弱的细胞-纤维亲和力的纤维结构中传输。该研究能够提高检测反应的反应物和生成物的均匀分布，提高裸眼识别的灵敏度，降低检测诊断中假阳性或假阴性结果出现的概率。这些研究都将为纸基分析检测芯片的设计提供理论依据[113]。

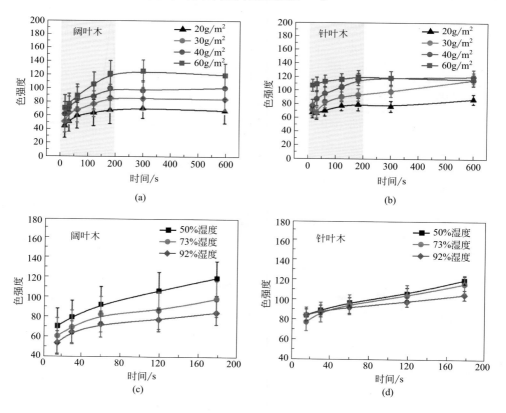

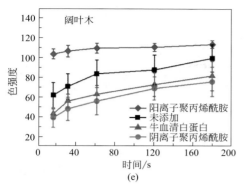
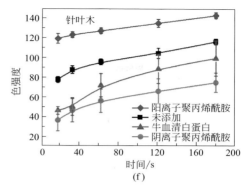

图9-5　关键因素对红细胞成环状态的影响

阔叶木、针叶木纤维纸基材料中红细胞成环状态随孵育时间的变化曲线，分别受定量(a)（b）、环境湿度(c)（d）和不同添加剂(e)（f）的影响[113]

二、基于光透射密度测量水体重金属离子的纸基芯片

田君飞、李妙斯、吴静等建立了重金属离子的光透射密度分析方法（图9-6），弥补了常规的光反射密度分析方法在结果线性显示范围上的不足[70]。研究提出了紫外光固化-丝网印刷快速制备图案化的纸基芯片的方法，并将纸基芯片与光透射的结果分析方法相结合，通过使用透射光密度计直接量化比色结果的光密度，最低可实现水体中铜（检测限 0.5mg/L）、铁（检测限 0.5mg/L）和镍离子（检测限 2mg/L）的有效检出。研究结果表明：与传统光反射的图像分析方法相比，该方法能够将检测结果的线性范围扩大 10 倍，显著地提高检测的准确性和灵敏度，特别在测量高浓度样品时具有明显的优势。此外，该芯片具有较好的抗多种离子的干扰能力，通过对模拟环境样品和实际环境样品的测定研究，检测结果显示出良好的特异性，表明了该方法在实际应用中的可行性。

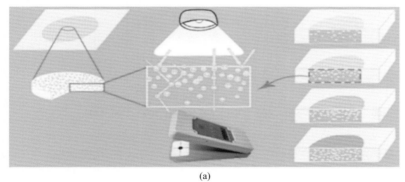

(a)

图9-6

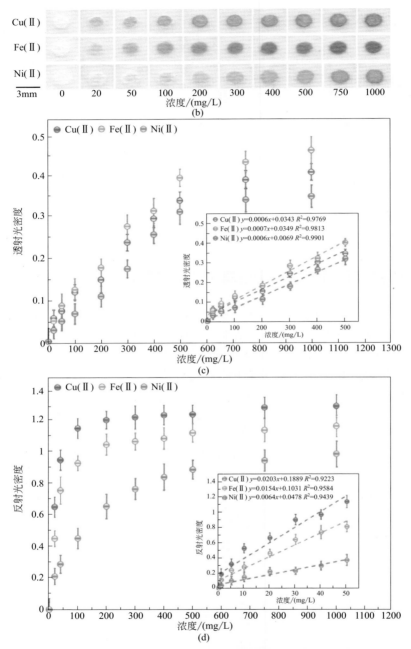

图9-6 （a）基于光透射方法定量分析待测物原理示意图；（b）在102号滤纸制备的纸基芯片上检测0～1000mg/L 的铜、铁、镍离子的比色检测结果图片；（c）铜、铁、镍离子浓度与基于光透射的光密度之间的关系（内部小图：三种金属离子的线性校正曲线）；（d）铜、铁、镍离子浓度与基于光反射的光密度之间的关系(内部小图：三种金属离子的线性校正曲线)[70]

三、用于牛奶中抗生素高通量检测的纸基芯片

动物源性食品中的抗生素残留会对人体健康造成严重的不良影响，如过敏反应或抗生素耐药性。高效、低成本、便携的食品安全保障检测方法在全球市场上引起了广泛关注。田君飞、李妙斯、卢慧敏、李丽姿等开发了一种纸基分析检测芯片，具有高通量和现场监测牛奶中具有代表性的抗生素四环素的潜力（图9-7）[114]。该研究采用紫外光固化-丝网印刷技术，能够大规模、自动化印制规整点阵型纸基芯片。通过优化检测试剂和纸基底，利用四环素类分子中的酚羟基和烯醇基与金属离子发生螯合反应生成的有色络合物，实现了不同种牛奶中残留抗生素的快速检测。该研究从纸张的宏观与微观结构对检测效果进行了评价：①从宏观上，主要是对纸张的应用性质、检测效果等方面进行评判。随着纸基定量的增加，沉淀分布的均匀性与颜色呈现的均一性都能得到不同程度的改善；②从微观上，利用扫描电镜研究了不同定量的纸基纤维对沉淀的分布/吸附的影响。通过测试铜沉淀分别在不同定量的纸基的分布和凝集的效果，发现在低定量的桉木纤维纸基上凝集区和沉淀的分布差异性较大，而高定量的纸基对凝集结果的判别较好。纸基底的多孔性所引起的过滤和浓缩效应有助于增强颜色强度，使四环素的定量和灵敏检测具有较为理想的检测限（1ppm，即10^{-6}）和线性区间。此外，该研究还通过低成本、高效率的纸基芯片，对四环素的动态降解行为进行监测，为食品加工中抗生素的处理提供有价值的指导[114]。这种简单、快速、廉价的纸基分析检测平台在食品安全领域具有良好的应用潜力，有望广泛应用于肉类、水产品以及乳类等制品的检测。

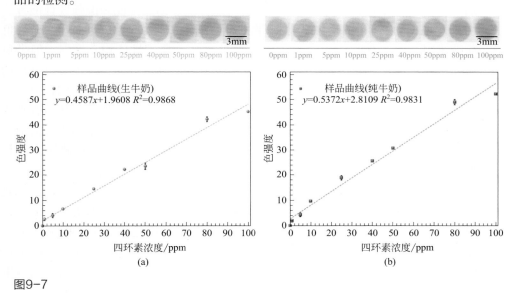

图9-7

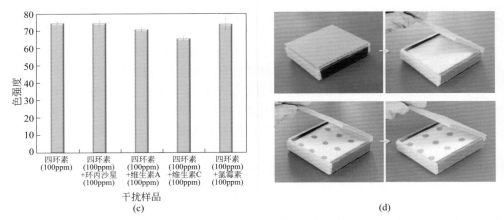

图9-7　(a)生牛奶中四环素(0～100ppm)的检测结果；(b)纯牛奶中四环素(0～100ppm)的检测结果；(c)抗干扰测试结果；(d)纸基芯片的设计与检测[114]

四、纸基分析检测芯片复合基底的构建及物理性能和检测性能的优化

纸张作为纸基分析检测芯片的基底材料，其物理性能关系到检测的可实施性。低定量纸张本身强度过低，在检测过程中特别是多步检测中容易损伤，不易满足检测的要求。田君飞、唐华等基于纸基分析检测的湿润反应条件对芯片基底材料的性能要求，分别研究了添加表面带正电荷和表面带负电荷的纳米甲壳素助剂对芯片基底性能的影响，例如纸张的抗张性能、撕裂性能和湿强度性能等[115]。结果发现(图9-8、图9-9)，添加带正电荷纳米甲壳素(DEChNWs)和带负电荷纳米甲壳素(TOChNWs)对抄造的纸张抗张和撕裂性能均有增强，但带负电荷的甲壳素增强效果不如正电荷的甲壳素。而在湿强度方面，添加带负电荷的纳米甲壳素抄造的纸张与未添加任何助剂抄造的纸张性能几乎没有区别，但是，添加了带正电荷的纳米甲壳素的纸张的湿强度性能得到了明显提升，从而有利于提升纸基芯片在实际检测中的实用性和适用性。此外，该研究用添加正电荷纳米甲壳素抄造的复合纸制作检测芯片对人工尿液中的葡萄糖进行比色测定，并与添加了负电荷纳米甲壳素抄造的复合纸、未添加任何助剂抄造的纸张以及常用的Whatman 4号滤纸进行对比。结果显示，添加正电荷甲壳素复合纸的比色检测效果明显好于其他纸张，比色检测的颜色强度和颜色均匀性均有所提升。另外，在使用添加正电荷纳米甲壳素抄造的复合纸的葡萄糖比色测定中，检测结果的颜色强度在葡萄糖浓度为0mmol/L、0.5mmol/L、1mmol/L、2mmol/L、4mmol/L、6mmol/L、8mmol/L范围内显示出良好的线性关系，表明添加了正电荷纳米甲壳

素抄造的复合纸具有良好的检测性能[115]。

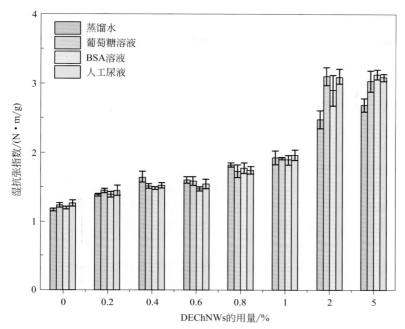

图9-8 不同用量DEChNWs对不同溶液润湿纸张湿强度的影响[115]

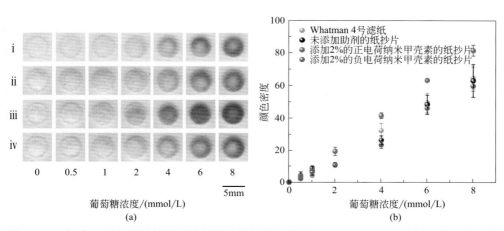

图9-9 （a）不同纸芯片检测葡萄糖的显色效果（ⅰ—Whatman 4号滤纸；ⅱ—未添加助剂的纸抄片；ⅲ—添加2%DEChNWs的纸抄片；ⅳ—添加2% TOChNWs的纸抄片）；（b）纸基分析检测葡萄糖的颜色强度[115]

第六节
展望

　　纸基分析检测芯片以纸基分析检测功能材料为载体，因其廉价、高效、耗样量少、便携、操作方便等优势已引起极大关注，并得到广泛应用。然而，作为一门新型技术，该领域还有许多需要突破的瓶颈值得继续研究。如：

　　① 进一步提高检测的灵敏度和特异性；
　　② 简化纸基分析检测芯片的操作过程，使其更适合非专业人员使用；
　　③ 提高检测结果读取技术，探索与更多便携式检测仪器集成的可能性；
　　④ 延长纸基分析检测芯片的保质期，提高其稳定性；
　　⑤ 开发更多类型的纸基分析检测芯片，扩大其应用范围；
　　⑥ 寻找更简单、更廉价的制作方法；
　　⑦ 将纸基材料与新型材料结合进一步增强其生物兼容性；
　　⑧ 研究流体在纸基材料中的流动机理，实现更精准的控制；
　　⑨ 探索与更多的检测方法结合的可能性；
　　⑩ 减小外界环境对检测的影响。

　　此外，纸基材料的抄造、后加工以及印刷工艺技术等也将会成为影响纸基微流控芯片性能及其产品商业化的重要因素。通过控制纸张的孔隙结构、表面物理特性、表面化学特性，引入新的纤维素基材料（如纳米纤维素纤维）、生物功能材料、聚合电解质材料，印刷工艺的改进和革新等，将会极大促进纸基分析检测技术的发展。截至目前，大部分的纸基分析检测芯片都是以滤纸为基材，未来将会开发出更适合的其他种类的纸基材料作为基材，使得纸基分析检测芯片获得意想不到的优良性能。

　　总之，通过不断的优化，纸基微流控芯片将不再局限于欠发达地区的医疗诊断，还可以为发达地区的现场急救、临床试验、医疗保健提供低成本且便捷的检测途径，并在临床诊断、食品安全分析以及环境监控等领域有着良好的发展前景。

参考文献

[1] Eamon W. New Light on robert boyler and the discoverty of colour indicators[J]. Ambix, 1980, 27 (3): 204-209.

[2] Müller R H, Clegg D L. Automatic paper chromatography[J]. Analytical Chemistry, 1949, 21 (9): 1123-1125.

[3] Comer J P. Semiquantitative specific test paper for glucose in Urine[J]. Analytical Chemistry, 1956, 28 (11): 1748-1750.

[4] Bhattacharya S, Kumar S, Agarwal A K. Paper Microfluidics: Theory and Applications[M]. Singapore : Springer Nature Singapore Pte Ltd. , 2019.

[5] Harvey D R, Cooper L V, Fancourt R F, et al. The use of dextrostix and dextrostix reflectance meters in the diagnosis of neonatal hypoglycemia[J]. Journal of Perinatal Medicine, 1976, 4 (2): 106-110.

[6] Chard T. Pregnancy tests: a review[J]. Human Reproduction, 1992, 7 (5): 701-710.

[7] von Lode P. Point-of-care immunotesting: Approaching the analytical performance of central laboratory methods[J]. Clinical Biochemistry, 2005, 38 (7): 591-606.

[8] 田恬，黄艺顺，林冰倩，等 . 纸芯片微流控技术的发展及应用 [J]. 分析测试学报 , 2015, 34 (3): 257-267.

[9] 吴静 . 纸基检测芯片的制备及其比色检测方法的应用 [D]. 广州 : 华南理工大学 , 2020.

[10] Manz A, Graber N, Widmer H M.miniaturized total chemical analysis systems: A novel concept for chemical sensing[J]. Sensors and Actuators B: Chemical, 1990, 1 (1): 244-248.

[11] Li X, Tian J, Garnier G, et al. Fabrication of paper-based microfluidic sensors by printing[J]. Colloids and Surfaces B, 2010, 76 (2): 564-570.

[12] Martinez A W, Phillips S T, Butte M J, et al. Patterned paper as a platform for inexpensive, low-volume, portable bioassays[J]. Angewandte Chemie International Edition, 2007, 48(8): 13401318-1320.

[13] Martinez A W, Phillips S T, Carrilho E, et al. Simple telemedicine for developing regions: Camera phones and paper-based microfluidic devices for real-time, off-site diagnosis[J]. Analytical Chemistry, 2008, 80 (10): 3699-3707.

[14] Martinez A W, Phillips S T, Whitesides G M. Three-dimensional microfluidic devices fabricated in layered paper and tape[J]. Proceedings of the National Academy of Sciences, 2008, 105 (50): 19606-19611.

[15] Liu H, Crooks R M. Three-dimensional paper microfluidic devices assembled using the principles of origami[J]. Journal of the American Chemical Society, 2011, 133 (44): 17564-17566.

[16] Pelton R. Bioactive paper provides a low-cost platform for diagnostics[J]. Trends in Analytical Chemistry, 2009, 28(8): 925-942.

[17] 吴静，徐军飞，石聪灿，等 . 纸基微流控芯片的研究进展及趋势 [J]. 中国造纸学报 , 2018, 33 (02): 57-64.

[18] Li L, Tian J, Ballerini D, et al. A study of the transport and immobilisation mechanisms of human red blood cells in a paper-based blood typing device using confocal microscopy[J]. Analyst, 2013, 138 (17): 4933-4940.

[19] Li X, Ballerini D R, Shen W. A perspective on paper-based microfluidics: Current status and future trends[J]. Biomicrofluidics, 2012, 6 (1): 011301.

[20] Yetisen A K, Akram M S, Lowe C R. Paper-based microfluidic point-of-care diagnostic devices[J]. Lab on a Chip, 2013, 13 (12): 2210-2251.

[21] Yager P, Edwards T, Fu E, et al. Microfluidic diagnostic technologies for global public health[J]. Nature, 2006, 442 (7101): 412-418.

[22] Martinez A W, Phillips S T, Whitesides G M, et al. Diagnostics for the developing world: Microfluidic paper-based analytical devices[J]. Analytical Chemistry, 2010, 82 (1): 3-10.

[23] Xia Y, Si J, Li Z. Fabrication techniques for microfluidic paper-based analytical devices and their applications for biological testing: A review[J]. Biosensors and Bioelectronics, 2016, 77: 774-789.

[24] He Y, Wu Y, Fu J Z, et al. Fabrication of paper-based microfluidic analysis devices: a review[J]. RSC Advances, 2015, 5 (95): 78109-78127.

[25] Carrilho E, Martinez A W, Whitesides G M. Understanding wax printing: A simple micropatterning process for paper-based microfluidics[J]. Analytical Chemistry, 2009, 81 (16): 7091-7095.

[26] Songjaroen T, Dungchai W, Chailapakul O, et al. Novel, simple and low-cost alternative method for fabrication of paper-based microfluidics by wax dipping[J]. Talanta, 2011, 85 (5): 2587-2593.

[27] Yu L, Shi Z Z. Microfluidic paper-based analytical devices fabricated by low-cost photolithography and embossing of Parafilm®[J]. Lab on a Chip, 2015, 15 (7): 1642-1645.

[28] Asano H, Shiraishi Y. Development of paper-based microfluidic analytical device for iron assay using photomask printed with 3D printer for fabrication of hydrophilic and hydrophobic zones on paper by photolithography[J]. Analytica Chimica Acta, 2015, 883: 55-60.

[29] Shibata H, Hiruta Y, Citterio D. Fully inkjet-printed distance-based paper microfluidic devices for colorimetric calcium determination using ion-selective optodes[J]. Analyst, 2019, 144 (4): 1178-1186.

[30] Alfadhel A, Ouyang J, Mahajan C G, et al. Inkjet printed polyethylene glycol as a fugitive ink for the fabrication of flexible microfluidic systems[J]. Materials & Design, 2018, 150: 182-187.

[31] Hamad E M, Bilatto S E R, Adly N Y, et al. Inkjet printing of UV-curable adhesive and dielectric inks for microfluidic devices[J]. Lab on a Chip, 2016, 16 (1): 70-74.

[32] Cai L, Xu C, Lin S, et al. A simple paper-based sensor fabricated by selective wet etching of silanized filter paper using a paper mask[J]. Biomicrofluidics, 2014, 8 (5): 056504.

[33] Chaiyo S, Siangproh W, Apilux A, et al. Highly selective and sensitive paper-based colorimetric sensor using thiosulfate catalytic etching of silver nanoplates for trace determination of copper ions[J]. Analytica Chimica Acta, 2015, 866: 75-83.

[34] de Tarso Garcia P, Garcia Cardoso T M, Garcia C D, et al. A handheld stamping process to fabricate microfluidic paper-based analytical devices with chemically modified surface for clinical assays[J]. RSC Advances, 2014, 4 (71): 37637-37644.

[35] Curto V F, Lopez-Ruiz N, Capitan-Vallvey L F, et al. Fast prototyping of paper-based microfluidic devices by contact stamping using indelible ink[J]. RSC Advances, 2013, 3 (41): 18811-18816.

[36] Dossi N, Toniolo R, Pizzariello A, et al. Pencil-drawn paper supported electrodes as simple electrochemical detectors for paper-based fluidic devices[J]. ELECTROPHORESIS, 2013, 34 (14): 2085-2091.

[37] Nuchtavorn N, Macka M. A novel highly flexible, simple, rapid and low-cost fabrication tool for paper-based microfluidic devices (μPADs) using technical drawing pens and in-house formulated aqueous inks[J]. Analytica Chimica Acta, 2016, 919: 70-77.

[38] Li X, Tian J, Nguyen T, et al. Paper-based microfluidic devices by plasma treatment[J]. Analytical Chemistry, 2008, 80(23): 9131-9134.

[39] Hecht L, Philipp J, Mattern K, et al. Controlling wettability in paper by atmospheric-pressure microplasma processes to be used in μPAD fabrication[J]. Microfluidics and Nanofluidics, 2016, 20 (1): 25.

[40] Namwong P, Jarujamrus P, Amatatongchai M, et al. Fabricating simple wax screen-printing paper-based analytical devices to demonstrate the concept of limiting reagent in acid–base reactions[J]. Journal of Chemical Education, 2018, 95 (2): 305-309.

[41] Dungchai W, Chailapakul O, Henry C S. A low-cost, simple, and rapid fabrication method for paper-based microfluidics using wax screen-printing[J]. The Analyst, 2011, 136 (1): 77-82.

[42] Liu M, Zhang C, Liu F. Understanding wax screen-printing: A novel patterning process for microfluidic cloth-based analytical devices[J]. Analytica Chimica Acta, 2015, 891: 234-246.

[43] Yao Y, Zhang C. A novel screen-printed microfluidic paper-based electrochemical device for detection of glucose and uric acid in urine[J]. Biomedical Microdevices, 2016, 18 (5): 92.

[44] Olkkonen J, Lehtinen K, Erho T. Flexographically printed fluidic structures in paper[J]. Analytical Chemistry, 2010, 82 (24): 10246-10250.

[45] Thuo M M, Martinez R V, Lan W J, et al. Fabrication of low-cost paper-based microfluidic devices by embossing or cut-and-stack methods[J]. Chemistry of Materials, 2014, 26 (14): 4230-4237.

[46] Giokas D L, Tsogas G Z, Vlessidis A G. Programming fluid transport in paper-based microfluidic devices using razor-crafted open channels[J]. Analytical Chemistry, 2014, 86 (13): 6202-6207.

[47] Chitnis G, Ding Z, Chang C L, et al. Laser-treated hydrophobic paper: an inexpensive microfluidic platform[J]. Lab on a Chip, 2011, 11 (6): 1161-1165.

[48] Nie J, Liang Y, Zhang Y, et al. One-step patterning of hollow microstructures in paper by laser cutting to create microfluidic analytical devices[J]. Analyst, 2013, 138 (2): 671-676.

[49] Nurak T, Praphairaksit N, Chailapakul O. Fabrication of paper-based devices by lacquer spraying method for the determination of nickel (II) ion in waste water[J]. Talanta, 2013, 114: 291-296.

[50] Kwong P, Gupta M. Vapor phase deposition of functional polymers onto paper-based microfluidic devices for advanced unit operations[J]. Analytical Chemistry, 2012, 84 (22): 10129-10135.

[51] Demirel G, Babur E. Vapor-phase deposition of polymers as a simple and versatile technique to generate paper-based microfluidic platforms for bioassay applications[J]. Analyst, 2014, 139 (10): 2326-2331.

[52] Haller P D, Flowers C A, Gupta M. Three-dimensional patterning of porous materials using vapor phase polymerization[J]. Soft Matter, 2011, 7 (6): 2428-2432.

[53] Bruzewicz D A, Reches M, Whitesides G M. Low-cost printing of poly(dimethylsiloxane) barriers to define microchannels in paper[J]. Analytical Chemistry, 2008, 80 (9): 3387-3392.

[54] Abe K, Suzuki K, Citterio D. Inkjet-printed microfluidic multianalyte chemical sensing paper[J]. Analytical Chemistry, 2008, 80 (18): 6928-6934.

[55] Sameenoi Y, Nongkai P N, Nouanthavong S, et al. One-step polymer screen-printing for microfluidic paper-based analytical device (μPAD) fabrication[J]. Analyst, 2014, 139 (24): 6580-6588.

[56] Fenton E M, Mascarenas M R, López G P, et al. Multiplex lateral-flow test strips fabricated by two-dimensional shaping[J]. ACS Applied Materials & Interfaces, 2009, 1 (1): 124-129.

[57] Wang J, Monton M R N, Zhang X, et al. Hydrophobic sol-gel channel patterning strategies for paper-based microfluidics[J]. Lab on a chip, 2014, 14 (4): 691-695.

[58] Maejima K, Tomikawa S, Suzuki K, et al. Inkjet printing: an integrated and green chemical approach to microfluidic paper-based analytical devices[J]. RSC Advances, 2013, 3 (24): 9258-9263.

[59] Yamada K, Suzuki K, Citterio D. Text-displaying colorimetric paper-based analytical device[J]. ACS Sensors, 2017, 2 (8): 1247-1254.

[60] Carrasquilla C, Little J R L, Li Y, et al. Patterned paper sensors printed with long-chain DNA aptamers[J]. Chemistry, 2015, 21 (20): 7369-7373.

[61] Zhang L, Guan L, Lu Z, et al. Barrier-free patterned paper sensors for multiplexed heavy metal detection[J]. Talanta, 2019, 196: 408-414.

[62] Liu S, Cao R, Wu J, et al. Directly writing barrier-free patterned biosensors and bioassays on paper for low-cost diagnostics[J]. Sensors and Actuators B: Chemical, 2019, 285: 529-535.

[63] Jokerst J C, Adkins J A, Bisha B, et al. Development of a paper-based analytical device for colorimetric detection

of select foodborne pathogens[J]. Analytical Chemistry, 2012, 84 (6): 2900-2907.

[64] Hossain S M Z, Ozimok C, Sicard C, et al. Multiplexed paper test strip for quantitative bacterial detection[J]. Analytical and Bioanalytical Chemistry, 2012, 403 (6): 1567-1576.

[65] Lamas-Ardisana P J, Casuso P, Fernandez-Gauna I, et al. Disposable electrochemical paper-based devices fully fabricated by screen-printing technique[J]. Electrochemistry Communications, 2017, 75: 25-28.

[66] Alahmad W, Uraisin K, Nacapricha D, et al. Aminiaturized chemiluminescence detection system for a microfluidic paper-based analytical device and its application to the determination of chromium(iii)[J]. Analytical Methods, 2016, 8 (27): 5414-5420.

[67] Li W, Ge S, Wang S, et al. Highly sensitive chemiluminescence immunoassay on chitosan membrane modified paper platform using TiO_2 nanoparticles/multiwalled carbon nanotubes as label[J]. Luminescence, 2013, 28 (4): 496-502.

[68] Huang Y, Li L, Zhang Y, et al. Auto-cleaning paper-based electrochemiluminescence biosensor coupled with binary catalysis of cubic Cu_2O-Au and polyethyleneimine for quantification of Ni^{2+} and Hg^{2+}[J]. Biosensors and Bioelectronics, 2019, 126: 339-345.

[69] Delaney J L, Hogan C F. Mobile Phone Based Electrochemiluminescence Detection in Paper-Based Microfluidic Sensors[M] // Rasooly A, Herold K E. Mobile Health Technologies: Methods and Protocols, Rasooly. New York: Humana Press, 2015: 277-289.

[70] Wu J, Li M, Tang H, et al. Portable paper sensors for the detection of heavy metals based on light transmission-improved quantification of colorimetric assays[J]. Analyst, 2019, 144 (21): 6382-6390.

[71] Noiphung J, Songjaroen T, Dungchai W, et al. Electrochemical detection of glucose from whole blood using paper-based microfluidic devices[J]. Analytica Chimica Acta, 2013, 788: 39-45.

[72] Su M, Ge L, Ge S, et al. Paper-based electrochemical cyto-device for sensitive detection of cancer cells and in situ anticancer drug screening[J]. Analytica Chimica Acta, 2014, 847: 1-9.

[73] Zhou F, Noor M O, Krull U J. Luminescence Resonance Energy Transfer-Based Nucleic Acid Hybridization Assay on Cellulose Paper with Upconverting Phosphor as Donors[J]. Analytical Chemistry, 2014, 86 (5): 2719-2726.

[74] Delaney J L, Hogan C F, Tian J, et al. Electrogenerated Chemiluminescence Detection in Paper-Based Microfluidic Sensors[J]. Analytical Chemistry, 2011, 83 (4): 1300-1306.

[75] Scida K, Li B, Ellington A D, et al. DNA detection using origami paper analytical devices[J]. Analytical Chemistry, 2013, 85 (20): 9713-9720.

[76] Schazmann B, Morris D, Slater C, et al. A wearable electrochemical sensor for the real-time measurement of sweat sodium concentration[J]. Analytical Methods, 2010, 2 (4): 342-348.

[77] Noiphung J, Nguyen M P, Punyadeera C, et al. Development of paper-based analytical devices for minimizing the viscosity effect in human saliva[J]. Theranostics, 2018, 8 (14): 3797-3807.

[78] Mohammadifar M, Tahernia M, Choi S. An equipment-free, paper-based electrochemical sensor for visual monitoring of glucose levels in urine[J]. Slas Technology: Translating Life Sciences Innovation, 2019, 24 (5): 499-505.

[79] Ruecha N, Rangkupan R, Rodthongkum N, et al. Novel paper-based cholesterol biosensor using graphene/polyvinylpyrrolidone/polyaniline nanocomposite[J]. Biosensors and Bioelectronics, 2014, 52: 13-19.

[80] Dong T, Wang G A, Li F. Shaping up field-deployable nucleic acid testing using microfluidic paper-based analytical devices[J]. Analytical and Bioanalytical Chemistry, 2019, 411 (19): 4401-4414.

[81] Klasner S A, Price A K, Hoeman K W, et al. Paper-based microfluidic devices for analysis of clinically relevant analytes present in urine and saliva[J]. Analytical and Bioanalytical Chemistry, 2010, 397 (5): 1821-1829.

[82] Li M S, Tian J F, Al-Tamimi M, et al. Paper-based blood typing device that reports patient's blood type "in

Writing" [J]. Angewandte Chemie International Edition, 2012, 124(22): 5593-5597.

[83] Guan L, Tian J, Cao R, et al. Barcode-like paper sensor for smartphone diagnostics: An application of blood typing[J]. Analytical Chemistry, 2014, 86 (22): 11362-11367.

[84] Ratajczak K, Stobiecka M. High-performance modified cellulose paper-based biosensors for medical diagnostics and early cancer screening: A concise review[J]. Carbohydrate Polymers, 2020, 229: 115463.

[85] Reboud J, Xu G, Garrett A, et al. Paper-based microfluidics for DNA diagnostics of malaria in low resource underserved rural communities[J]. Proceedings of the National Academy of Sciences, 2019, 116 (11): 4834-4842.

[86] Dou M, Sanjay S T, Benhabib M, et al. Low-cost bioanalysis on paper-based and its hybrid microfluidic platforms[J]. Talanta, 2015, 145: 43-54.

[87] Cheng C-M, Martinez A W, Gong J, et al. Paper-Based ELISA[J]. Angewandte Chemie International Edition, 2010, 49 (28): 4771-4774.

[88] Songjaroen T, Dungchai W, Chailapakul O, et al. Blood separation on microfluidic paper-based analytical devices[J]. Lab on a Chip, 2012, 12 (18): 3392-3398.

[89] Wang S, Ge L, Song X, et al. Paper-based chemiluminescence ELISA: Lab-on-paper based on chitosan modified paper device and wax-screen-printing[J]. Biosensors and Bioelectronics, 2012, 31 (1): 212-218.

[90] Rivas L, Reuterswärd P, Rasti R, et al. A vertical flow paper-microarray assay with isothermal DNA amplification for detection of Neisseria meningitidis[J]. Talanta, 2018, 183: 192-200.

[91] Ihalainen P, Pettersson F, Pesonen M, et al. An impedimetric study of DNA hybridization on paper-supported inkjet-printed gold electrodes[J]. Nanotechnology, 2014, 25 (9): 094009.

[92] Wu L, Ma C, Ge L, et al. Paper-based electrochemiluminescence origami cyto-device for multiple cancer cells detection using porous AuPd alloy as catalytically promoted nanolabels[J]. Biosensors and Bioelectronics, 2015, 63: 450-457.

[93] He J, Xiao G, Chen X, et al. A thermoresponsive microfluidic system integrating a shape memory polymer-modified textile and a paper-based colorimetric sensor for the detection of glucose in human sweat[J]. RSC Advances, 2019, 9 (41): 23957-23963.

[94] Wang X, Li F, Cai Z, et al. Sensitive colorimetric assay for uric acid and glucose detection based on multilayer-modified paper with smartphone as signal readout[J]. Analytical and Bioanalytical Chemistry, 2018, 410 (10): 2647-2655.

[95] Jayawardane B M, Wongwilai W, Grudpan K, et al. Evaluation and application of a paper-based device for the determination of reactive phosphate in soil solution[J]. Journal of Environmental Quality, 2014, 43 (3): 1081-1085.

[96] Bui M P N, Brockgreitens J, Ahmed S, et al. Dual detection of nitrate and mercury in water using disposable electrochemical sensors[J]. Biosensors and Bioelectronics, 2016, 85: 280-286.

[97] Jayawardane B M, Wei S, McKelvie I D, et al. Microfluidic paper-based analytical device for the determination of nitrite and nitrate[J]. Analytical Chemistry, 2014, 86 (15): 7274-7279.

[98] Nie J, Brown T, Zhang Y. New two dimensional liquid-phase colorimetric assay based on old iodine–starch complexation for the naked-eye quantitative detection of analytes[J]. Chemical Communications, 2016, 52 (47): 7454-7457.

[99] Loh L J, Bandara G C, Weber G L, et al. Detection of water contamination from hydraulic fracturing wastewater: a μPAD for bromide analysis in natural waters[J]. Analyst, 2015, 140 (16): 5501-5507.

[100] Rahbar M, Paull B, Macka M. Instrument-free argentometric determination of chloride via trapezoidal distance-based microfluidic paper devices[J]. Analytica Chimica Acta, 2019, 1063: 1-8.

[101] Saraji M, Bagheri N. Paper-based headspace extraction combined with digital image analysis for trace

determination of cyanide in water samples[J]. Sensors and Actuators B: Chemical, 2018, 270: 28-34.

[102] Fraiwan A, Lee H, Choi S. A paper-based cantilever array sensor: Monitoring volatile organic compounds with naked eye[J]. Talanta, 2016, 158: 57-62.

[103] Alkasir R S J, Ornatska M, Andreescu S. Colorimetric paper bioassay for the detection of phenolic compounds[J]. Analytical Chemistry, 2012, 84 (22): 9729-9737.

[104] Rattanarat P, Dungchai W, Cate D, et al. Multilayer paper-based device for colorimetric and electrochemical quantification of metals[J]. Analytical Chemistry, 2014, 86 (7): 3555-3562.

[105] Lewis G G, Robbins J S, Phillips S T. A prototype point-of-use assay for measuring heavy metal contamination in water using time as a quantitative readout[J]. Chemical Communications, 2014, 50 (40): 5352-5354.

[106] Li Z, Zhu Y, Zhang W, et al. A low-cost and high sensitive paper-based microfluidic device for rapid detection of glucose in fruit[J]. Food Analytical Methods, 2017, 10 (3): 666-674.

[107] Trofimchuk E, Hu Y, Nilghaz A, et al. Development of paper-based microfluidic device for the determination of nitrite in meat[J]. Food Chemistry, 2020, 316: 126396.

[108] Hossain S M Z, Luckham R E, Smith A M, et al. Development of a bioactive paper sensor for detection of neurotoxins using piezoelectric inkjet printing of sol-gel-derived bioinks[J]. Analytical Chemistry, 2009, 81 (13): 5474-5483.

[109] He Q, Ma C, Hu X, et al. Method for fabrication of paper-based microfluidic devices by alkylsilane self-assembling and UV/O$_3$-patterning[J]. Analytical Chemistry, 2013, 85 (3): 1327-1331.

[110] Tian J, Jarujamrus P, Li L, et al. Strategy to enhance the wettability of bioacive paper-based sensors[J]. ACS Applied Materials & Interfaces, 2012, 4 (12): 6573-6578.

[111] Tian J, Shen W. Printing enzymatic reactions[J]. Chemical Communications, 2011, 47 (5): 1583-1585.

[112] Li L, Huang X, Liu W, et al. Control performance of paper-based blood analysis devices through paper structure design[J]. ACS Applied Materials & Interfaces, 2014, 6 (23): 21624-21631.

[113] Cao R, Pan Z, Tang H, et al. Understanding the coffee-ring effect of red blood cells for engineering paper-based blood analysis devices[J]. Chemimcal Engineering Journal, 2020, 391: 123522.

[114] Lu H, Li M, Nilghaz A, et al. Paper-based analytical device for high-throughput monitoring tetracycline residue in milk[J]. Food Chemistry, 2021, 354: 129548.

[115] Tang H, Wu J, Li D, et al. High-strength paper enhanced by chitin nanowhiskers and its potential bioassay applications[J]. International Journal of Biological Macromolecules, 2020, 150: 885-893.

第十章

其他纸基功能材料

乳霜纸基功能材料

一、概述

1. 乳霜纸基功能材料的定义

乳霜纸，又名柔软保湿纸（也称乳霜保湿纸），是一种通过喷涂或辊涂等机械方式将乳霜添加至面巾纸表面，经密封静置处理，使乳霜完全浸渍渗透至面巾纸纤维内部，从而赋予面巾纸柔软、平滑和保湿等功效的新型高端生活用纸。

何谓乳霜？乳霜是一种安全无毒、无异味，含有柔滑因子、保湿因子、防腐抑菌剂、乳化剂和水等特定组分，同时又具有特定黏度的乳液或微乳液。乳霜用量较低时，能提高面巾纸的表面柔软度；当乳霜用量增加到一定程度时，可赋予面巾纸一些新的性能，例如润肤性，即提高面巾纸的手感柔滑度、降低表面摩擦系数（粗糙度），同时体现出明显的保湿性[1]。经乳霜处理后的乳霜面巾纸，具有的湿润感和柔软质地，已被广泛应用于鼻炎患者擦鼻子、婴幼儿口鼻擦拭和女性卸妆等[2,3]。近年来，乳霜因其特有的润肤性正逐渐受到造纸企业的广泛关注，越来越多的造纸工作者开始尝试将其应用于面巾纸生产。

2. 乳霜纸基功能材料的特征

安全无毒、无异味，亲肤柔滑性、润肤保湿性、防腐抑菌性、皮肤无刺激性、纸张强度好等是乳霜纸的主要特点，也是消费者挑选乳霜纸，评断乳霜纸性能的重要依据。乳霜纸必须严格符合化妆品级或食品级健康标准。

（1）人体安全性　乳霜纸是国内市场近几年的新兴产品，作为生活用纸系列的高端品种，安全无毒、无异味、防腐抑菌性以及对皮肤无刺激性是乳霜纸与人体接触最基本的健康要求。由于国家对乳霜纸的安全规范暂没有明确的规定，目前行业对乳霜纸的安全规范性要求，主要是参照化妆品行业的安全技术规范执行。具体的安全标准检测项目包括皮肤刺激性试验、抑菌性能、重金属含量、经口毒性试验、防腐效果、ROHS（电子电器设备中某些有害成分）等，具体执行标准见表10-1。

（2）无异味　乳霜纸无异味是安全和性能指标中最重要的指标。因为异味不仅影响乳霜纸后续的市场推广，甚至涉及质量投诉、客户赔偿等重大质量事故，最重要的是很可能会对人体健康产生不良影响，所以乳霜纸做到无异味，是乳霜纸行业内专家和全体科研工作者追求的最基本目标，也是把好乳霜纸质量的第一道关。乳霜纸常见的异味有油脂味、鱼腥味、中药味、臭脚味等。这些异味的来源主要有纸巾纸原纸、乳霜和生产工艺等，其中乳霜和原纸是关键的影响因素。

表10-1　乳霜纸安全检测项目标准及技术要求

安全检测项目	参考标准	技术要求
菌落总数	《化妆品安全技术规范》（2015版）	≤1000cfu/mL
耐热大肠菌落	《化妆品安全技术规范》（2015版）	不得检出
霉菌和酵母菌总数	《化妆品安全技术规范》（2015版）	<100cfu/mL
金黄色葡萄球菌	《化妆品安全技术规范》（2015版）	不得检出
铜绿假单胞菌	《化妆品安全技术规范》（2015版）	不得检出
一次完整皮肤刺激试验	《消毒技术规范》（2002年版第二部分2.3.3）	红斑、水肿刺激反应积分为0
抑菌性（溶血性链球菌）	GB 15979—2002 附录C4 抑菌性能	抑菌率>99.97%
抑菌性（大肠埃希菌）	GB 15979—2002 附录C4 抑菌性能	抑菌率>99.97%
抑菌性（金黄色葡萄球菌）	GB 15979—2002 附录C4 抑菌性能	抑菌率>99.97%
抑菌性（白色念珠菌）	GB 15979—2002 附录C4 抑菌性能	抑菌率>99.97%
重金属含量（砷）	《化妆品安全技术规范》（2015版第四章1.6）	≤2mg/kg
重金属含量（镉）	《化妆品安全技术规范》（2015版第四章1.6）	≤5mg/kg
重金属含量（铅）	《化妆品安全技术规范》（2015版第四章1.6）	≤10mg/kg
重金属含量（汞）	《化妆品安全技术规范》（2015版第四章1.6）	≤1mg/kg
电子电器设备中某些有害成分	IEC 62321-6：2015，聚合物和电子材料中多溴联苯和多溴二苯醚测定；IEC 62321-8：2017，聚合物中邻苯二甲酸酯测定	≤1000mg/kg
急性经口毒性试验	《化妆品安全技术规范》（2015版）	LD_{50}>5000mg/kg

① 原纸对异味的影响　以目前纸巾纸原纸的生产工艺来说，在生产加工过程中，必须添加烘缸剥离剂、粘缸剂、湿强剂等化学品，这些化学品的主要成分是矿物油、油脂衍生物、胺类聚合物和乳化剂等，矿物油和油脂的精炼纯度，其

乳化是否完全，以及胺类聚合物中游离单体的含量，很大程度上都会影响纸巾纸原纸的气味。

② 水质对异味的影响　生活用纸原纸生产过程中，纸机白水循环封闭系统里各种化学品长期积累，很容易造成循环封闭系统细菌滋生，进而导致抄造原纸的水质腐败，有气味产生，这种水质生产的原纸经乳霜涂布后制备的乳霜纸，在潮湿密封包装条件下很容易出现异味。

③ 乳霜对异味的影响　乳霜质量的好坏也是乳霜纸异味的主要影响因素之一。乳霜主要由甘油、保湿剂、柔滑剂、防腐抑菌剂和去离子水等成分组成，甘油和保湿剂属于多羟基或羧基类低分子物质，长期处于密封包装潮湿状态下，很容易滋生细菌霉变，如果乳霜产品中防腐抑菌体系选型不佳或剂量不够，都会导致乳霜纸霉变出现异味。

此外，乳霜中柔滑剂的种类和结构不同，所体现的气味也有明显差异。脂肪酸衍生物类和硅类柔软剂制备的乳霜，虽然柔滑效果较好，但会有明显的胺味和油脂的特征性气味，会导致乳霜纸出现明显的异味，因此乳霜的原材料优选至关重要。

（3）润肤体验感　对于日常快销品的乳霜纸来说，柔软度和保湿性的综合体验感是消费者在挑选乳霜纸品类时，判断体验感优劣最看重的质量指标，也是区别于普通纸巾纸最明显的特征之一。

① 柔软度　柔软度是决定乳霜纸等级的重要因素，等级越高的乳霜纸对柔软亲肤感的要求就越高。表征柔软度的方法主要有两种，分别是表面柔软度和松厚柔软度。其中，表面柔软度的影响因素主要是弹性模量和粗糙度。弹性模量可视为衡量纸张产生弹性变形难易程度的指标，其值越大，使纸张产生弹性变形的应力就越大；粗糙度可用来表征纸张表面的平整、顺滑程度。

针对生活用纸来说，其柔软度的表征方法主要有三种，即柔软度专家组评估法、Handle-O-meter 手感测定仪法（TAPPI T498cm-85）和柔软度测量仪法（tissue softness analyzer，TSA）等。目前乳霜纸柔软度的测量，主要采用柔软度专家组评估法和 TSA 法。

柔软度专家组评估法与纸张表面摩擦性、抗挠刚度、松厚度以及导热性等性能有相关性，这些性能与人体心理过程，即与对平滑度、挺度、松厚度以及热性能的敏感性有关。专家组评估法是选择一定数量不同定量和厚度的纸样，在特定湿度和温度下进行恒温恒湿处理，然后密封在防潮的袋子里，多名专家组成员在恒温恒湿条件下打开包装袋并评价试样。该分析方法只能评价整体柔软性，不能评价表面柔软性。

TSA 法是采用柔软度测定仪定量测试纸张手感值，并以此来定量计算纸张的柔软度的方法。手感值是综合纤维柔软度 TS750、表面平滑度（粗糙度）TS7、变形系数（挺度）D、原纸定量 G 等因素，定量表征纤维的柔软度，实际上是纤维柔软度和表面滑度的综合体现，即触感 HF。HF=f（TS7, TS750, D, 厚度，G, 层数）。

目前，市面在售的乳霜纸品种众多，消费者认可度比较高的品牌有日本大王 GOO.N elleair、洁柔 Lotion、妮飘等。这些品牌乳霜纸使用的乳霜为日本三吉油脂公司生产的乳霜。该乳霜在国内乳霜纸市场的占有率超过 40%，价格昂贵。近几年，国内一些研究机构和广大科技工作者在乳霜的研制开发上倾注了大量心血，国产乳霜的品质日渐成熟，其柔滑性能已基本达到日本乳霜 MIYOSI® 系列产品的品质[4]。

杭州市化工研究院（国家造纸化学品工程技术研究中心）姚献平研发团队在乳霜的研究方面做了大量卓有成效的工作，自主成功开发了乳霜 Lotion-HH® 系列产品。目前，该系列产品代表了国产乳霜纸柔滑性能的最高水平（见图 10-1），已与日本乳霜纸的柔滑性能相当（见图 10-2），市场前景光明。

② 保湿性　保湿性是消费者评价乳霜纸体验感最重要的特征之一。较好的保湿性会使消费者在使用时得到一种湿滑、柔润、亲肤的感觉，这也是乳霜纸和普通纸巾纸在体验感方面最主要的差别。乳霜纸的保湿性是通过制备乳霜的保湿剂来体现的，因此，保湿剂种类的选择直接影响乳霜纸的体验感。

目前，市面上在售的众多国产品牌乳霜纸的保湿性参差不齐。保湿性能比较好的是乳霜 Lotion-HH® 系列产品（见图 10-3），且乳霜保湿性优于日本乳霜（见图 10-4）。

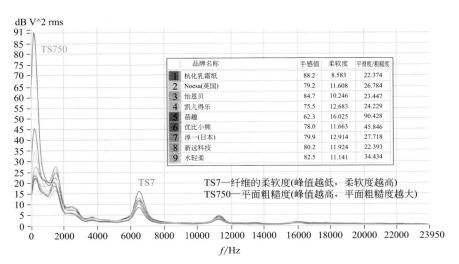

图10-1　市面不同品牌乳霜纸柔滑性能比较（TSA法）

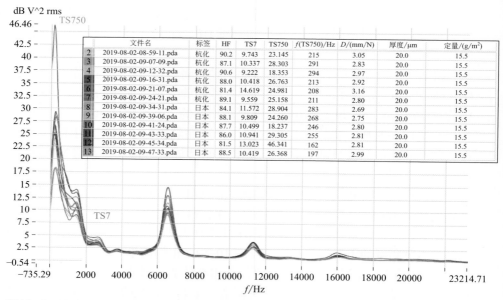

文件名	标签	HF	TS7	TS750	f(TS750)/Hz	D/(mm/N)	厚度/μm	定量/(g/m²)
2	2019-08-02-08-59-11.pda	杭化	90.2	9.743	23.145	215	3.05	20.0	15.5
3	2019-08-02-09-07-09.pda	杭化	87.1	10.337	28.303	291	2.83	20.0	15.5
4	2019-08-02-09-12-32.pda	杭化	90.6	9.222	18.353	294	2.97	20.0	15.5
5	2019-08-02-09-16-31.pda	杭化	88.0	10.418	26.763	213	2.92	20.0	15.5
6	2019-08-02-09-21-07.pda	杭化	81.4	14.619	24.981	208	3.16	20.0	15.5
7	2019-08-02-09-24-21.pda	杭化	89.1	9.559	25.158	211	2.80	20.0	15.5
8	2019-08-02-09-34-31.pda	日本	84.1	11.572	28.904	283	2.69	20.0	15.5
9	2019-08-02-09-39-06.pda	日本	88.1	9.809	24.260	268	2.75	20.0	15.5
10	2019-08-02-09-41-24.pda	日本	87.7	10.499	18.237	246	2.80	20.0	15.5
11	2019-08-02-09-43-33.pda	日本	86.0	10.941	29.305	255	2.81	20.0	15.5
12	2019-08-02-09-45-34.pda	日本	81.5	13.023	46.341	162	2.81	20.0	15.5
13	2019-08-02-09-47-33.pda	日本	88.5	10.419	26.368	197	2.99	20.0	15.5

图10-2 国产乳霜纸与日本乳霜纸柔滑性能比较（TSA法）

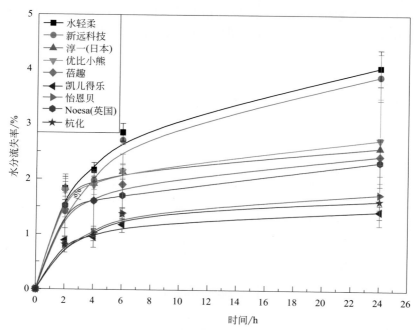

图10-3 市面不同品牌乳霜纸保湿性比较

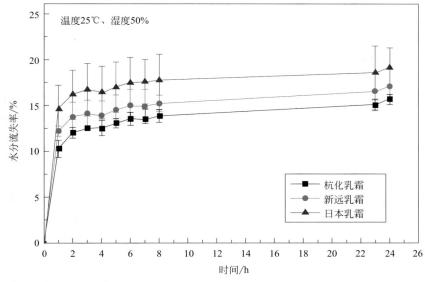

图10-4 国产乳霜与日本乳霜保湿性比较

二、乳霜的制备技术及原理

乳霜的制备技术主要包括柔滑技术和高保湿技术。

1. 柔滑技术

（1）阳离子季铵盐型柔软剂　用于制备乳霜的阳离子季铵盐型柔软剂主要为硬脂酸三乙醇胺酯季铵盐、甘油醚季铵盐和二（硬脂酰氧基）-丙基三甲基季铵盐。阳离子季铵盐型柔软剂带有正电荷，可以直接与负电荷的纤维结合，亲水基吸附在纤维上，憎水基向外侧排列，形成低表面能表面，纤维被长链脂肪烷基的膜包覆。因此用该类型柔软剂处理的乳霜纸纤维柔软，同时纸张表面也很光滑，具有丰满、滑爽的手感。另外，乳霜产品中阳离子季铵盐型柔软剂与阴离子型保湿因子不能复合使用，很容易出现析出和分层现象，且对人体皮肤有一定刺激性。

（2）脂肪酸衍生物柔软剂　硬脂酸聚氧乙烯酯（亦称柔软剂 SME-4）也是乳霜常用的柔软剂成分之一，属于非离子型柔软剂，溶于水、乙醇、乙醚和甲苯等，可与各种表面活性剂混用，其水溶液 pH 值为中性，皂化值为 $80 \sim 90$，亲水亲油平衡值（HLB 值）为 10.0。由硬脂酸在氢氧化钠（或钾）催化下，与环氧乙烷反应制得（见图 10-5），氧乙烯基数目 n 为 $5 \sim 10$。

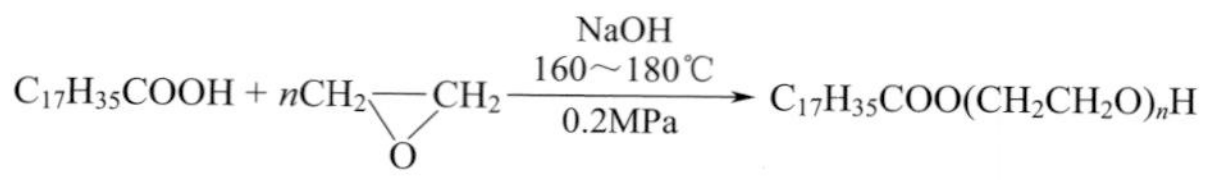

$$C_{17}H_{35}COOH + nCH_2\!\!-\!\!CH_2 \xrightarrow[\substack{160\sim180℃ \\ 0.2MPa}]{NaOH} C_{17}H_{35}COO(CH_2CH_2O)_nH$$

图10-5　硬脂酸聚氧乙烯酯制备反应方程式

柔软剂 SME-4 具有良好的渗透性，兼有柔软平滑作用。在生产加工乳霜纸和餐巾纸时，用 SME-4 作为柔滑因子，不仅能使乳霜快速浸渍渗透入纸张内部，使纸张变得柔软，而且还可以提高乳霜纸的吸湿性能。

（3）有机硅型柔软剂　从乳霜纸的柔滑效果来说，有机硅型柔软剂制备的乳霜纸在柔滑效果方面要好于上述两种类型柔软剂。有机硅型柔软剂的主要结构以聚硅氧烷为主链，硅原子上有甲基等有机官能团，在硅氧烷分子上引入侧基以改善硅氧烷对基质的亲和性，使之兼有硅氧烷化合物的特性和支链官能团的特点。乳霜适用的有机硅型柔软剂主要为有机硅季铵盐乳液和氨基硅油及其乳液型柔软剂。

① 有机硅季铵盐乳液　有机硅季铵盐同时含有季铵盐和聚硅氧烷主链，其带有易水解的甲氧基，可水解为易起交联反应的硅羟基，能牢固地附着于纤维表面，起到柔软作用。同时有机硅季铵盐还有较强的杀菌、抑菌能力，可渗透入细菌的细胞壁，使细胞壁的蛋白质凝固，从而达到杀菌的目的，这对于需要很好抗菌性的乳霜纸来说至关重要。

② 氨基硅油及其乳液　氨基硅油也是乳霜制备所需的柔滑组分之一，端基氨基硅油和侧基氨基硅油是乳霜制备时常用的两种氨基硅油，制备反应见图 10-6。

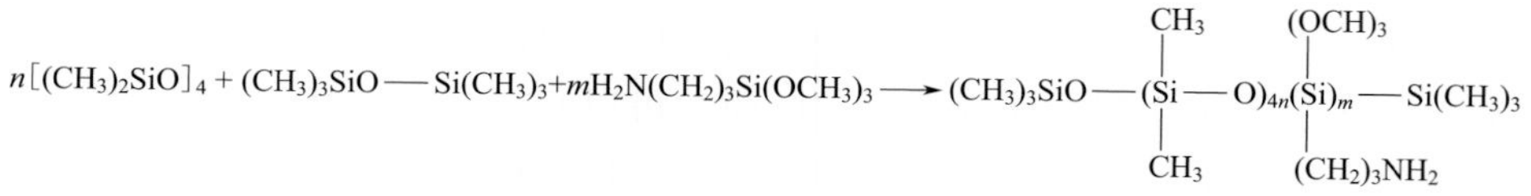

$$n[(CH_3)_2SiO]_4 + (CH_3)_3SiO\!\!-\!\!Si(CH_3)_3 + mH_2N(CH_2)_3Si(OCH_3)_3 \longrightarrow (CH_3)_3SiO\!\!-\!\!\underset{\substack{| \\ CH_3}}{\overset{\substack{CH_3 \\ |}}{(Si\!\!-\!\!O)_{4n}}}\underset{\substack{| \\ (CH_2)_2NH_2}}{\overset{\substack{(OCH_3) \\ |}}{(Si)_m}}\!\!-\!\!Si(CH_3)_3$$

图10-6　氨基硅油制备反应方程式

氨基硅油在酸性条件下可呈现阳离子性，它对纤维柔滑作用的体现，是通过硅氧键中的氧原子吸附在纤维表面上，使疏水性的甲基定向排列，把纤维表面覆盖起来。由于硅氧键的键角在外力作用下可以改变而产生伸缩，因此，用有机硅柔软剂处理后的纤维表面上形成一层坚韧拒水且可以伸缩的连续薄膜，从而使纤维较为柔软。氨基改性有机硅柔软剂与纤维的结合非常牢固，同时会大大提高纸张的性能，在氨基改性有机硅柔软剂中带有氨乙基、氨丙基的效果最好。

（4）高分子聚合物型柔软剂　此类柔软剂是一种以聚乙烯、聚丙烯、有机硅树脂和聚氨酯树脂等高分子聚合物为原料制成的乳液。这类聚合物乳液作为乳霜的柔滑组分，其柔软效果特别突出，不仅赋予了乳霜纸良好的柔软感和平滑感，还能使乳霜纸有良好的蓬松度和松厚度。

① 作用机理　高分子聚合物型柔软剂拥有疏水基和阳离子性亲水基团，亲水基与纤维结合，疏水基覆盖在纤维上，疏水基切断浆料纤维间氢键的结合，对纸纤维有非常明显的断键作用，尤其是聚合物中的有机硅树脂自身的高分子量和柔滑特性，赋予了乳霜纸张良好的柔滑性。但同时因氢键结合被切断，纤维间的结合力变得疏松（见图10-7）。

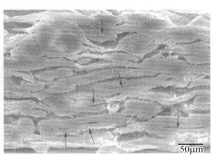

图10-7　聚合物柔软剂对纸张纤维结构的影响

② 粒径的影响　聚合物粒径大小对乳霜的柔软效果有一定影响，杭州市化工研究院开发的 Lotion-HH® 系列乳霜采用纳米级粒径（100 ～ 500nm）的聚合物柔软剂（见图10-8），可赋予纸张很好的柔软效果，其覆盖纤维的面积较小，纸张强度下降较小。传统乳霜采用的脂肪酸类柔软剂覆盖纤维的面积较大，纸张强度下降较大。纳米级聚合物型柔软剂不仅赋予了乳霜纸突出的柔滑效果，对乳霜纸张强度也有很好的提升作用（见图10-9）。

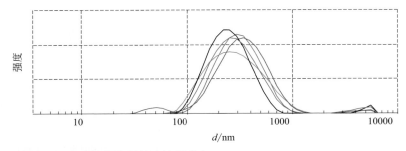

图10-8　聚合物柔软剂纳米粒径分布

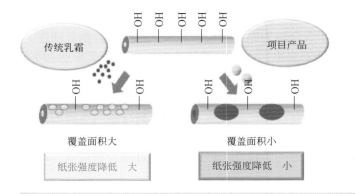

图10-9
聚合物粒径与柔软机理关系示意图

2. 高保湿技术

乳霜纸良好的保湿效果主要是通过引入天然高保湿因子得以实现。乳霜制备过程中常用的保湿因子有甘油、丙二醇、山梨醇、聚乙二醇、纳米纤维素衍生物和透明质酸（hyaluronic acid，HA）等。其中甘油、纳米纤维素衍生物和透明质酸是乳霜常用的高保湿因子。大量研究实验表明，上述这些保湿剂中，甘油是最经济有效的保湿成分，纳米纤维素衍生物和透明质酸是相对高效的保湿因子。

（1）纳米纤维素衍生物　纳米纤维素衍生物是一种天然高分子绿色生物基材料，对人体和环境无毒无害，这对于需要高保湿性能的乳霜纸来说，是一种理想的天然高保湿因子。用于乳霜纸保湿功能的纳米纤维素衍生物主要有阳离子醚化纳米纤维素和羧基化氧化纳米纤维素两种类型。

① 阳离子醚化纳米纤维素　具有保湿功能和多羟基分子结构的纳米纤维素（Cellulose），对其进行阳离子醚化改性，使其季铵化带正电荷（见图10-10）。乳霜引入阳离子醚化纳米纤维素组分，不仅使乳霜纸的保湿功效大大增强，而且增强了纳米纤维素与纸张纤维的结合力，乳霜纸的抗张强度也会得到提升。

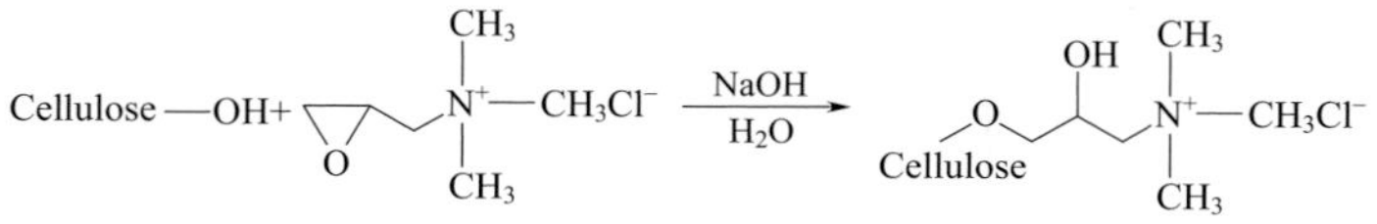

$$Cellulose-OH + \underset{CH_3}{\overset{CH_3}{N^+}}-CH_3Cl^- \xrightarrow[H_2O]{NaOH} Cellulose-O-CH_2-\underset{CH_3}{\overset{OH}{\underset{CH_3}{N^+}}}-CH_3Cl^-$$

图10-10
阳离子醚化纳米纤维素制备反应方程式

杭州市化工研究院姚献平研发团队在纳米纤维素提升乳霜保湿性方面做了大量深入的研究，发现引入醚化改性纳米纤维素作为乳霜高保湿因子制备得到的乳霜纸，其干、湿抗张强度均好于国产 XY 型乳霜，与日本三吉油脂 MIYOSIYY-8 乳霜相当（见表10-2）。这对具有柔滑保湿功能的乳霜纸来说，同时兼具较高的纸张强度，会使消费者得到一种全新的体验感。

表10-2　国内外乳霜纸强度指标比较

市场乳霜品牌	喷涂量/%	纸张定量/（g/m²）	干抗张强度/（N/m）	湿抗张强度/（N/m）
杭化Lotion HH-201乳霜	30	15	12.20	4.89
国产XY型乳霜	30	15	12.01	4.45
日本MIYOSIYY-8乳霜	30	15	12.23	4.66

② 羧基化纳米纤维素　羧基化纳米纤维素主要包括 2, 2, 6, 6- 四甲基哌啶 -1-氧自由基（TEMPO）氧化纳米纤维素和羧甲基化纳米纤维素两种结构。TEMPO氧化纳米纤维素是日本东京大学 Ariko Isogai 教授发明的一种有效氧化木质纤维预处理的方法。TEMPO 具有弱氧化性，在 TEMPO 共氧化剂体系存在条件下，可以只选择性氧化纤维素分子中的伯醇基，而对仲醇基无作用。TEMPO/NaBr/NaClO 氧化体系在 pH 为 8.0 ～ 10.5 的碱性条件下氧化纳米纤维，可使纳米纤维素带有羧基（见图 10-11），亲水性更强，进而具有很强的锁水保湿功能。

引入羧基的羧甲基化纳米纤维素，是通过氯乙酸钠对纳米纤维素进行醚化处理，从而将纤维素分子链接枝上羧甲基，制备带有羧甲基的纳米纤维素（见图 10-12）。羧甲基化纳米纤维素同样具有很好的锁水保湿功能，其与甘油共同组成乳霜的保湿体系，对于乳霜纸的保湿手感提升具有重要作用。

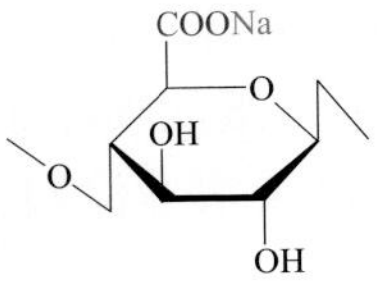

图10-11　TEMPO氧化纳米纤维素 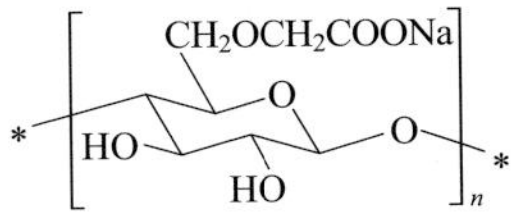　　图10-12　羧甲基化纳米纤维素

运用 TEMPO 氧化法和羧甲基化法制备的改性纳米纤维素，在低相对湿度条件下的吸湿量最高，而在高相对湿度条件下的吸湿量最低，这种独特的性质，正适应乳霜纸在不同季节和环境湿度下（如干燥的冬季和潮湿的夏季）对乳霜纸保湿作用的要求。

（2）透明质酸　透明质酸，又名玻尿酸，是由 N- 乙酰氨基葡糖和 D- 葡糖醛酸双糖单位重复连接而成的高分子黏多糖（见图 10-13）。市售透明质酸一般为其钠盐形式，称为透明质酸钠。与普通的保湿剂相比，透明质酸与羧基改性纳米纤维素均具有智能保湿作用。透明质酸钠分子量分布范围很宽，通常在1kDa ～ 3MDa 之间。不同分子量的透明质酸的性能和应用领域有很大差别，其中用于乳霜保湿性能的透明质酸分子量为100kDa～1MDa，此分子量范围的透明质酸还有较好的润滑性和成膜性，其对乳霜纸的柔滑性的提升也有较好的作用。但透明质酸组分在乳霜体系中存在的稳定性目前还不是太理想，这主要是由于乳霜体系中阳离子型柔软剂和阴离子型透明质酸在体系中共存影响了乳霜产品的稳定性。

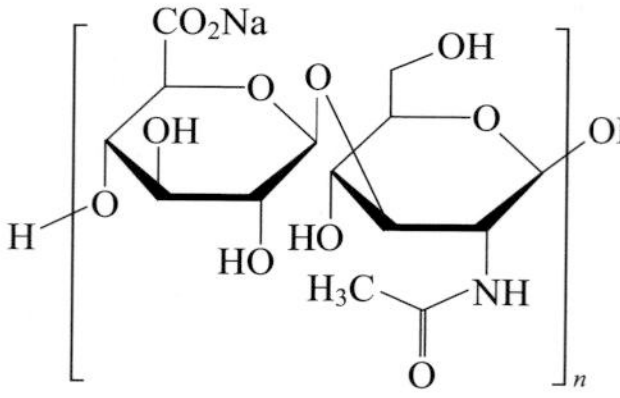

图10-13
透明质酸分子结构

三、乳霜纸的制备

在乳霜纸加工生产过程中，采用喷涂（淋）、辊涂或挤压涂布等方法，将卫生纸用乳霜施加到纸巾表面，再密封静置一段时间，制得的成品对皮肤滋润效果较好，同时兼具优异的清洁效果，可适用于女性卸妆及日常所用[5]。

正确的涂布方法对柔软剂和乳霜产品的应用会产生深远的影响，主要的加工方法包括在线喷涂法、旋转喷雾法、凹版辊涂法和高精度喷涂法等[6]。

1. 在线喷涂法

卫生纸喷涂设备所采用的技术是汽车喷镀行业中常规使用的技术，设备上的喷嘴可以将细小的喷涂液施加到卫生纸上，完成一面或两面卫生纸的喷涂工作，同时不易污染环境。但该方法会导致涂布不均匀和雾的产生以及浪费涂料。此外，涂料黏度亦被限定在一定的范围内。

2. 旋转喷雾法

此喷雾涂布技术是采用一组高速旋转的喷雾盘，由中心储液器供给液体。喷雾盘的离心力产生平弧状的喷雾，将涂料均匀地分布于正在通过的纸幅上。此法与纸幅也是不接触的。该设备适用于卫生纸的涂料，最佳黏度要小于200mPa·s。由于使用高离心力，它涂布过程稳定，不易产生层间剥离，但要考虑到气泡的可能性。

3. 凹版辊涂法

凹版辊涂技术是采用滚筒将一定量的液体涂布在卫生纸上。在纸幅通过凹版印刷辊与胶印压辊之间设定间隙时，涂料就被涂布在纸幅上。在胶印压辊与纸幅接触时，纸幅的每一部分都能接受到均匀的涂料。此法可为卫生纸表面提供均匀的涂层，可涂布卫生纸的一面或两面，与涂料的物理状态无关。此系统不会产生雾，也无须对纸幅使用真空。涂料损失和污染的可能性很小。但与喷涂设备相比，此设备比较昂贵。此外，该设备要与纸幅接触，可能对纸的压花和起皱等性能产生一些影响。

4. 高精度喷涂法

此方法也是与卫生纸无接触的，适用于连续或间隔的涂布方式。调整乳霜的喷涂直径可使纸幅的某些表面无涂料覆盖，这种方法对改变某些纸和卫生纸产品的吸收能力是重要的。高精度喷涂设备可采用液体和固体，也不与卫生纸相接触。该系统可以直接装入卫生纸加工生产线中，而且废品量很少。但是和凹版辊涂法一样，此设备的价格较高。

四、展望

随着人们生活水平的日益提高，未来市场对乳霜纸的需求将会不断攀升，对乳霜纸的环保性、柔滑性、保湿性和抗菌性等也必然会提出更高的要求。这就要求行业内专家和广大科技工作者对乳霜的开发及其应用性能有更深入的理解，并提出与人体健康、安全密切相关且富有创造性的思路和解决方案。

针对目前市场上乳霜纸在消费者使用过程中的体验感反馈，以及未来行业发展趋势，纸张无异味、抗菌性、超柔感、高强度和高保湿性将是乳霜纸未来发展行业关注的焦点。同时纯绿色天然柔滑和保湿因子的持续引入，也必将是乳霜纸行业未来研发瞄准的方向，更多更环保的天然柔滑因子必将代替目前人工合成的柔软剂组分，而改性纳米纤维素等绿色材料在乳霜纸行业飞跃式发展过程中，也必将会有更广阔的发展前景。

第二节
光催化纸基功能材料

一、光催化材料概述

1. 光催化材料的研究背景

进入 21 世纪，能源和环境已经成为人类社会可持续发展面临的两大重要问题。半导体光催化材料由于具有解决环境污染和能源短缺问题的潜在能力，越来越受到国内外学者的关注，成为当前国际化学、环境、能源和材料等领域的研究前沿和热点。

1972 年，Fujishima 和 Honda 在 N 型半导体二氧化钛（TiO_2）电极上发现了水的光电催化分解作用，自此，开启了多相催化研究的新纪元[7]。20 世纪 80 年代以来，TiO_2 光催化技术在环境保护领域内对水和气相有机、无机污染物的光催化去除方面取得了较大进展。长期的研究表明，光催化方法能将多种有机污染物彻底矿化去除，为各种有机污染物和还原性的无机污染物，特别是生物难降解的有毒有害物质的去除，提供了被认为是一种极具前途的环境污染深度净化技术。进入 20 世纪 90 年代后，随着纳米科学技术的高速发展，为光催化技术的广泛应用提供了极好的机遇。为提高光催化材料的催化效率，研究者们围绕光化学合成、太阳能的转化与储存、多相光催化的反应机理等方面进行展开，光催化技术得到了进一步的发展。

光催化技术是以 N 型半导体的能带理论为基础，以 N 型半导体作敏化剂的一种光敏氧化法，利用丰富的太阳能作为能量源作用在目标物上最终达到能量转化或治理污染物的目的。光催化以其室温深度反应和可直接利用太阳能作为光源来驱动反应等独特性能，而成为一种理想的环境污染治理技术和洁净能源生产技术。

2. 光催化材料的组成分类

光催化材料是指在光的作用下发生的一系列光化学反应所需的催化剂。用作光催化的半导体大多为金属的氧化物和硫化物。常用的 N 型半导体包括：TiO_2、氧化锡（SnO_2）、氧化锌（ZnO）、氧化铜（CuO）、硫化镉（CdS）等[8]。目前，研究最多、应用最广的光催化材料是 TiO_2，TiO_2 具有原料易得、成本较低、稳定性好、氧化能力强、无毒、无二次污染等优点。

3. 光催化材料的应用领域

（1）能源（制氢） 能源是人类生存和社会发展的必要因素。随着工业的发展和人类物质生活及精神文明的提高，能源的消耗也与日俱增。世界上最近 25 年的能耗量相当于过去一百年的能耗量[9]。地球上天然矿物的一次能源（如石油、煤炭和天然气等）储存量快速减少，已发现的矿物能源在有限时期内将会用尽，同时能源消耗的急剧增长又将导致人类生态环境的恶化，因此人类面对的问题不仅是能源的紧缺，还有生存环境和可持续发展的压力。

其中，氢能作为一种极具潜力的未来能源系统，已经成为世界上许多国家的共识。目前，世界各国对于氢能的兴趣因其巨大的经济效益和社会效益而不断高涨。利用太阳能制取氢气，是一种最经济、最理想的氢能循环体系，将会在无环境污染、成本低廉的前提下永久性地解决人类的能源问题，一旦技术成熟并达到实用水平，将会大大推动氢能的利用。目前，利用太阳能分解水制氢的途径主要有：可见光化学电池分解水、有机金属配合物光电解水以及半导体光催化分解水等，其中，以半导体光催化分解水制氢的方法最经济、清洁、实用，是一种最有发展前途的方法。

Ye 等用固相法合成出一系列 NiM_2O_6（M=Nb,Ta）型可见光响应光解水催化剂。这种催化剂在可见光（λ>420nm）照射下，不需任何助催化剂就可分解纯净的水而产生氢气[10]。Zou 等研制出一系列新型可见光响应的氧化物光催化剂，如 $InMO_4$（M=Ta,Nb,V）等，在无任何牺牲剂的情况下，这些催化剂都能够实现水的完全分解放出氢气和氧气。用少量金属 Ni（10%）取代其中的 In，可使其结构发生极微小的改变，而光催化活性却能得到大幅度提高[11]。

（2）环境治理　世界卫生组织和联合国环境组织发表的一份报告指出，空气污染和水体污染已成为全世界城市居民生活中一个无法逃避的现实。工业文明和城市发展在为人类创造巨大财富的同时，也把数十亿吨计的废气和废水排入大气和河流之中，人类赖以生存的环境遭受到了严峻的破坏。因此，当大气中的有害气体和水体中的有毒污染物达到一定浓度时，将会对人类和环境带来巨大的灾难。

随着我国经济的长期高速发展和社会文明的高度进步，人们的生活水平日益提高，与此同时环境污染问题日益严重，并已经引起了人们的普遍关注。其中，大气污染（雾霾）、水污染和室内环境污染是当今的主要污染，并且与人们的日常生活和健康息息相关[12-14]。因此，如何高效、快速治理上述各类环境污染问题将直接关系到人们的切身利益和健康安全。目前，一些传统的治理污染的技术方法已经无法满足当前的社会需要，研究者们开始寻求更为有效便捷的治理方案。

光催化技术作为一种高级氧化处理技术，具有制备条件温和、活性高、成本较低、安全无毒害作用、化学性质稳定、难溶于酸和碱等优点，拥有良好的应用前景，成为人们研究的热点，并在水污染治理、空气污染治理和污染修复方面进行了大量的研究。

（3）杀菌抑菌　近年来，纳米材料光催化技术在光催化杀菌消毒等方面得到了快速发展。尤其是 2003 年春夏出现的严重急性呼吸综合征（SARS），使得人们对预防病菌、病毒等微生物引起的环境健康问题展开了进一步研究，从而推进了纳米光催化抗菌杀毒技术研究的深入展开，各种光催化抗菌制品应运而生，并获得了迅速发展。

半导体纳米光催化粒子的杀菌作用分为两种情况：一是光生电子和光生空穴会直接和细胞、细胞壁或细胞膜的各种成分发生作用；二是自由基和 H_2O_2 可与生物大分子如蛋白质、酶类、脂类及核酸反应，直接或通过一系列氧化链式反应对生物细胞结构产生损伤性破坏[15]。纳米光催化粒子的这种性能对微生物具有极强的杀伤力，可应用于杀菌消毒等领域。

二、纳米TiO_2光催化材料

1. 纳米 TiO_2 光催化材料结构

二氧化钛（TiO_2）是一种多晶型的宽禁带半导体材料，其主要晶体结构包括：锐钛矿型、金红石型和板钛矿型[16]，如图 10-14 所示。

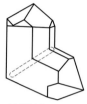 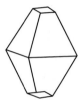 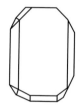

(a) 锐钛矿(Anatase)　　　(b) 金红石(Rutile)　　　(c) 板钛矿(Brookite)

图10-14　TiO_2的三种晶体结构

板钛矿型二氧化钛结构是钛铁矿石在风化过程中形成的一种特殊形态，其结构不稳定，热稳定性和光催化活性较差，因此关于板钛矿结构的研究和应用较少。锐钛矿型二氧化钛的结构是由 TiO_6 八面体共顶点组成，其中每个八面体与周围的 8 个八面体相连，锐钛矿相是热力学上的亚稳相，室温下可以稳定存在，但是在 700℃煅烧下，发生由锐钛矿相向金红石相不可逆转的相变转变。金红石型结构二氧化钛中每个八面体与其周围 10 个八面体相连，金红石相是热稳定结构，不会随温度改变。

2. 纳米 TiO_2 光催化原理

TiO_2 是一种电子导电型半导体，其光催化反应机理可用半导体能带理论来进行解释。根据以能带为基础的电子理论，纳米 TiO_2 半导体的基本能带结构是：存在一系列的满带，最上面的满带称为价带（VB）；存在一系列的空带，最下面的空带称为导带（CB）；价带和导带之间称为禁带。当其受到能量等于或大于禁带宽度（E_g）的光照射时，半导体价带上的电子可被激发跃迁到导带，同时在价带产生相应的空穴，这样就在半导体内部生成电子（e^-）-空穴（h^+）对。

锐钛矿型 TiO_2 的禁带宽度为 3.2eV，当它吸收了波长小于或等于 387.5nm 的光子后，价带中的电子就会被激发到导带，形成带负电的高活性电子 e_{cb}^-，同时在价带上产生带正电的空穴 h_{vb}^+。由于半导体能带的不连续性，电子和空穴的寿命较长，在电场的作用下，电子与空穴发生分离，迁移到粒子表面的不同位置。它们能够在电场作用下或通过扩散的方式运动，与吸附在半导体催化剂粒子表面上的物质发生氧化或还原反应，或者被表面晶格缺陷捕获，也可能直接复合。

电子和空穴在半导体 TiO_2 光催化剂粒子内部或表面光催化反应机理如图 10-15 所示。

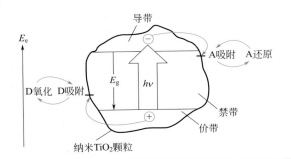

图10-15
TiO_2光催化反应机理

TiO_2 光催化反应过程中产生的羟基自由基（·OH）极度活泼，在整个光催化氧化过程中起着决定性的作用，吸附在 TiO_2 表面的 O_2、H_2O 以及悬浮液中的 OH^-、H_2O 等均可被空穴氧化成该活性物质[17]。被激活的电子、空穴很可能在 TiO_2 颗粒内部或表面附近重新相遇形成电子-空穴对，而光催化活性与电子和空穴的复合概率密切相关。TiO_2 粒子尺寸越小，电子与空穴迁移至颗粒表面的时间越短，其复合概率也就越小；TiO_2 粒子尺寸越小，粒子的比表面积越大，对底物的吸附能力就越强，表面活性点也越多，因此光催化反应速率也越高[18]。近年来，研究者们对半导体的研究主要集中在粒子尺寸极小的纳米级半导体，甚至量子级半导体。

3. 纳米 TiO_2 光催化活性的影响因素

TiO_2 光催化活性的影响因素主要有晶体尺寸、混晶效应和晶相缺陷等几个方面。

（1）晶体尺寸　晶体尺寸是光催化活性的重要影响因素，TiO_2 粒子尺寸达到纳米级后，量子尺寸效应显著增强，价带和导带间形成分立的能级，能隙变宽，光生电子、光生空穴获得的能量更高，其氧化还原能力更强；同时，尺寸的量子化使半导体获得了更大的电荷迁移速率，空穴与电子复合的概率大大减少，明显提高了半导体的光催化活性。另一方面，TiO₂粒径越小，比表面积就越大，由于表面原子数及表面原子配位不饱和性，导致了大量悬键及不饱和键的增加，使TiO₂粒子对反应物的吸附能力显著增强，从而提高了光催化反应速率。

孙奉玉在不同制备条件下得到了晶粒尺寸各异的纳米二氧化钛，并研究了晶粒尺寸与光催化活性的关系，实验表明二氧化钛纳米尺寸效应对光催化活性有极大影响，当TiO₂晶粒尺寸小于16nm时，纳米二氧化钛有明显的尺寸量子效应，会极大降低光生电子-空穴对的复合，使其更好地分离，相应地提高二氧化钛光催化降解有机苯系污染物的活性[19]。

（2）混晶效应　TiO₂的晶型主要有三种晶型，分别为板钛矿型、锐钛矿型和金红石型。常作为光催化剂的二氧化钛主要是锐钛矿型和金红石型这两种。通常情况下，锐钛矿型二氧化钛的光催化活性比金红石型的高，这主要是因为锐钛矿型二氧化钛的禁带宽度（3.2eV）比金红石型的（3.0eV）宽，激发态的锐钛矿具有更正或者更负的电位，导致其具有更高的氧化还原能力；同时，金红石型是由锐钛矿型经高温转型而生成，处理过程可能会导致表面活性基团的减少，且其比表面积较小，电子空穴复合概率较大。此外，锐钛矿型二氧化钛表面吸附羟基、氧气以及水分子的能力更强，可以产生更多的氢氧基自由基和超氧离子自由基，更有利于有机物的氧化。

（3）晶相缺陷　TiO₂表面主要存在三种氧缺陷，分别为晶格空位、单桥空位和双桥空位。氧缺陷的存在，可提高TiO₂表面活性羟基的反应活性，从而提高光催化反应速率；表面缺陷越多，更多的电子被捕获，e⁻和h⁺的复合概率越小，光催化活性越高。但过多的缺陷可能成为电子、空穴的复合中心，反而使光催化活性降低。

另外，TiO₂光催化剂的表面电荷、孔隙率、平均孔径、热处理等因素也会对光催化化活性产生影响。

三、光催化纸基功能材料应用研究

将纳米TiO₂通过湿部添加、涂布、浸渍等方式，可制成具有纸页结构和光催化活性的光催化纸基功能材料。Robert等将光催化纸基功能材料准确定义为：一种能够降解有机污染物和杀灭病原菌的具有光催化活性功能的纸页或非织造布。光催化纸基功能材料中主要是纳米TiO₂具有光催化活性，在近紫外光照射下便可以降解有机污染物，而其他纸张组分（如植物纤维、陶瓷纤维、沸石填料等）在光催化纸中起到的是载体或者吸附剂的功能。

光催化纸基功能材料中纳米TiO₂的添加方法有湿部添加、涂布或者浸渍。

其中，湿部添加指通过加填的方式采用合适的助留剂将纳米 TiO_2 留着在纸页的三维结构中，其优点在于纸张具有特殊的多孔隙结构，有毒气体能在纸张内部扩散，而且提供了与污染物之间较高的接触面积，且制备工艺简单、成本较低；但也存在纳米 TiO_2 易流失和絮聚等缺点。表面涂布施胶法是采用一定的基体材料和胶黏剂制备含纳米 TiO_2 的涂料，再将涂料通过表面施胶或涂布的方式添加到纸页表面，这种方法虽然能解决留着的问题，但是涂料配方复杂（颜料、胶黏剂等），纳米 TiO_2 易被包覆而失去光催化活性。

目前，世界上有三家提供商业光催化纸的公司。日本的 Nippon Paper Group（Tokyo, Japan）公司将 TiO_2 加入浆料，生产具有光催化活性，能净化空气的新闻纸，并与日本国内主要新闻出版商 Yomiuri 建立了合作关系[20]。芬兰的 Ahlstrom（Helsinki, Finland）公司采用胶体氧化硅作胶黏剂生产的光催化活性纸可降解 Rhodamine B 染料，但研究发现，含有胶体氧化硅的光催化纸在降解偶氮类染料（比如活性黑 5，RB5）的过程中，染料中的离子浓度会严重影响光催化结果。日本的 Ein Co. Ltd（Gifu, Japan）公司则采用环保领域的技术研发出一种具有光催化活性的浆料，这种浆料可以用于生产各种功能性材料。

目前光催化纸基功能材料的应用主要有以下几个方面：

1. 空气污染降解

随着经济的飞速发展和工业化、城市化水平的提高，人类生活的文明程度不断提高，以"空气污染"为标志的第三污染时期已经到来[21]；其中，室内空气污染现象尤为严重。这主要是因为，现代人每天约 80% ～ 90% 的时间在室内度过，每天呼吸的绝大部分空气是室内空气[22]；且由于室内环境相对封闭，室内空气污染物浓度往往要比室外更高[23]。相比于室外空气污染，室内空气污染对人类健康造成的危害更大，持续时间更长[24,25]。有研究表明，室内空气污染已成为威胁人类健康的最重要因素之一[26]。

室内空气污染（indoor air pollution）是指室内空气中混入甲醛、苯系物、挥发性有机化合物（VOC）以及致病微生物等有害物质，从而危害人体健康的现象[27,28]。研究表明，在室内可检测出 300 多种污染物，68% 的人体疾病都与室内空气污染有关[29]。室内空气污染的主要来源为：室内装修材料、烟气、日常用品、人体携带细菌和病毒以及户外空气等[30-32]。这些污染物随着呼吸进入人体内部，长期积累，严重危害着人们的身体健康。随着人们对居室美观质量的要求不断提高，各类木制家具、大理石家具及墙体涂料等大量应用于室内装修。上述材料会缓慢地向外界释放甲醛、苯、氨和挥发性有机化合物，长期生活在此环境中会大幅度危害人们的健康。

同仅能与吸附在表面的有机物发生反应的陶瓷和玻璃相比，当光催化剂用于纸张中，制得的光催化纸基功能材料可以获得对空气中主要污染物较高的分解能力。纸张还具有将空气中的浮游物吸附到内部的性质，起到空气过滤的作用。光催化纸利用了纸张的多孔隙结构，能获得高的透气率和气体渗透率。将光催化纸制成蜂窝结构的光催化层不仅能有效地降解空气中的有机污染物和细菌，而且空气阻力小、成本低、工艺简单以及易更换。

Ichiura 主要研究沸石和 TiO_2 复合，以造纸技术制备 TiO_2/沸石复合纸张材料[33-36]。以陶瓷纤维、植物纤维作为载体，并采用聚二甲基二烯丙基氯化铵（PDADMAC）和阴离子聚丙烯酰胺（APAM）作为双元助留体系从而解决了二氧化钛和沸石两种组分的助留问题，抄好的纸张在溶胶中浸渍后于 700℃高温中煅烧，除去纸张中的植物纤维，形成全无机组分的纸张。植物纤维混抄能给预浸渍的纸张一定初始强度，而最后的除去则解决了植物纤维作为光催化载体的可降解问题。

王钰针对室内空气中典型的污染物甲醛和苯系物进行"存储-氧化"催化剂的制备，解决了空气中污染物组分竞争吸附问题，对空气中其他污染物的治理具有重要意义[37]。

杭州市化工研究院（国家造纸化学品工程技术研究中心）姚献平研发团队针对传统光催化材料进行深入研究，通过均相水解制备技术、电子掺杂改性技术、多载体复合改性技术等自主核心技术，制备出具有良好净化性能及低成本的纸基专用光催化功能材料，并创造性地以多种天然纤维纸基材料为基底，将上述光催化功能材料进行均相增效复合负载，成功研发出了多种家居净化产品。其中，多效室内空气质量保障纸[38]、除醛墙纸、除醛祛味装饰画等（见图 10-16）受众面广，除醛效率高，取得良好的经济效益及社会效益。

其中，多效室内空气质量保障纸产品填补同类产品市场空白。该纸基功能材料表面依次为反应层、吸附层和催化层，其中催化层（外层）能够持久分解室内空气污染物，并具有防霉、杀菌、释放负离子、祛异味等功能。又因为占地面积小且可折叠适用于各类小空间（如抽屉、衣柜等），使用完毕后丢弃即可，避免造成室内的二次污染。该产品经过第三方专业检测：甲醛去除率达到 95.4%，甲醛净化持久率达到 89.8%，抗菌率达到 99%（供试菌种：大肠埃希菌、金黄色葡萄球菌）。同时，该产品已顺利通过浙江省工业新产品鉴定，并获得国家发明专利 1 项。

另外，上述除醛墙纸、除醛祛味装饰画也是杭化院研发出的兼具除醛祛味和室内美学装饰双重功能产品。上述产品均可持续高效降解室内空气中甲醛、苯、TVOC（总挥发性有机化合物）等有害污染物，各项指标居同类产品性能前列，可有效解决室内空气污染问题，极大保障人体生命健康。

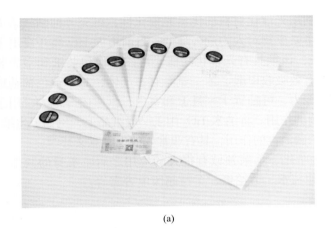

(a)

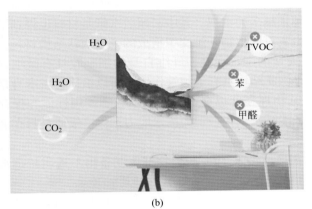

H_2O

H_2O

H_2O

CO_2

TVOC

苯

甲醛

(b)

图10-16
多效室内空气质量保障纸
（a）及除醛祛味装饰画（b）

2. 杀菌抑菌

微生物是存在于自然界的一群体形细小、构造简单、肉眼无法直接看到，必须借助显微镜等设备才能观察到的微小生物。微生物虽然个体微小，但仍具有一定的形态结构、生理功能，并能在适宜的条件下迅速繁殖生长。其中，细菌是微生物中最重要的品种之一。细菌可以根据其基本形态分为球菌、杆菌和螺形菌三类。通常将能引起人类等宿主致病的细菌叫病原菌。病原菌致病一般通过两种途径：一种是由细菌毒素直接引起，另一种是宿主对细菌产生的产物过敏，然后通过免疫反应间接地造成损伤。总之，微生物带给人类的隐患和威胁不容忽视。

杀菌抑菌是指光催化材料在光照下对环境中微生物的杀灭或抑制作用。在人们的居住环境中存在着各种有害微生物，对人类生活产生不良影响。家居环境中的一些潮湿场合如厨房、卫生间等，微生物容易繁殖，导致空气中和物品表面菌浓增大，对人的健康产生威胁。利用光催化材料的优良光催化性，可充分抑制或杀灭环境中的有害微生物，使环境微生物对人的危害降低。目前市面上已经开发出了一种添加纳米 TiO_2 的功能纸，该纸具有光催化功能，可以用作包装纸和室内装修用的壁纸。这种功能纸能有效吸收甲醛、苯、氨等有害气体，对于黄色葡萄球菌及大肠埃希菌等也有杀灭能力，可贴置于家具上和室内、汽车内等地方，用于消除有害气体并起到杀菌抑菌的作用。将纳米 TiO_2 用于一般纸品上，例如卫生纸、食品包装纸等，可以发挥其杀菌消毒的作用，具有非常好的现实意义[39,40]。

纳米 TiO_2 除了在光催化净化、杀菌领域有很大的应用之后，本身的其他一些性质也有很广的应用，如超疏水、芳纶纸、柔性超级电容器等。

3. 超疏水

近年来，关于制备超疏水材料的研究越来越多，这类材料因其具有高度抗水、自净防尘等优点而得到越来越多的重视。其中，超疏水纸基材料也得到了极大研究和发展。纸和纸板是由大量的植物纤维交织组成的三维网状结构材料，构成植物纤维的化学组分带有大量的亲水羟基，纤维自身的细胞腔具有微细管结构，而且纤维之间形成的三维网状结构具有毛细管作用，所以纸质材料本身是十分亲水的。纸张在吸水后，其物理强度也会下降明显，影响使用性能和保存期限。浆内施胶和表面施胶技术能赋予纸张一定的抗水能力，保证纸质材料在遇水后能尽可能正常使用。

黄良辉曾采用硅烷偶联剂接枝纳米 TiO_2 与植物纤维制备出不透明超疏水表面纸，其中水表面接触角在 125°～154°，滚动角小于 3°[41]。

Lai 及其团队采用水热法在棉纤维表面原位生长具有花状结构 TiO_2 粒子，该结构在氟硅烷的改性后接触角大于 160°且滚动角小于 10°，可应用于紫外屏蔽、自清洁和油水分离[42]。

4. 在芳纶纸中的应用

芳纶纤维作为一种高技术含量且极具经济价值的新型有机高性能纤维，具有较高的比强度、比模量，绝缘，并兼具优良的化学稳定性、耐高温性能、耐磨损性能及低密度等优越特性。采用高性能芳纶纤维为原料，按照现代的湿法造纸技术抄造成纸，再经树脂固化或热压工艺处理制备而得的片状复合材料称为芳纶纸基材料[43,44]。

目前，市场上最具实用价值的芳纶纤维主要分为两个品种：间位芳纶纤维和对位芳纶纤维，与之对应的纸基材料为间位芳纶纸和对位芳纶纸。芳纶纸具备了芳纶纤维的优异性能，因其力学性能优异以及密度低等优点可作为轻质蜂窝结构材料广泛应用于飞机、列车等的刚性受力结构部件。化学性质稳定和高介电性能使其作为绝缘材料在变压器、发电机和电池隔膜等方面具有重要的作用。此外，其产品在防弹衣和消防服装等个体防护上也应用颇多。因此，芳纶纸基材料作为一种新型的结构性和功能性材料，是航空航天、国防军事、电子通信等现代工业领域的重要基础材料，具有广阔的应用前景，其研究和开发意义巨大。

Schütz 等将纳米纤丝化纤维素（NFC）和纳米 TiO_2 制备成膜。通过分光光度法和纳米压痕法对其透明度和机械强度进行了测试，结果表明纳米 TiO_2 含量在 16% 时，模量和硬度分别高达 44GPa 和 3.4GPa，并且光学透射率高于 80%[45]。

吕程通过纳米 TiO_2 改善绝缘纸的绝缘性能，结果表明当纳米 TiO_2 含量为 3% 时，绝缘纸具有较强的抑制和消散空间电荷的能力，可以降低绝缘纸内部场强畸变，并结合多核界面结构模型分析了纳米 TiO_2 改善电荷积聚的机理，结果表明纤维素和纳米 TiO_2 之间形成了较强的相互作用界面，改善了接触面的结构，有利于形成更多的陷阱，陷阱数量的增加和能级的变化增强了绝缘纸的击穿强度[46]。周游等利用纳米 TiO_2 粒子对变压器油进行改性。结果表明纳米 TiO_2 粒子能够改善变压器油中电荷的消散速率，一定程度上抑制了变压器油中电场的畸变现象，从而提高了变压器油的绝缘性能[47]。汪斌华等发现纳米 TiO_2 粒子对紫外线具有较强的吸收和散射能力，此外，纳米 TiO_2 粒子对高分子材料抗老化性的提升具有很好的效果。班燕采用溶胶 - 凝胶法在芳纶纤维上附着纳米 TiO_2，结果显示纳米 TiO_2 可以吸收紫外光能量，减缓了芳纶纤维的光老化速度[48]。

5. 柔性超级电容器

随着近年来柔性、便携式及可穿戴电子产品的迅速发展，柔性超级电容器成为新能源方向研究的热门领域。与传统非柔性超级电容器相比较，柔性超级电容器所用的正负电极材料、隔膜、电解质、集流体以及封装外壳都是用柔性材料制备的，这使得柔性超级电容器的形状可以千变万化。从研究现状来看，选择性能优良的柔性电极是制备柔性超级电容器的关键。截至现今，对于柔性超级电容器的研究，已经形成了一门复杂的学术体系，制备出的柔性超级电容器展示出绚丽多彩的物理形态以及各式各样的功能。

2015 年报道了一种以高比表面积的活性炭材料作为基材，含有 TiO_2 的复合纳米纤维制备的全固态柔性超级电容器。该方法利用静电纺丝法纺出含有 TiO_2 纳米纤维，然后将纳米纤维进行煅烧，最后与活性炭混合，制备成柔性且透明的超级电容器，该电容器以聚乙烯醇和磷酸为电解质。在 0.3A/g 的电流密度下其比容量为 310F/g，在 2.798kW/kg 的功率密度下能量密度为 43.05W·h/kg，经过 5000 次充放电后其比容量依然保持 98.38%。

王金广利用静电纺丝技术、水热合成法等制备出具有特殊结构的碳纳米纤维（CNF）基三维复合材料并研究其超级电容性能，探究电极材料结构对超级电容器性能的影响。首先利用静电纺丝技术制备聚丙烯腈纳米纤维，经过预氧化和高温碳化后得到 CNF，然后以 CNF 为基底将 TiO_2 纳米棒阵列"种植"于纤维表面得到 CNF/TiO_2 材料，再进行二次水热法将纳米薄片状 $Ni(OH)_2$ 生长于二氧化钛纳米棒阵列之间得到三维复合材料 $CNF/TiO_2@Ni(OH)_2$[49]。

四、展望

鉴于光催化材料，尤其是光催化纸基功能材料在环境保护、洁净能源（太阳能转化为氢能）、国防军事、医疗卫生、建筑材料、汽车工业、家电行业、纺织工业等众多领域具有广阔应用前景和重大社会经济效益。同时，纸基功能材料被认为是传统造纸产业转型升级的重要方向，其结构和性能完全不同于传统纸张，具有灵活可设计的结构和力学、光、电、磁、热、声性能，能够克服单一天然植物纤维材料无法适应的高冲击、高温、高湿、高腐蚀等恶劣工况条件，是战略性物资之一。

采用不同性质的植物纤维作为纳米光催化剂的载体，利用纸张独特的多孔隙三维结构特征，结合纸张的抄造技术和光催化技术，开发出具有不同功能的性能优异的光催化纸张。在此过程中，需要关注和探讨光催化纸基功能材料在应用过程中各种环境因素的影响，以及如何将光催化剂负载在合适的纸基纤维载体上，如何提高光催化剂的光利用率和光催化性能等问题。相信随着持续研究和应用，光催化纸基功能材料将进一步拓展其应用领域，并极大地提高其光催化性能，更好地造福社会和人民。

第三节
果蔬保鲜纸基功能材料

一、概述

1. 果蔬保鲜纸基功能材料的定义

果蔬保鲜纸基功能材料，简称"果蔬保鲜纸"，又名"果蔬防腐纸"，是一种以可生物降解的特种纸为载体，采用外涂布（辊涂或喷涂）、浸润或内添加等特定的加工方式，复合单种或多种具有抑菌杀菌、吸附乙烯或调湿等特定保鲜功效组分，制备得到的对水果和蔬菜具有保鲜功能的专用复合型特种纸。果蔬保鲜纸基功能材料，具有紧密层和疏松层两层结构。紧密层可抑制水果和蔬菜的呼吸作用，防止水果和蔬菜分解出来的二氧化碳和水外泄；疏松层可以使袋外的空气向袋内渗透，以保持水果和蔬菜的鲜活。

2. 果蔬保鲜功能材料的发展现状

国内外果蔬保鲜材料种类众多，这些材料主要是基于抑菌、去除乙烯和气调包装等保鲜原理而制备的。表 10-3 列举了国内外部分有代表性的果蔬保鲜材料。

表10-3　国内外部分有代表性的果蔬保鲜材料

材料名称	生产公司	材料形式	应用效果
SmartFresh	AgroFresh Solutions，Inc	贴纸/纸箱	有效延长果实保存时间
—	Apeel Sciences	食用保鲜膜	保质期延长2～3倍
It's Fresh! Filters	It's Fresh Co,Ltd	滤片	有效延长果实保存时间
—	Keep-it-fresh Co, Ltd	垫纸	减少乙烯含量
UVASYS	Grapetek Co,Ltd	垫纸	葡萄保鲜达4个月
FreshPaper	Fenugreen Co,Ltd	卡纸	延长保存时间2～4倍
果伴	Phresh	粉剂/衬纸塑料盒	延长保存时间2～3倍
MS纳米保鲜纸	湖北致和包装印务有限公司	纸箱	延长保存时间1～2倍
纳米保鲜袋	江苏万果水蜜桃保鲜科技有限公司	保鲜塑料袋	延长保存时间至15天
鲜博士	西秦生物科技有限公司	袋装粉剂	延长货架期1～3倍

美国保鲜公司（It's Fresh Co, Ltd）开发的一款保鲜过滤器产品（It's Fresh! Filters）是通过在纸基/高分子基膜表面涂布一层过渡金属改性的多孔材料来提高乙烯的吸附效率，从而有效延缓水果腐烂速度，将水果的货架期延长1～3天。据悉，该技术最早在 2011 年 11 月被英国的玛莎百货（M&S）进行了应用，在草莓商品的保鲜上效果显著。目前，该技术已被全球的多家连锁超市采用。美国蔬果保鲜特种化学品公司（AgroFresh Solutions，Inc）采用 1- 甲基环丙烯（1-MCP）技术，保持各种水果，包括苹果梨、猕猴桃、鳄梨和香蕉等的新鲜度并延长新鲜农产品的保质期。美国的一款"蓝苹果"（bluapple）产品，将吸附乙烯的材料放置在一个外形为蓝苹果的模具中，模具底部有小的空隙，可供气体通过，"蓝苹果"内部的乙烯吸附材料会吸附降解果蔬产生的乙烯，从而达

到果蔬保鲜的作用。美国 Apeel Sciences 公司推出的一款可食用保鲜材料，由脂类和甘油酯类的无毒有机化合物制成，它们来源于各种蔬菜和水果的不需要的果皮、种子和果肉，材料会在果蔬表面形成一道屏障，防止水分从水果/蔬菜中消失，同时最大限度地减少可能进入的氧量，这样可以使产品保质期延长 2～3 倍。印度保鲜公司（Keep-it-fresh Co, Ltd）是一家生产保鲜材料的公司，现阶段生产了包括保鲜袋、保鲜气调袋、葡萄保鲜垫和吸湿垫等保鲜材料，主要以减少乙烯含量为保鲜标准。南非葡萄保鲜垫公司（Grapetek Co, Ltd）开发的 UVASYS 系列葡萄保鲜垫和保鲜纸用于葡萄的保鲜，产品通过二氧化硫气体两段释放技术对葡萄进行高效杀菌消毒，通过抑制细菌的生长达到对葡萄保鲜的目的。UVASYS 保鲜材料主要用于葡萄的保鲜，特别适合葡萄长期储存运输，保鲜时间可达 3 周至 4 个月。以色列 Phresh 公司制备了一类以精油为原料的微胶囊衬纸，日常使用只需要将其放置在食品旁边，就能杀灭大部分常规水洗无法消除的细菌，并且可以使食物保鲜时间延长 2～3 倍。

国内水果保鲜材料也在不断地发展，湖北致和包装印务有限公司推出一款 MS 纳米果蔬保鲜纸箱，纸箱中的纳米保鲜材料是一种经纳米级别处理的天然矿物质，无毒无味，绿色环保，可有效吸附蔬果在纸箱内发生呼吸作用挥发出的催熟气体乙烯、水蒸气及其他有害气体，抑制蔬果的呼吸作用和熟化过程，达到保持纸箱内部氧气含量、调节纸箱内部温度的目的，从而减缓蔬果腐烂发生的过程。该产品对于蔬菜、水果和鲜花类生鲜农产品具有良好的保鲜、抗菌和防潮功效，可有效延长果蔬在流通过程中的保鲜期，减少果蔬的腐烂损耗。江苏万果水蜜桃保鲜科技有限公司推出一款水蜜桃保鲜袋，主要利用抗菌、乙烯吸附抑制等原理来延长水蜜桃的保鲜期，同时，该保鲜袋采用纳米技术，具有自动调节袋内氧气、二氧化碳、水蒸气浓度的功能，能够抑制水蜜桃呼吸，减缓水蜜桃熟化过程，可使水蜜桃的常温保鲜期从 2～3 天最高延长至 15 天。咸阳西秦生物科技有限公司推出一款采用 1-MCP 的果蔬保鲜剂，能有效延长果蔬花卉采后储藏期和货架期，尤其对乙烯敏感型的果蔬花卉，效果更为显著。结合我国的国情，简易气调储藏（MA 储藏）在现阶段具有收效明显、投资低廉的特点，以聚乙烯（PE）和聚氯乙烯（PVC）小包装袋（包括硅橡胶简装）对果蔬进行简易气调，在冷藏基础上已获得全面成功。如西北地区的红富士苹果储藏、山东的蒜薹储藏、辽宁的葡萄储藏、南方香蕉的运输包装及柑橘单果包装储藏[50]。

杭州市化工研究院在水果抑菌保鲜方面做了大量深入的研究，成功开发了一系列对草莓、小番茄和水蜜桃等果蔬具有抑菌保鲜功效的抑菌保鲜纸和粉体抑菌保鲜剂材料。材料的类型主要为微胶囊、喷淋乳液、包缠纸、夹层纸及涂布纸箱等。其中，抑菌保鲜纸是以环保可降解的高吸收性纸张为基材，以多孔无机材料、天然植物功能因子等为原料，采用特殊方法制备出的具有吸附乙烯、抑菌杀菌和调湿功效的果蔬保鲜材料。抑菌保鲜纸基材料在常温下可延长水蜜桃保鲜时间至 6 ～ 9 天，尤其是常温储藏条件下草莓的腐烂率可降低 50% 以上，小番茄保鲜时间可延长 2 ～ 3 倍。相关产品已进入农户市场推广阶段。

目前，果蔬抑菌保鲜纸还没有大规模商业化应用，主要原因有两方面：一是抑菌保鲜成分复杂，作用机理还不是十分清楚，药源、含量及纸基本身的稳定性不易解决[51]；二是某些抑菌物质使用时有特殊气味，会影响果蔬本身的可食用性。天然的植物抑菌物质对人体和环境无危害，且具有较好的保鲜性能，从长远来看，植物抑菌型果蔬保鲜纸应该向着天然、安全、高效的方向发展，具有可观的发展空间。

目前，果蔬保鲜业主要存在以下四方面的问题：

① 普及率较低，储藏保鲜能力相对不足，与果蔬生产多品种、产业化和外向型形势不相适应。由于果蔬生产存在季节性和区域性，果蔬自身存在易腐性，人们对果蔬需求的多样性，以市场鲜销为主的果蔬产品一旦遭遇气候异常或市场变化，往往会季节性过剩，导致果蔬产品大量腐烂变质，造成严重损失，增产不增收甚至增产减收现象时有发生，严重影响果蔬市场的稳定和果蔬产业的发展。

② 技术落后。传统的保鲜方法仍是果蔬储藏保鲜的主要手段，储藏保鲜设施利用率低，储存的果蔬产品单一，影响效益。

③ 现有保鲜设施布局不合理，储藏保鲜基础设施缺乏，预冷处理不及时。

④ 配套措施跟不上，采收不精细。采、运过程中机械损伤多，采收后分选、分级、包装不规范，机械设备配套水平低等，这些问题导致我国果蔬保鲜行业发展缓慢。

面对新的市场形势，特别是随着果蔬产量的迅速增加，如何增加果蔬的储量和提高各产区果蔬储藏保鲜综合技术水平，必须引起各部门的高度重视。可以预测随着全球经济一体化，果蔬全球化流通将会成为趋势。因此，不同果蔬的保鲜材料功能研究、多功能经济性研究等，仍是保鲜行业研究和应用的重要发展方向。

二、类型及特点

果蔬采摘后由于其旺盛的组织代谢活动、微生物活动及水分流失，易出现霉变、腐烂等变质现象。近年来，国内外学者针对果蔬保鲜储藏过程中的生命活动进行了大量研究，旨在通过物理、化学和生物方法来减缓果蔬的呼吸作用、降低乙烯浓度、抑制微生物的生长、抑制酶作用以及利用包装来减少机械损伤以达到储藏保鲜的目的。根据保鲜机理的不同，果蔬保鲜材料的类型也各不相同。目前市面上的果蔬保鲜材料主要有传统保鲜功能材料和抑菌保鲜纸基材料等。

1. 传统保鲜功能材料

（1）除乙烯保鲜材料　乙烯是一种重要的植物激素，一般生成量极小，不超过 $0.1\mu g/g$，但在果实萌发、成熟、衰老等发育阶段急剧增加。乙烯作为一种成熟衰老激素，对果实采摘后的成熟和衰老起着重要的调控作用，对核酸代谢、酶活性、激素水平与呼吸速率等生理作用有重要的影响，从而能够诱导果实色泽的转变。因此，控制乙烯浓度能有效延缓采后果实的成熟衰老过程，延长储藏时间。控制乙烯浓度的方法一般有两种：一种是通过环丙烯类抑制剂与乙烯受体结合，达到降低乙烯的目的，其中最有效的是 1-MCP[52]；另一种方法是采用乙烯吸收剂去除乙烯[53]。

对 1-MCP 来说，由于其优良的保鲜性能，不少专家学者对 1-MCP 在纸张上的应用做了研究。吴斌等将 1-MCP 包结物、吸水剂、分散剂均匀放置于具有透气和透湿性的塑纸中，用热封方式制成保鲜纸。将香蕉和番茄放入所制成的筐袋，在 20℃环境下保存，香蕉的呼吸高峰推迟 6 天出现，番茄在前 3 天保持较低的呼吸作用速率，乙烯释放时间推迟了 2 天，延缓了果实的衰老进程[54]。马修珏等以吸水纸为芯纸，两侧覆上面纸，以热熔胶黏合，在芯纸上均匀打孔载入定量的 1-MCP 药剂，制得保鲜纸，以油桃为保鲜对象，产品对油桃失重率、呼吸作用、可溶性固形物含量的抑制作用明显[55]。此外，AgroFresh 公司、西秦生物科技有限公司和利统股份有限公司也开发了以 1-MCP 为基材的水果保鲜材料。

大量研究表明，1-MCP 对很多呼吸跃变型果实（如苹果、香蕉、梨、猕猴桃、桃、柑橘、李、枣和杏等）的成熟衰老有显著的抑制作用，能够延缓果实软化和表皮变黄等不良生理变化，延长果实的货架期。然而，对呼吸跃变型果实不同成熟时期，1-MCP 对乙烯产生的抑制作用却不同。孙希生等对三种成熟期不同的苹果采用 1-MCP 熏蒸处理，通过检测处理后果实的呼吸速率和乙烯产生率发现，1-MCP 对早熟品种的抑制作用不明显，早熟品种在采摘时果实已经达到呼吸高峰，这说明像苹果这种乙烯产生量高的果实，特别是采摘时已经进入呼吸高峰的果实，对 1-MCP 的反应效果较差，即 1-MCP 可能对于成熟后期果实的乙烯抑制作用不太明显[56]。但目前国内外对这方面的报道较少，有必要进一步研究。

对乙烯吸收剂来说，通常有两种类型，一种是沸石、硅藻土、白硅石等多孔材料，依靠强吸附性吸附乙烯；另一种是高锰酸钾等强氧化性材料，通过化学反应氧化乙烯，从而达到控制乙烯浓度和延长果蔬保鲜期的目的[57]。中国专利 CN204489574U、CN204489638U 等介绍了一种纳米保鲜瓦楞纸材料。采用多纳米方沸石粉、纳米斜沸石粉、纳米氧化硅粉和胶水混合作瓦楞纸层的胶黏层，可有效延长水果储存 7 ～ 15 天。但多孔材料与胶黏剂共混填充在瓦楞纸内层，其孔隙被胶黏剂堵塞，大大影响了材料的吸附性能[58]。加拿大专利 CA2982417A1 介绍了一种涂布型水果保鲜纸，该专利通过控制改性多孔材料的粒径、用量以及胶黏剂的种类和用量，乙烯吸附性达到 $900\mu L/m^2$ 左右。目前该专利产品已实现产业化，应用市场已经从北美拓展到英国、南非和中国。利用乙烯吸收剂与纸结合制成的果蔬保鲜纸，具有生产成本低、使用简便、保鲜效果好等特点，特别适合保鲜技术发展和普及度不高的农村地区，具有很大的市场发展潜力。

（2）气调包装材料　气调包装材料是一种用于调节果蔬包装材料内部气体组成成分的材料，广泛应用于果蔬产品的保鲜。气调保鲜是通过降低储藏环境中的氧气浓度，提高二氧化碳浓度，抑制果蔬呼吸作用，延缓果蔬的衰老和变质，从而达到较好的保鲜效果。

气调包装材料主要包括主动气调保鲜和被动气调保鲜两种类型。主动气调包装材料是通过排出包装内的气体再填充所需特定比例的混合气体来加快气体成分的改性，避免果蔬产品长时间暴露在高浓度氧气中腐败变质。被动气调包装材料主要是通过薄膜材料对不同气体的渗透性来控制包装材料中二氧化碳和氧气的浓度。由于包装薄膜对氧气和二氧化碳的渗透速率不同，经过一定时间，气调包装材料中的气体会在果蔬产品的呼吸速率和薄膜的渗透性两者之间达到平衡。

纸基气调包装材料一般是采用纸基材料与高分子薄膜材料复合而成，通过控制材料内部气体的种类及含量实现对果蔬的保鲜效果。通常情况下，低氧和高二氧化碳环境能明显降低果蔬产品的呼吸速率、乙烯的生物合成、水分流失、酚类氧化和微生物生长等，从而降低产品质量的恶化。

目前基于上述机理的相关技术还没有在纸张上得到应用。纸张透气性高可以通过在纸张表面涂布高气体阻隔性的涂料来降低。鲍文毅等将纤维素 / 壳聚糖共混制膜，该薄膜的透光率在 80% 左右，其水接触角从纤维素膜的 70° 提高到 100°，不仅提高了纤维素膜的疏水性和抗菌性能，而且氧气渗透系数也低于市面上理想的乙烯 - 乙烯醇共聚物（EVA）氧气阻隔材料[59]。采用纤维素 / 壳聚糖共混物溶液对纸张进行涂布或浸渍处理，以此来提高纸张的氧气阻隔性能，可实现纸基包装的气调保鲜。

（3）可食用涂层材料　可食用涂层材料作为气体阻隔屏障的可食用材料，

显现出与气调包装类似的保鲜效果。可食用涂层材料使用时要求均匀地涂抹在果蔬的表面，且干燥后必须有足够的附着力和耐久性[60]，其应用到果蔬产品的保鲜中要满足一些基本要求，即合适的阻隔性能、良好的机械强度、合理的微生物、生化和生物稳定性、安全性、低成本和易于操作等。可食用涂层材料的保鲜效果主要取决于涂层溶液的润湿性，因为涂层材料的润湿性会直接影响涂层的厚度。

可食用涂层通常基于生物材料，如多糖、脂质和蛋白质。现阶段应用于果蔬保鲜的多糖主要有淀粉及其衍生物、纤维素衍生物、果胶、海藻酸盐等。目前常用蛋白质主要包括动物蛋白（如酪蛋白和乳清蛋白）、植物蛋白（如小麦麸质和大豆蛋白）。其中乳清蛋白已被广泛应用于延长水果和蔬菜的保鲜期。此外，还可以使用可食用涂层作为载体，负载抗菌化合物以提高果蔬产品的保鲜期。抗菌可食用涂层可以通过在果蔬产品表面保持一定的有效化合物浓度，来对引起腐烂变质和致病的细菌产生抑制作用。虽然抗菌可食用涂层在降低病原体污染、延长果蔬保质期方面可以发挥重要的作用，但其也具有一定的缺陷，还需要进一步的研究。

（4）活性包装材料　果蔬保鲜活性包装技术是指通过维持或改变包装内部条件而延长果蔬货架期的包装技术。果蔬保鲜活性包装技术利用吸收、释放、迁移气体或物质（如吸收或释放氧气、二氧化碳和乙烯等气体或释放抗菌物质等）改变果蔬储藏条件，从而达到保持果蔬品质和延长货架期的目的。果蔬保鲜活性包装技术通常采用的方式为将活性材料以小袋或复合纸片等形式放至包装袋内、喷涂到包装薄膜内表面，或者以某种方式植入包装薄膜内部。按照活性材料的功能，食品活性包装可分为氧气吸收 / 释放包装、二氧化碳吸收 / 释放包装、乙烯吸收 / 释放包装、控湿 / 防雾包装、抗菌包装等。

2. 抑菌保鲜纸基材料

微生物的滋生是果蔬产品腐烂变质的一个重要原因。果蔬产品在运输储藏过程中会接触到病原菌，抑制微生物的生长是延长果蔬保鲜期的重要手段。抑菌保鲜纸基材料用于抑制果蔬在生长、采摘、储藏及销售时产生的微生物，主要是通过浸渍、喷涂和辊涂等手段将抑菌剂添加到纸基基材后包装水果，形成抑制腐败菌生长繁殖、利于水果保存的微环境，达到延缓果实腐败的目的。

目前抑菌类水果保鲜纸中的抑菌成分主要为缓释型二氧化硫、缓释型二氧化氯、纳米银离子、抗生素、有机酸（醋酸、苯甲酸、乳酸、丙酮和山梨酸等）、脂肪酸酯、亚硝酸盐、亚硫酸盐、多肽（溶酶、过氧化物酶和乳铁蛋白等）及植物精油等。植物精油由于具有较强的抑菌能力、良好的生物相容性、低廉的成本等，引起了广泛的关注，是目前研究比较多的果蔬保鲜抑菌剂。

王建清等使用二氧化硫缓释保鲜剂对樱桃进行保鲜实验，结果表明，二氧化硫可以明显降低果实的腐败率，延长储藏时间[61]。郑永华等研究了不同二氧化硫释放剂量对枇杷果实品质、多酚氧化酶活性、呼吸强度及腐败率的影响。结果表明二氧化硫缓释剂可以明显抑制多酚氧化酶活性和呼吸作用强度，减缓可滴定酸和可溶性固形物含量的下降，防止果心褐变，降低果实的腐败率，从而延长储存时间[62]。但使用二氧化硫缓释剂往往会有一定残留，在储存期间会对果实产生漂白和毒害作用，影响果实的品质，具有一定局限性。

随着化学和其他学科的迅速发展，对植物体内的抗菌物质及其抗菌作用的研究更为广泛和深入，许多具有抗菌活性的物质从植物体内被分离鉴定出来，越来越多的专家和学者也将注意力转移到使用植物抑菌物质来对果蔬进行保鲜的方向上。岳淑丽等用 β- 环糊精包埋技术制备肉桂精油微胶囊，并与聚乙烯醇混溶制备抗菌添加剂，该抗菌添加剂对大肠埃希菌和金黄色葡萄球菌具有很好的抑制作用，将其应用于纸张涂布制得抗菌纸，对圣女果具有良好的保鲜效果，可改善其感官评价，降低失重率和呼吸作用强度，延长圣女果的货架期[63]。美国专利 US 6372220B1 介绍了利用葫芦巴抑菌成分制成保鲜纸的技术，目前该技术已经产业化，产品在亚马逊出售[64]。

杭州市化工研究院姚献平研发团队经过多年深入研究，成功开发了针对草莓具有精油缓释功效的果蔬抑菌保鲜纸基功能材料。分别在常温 25℃ 和 0℃ 储藏条件下，对草莓储藏时间与草莓表观特性（失重率、腐烂指数和表面色度）、营养成分 [有机酸、可溶性固形物、总酚、丙二醛（MDA）和花色苷]、酶活性 [超氧化物歧化酶（SOD）酶活、过氧化氢酶（CAT）酶活和多酚氧化酶（PPO）酶活]、表面微生物（菌落总数）和表皮结构（表皮细胞 SEM 图）进行了系统深入的研究。

（1）抑菌保鲜纸对草莓表观特性的影响　失重率、腐烂指数和表面色度是评判草莓表观特性的重要指标。表 10-4 列举了抑菌保鲜纸对草莓失重率、腐烂指数和表面色度三项表观指标的影响。水分蒸发是造成果实失重与萎蔫的重要原因。果实失重率的大小不仅影响果实的感官特性，还影响果实的口感。随着果实的成熟，呼吸作用和蒸腾作用的进行会使果实逐步散失水分，造成果实表面萎蔫，光泽度下降，因此果实失重率是判断保鲜效果的一个重要指标。

表10-4　不同温度储藏条件下抑菌保鲜纸对草莓表观特性的影响

实验天数	表观特性									
	失重率/%		腐烂指数		表面色度					
					L		a		b	
	CK	保鲜纸	CK	保鲜纸	CK	保鲜纸	CK	保鲜纸	CK	保鲜纸
D0	0	0	0	0	33.40		36.06		14.83	
D1	0.04	0.04	0	0	33.41	34.49	37.69	39.08	15.74	14.19
D2	0.19	0.31	0	0	30.79	31.97	39.68	40.59	14.28	13.31
D3	0.24	0.49	0	0	29.65	28.33	40.58	36.19	14.13	11.44
D4	1.79	1.96	0	0	31.27	31.66	42.08	37.11	13.85	10.87
D5	2.96	3.03	0	0	30.10	31.99	43.41	41.19	13.67	15.69
D6	3.52	3.53	2.67	0	32.24	32.43	43.11	39.32	13.84	12.63
D6*	1.59	0.38	0	0	0	0	0	0	0	0
D7	4.06	3.93	9.00	0	32.34	32.60	43.35	39.66	13.86	12.33
D8	4.76	4.02	18.67	0	29.94	32.35	44.68	38.18	14.72	12.07
D12*	1.66	1.12								
D18*	2.83	1.89								
D24*	3.63	2.38								

注：D0、D1～D8分别表示常温25℃储藏条件下实验之前和实验第1天至第8天。CK表示空白组实验。D6*、D12*、D18*和D24*分别表示0℃储藏条件下实验第6天、第12天、第18天和第24天。

表10-4说明草莓在常温25℃储藏期间的失重率呈不断上升趋势，在储藏前期草莓经保鲜纸处理后的失重率较空白组要高，这可能与保鲜纸更容易吸收草莓水分有关。此外，草莓从第4天开始失重率出现显著上升。在整个储藏期间，草莓经保鲜纸处理后均可延缓草莓失重率的上升，可有效减少草莓与外界的水分交换，使草莓保持较缓慢的失重速度，减少草莓在储藏过程中的干耗，保持鲜嫩的口感。

色泽变化直接反映果蔬成熟度，通过观察果实色泽可以很直观地判断果实成熟程度，并且会直接影响消费者的购买心理。表10-4中 L 值反映颜色的明亮程度，L 值越大说明果实的光洁度越高；a 值表示由绿到红，b 值表示由蓝到黄。从表10-4实验结果可以看到草莓在常温储藏期间表面色泽会出现一定变化，L 逐渐降低，a 逐渐升高，b 变化不明显。这表明草莓在储藏过程中表面红色加深，由艳红色转变为暗深红色。草莓经抑菌保鲜纸处理后，能抑制 L 值的降低和 a 值的升高，维持更鲜亮的表面。从侧面反映出抑菌保鲜纸对延缓草莓衰老和褐变有一定作用。

腐烂率是衡量果实新鲜程度与果实商品价值的主要指标。草莓的腐败变质不但会影响鲜果的食用品质，而且也会降低果实的商品价值。图10-17和图10-18分别显示了常温25℃和低温0℃储藏条件下草莓随储藏时间的延长腐烂率的变化。实验结果发现常温条件下，空白组草莓从第4天表面开始出现腐烂情况，而经抑菌保鲜纸处理后的草莓在第 8 天还未出现明显的腐烂迹象，这说明抑菌保鲜纸在常温下对草莓的保鲜期可延长 4 天以上。表 10-4 结果显示在整个常温储藏过程中空白组草莓的腐烂指数呈上升趋势，而经保鲜纸处理后的草莓的腐烂指数在整个过程中均为 0，显著低于空白组（$P < 0.05$），因此，抑菌保鲜纸可有效抑制草莓的腐烂。

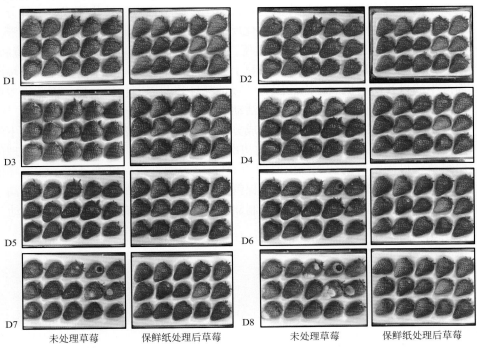

图10-17　常温储藏条件下草莓经抑菌保鲜纸处理过程中外观状态变化

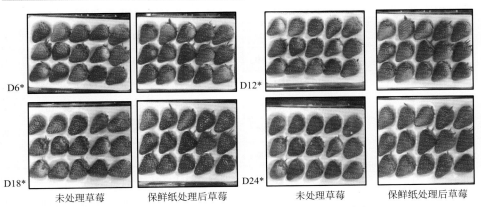

图10-18　0℃储藏条件下草莓经抑菌保鲜纸处理过程中外观状态变化

另外，储藏温度对草莓的腐烂变质程度具有很大的影响，由图 10-18 可知，空白组草莓在 0℃条件下储藏第 12 天时，表面新鲜程度即有明显的降低，而经抑菌保鲜纸处理的草莓在 0℃储藏 24 天后，草莓表面依然有较好的新鲜度。这说明低温和抑菌保鲜纸基材料在草莓保鲜方面起着非常显著的作用。

（2）抑菌保鲜纸对草莓营养成分的影响　草莓中的酸组成主要是有机酸类。果实中的有机酸主要是在柠檬酸循环代谢中产生，通过糖转化而成，一部分会继续进行能量代谢参与必需的生理生化反应，一部分则会储藏在果实细胞的液泡之中，提高缓冲能力，调节细胞渗透压，维持细胞质构，帮助果实应对环境胁迫。草莓在储藏期初期就出现酸度的明显上升可能是草莓为应对采后离体的环境胁迫而产生的自我防御机制，而后因为呼吸消耗导致营养底物的消耗，因此需要有机酸继续参与能量代谢维持必要生理活动。

姚献平研发团队关于草莓营养成分的研究结果（见表 10-5）表明常温下经抑菌保鲜纸处理后的草莓可滴定酸的初次峰值时间为 D2，而未经保鲜纸处理的空白组草莓可滴定酸的初次峰值时间为 D1，这说明抑菌保鲜纸延缓了酸度峰值的出现时间。且在储藏末期，经抑菌保鲜纸处理后的草莓的可滴定酸含量均高于空白组，这说明抑菌保鲜纸能有效抑制储藏后期草莓消耗有机酸维持生理活动。

表10-5　不同温度储藏条件下抑菌保鲜纸对草莓营养成分的影响

| 实验天数 | 营养成分含量 | | | | | | | | | |
| | 有机酸/(g/kg) | | 可溶固形物/% | | 总酚/ % | | MDA/% | | 花色苷/% | |
	CK	保鲜纸	CK	保鲜纸	CK	保鲜纸	CK	保鲜纸	CK	保鲜纸
D0	2.85	2.85	10.60	10.60	113.34	113.84	9.19	9.39	3.03	2.75
D0*	2.85	2.85	12.00	11.17	113.34	113.84	8.64	7.67	8.64	7.67
D1	2.90	2.57	10.97	10.53	112.17	108.47	9.29	9.98	5.31	6.44
D2	2.79	3.96	10.93	11.00	101.86	100.57	14.70	10.61	7.02	5.05
D3	2.74	3.23	10.93	11.80	116.47	109.80	13.65	11.96	10.07	5.41
D4	3.24	3.32	10.97	11.40	112.69	113.83	13.21	12.16	8.29	8.15
D5	3.31	3.31	10.93	11.23	116.18	114.92	17.08	16.51	10.07	9.98
D6	2.66	3.04	11.07	11.37	94.66	100.71	19.22	10.88	12.00	9.60
D6*	2.39	3.13	10.93	11.00	141.77	130.13	16.27	14.72	5.60	3.50
D7	2.59	2.79	10.03	12.10	108.81	111.19	16.27	14.72	10.22	8.98
D8	2.39	2.75	10.93	11.13	109.18	112.83	16.99	12.66	3.03	2.75

实验天数	营养成分含量									
	有机酸/(g/kg)		可溶固形物/%		总酚/ %		MDA/%		花色苷/%	
	CK	保鲜纸	CK	保鲜纸	CK	保鲜纸	CK	保鲜纸	CK	保鲜纸
D12*	3.29	3.74	10.07	10.43	105.57	113.12	10.45	9.90	5.70	5.98
D18*	2.70	3.04	11.03	10.93	95.35	97.51	9.65	8.87	4.56	5.36
D24*	3.24	2.90	10.87	12.07	111.79	113.59	10.79	6.28	5.66	4.80

注：D0、D1～D8分别表示常温25℃储藏条件下实验之前和实验第1天至第8天。CK表示空白组实验。D0*、D6*、D12*、D18*和D24*分别表示0℃储藏条件下实验之前和实验第6天、第12天、第18天和第24天。

可溶性固形物一般作为果实中营养物质的代表，其中超过80%成分是小分子糖类，还有一部分主要是酸、液泡中的可溶色素、可溶性的果胶和一些小分子的单宁物质等。因此在储藏过程中可溶性固形物含量的下降被认为主要是小分子糖类的含量减少，主要消耗在果实呼吸代谢以应对环境胁迫上。由表10-5可知，在储藏过程中未经保鲜纸处理的空白组草莓的可溶性固形物含量低于保鲜纸处理后的草莓，可以看出抑菌保鲜纸可以有效抑制草莓可溶性固形物含量下降，减少环境胁迫的作用。

总酚是草莓果实中抗氧化类活性成分，是主要的营养物质，也是评价草莓果实品质的重要指标。由表10-5可知，随着储藏时间增加，草莓中总酚含量趋于减少，说明草莓经抑菌保鲜纸处理在一定程度上可延缓草莓中总酚的减少速度。

有研究表明，MDA的增加是膜脂过氧化加重和膜损伤的表现，可以反映细胞膜过氧化程度，是导致果实衰老的重要原因之一。由表10-5可知，草莓在储藏过程中，整体的MDA含量呈上升趋势，且可以看出，空白组草莓的MDA含量在整个储藏期间高于抑菌保鲜纸处理后的草莓，这说明抑菌保鲜纸能够延缓细胞膜过氧化的进程，降低草莓衰老的程度。

花青素是草莓色泽的主要来源，它大多以花色苷的形式存在于植物细胞胞液中。由表10-5可知，花色苷含量在草莓常温储藏过程中呈现出上升的状态，同时可以看到空白组草莓的花色苷含量要显著高于抑菌保鲜纸处理后草莓的花色苷含量，这也与草莓储藏期间色泽指标的变化一致。随着花色苷的含量上升，草莓表面颜色由浅红向鲜红和暗红发展。由此推断出抑菌保鲜纸推迟了储藏期内花色苷的快速合成。

（3）抑菌保鲜纸对草莓酶活特性的影响　SOD和CAT是生物体内存在的参与氧代谢的酶，主要功能是将果蔬中产生的超氧阴离子转化为伤害较小的过氧化氢。因此该酶与果蔬的衰老及抗逆性相关性大，是果蔬体内保护酶之一，其活性越高，则果蔬的衰老进程越慢。PPO是引起果蔬酶促褐变的主要酶类，PPO催化果蔬中的内源性多酚物质氧化生成黑色素，严重影响果蔬的营养、风味及外观品质。

由表 10-6 可知，在整个储藏期，草莓中 SOD 和 CAT 的酶活逐渐上升，抑菌保鲜纸对提高 SOD 和 CAT 的酶活具有显著作用，这说明保鲜纸能够增强草莓抗逆性，延缓草莓衰老。

表 10-6　常温储藏条件下抑菌保鲜纸对酶活特性的影响

实验天数	酶活指标					
	SOD酶活/（U/g FW）		CAT酶活/（U/g FW）		PPO酶活/（U/g FW）	
	CK	保鲜纸	CK	保鲜纸	CK	保鲜纸
D0	225.63	225.73	5.42	8.38	19.11	17.07
D2	280.31	311.86	7.45	9.34	20.37	26.94
D4	427.89	412.17	9.06	8.99	27.20	25.43
D6	442.30	474.39	3.89	10.37	36.58	17.19
D8	445.79	459.55	3.34	3.68	31.89	18.28

注：D0、D2～D8分别表示常温25℃储藏条件下实验之前和实验第2天至第8天。CK表示空白组实验；FW表示鲜重。

在整个储藏过程中，未经保鲜纸处理的草莓果实中 PPO 酶活逐渐升高，但经抑菌保鲜纸处理后的草莓中 PPO 酶活先升高后降低，这说明在储藏末期，抑菌保鲜纸能够抑制 PPO 酶活，这与色度和花色苷的测定结果一致，说明保鲜纸能抑制果实发生褐变。

（4）抑菌保鲜纸对草莓表面微生物的影响　水果腐败的关键致病微生物主要有葡萄孢属、青霉属、曲霉属、链格孢属、梅奇酵母属等，由于大多数水果内部呈酸性环境，因此引起水果变质腐烂致病菌为霉菌属[65]。草莓因为含水量高，表面微生物的繁殖速度快，因此有效控制草莓表面微生物的数量十分重要。表 10-7 和图 10-19 显示的是草莓在储藏期内经抑菌保鲜纸处理前后其表面微生物总数的变化。

表 10-7　抑菌保鲜纸对草莓表面微生物总数的影响

实验天数	菌落总数/（lg CFU/g）	
	CK	保鲜纸
D0	3.5	3.2
D3	5.4	4.4
D6	7.3	5.3
D12	11.4	7.8
D18	16.2	10.9

(a) 空白组　　　　　　　　　　　　　(b) 抑菌保鲜组

图10-19　常温储藏条件下第6天草莓表面微生物总数的变化

可以发现，常温 25℃储藏条件下，抑菌保鲜纸对草莓处理后，可抑制草莓表面微生物的生长，这也是抑菌保鲜纸可明显降低草莓腐烂率的重要原因之一。

（5）抑菌保鲜纸对草莓表皮结构的影响　草莓的表皮结构能够直接反映抑菌保鲜纸对草莓表皮细胞的影响。如图 10-20 所示，D0 时，草莓表皮细胞均匀且饱满。经过处理后，于 D2 时，抑菌保鲜纸处理的草莓表皮结构发生了细微的变化，草莓表皮丰满且均一，未发生皱缩和破裂；此时，空白组的草莓表皮结构发生了轻微的皱缩，这可能与其开始发生失水失重的情况有关。处理后 D4 时，抑菌保鲜纸处理的草莓表皮发生了皱缩，但空白组的表皮细胞已经发生严重的破裂和凹陷，这可能与微生物侵染、表皮细胞破裂有关。这说明，抑菌保鲜纸能抑制草莓表皮细胞的破损，维持草莓表皮细胞的完整。

(a) D0时草莓表皮结构　(b) D2时CK　(c) D2时保鲜纸处理　(d) D4时CK　(e) D4时保鲜纸处理

图10-20　抑菌保鲜纸对草莓表皮结构的影响（SEM图）

三、制备技术

目前市面上使用的果蔬保鲜材料主要是塑料膜、无纺布及纸基材料等。塑料膜化学稳定性较强，难以生物降解，其对水果和蔬菜虽具有一定的保鲜效果，但大多数塑料膜透气性差，果蔬经呼吸作用产生的水分无法排出，导致了保鲜环境湿度上升，从而加快了微生物的滋长。纸基保鲜材料制作方法简单、成本相对低廉、透气性相对较好，可避免因环境湿度过高而造成的果蔬腐烂变质问题，利于长途运输；而且纸基保鲜材料绿色环保健康，不会对环境和人体产生危害。

本部分重点介绍几种果蔬保鲜纸基功能材料制备过程中保鲜功效组分与纸基载体的复合制备技术，主要分为五种，分别是抄造结合制备技术、浸润结合处理技术、涂布结合处理技术、夹层结合设计技术及其他形式。

1. 抄造结合制备技术

抄造结合制备技术是指制造果蔬保鲜纸基材料时，在原有的造纸原料中加入具有保鲜功能的原材料或添加剂，从而制备出具有保鲜功能的纸基材料。加入的材料对其尺寸有一定的要求，使其在抄纸时不会轻易流失。一般可将具有不同功能的保鲜材料混合使用以达到复合保鲜的目的。

抄造结合制备技术是制备果蔬保鲜纸常用的方法之一。通常以亲水树脂、防霉剂、乙烯吸收剂作为有效保鲜成分，加入纸浆中，通过造纸抄造技术制备得到的果蔬保鲜纸性质稳定，具备良好的清除乙烯及抑菌防霉功能，适用于果蔬包装及保鲜，能够较好地延长果蔬的保鲜期。美国 Fenugreen 公司生产了一款保鲜纸，该产品通过纸基与有机抑菌材料复合抄纸制得，有枫木的气味，可以抑制微生物生长，可使果蔬储存期延长 2～4 倍。该保鲜纸制备技术也可用于保鲜纸箱的制备，如由木浆、多孔填料、淀粉基聚乙烯醇、醋酸乙烯酯与乙烯共聚胶粉、沸石、苯甲酸钠、茶多酚、丁香粉、壳聚糖、六环石颗粒和黄土石颗粒制得的纸质层，能有效提高果蔬的保鲜效果，且抗菌、防腐、防潮、保鲜性和耐候性均具有显著的提升。另外，纸质层中的六环石和黄土石不仅能够吸收果蔬释放的乙烯，而且还可以释放负氧离子，降低果蔬的呼吸强度和衰老速度[66]。日本食品流通系统协会也曾经使用里斯托瓦尔石作为添加剂，制备出来的保鲜纸箱同样具有良好的气体吸附性，能够用于远距离储运。

2. 浸润结合处理技术

纸基材料浸润结合处理技术是利用纸质材料的吸水特性，在纸基材料中渗入具有不同保鲜作用的液体成分。渗入纸基材料内部间隙的保鲜成分，在使用过程中逐渐释放，或可以与纸基材料复合形成薄膜，达到持续的保鲜及保湿的目的。适用的保鲜材料应具有水溶性或可以与水混合形成一定的乳液，或具备一定的挥发性。比如精油中的酚类、醛类及酚类物质等，也可以是壳聚糖、甲基纤维素等可以成膜的天然高分子物质。这种技术一般只适用于制备保鲜纸，对于保鲜纸箱而言，液体保鲜成分的渗入在一定程度上会降低纸箱的强度和原有性能。

3. 涂布结合处理技术

纸基材料表面涂布结合处理技术主要是指在纸面进行覆膜或表面喷涂。表面涂布结合处理技术一般使用像海藻酸钠、氧化淀粉、卡拉胶、壳聚糖、明胶、阿拉伯胶、透明质酸等天然高分子物质，或线性低密度聚乙烯、聚丙烯、聚苯乙烯、聚己内酰胺（尼龙6）、多孔丙烯酸树脂共聚物、IPN结构聚氨酯树脂、聚乙酰亚胺、聚乙烯醇、醋酸乙烯酯、聚碳酸酯、聚对苯二甲酸乙二醇酯、聚氯乙烯及其混合物等作为基本材料或黏结剂，单独或与其他保鲜成分复合使用。这些高分子材料可以以水分散液的形式存在，涂布或喷淋到纸基材料表面，干燥过程中可以在纸基材料表面形成高分子膜，或直接以高分子膜的形式存在，利用层压机将其与纸基材料结合在一起，得到的固化复合材料层能够有效地阻挡气体分子移动，这样可以维持纸箱"氧气浓度低，二氧化碳浓度高"的内环境，在一定程度上可降低被包装果蔬的呼吸强度，从而达到保鲜的效果。

多数情况下，这些高分子材料作为基材或黏结剂与其他材料复合使用以达到复合保鲜的目的。可以将淀粉、丙烯酸盐、纳米级二氧化硅及纳米二氧化钛等物质制成的乳液喷洒到竹纤维纸表面，制成保鲜纸，这种保鲜纸能够提高空气清洁度、减少乙烯含量、具有优良的保鲜效果，而且可以反复利用，成本低廉[67]。韩国学者研究发现，与普通瓦楞纸板相比，在纸板上喷涂可释放远红外的功能材料，随着涂布量的增加，纸板的远红外发射强度和发射率均有所增加，并且涂布量大的瓦楞纸箱对柑橘的保鲜效果相对较好[68]。这种制备方法操作简单，保鲜效果良好，是实验室及工厂制备果蔬保鲜纸、卡纸、纸袋及纸箱的常见方法。

4. 夹层结合设计技术

纸基材料夹层结合设计技术是在纸基材料的夹层内添加保鲜层，这种制备方式使保鲜层与内容物不会直接接触，更安全、绿色、环保。一般在制备保鲜卡纸、保险垫及保鲜纸箱时较为常见。

对于保鲜纸而言，保鲜剂一般为多孔无机材料、精油微胶囊、高分子薄膜等微纳米颗粒或薄片状等物质，这样可以较好地被包覆在内部，不会产生外漏等问题。中国科学院新疆物理研究所曾研制出一种层压葡萄保鲜纸，该纸由保鲜剂及基材组成，保鲜剂是由焦亚硫酸盐或重亚硫酸盐与中草药抗菌剂和缓释剂混合制成，然后等分量地分别放入基材的各个袋形格中，覆盖一层或双层基材，采用封装机热合而成，也可采用手工制作即可。该保鲜纸在夏季32℃高温下实验室储藏可保存葡萄11天，葡萄完好率在96%以上，并能保持原有风味。在0～5℃下储藏葡萄可保鲜3个月，每5kg葡萄只需一张保鲜纸[69]。

当多个纸基材料与保鲜材料复合叠加，形成较厚的夹层纸时，此时的夹层纸也可被称为保鲜卡纸。北京阿格尔技术生物科技有限公司制备了一种卡纸，保鲜材料包含了1-MCP微胶囊粉剂、润湿剂、稳定剂等物质，具体含有两层防水不透气层、地表层及透水透气层，这种保鲜卡纸中 1-MCP 的稳定性大大提高，并且对草莓进行保鲜后，相较于空白组，实验组草莓的可食用性也大幅度提高[70]。

对于纸箱而言，也可以将保鲜膜夹在两层保鲜纸中间，控制箱内气体含量。有研究人员发明过一种纸箱，内含多层瓦楞结构，每个瓦楞由两层定量不同的牛皮纸层夹着高分子薄膜层构成，同时瓦楞纸箱含有一个塑料制品盖子。这种纸箱不仅能控制箱内气体含量，还能调节箱内水分含量，将湿度调节在 75% ～ 85%之间[71]。同时，也可以自行拼接箱体，制备双层夹层纸箱（见图 10-21），包装箱的箱体是由纸质组合板拼接组装成大小各异的箱体而成，组合板的结构包括内箱板及外箱板，内箱板及外箱板之间设有隔板，内外箱板及隔板之间都设有瓦楞纸板，内填有中草药颗粒及竹纤维颗粒。这种夹层纸箱具有良好的防腐、防霉及杀菌功能，能有效延长果蔬在运输储藏过程中的保鲜度[72]。此外，也可以将内部的瓦楞纸片去除，换成其他具有保鲜功能的材料，如发泡树脂、气凝胶等，具有优良的隔热性能，可防止果蔬中的营养物质及水分在储藏或运输过程中因箱内环境温度的升高而流失。

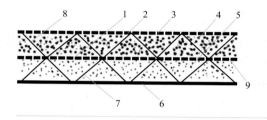

图10-21
双层夹层纸箱结构示意图
1—隔板；2—内箱板；3—透气孔；4—中草药颗粒；5—竹炭纤维颗粒；6—外箱板；7—外瓦楞纸板；8—内瓦楞纸板；9—隔板透气孔

四、展望

国内外关于果蔬保鲜领域中保鲜剂、保鲜膜、保鲜包装的研究较多，而且研究方向逐渐向材料学、食品化学、有机化学、遗传生物学和机械工程学等诸多领域发展。保鲜方法正在由单一原理研究向冷藏、气调包装、绿色防腐剂、低剂量辐射预处理保鲜及紫外线保鲜和基因工程等各种保鲜技术的复合研究和应用方向发展，这也是国际保鲜的流行趋势。此外，在今后的工作中，人们将更加注重果蔬风味、新鲜口感和营养成分等品质质量的深入研究，从而建立评估果蔬储藏新鲜度、成熟度、风味、口感、色泽和安全性等综合质量的保证体系。相信随着科学技术的不断发展，通过广大科研工作者坚持不懈的努力，在不久的将来，常年提供新鲜、安全、高质量、品种多样的果蔬，完全可以成为现实。

第四节
电磁屏蔽纸基功能材料

一、概述

随着电子信息工业的高速发展，电磁波被广泛应用于电子、汽车、家用电器、通信工具、计算机设备、信息设备、电动工具、航空航天以及医疗等各个领域。但是，由于电子电气以及通信设备向着灵敏、密集、高频和多样化的方向发展，有限空间内的电磁环境恶化异常严重，由此引发出一系列日益严重的社会问题及环境问题，例如电磁干扰（EMI）、电磁信息泄密以及对人体的危害等[73,74]。

当前，电磁屏蔽是对抗电磁辐射污染最常用的防护措施，其目的是通过技术手段来限制电磁波，把辐射强度控制在正常的阈值以下。由于电磁屏蔽材料可有效解决电磁波引起的电磁干扰和电磁兼容问题，因此被广泛应用于通信设备、计算机、手机终端、汽车电子、家用电器、国防军工等领域。一般电磁屏蔽体使用的屏蔽材料主要是金属系材料，但是其质量重、体积大、密度高、价格昂贵、难折叠、加工困难等缺点制约了金属屏蔽材料的应用，特别是对材料使用要求较高的航空航天和军事等领域。相较于金属系材料，电磁屏蔽纸基功能材料则具有轻型、柔性、可折叠、成本低等优势，非常符合现代屏蔽材料"薄、轻、宽、强"的要求。屏蔽材料是为了解决电磁波引起的电磁干扰和电磁兼容问题，因此，对社会生活、经济建设、国防建设等方面具有十分重要的意义。

二、电磁屏蔽材料的屏蔽机理

电磁屏蔽是指利用电磁屏蔽材料对电磁场源所产生的电磁波的阻隔或衰减，使电磁波不能进入被屏蔽区域。目前，对电磁屏蔽机理的解释有涡流效应法、电磁场理论法、传输线理论法等多种方法。在以上方法中，传输线理论法[75]因其计算简便、精度高、易理解等优点已广泛被学者接受，其机理如图10-22所示。

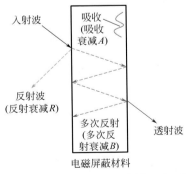

图10-22 电磁屏蔽材料作用机理示意图

传输线理论法是将电磁波穿过屏蔽材料看作一段传输的过程，当电磁场源产生的电磁波通过屏蔽材料时，会在屏蔽材料的外表面反射掉一部分电磁波，使其不能通过屏蔽材料，剩余的电磁波进入屏蔽材料向前传输，在传输的过程中，屏蔽材料会对电磁波产生一定的吸收作用，从而使电磁波的能量进一步衰减，经过表面反射和吸收后，剩余的电磁波会在屏蔽材料内部两个界面之间来回反射，进一步衰减电磁波能量。因此屏蔽材料对电磁波的屏蔽作用主要由三部分组成，即屏蔽材料表面对电磁波的反射衰减（R）、屏蔽材料对电磁波的吸收衰减（A）和电磁波在屏蔽材料内部的多次反射衰减（B）。

通常情况下，屏蔽材料对电磁波的屏蔽特性可用屏蔽效能（shielding efficiency，SE）来表征，其定义为：屏蔽材料放置前后的磁场强度、电场强度或者电磁功率比值。

根据谢昆诺夫（Schelkunoff）公式[76]，电磁波通过屏蔽材料的屏蔽效能 SE 可按下式计算：

$$SE=R+A+B$$

式中　SE——电磁屏蔽效能，dB；

　　　R——屏蔽材料表面对电磁波的反射衰减，dB；

　　　A——屏蔽材料对电磁波的吸收衰减，dB；

　　　B——电磁波在屏蔽材料内部的多次反射衰减，dB。

通常，电磁屏蔽效能 SE(dB) 值越大，表示屏蔽材料对电磁波的衰减越大，屏蔽效果越好。根据目前科学技术的发展状况，结合当前电磁环境的复杂程度，例如在 30～1000MHz 的频率范围内，新型电磁屏蔽材料的屏蔽效能至少要达到 30dB 以上才具有商业应用价值[77]。对电磁屏蔽作用机理的理解，有助于高性能电磁屏蔽材料的研制和成形技术的结构设计。

三、电磁屏蔽材料的分类及发展

1. 电磁屏蔽材料的分类

电磁屏蔽材料按照材料结构，大致可分为表层导电型屏蔽材料、填充复合型屏蔽材料、本征导电高分子型屏蔽材料、导电织物型屏蔽材料和其他类型屏蔽材料。

（1）表层导电型屏蔽材料　表层导电型屏蔽材料是指在工程塑料、橡胶、木材等基体表面通过喷涂、电镀、化学镀等方法附着一层导电屏蔽涂层，从而达到电磁屏蔽的目的，具有成本低、屏蔽效果好、适用范围广等优点，是比较常见的一类电磁屏蔽材料。

（2）填充复合型屏蔽材料　填充复合型屏蔽材料是由电绝缘性好的树脂、橡胶和具有高导电、导磁性能的填料混合制成的一类电磁屏蔽材料。常见的导电填料有金属类（镍、铜、银等）、碳素类（碳纳米管、石墨烯、石墨等）、导电高分子类（聚苯胺、聚吡咯等）等。填充复合型屏蔽材料具有加工方便、可批量化生产等优点。

（3）本征导电高分子型屏蔽材料　本征导电高分子型屏蔽材料主要有聚苯胺、聚吡咯、聚噻吩、聚乙炔等。由于其具有特殊的导电性能、耐腐蚀、密度小、强度高、易加工等特性，受到了国内外学者的广泛研究。

（4）导电织物型屏蔽材料　导电织物通常有两种形式：一是金属纤维与普通纤维相互编制而成；二是在普通织物上镀覆一层金属导电层。导电织物既具有良好的电磁屏蔽功能，同时又具备纺织品原有的柔软性、耐折性等特点，是目前比较常用的电磁屏蔽材料。

（5）其他类型屏蔽材料　除了以上四种常见的电磁屏蔽材料，还有几种电磁屏蔽材料，例如电磁屏蔽纸基材料、泡沫金属屏蔽材料、透明电磁屏蔽薄膜等。

2. 电磁屏蔽材料的发展史

在 20 世纪 40 年代，研究人员开始提出电磁兼容的概念，并开展了相关电磁兼容方面的研究工作。在这一时期，金属良导体材料和铁磁材料如坡莫合金（铁镍合金）、纯铁、硅钢等得到了深入的研究和应用。到了 20 世纪 60 年代，电磁屏蔽器件行业在信息技术、测试设备、数字计算机、电信、半导体等技术的推动下，得到了较快的发展，表层导电型屏蔽材料开始被广泛应用。到了 20 世纪 80 年代，由于电子技术、通信、自动化等新兴领域的快速发展，填充复合型屏蔽材料在这一时期得到了前所未有的关注，尤其是在欧美国家。这类全新的材料是采用导电填料与塑料或橡胶等成形材料填充复合，导电填料通常采用金属纤维、碳纤维、超细碳黑、金属合金粉等。近年来，得益于纳米技术的快速发展，碳纳米管、石墨烯等新型结构的屏蔽材料不断涌现，屏蔽材料从单一材料转向了更为轻薄、屏蔽效能更高的复合型材料，例如石墨烯导电泡沫材料、碳纳米纤维 / 纳米管复合材料等。

3. 电磁屏蔽材料市场分析

根据 BCC Research 和赛瑞研究表明，全球屏蔽材料市场规模已从 2013 年的 52 亿美元提高至 2019 年的约 74 亿美元，并预计 2023 年的市场规模将达到 92.5 亿美元，2019 ~ 2023 年期间年复合增长率为 5.7%（图 10-23）。美国 2019 年屏蔽材料市场规模约为 17.9 亿美元，预计 2023 年市场规模将达到约 22 亿美元，2019 ~ 2023 年期间复合增长率为 5.3%；欧洲 2019 年屏蔽材料市场规模约为 13.6 亿美元，预计 2023 年市场规模将达到约 18 亿美元，2019 ~ 2023 年期间复合增长率为 5.6%；亚洲 2019 年屏蔽材料市场规模约为 41.9 亿美元，预计 2023

年市场规模将达到约 53 亿美元，2019 ～ 2023 年期间复合增长率 6.1%。

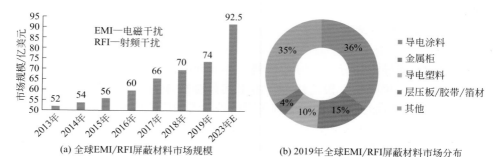

(a) 全球EMI/RFI屏蔽材料市场规模   (b) 2019年全球EMI/RFI屏蔽材料市场分布

图10-23   全球屏蔽材料市场规模及分布

数据来源：BBCResearch、赛瑞研究

目前，电磁屏蔽领域已形成了相对比较稳定的市场竞争格局，市场主要企业为：Laird（美国莱尔德电子材料集团）、Chomerics（美国固美丽公司）等（表 10-8）。我国电磁屏蔽及相关领域起步较晚，然而在巨大的市场需求推动下，近年来生产企业的数量有了飞速的增加，但与国际先进水平还具有一定差距。国内主要企业有深圳飞荣达、深圳鸿富城、北京中石科技、深圳博恩实业、苏州安洁科技、深圳长盈精密和方邦股份等公司。

表10-8   电磁屏蔽材料知名企业情况

企业名称	主营产品	2018年营收	2019年Q3营收
Laird	电磁屏蔽材料、导热界面材料和无线天线	—	—
Chomerics	电磁屏蔽材料、热界面材料、塑料和光学产品	143亿美元	—
3M	电磁屏蔽材料、汽车产品、医疗保健产品等	327亿美元	321亿美元
飞荣达	电磁屏蔽材料及器件、导热材料及器件	13.26亿元	16.75亿元
中石科技	热管理材料、屏蔽材料、电源滤波器、EMC/EMP服务	7.63亿元	5.04亿元
鸿富城	屏蔽材料、导热材料、吸波材料、磁性材料	—	—
安洁科技	导电材料、屏蔽材料、双面胶带等	35.54亿元	21.88亿元
长盈精密	精密手机金属外观件、手机金属边框、精密电磁屏蔽件等	86.26亿元	61.85亿元

注：数据来源于飞荣达招股说明书、国家统计局。EMC—电磁兼容；EMP—电磁脉冲。

四、电磁屏蔽纸基功能材料国内外研究现状

对于电磁屏蔽纸基功能材料，欧美发达国家研究比较深入，部分产品已

实现产业化，并广泛应用于军事、民用方面的精密仪器、计算机等设备领域。例如英国早些年开发出了以镀镍碳纤维为基材的屏蔽壁纸，可有效阻隔电磁波活动，防止精密仪器受到干扰。2012 年，法国格勒诺布尔理工学院和法国纸业技术中心合作开发了一种可以屏蔽 wifi 信号的壁纸。该种壁纸不会屏蔽手机电磁信号，而是会选择性屏蔽 wifi 频率，使手机和其他无线电设备可以正常工作。芬兰阿尔托大学的研究人员利用还原氧化石墨烯和改性纳米纤维素两种材料结合，成功制备出了具有良好力学和电学性能的石墨烯纳米纤维素复合纸 [78]。韩国忠南国立大学的研究人员通过涂布技术，制备了涂有银纳米纤维的纤维素纸张，研究表明，纤维素纸张的结构能有效地形成屏蔽网络，同时该材料具有高韧性和低密度的特点，在相关屏蔽抗干扰领域具有巨大的应用前景 [79]。

　　国内对于电磁屏蔽纸基功能材料的研究时间相对较短，研究也不够深入，但是当前国内各单位、研究机构已经逐步意识到了该领域研究的重大社会和现实意义，已呈现出百家齐鸣之态势，主要包括陕西科技大学、北京理工大学、北京林业大学、北京化工大学、南昌大学、华南理工大学等单位。例如陕西科技大学的研究人员将碳纤维作为屏蔽核心材料，结合纸张抄造技术制备出了碳纤维纸屏蔽材料，并对其进行了银包铜粉涂料涂覆。测试结果表明，在 100kHz ～ 1500MHz 频率范围内，其屏蔽效能最高可达 48dB，具有比较理想的电磁屏蔽性能 [80]。北京理工大学的研究人员将石墨烯材料制成了轻质、超薄的石墨烯屏蔽纸材料，该材料具有非常好的屏蔽效果：0.1mm 厚度时，屏蔽效能已达到 19dB，当厚度为 0.3mm 时，屏蔽效能可达到 46dB。该石墨烯屏蔽纸材料制备方法相对简单，有望在可携带电子设备方面得到广泛应用 [81]。北京林业大学的研究人员利用抽滤自组装的工艺制备了具有贝壳层状结构的超薄和高柔韧性的 MXene/ 纳米纤维素复合电磁屏蔽纸。该新型复合电磁屏蔽纸具有质量轻、可折叠等优异性质，完全保留了传统纸张的特性。得益于纳米纤维素的加入，该复合屏蔽纸具有极好的力学性能。同时，所研制的屏蔽复合纸在 12.4GHz 处的电磁屏蔽效能可达 25.8dB，可以满足当前商业化屏蔽的要求。该新型复合电磁屏蔽纸基材料优异的力学性能和电磁屏蔽性能，有望在柔性电子设备、武器装备和人工智能等领域得到广泛应用 [82]。

　　杭州市化工研究院国家造纸化学品工程技术研究中心姚献平研发团队基于国内外传统电磁屏蔽材料应用的弊端，结合现代电磁屏蔽材料"薄、轻、宽、强"的要求，创新性地提出了轻型、柔性、高效的复合型电磁屏蔽材料设计思路并研制出相应电磁屏蔽纸基复合材料。

五、电磁屏蔽纸基功能材料的制备方法与功能特性

电磁屏蔽纸基功能材料是一种质轻且结构和功能一体化的新型复合屏蔽材料，目前主要的制备方法有表面涂覆和浆内添加。

表面涂覆是指在纸基材料表面涂覆电磁屏蔽涂料，从而使该纸基材料具有电磁屏蔽功能。该类型电磁屏蔽纸基功能材料制备工艺相对简单，同时成本也较低，但是对纸基材料的要求较高，比如需要较低的定量（克重），但又要求纸基材料具有较高的强度，同时表面电磁屏蔽涂层有剥离、脱落等风险。

浆内添加指的是将一些导电纤维、粉末等电磁屏蔽材料与植物纤维通过纸机湿法抄造技术来制备电磁屏蔽纸基功能材料，该方法制备的电磁屏蔽纸基功能材料兼顾了普通纸张的轻质、柔性、可折叠、高强度等特性，同时还具有优良的电磁屏蔽性能。此外，鉴于纸机可大规模抄造的优势，该类屏蔽材料还具有低成本、可批量化、可定制化等优点，具有非常广阔的市场前景。

1. 电磁屏蔽纸基功能材料基础屏蔽材料的制备

电磁屏蔽纸基功能材料轻质、柔性的特性，决定了基础屏蔽材料必须质轻及高效。碳素材料，例如碳纤维、石墨烯等，具有高导电、高强度、高模量、耐高温、耐腐蚀、密度小、热膨胀系数小等优点，同时能显著提高复合材料的力学性能。新型碳素材料具有特殊的纳米结构，较高的导电性及介电常数，在电磁屏蔽复合材料中具有较大的应用前景。

姚献平研发团队通过前期大量文献调研工作，选取了石墨烯、碳纤维、碳纳米管、石墨和炭黑五种碳素基础材料。利用电磁屏蔽纸基功能材料制备方法，分别研制了相应的电磁屏蔽纸基功能材料，并对样品进行屏蔽效能测试，相关测试数据见图 10-24。同时，在此基础上，利用表面化学改性技术，对碳纤维材料进行进一步的性能提升，得到了质轻、高效的碳素基电磁屏蔽材料，并对该材料进行了扫描电子显微镜（SEM）的表征，如图 10-25 所示。

2. 电磁屏蔽纸基功能材料成形技术及功能特性

姚献平研发团队根据电磁屏蔽材料屏蔽机理，结合电磁屏蔽纸基功能材料制备方法，利用纸机抄造成形技术、表面涂布技术以及复合成形技术等多技术融合，创新性地制备了具有多层屏蔽界面，反射、吸收多效结合的新型电磁屏蔽纸基功能材料。该新型材料由三种不同类型的电磁屏蔽材料复合而成，构筑成了一个"类三明治"屏蔽结构，形成了多个屏蔽界面，大大降低了电磁波的泄漏风险，提高了电磁屏蔽纸基功能材料的屏蔽性能。相关复合材料的 SEM 表征如图 10-26 所示。

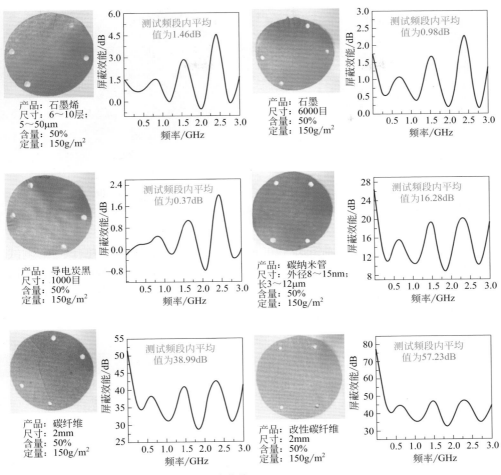

图10-24 各碳素纸基功能材料屏蔽效能曲线

(a) 未镀镍碳纤维

(b) 镀镍碳纤维

图10-25 改性前后屏蔽材料的SEM图

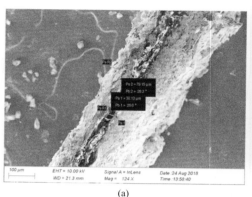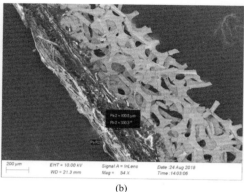

(a)　　　　　　　　　　　　　　　　(b)

图10-26　不同类型电磁屏蔽纸基功能材料截面形貌图

　　姚献平研发团队研制的电磁屏蔽纸基功能材料经中国上海测试中心测试，在可测频段内（15MHz ～ 10GHz）屏蔽效能均大于 100dB，最高可达 126.1dB，而单位面积质量却只有 133.3g/m²，是同等体积金属的二十几分之一，非常满足现代电磁屏蔽材料"薄、轻、宽、强"的要求（表 10-9、表 10-10）。

表10-9　材料轻量化对比（以0.4mm厚度的材料为例）

材料	单位面积质量/(g/m²)
钢板	≈3160
铜板	≈3560
镍板	≈3560
电磁屏蔽纸基功能材料（姚献平研发团队研制）	≈133.3

表10-10　屏蔽效能实测数据

频率/MHz	屏蔽效能/dB	频率/MHz	屏蔽效能/dB
15	105.2	1500	114.2
30	108.5	1800	116.2
80	107.5	2450	117.9
100	107.1	3000	119.2
300	110.5	5000	121.2
450	111.2	8000	123.5
915	112.5	10000	126.1
1000	113.5		

六、电磁屏蔽纸基功能材料的应用

姚献平研发团队成功研制了具有轻型、柔性、高效的电磁屏蔽纸基功能材料，如图 10-27 所示。

根据军用、民用产品的不同需求，姚献平研发团队结合研制的电磁屏蔽纸基功能材料，通过多种成形技术、复合技术，开发了多款军民两用产品，例如会议专用手机信号屏蔽盒、手机信号屏蔽袋和笔记本防辐射袋等，如图 10-28、图 10-29 所示。

(a) 正面   (b) 侧面

图10-27 姚献平研发团队研制的电磁屏蔽纸基功能材料实物图

图10-28 会议专用手机信号屏蔽盒

（a）　　　　　　　　　　　　　　　　　　（b）

图10-29　手机信号屏蔽袋（a）和笔记本防辐射袋（b）

　　其中，会议专用手机信号屏蔽盒产品是利用天然生物质材料、高性能柔性屏蔽复合材料为基材，集成3D打印技术、复合成形技术等研制而成。该产品具有体积小、携带轻便、操作简单、绿色环保等特点，可有效阻断手机、Wi-Fi（无线通信技术）、蓝牙等通信信号，使得放入屏蔽盒的手机及其他通信设备收发信号功能失效，无法拨出和拨入，从而达到强制性禁用的目的，具有防止信息泄露、电话骚扰、消磁扫描、定位跟踪和手机辐射等功能，适用于各类党政会议、商业谈判、科技会议、机要办、洽谈室、军事重地等特殊场所的移动通信设备集中管理。该手机信号屏蔽盒相较于传统钢质屏蔽柜，具有使用灵活、性能高效、个性定制等众多优点，可让手机始终处于使用人视野内，防止手机失控事件，更好地确保国家、企事业单位及个人的信息安全、经济安全。该产品通过了中央军委联合参谋部某所专家的评审，并成功立项，获得近百套订单。

七、展望

　　目前，电磁屏蔽纸基功能材料的开发和应用主要存在以下几个问题：

　　① 我国电磁屏蔽纸基功能材料研究主体主要是国内高校、研究院等机构，科研成果落地难度较大，产业化和市场化推广水平较低；

　　② 电磁屏蔽纸基功能材料虽然如纸张般轻薄，但仍存在屏蔽效能相对较低、屏蔽频率范围较窄、不耐高温等劣势，限制了其在更高要求领域的应用；

　　③ 由于国内电磁屏蔽纸基功能材料研究起步较晚，国外在新型电磁屏蔽材料领域占据了技术制高点，一定程度上压缩了国内企业自主研发的空间，存在对

电磁屏蔽纸基功能材料等新型屏蔽材料的研发投入较少，产学研结合不佳，自主创新能力不足，中低端产品同质化严重等问题。

随着全球电磁屏蔽、吸波、散热管理等行业的高速发展，市场需求不断增长，同时 5G（第五代通信技术）、人工智能时代的到来，全球电磁屏蔽材料和相关器件的需求将得到进一步释放，未来的电磁屏蔽材料势必从目前的单一功能向制备工艺绿色化、材料轻薄化、功能集成化等方向转变。电磁屏蔽纸基功能材料作为新型的电磁屏蔽材料，符合现代屏蔽材料"薄、轻、宽、强"的发展方向，具有广阔的市场前景。

国内研究机构及企业应抓住 5G、人工智能大蓝海，加大上下游产业链投入，突破领域核心技术，优化产业链结构。同时，应加强国内企业、科研院所以及高等院校之间的产学研合作，结合市场需求，充分发挥科研院所和高等院校基础研发实力强，企业市场敏感、资金充裕的特点，实现优势互补，强强合作，共同推动我国电磁屏蔽材料领域，特别是电磁屏蔽纸基功能材料的发展。

第五节
装饰原纸纸基功能材料

一、概述

装饰原纸（decorative base paper）是一种以优质木浆和无机填料为主要原料经特殊工艺加工而成的工业特种用纸，经印刷、树脂浸胶后，主要用于浸渍胶膜纸饰面人造板和热固性树脂装饰层压板的贴面制作，对人造板起到装饰、保护、强化、封闭等作用，可有效遮盖人造板表面本身缺陷，使其具有美观外表的同时，还能提高人造板的耐水、耐热、耐候、耐磨以及耐化学腐蚀的性能。近年来，在建筑装饰和家具业的带动下，我国人造板产业得到了迅猛发展，而人造板的高速增长又带动了装饰原纸的强劲需求。装饰原纸现已广泛应用于家具和室内装饰领域，是建筑家装产业的重要贴面材料，对提高人造板的附加值、拓展人造板的应用领域，具有重要意义[83]。

装饰原纸的生产起源于德国，20 世纪 50 年代在欧洲得到了快速发展。虽然发展历史并不长，但国外装饰原纸的生产技术已非常精湛，往往能通过使用新材料以及调整原材料用量，从而达到降低成本又使装饰原纸质量得以提升的目的。杜邦公司于 1959 年建成了世界第一座氯化法生产钛白粉的工厂，氯化法工艺的技术难度较大，但生产出的钛白粉具有高遮盖性、光稳定性好、亮度高的特点，满足了市场对于高品质钛白粉的需求，应用于装饰原纸的生产中可明显提高其白度和不透明度，直到现在，杜邦生产的 R-794 仍是高端装饰原纸生产最常用的钛白粉[84]。同时，Dutt 等也提出了采用硅酸铝和钛白粉结合以减少钛白粉的用量和提高浆料的留着，从而达到降低成本的目的[85]。除了从造纸原材料方面改进装饰原纸的性能，近年来国外对装饰原纸进行表面处理的研究也逐渐兴起。Soili 等指出采用单一颜料或多种颜料和胶料复配，对装饰原纸表面涂布后更有利于后期压光处理，且能在很大程度上提高装饰原纸的光泽度和平滑度[86]。Wicher 则在改性淀粉中加入水溶性聚合物制成施胶剂，对装饰原纸进行表面施胶后发现纸张的强度有所提升[87]。装饰原纸表面结构在很大程度上影响着装饰原纸的性能[88]，尤其是平滑度、吸收性和印刷适性，因此研究装饰原纸表面涂层结构对提高装饰原纸印刷性能以及在人造板装饰运用方面具有重要意义。

我国最早的装饰原纸是 1973 年上海勤丰造纸厂生产的，主要供上海扬子木材厂生产防火板。当时国内市场主要被西欧和美国的进口装饰原纸所占据，不过 90 年代中后期，在我国房地产、建筑装修行业的带动下，国内开始引进和学习国外先进技术。近年来，随着国内装饰原纸的需求不断增加，对其研究也日益增多，很多学者不断优化制备原料和生产工艺，以提高国产装饰原纸的产品质量。郑华平等为了解决国产钛白粉在装饰原纸中使用耐久性差、留着不佳等问题，采用磷酸或磷酸盐同铝盐对钛白粉产品进行磷酸铝、氧化铝复合包膜，制备的装饰原纸专用钛白粉无论是 Zeta 电位还是在纸张中的留着率和耐晒性都与进口的杜邦 R-794 装饰纸专用钛白粉的效果相当[89]。杭州华旺新材料科技有限公司为了满足装饰原纸后期高速浸胶的要求，通过调整装饰原纸生产工艺中的化学助剂配比，使装饰原纸透气度降到了 15s/100mL 以下，吸胶速度能达到 45m/min 以上，从而提高了浸胶厂的生产效率[90]。此外，由于人们对生活品质的要求越来越高，逐渐衍生出具有各种特性的装饰原纸，如通过浆内添加、浸渍和涂布等工艺加入耐磨材料使装饰原纸具备极高的耐磨度以适用于复合木地板[91]，或是将阻燃剂添加到纸张中而制得具有阻燃性能的装饰原纸，使得火灾隐患和火灾造成的损失大大减少[92]。目前装饰原纸行业在国内已形成从原纸、印刷、浸胶到饰面应用的完整产业链，在浙江、山东和广东等地拥有了多个产业集群。随着人造板、强化木地板、家具和装修等产业的迅猛发展，我国装饰原纸产业势必由此得到拉动进入蓬勃发展期。

二、装饰原纸的质量要求

装饰原纸作为印刷装饰纸、装饰胶膜纸的主要生产原材料，其性能好坏直接影响最终产品的质量。因此，为了满足后期再加工的需要，对装饰原纸的性能，如物理强度、表面性能、吸收性、透气度等都有相应的技术要求。

装饰原纸与其他纸张不同，后期须经印刷和浸胶流程，最终贴于人造板表面起装饰作用，故应避免露底现象及防止人造板本身颜色对表面颜色产生干扰，这就要求装饰原纸具有极高的不透明度，以提高对基体的遮盖性。其次，装饰原纸还应具有一定的吸收油墨和胶黏剂的能力。吸收性好的原纸对油墨和胶黏剂的亲和能力强，油墨和胶黏剂在其表面和内部扩散容易，而吸收性差的原纸会产生油墨和胶黏剂分布不均匀的现象，同时较好的匀度也是均匀吸收油墨和胶黏剂的必要条件。此外，装饰原纸在卷取和印刷过程中难免受拉，印刷和浸胶过程又不可避免地碰到水，所以充分的干强度和湿强度也显得特别重要。装饰原纸的平滑度决定了原纸与印板接触的紧密程度，对印刷质量有很大影响 [93]。平滑度可通过压光操作得以改善，但其与吸收性会互相影响，在生产中需平衡好两者的关系。

较好的匀度、平滑度、透气度、吸收性、遮盖性和抗张强度等均是装饰原纸所应当有的质量指标，具体指标可参考国家标准 GB/T 24989—2010。这几个关键指标相辅相成，相互制约，生产过程中应选用合适的制备材料及生产工艺，才能为生产合格精美的装饰纸打下基础 [94]。

三、装饰原纸用功能材料与特性

为了提高装饰原纸的某些特性、降低物料损耗和满足后期加工要求等，通常会在生产过程中加入一些具有功能特性的材料，如无机填料、助留剂、湿强剂、耐磨材料等，这些功能材料对装饰原纸质量、生产过程和生产成本等起着十分重要的作用，一般都具有附加值大、专项作用或辅助作用明显的特点 [95]，是生产装饰原纸必不可少的材料。

1. 无机填料

（1）二氧化钛　二氧化钛（TiO_2）又称钛白粉，白色粉末，化学性质稳定，常温下几乎不与其他元素和化合物反应。自然界中二氧化钛有三种结晶形态：金红石型（Rutile）、锐钛型（Anatase）和板钛型（Brookite）。板钛型是不稳定的晶型，呈板状，在工业上无实用价值。锐钛型和金红石型都具有稳定的晶型，是重要的白色颜料和瓷器釉料，广泛应用于涂料、塑料、橡胶、油墨、造纸、陶瓷、日化、医药、食品等行业。金红石型相对锐钛型而言，由于其单位晶格由两个二氧化钛分子组成，而锐钛型由四个二氧化钛分子组成，故金红石型晶格较小且紧密，具有较大的稳定性和相对密度，同时具有较高的折射率（表10-11）[96]。折射率是二氧化钛应用于装饰原纸的一个重要指标，因为从光学性质来讲，当颜料的折射率与周围介质折射率相等时就是透明的，当颜料的折射率大于周围介质的折射率时就呈现不透明，两者差距越大，不透明度就越高。在白色颜料中，金红石型 TiO₂ 具有最高的折射率，其和周围介质（纸浆纤维和浸胶树脂）的折射率之差最大，表现出最高的遮盖力，故是装饰原纸提高遮盖力的首选。

表10-11　常见白色颜料和树脂的折射率

白色颜料	折射率	树脂	折射率
金红石型TiO₂	2.73	聚苯乙烯	1.6
锐钛型TiO₂	2.55	丙烯酸	1.52～1.60
高岭土	1.65	三聚氰胺甲醛	1.52
滑石粉	1.65	纸浆纤维	1.57
碳酸钙	1.63		
二氧化硅	1.54		

其次，白度和明亮度也是影响钛白粉应用的一大特性。不同粒径的钛白粉会对可见光中人眼较敏感的红光、绿光和蓝光有不同散射的差异，故在应用中，人眼可辨别出不同的白色色相。一般来说，二氧化钛粒径越小，对蓝光散射越强，呈现为蓝色相的白度。粒径越大，对红光和绿光散射越强，呈现为黄色相的白度。另外，钛白粉颜色受其生产工艺的影响也较大。目前二氧化钛生产工艺主要有硫酸法和氯化法两种。硫酸法通过溶解度的差异结晶分离来去除杂质，而氯化法是通过高温精馏的方式实现对杂质的去除，杂质去除程度高于硫酸法。相对来说，氯化法生产的二氧化钛白度和明亮度更高，粒度更细更均匀，质量也更稳定，故国内外高档装饰原纸均选用氯化法生产的金红石型 TiO₂ 以获得稳定的颜色质量保证[97]。

钛白粉还有一个重要优点是可吸收紫外线，从而减少紫外线对装饰纸制品中其他成分的破坏，提供一定的耐候性。但钛白粉在紫外照射和厌氧条件下，容易失氧出现灰变现象，导致装饰纸制品变暗，光泽度降低。不过采用磷铝包覆对钛白粉表面进行包膜处理，不仅可有效解决灰变现象，还能提高钛白粉在装饰原纸中的留着率[89,98]。

填料在装饰原纸生产过程中，是除纤维原料以外的第二大组成成分。钛白粉则凭借其白度高、光泽度好、遮盖力强和耐候性佳等特性，成为装饰原纸最常用和最理想的填料。

（2）高岭土　高岭土（$Al_2O_3 \cdot 2SiO_2 \cdot 2H_2O$）又称水合硅酸瓷土、白陶土，是由长石或云母风化而成，化学组成为 SiO_2 46%，Al_2O_3 39%，H_2O 13%。高岭土晶体结构大多呈六角片状、叠片状。通常状况下化学性质稳定不易氧化变质，具有较高的分散性和良好的吸附性，广泛应用于造纸、陶瓷、橡胶等行业。高岭土的外观为白色粉末，质地松软，白度为 80% ～ 86%，但其含有石英和云母杂质，使用前必须进行净化处理。目前有风选法和水洗法两种净化方式，不过水洗净化生产出的高岭土颗粒更均匀，杂质较少，具有更高的白度和亮度，因此更适合作为填料提高纸张的白度和不透明度。虽然高岭土的遮盖力和光学性能不如钛白粉，但是高岭土储量丰富、价格便宜，可部分替代钛白粉以降低装饰原纸的生产成本。目前大多以高岭土为内核，钛白粉为包覆层，采用机械化学法制备得到白度和遮盖力与钛白粉相近的钛白粉 - 高岭土复合填料。研究表明，钛白粉包覆高岭土不是简单的物理吸附，而是钛白粉与高岭土之间发生化学反应形成了 Si—O—Ti 和 Al—O—Ti 化学键，故包覆效果好，替代钛白粉添加到装饰原纸中，可保持纸张良好的白度和不透明度[99]。

2. 助留剂

钛白粉高密度和小粒径的特点常导致湿部的留着不佳，且其价格较昂贵，将明显提高装饰原纸的生产成本。因此开发适合二氧化钛专用的助留体系具有特别重要的意义。

造纸助留剂大体上可分为三大类：无机类、改性天然产品类和高分子聚合物类。无机类助留剂主要有硫酸铝（又称明矾）、聚氯化铝、膨润土和胶体二氧化硅等，这一类早期使用较多，助留效果不甚明显。改性天然产品类助留剂主要有阳离子淀粉、壳聚糖和瓜尔胶等，这类产品用量大且助留效果也不是很明显。高分子聚合物类主要有聚丙烯酰胺聚合物、聚乙烯亚胺和聚胺等，其中最常用的是聚丙烯酰胺聚合物。聚丙烯酰胺助留剂主要可分为阳离子型（CPAM）和阴离子型（APAM）两种。CPAM 由于自身携带阳离子性，故可直接与带阴离子电荷的纸浆和填料结合，通过"中和"和"架桥"的作用互相吸附，产生絮聚，起到助留效果。APAM 与纸浆和填料带有相同的负电荷，故在使用时必须与硫酸铝配合具有阳离子性表面才有效果，一般仅适用于酸性抄纸系统，而 CPAM 的使用则不受 pH 值的限制[100]。因此，装饰原纸生产中常选用 CPAM 作为助留剂，不过CPAM 作为单一助留剂易产生大絮聚体，影响装饰原纸的匀度，甚至导致纸张强度降低[101]。

为了解决无机类和改性天然产品类助留效果不佳，以及高分子聚合物易产生过大絮团的问题，近年来人们开始关注将高分子聚合物与微纳米的无机粒子组成复合微粒助留体系。目前常用的有瑞典依卡（Eka）公司开发的阳离子淀粉 - 胶体二氧化硅和英国联合胶体（Allied Colloids）公司开发的阳离子聚丙烯酰胺 - 膨润土两种微粒助留体系。胶体二氧化硅和膨润土两种微粒都能很好地配合各自体系中的高分子助留剂，将纤维结合成尺寸更小、结构更为致密的絮聚体，从而实现对纸料助留、助滤及纸页成形效果的兼顾[102]。由于不同微粒助留体系作用机理及效果较相似，造纸工作者常常会面临选择的困难。国家造纸化学品工程技术研究中心姚献平研发团队为了尽量实现优秀造纸化学品的国产化，以及给国内造纸工作者合理选择微粒助留体系提供参考，以国内厂家提供的单一产品为基础，比较了阳离子淀粉 - 胶体二氧化硅和阳离子聚丙烯酰胺 - 膨润土这两种体系的助留助滤效果及其对成纸性能的影响。结果表明，两种体系均具有明显提高纸料留着的效果，相比较而言，阳离子聚丙烯酰胺 - 膨润土体系在很少用量下就可以获得更好的助留效果，而阳离子淀粉 - 胶体二氧化硅体系为达到基本一致的助留效果，需要消耗更多的用量，不过阳离子淀粉 - 胶体二氧化硅体系对抗张强度的维持更有帮助[103]。装饰原纸由于原材料较昂贵，相比之下更需要提高纸料的留着，故阳离子聚丙烯酰胺 - 膨润土体系在装饰原纸生产上得到了更多应用。

3. 湿强剂

对于装饰原纸来说，其应用中须经油墨印刷和树脂浸渍，需要比其他纸张具备更高的湿强度，因此必须寻找效果较强的湿强剂才能满足印刷和浸胶的加工要求。目前常用的湿强剂有脲醛树脂（UF）、三聚氰胺甲醛树脂（MF）、聚乙烯亚胺（PEI）、聚酰胺 - 环氧氯丙烷树脂（PAE）等。其中，PEI 最先被应用于造纸生产中，但由于生产成本高、操作困难等缺点未被广泛利用。UF 和 MF 则由于存在游离甲醛的危害，近年来国外开始禁用。而 PAE 对成纸的吸收性能影响相对较小，且增湿强性能优于其他湿强剂，因此，成为装饰原纸生产中最为广泛使用的湿强剂[104]。

PAE 作为一种水溶性阳离子型热固性树脂，在中性和碱性条件下，能够吸附至带负电荷的纸浆纤维上形成聚合物网络结构，即形成一层致密的抗水膜，从而提高纸张湿强度，具有高效、无毒、pH 使用范围广等特点。此外，由于 PAE 带正电荷，能溶于水，分子量较大，故其还具有一定的助留效果，可提高细小纤维和填料的留着[105]。但 PAE 固化后不易降解，损纸回用困难，且有机氯含量高，不利于环保。近年来，传统湿强剂对环境的不良影响已日益引起人们的关注，因此，对 PAE 进行改性以及与环保型添加剂共用来减少其使用，以降低产品与白水系统中对环境有害的有机氯含量成为当前的研究热点。如通过提高 PAE

的分子量和阳电荷密度，开发出高效环保型 PAE。改性后的 PAE 具有固含量高、阳电荷密度高和有机氯含量低的特点，可减少产品与白水系统中的有机氯含量，且有利于 PAE 的留着和交联，在较低用量下即可显著增强纸张湿强度，比市售 PAE 用量降低 35% 以上，大大降低了生产成本[106]。

纳米纤维素因具有一些独特的性能，如纳米级尺寸，比表面积大，表面羟基丰富，优秀的生物相容性、力学增强性能和阻隔性能[107]，在纸张增强、助留助滤、涂布等方面已得到造纸工作者的广泛关注。有研究发现，将纳米纤维素与 PAE 组成二元体系可进一步提高纸张的干强度和湿强度，对纸张的增湿强效果尤其显著[108-110]。二元体系的好处是在先使用 PAE 的条件下，再加入纳米纤维素发挥其负电性助剂的效果，通过异性电荷吸附使得更多的 PAE 结合到纸张中，在纤维表面形成了相互扩散交叉的聚电解质复合分子层，增加了纤维间的结合力，从而满足更高的纸张强度要求[111]。这也从另一方面说明了在保证湿强度相同的前提下，纳米纤维素与 PAE 二元体系中的 PAE 用量明显低于单独加入 PAE 的用量。目前，造纸湿强剂的研究已从一元化单组分向多元化多组分发展，多元体系的开发与应用将成为造纸湿强剂的发展新趋势。

4. 耐磨材料

装饰原纸作为家具、装饰板和复合木地板等建筑家装产品的饰面材料，其耐磨性能决定了最终产品的使用寿命，尤其是用于复合木地板的外表层，表面耐磨性能尤为重要，故通常会在装饰原纸生产中加入一些耐磨材料和浸渍三聚氰胺甲醛树脂获得一定的耐磨性能。Al_2O_3 俗称刚玉，莫氏硬度高达 9，仅次于金刚石和少数特种陶瓷材料，居第 4 位，其原料来源丰富，价格便宜。在装饰原纸中 Al_2O_3 用量越高、分散越均匀则耐磨性能越好，但 Al_2O_3 加入量过高，会造成成纸外观质量下降、分散困难等问题[112]。同时，Al_2O_3 经三聚氰胺甲醛树脂浸渍后会变透明，不会影响装饰花纹的美观和使用，故 Al_2O_3 成为提高装饰原纸耐磨性能的首选。

此外，三聚氰胺甲醛树脂也能赋予装饰原纸一定的耐磨性能，三聚氰胺甲醛树脂具有化学性质稳定、刚性大的主链结构，在装饰原纸上固化交联后可形成高耐磨、耐水、耐热的透明状薄膜，加上性价比高的优点，使其成为装饰原纸最常用的浸渍树脂[113]。

四、功能材料在装饰原纸中的应用

1. 浆内添加

装饰原纸通常采用漂白亚硫酸盐针叶木浆或漂白硫酸盐阔叶木浆为原料，加入钛白粉、高岭土、颜料等进行打浆，得到的浆料再添加一定的助剂以确保有较大的留着性、干湿强度和吸收性等，最后在造纸机上抄造得到满足要求的装饰原纸。该生产工艺称为浆内添加，大致包括碎浆、磨浆、配料和抄纸四个步骤，如图 10-30 所示[114]。

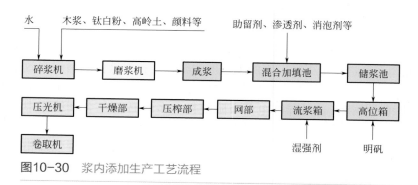

图10-30 浆内添加生产工艺流程

（1）碎浆　生产装饰原纸用的纤维种类及配比对装饰原纸的匀度、强度、平滑度及吸收性具有重要影响。针叶浆纤维较长，可在一定程度上提高纸张强度，但会降低纸张匀度和平滑度。阔叶浆纤维短且细，抄造的纸张匀度好、平滑度高，但强度较差。就吸收性而言，阔叶浆比针叶浆高很多。因此，生产中多采用10% 针叶浆和60% 阔叶浆以平衡装饰原纸的各项性能。此外，生产过程中须添加大量钛白粉（添加量35% ～ 45%）才能确保足够的不透明度[115]，不过为了降低成本，通常会添加一定量的高岭土（5% ～ 15%）减少钛白粉的用量[116]。最后通过碎浆设备，将木浆、钛白粉、高岭土、颜料和水等配制成浓度为6% ～ 6.5%的浆料。

（2）磨浆　通过磨浆设备磨片高速的旋转摩擦和挤压，从而使经过碎浆后的浆料达到所要求的切断和分丝帚化，并使木浆、钛白粉和颜料混合更均匀，相互间结合更紧密。

（3）配料　磨浆后的浆料输至混合加填池中进一步稀释，在浆内加入各类需要的助剂，使之与浆料混合均匀，在经过磨浆后的浆料中加入占磨浆后浆料质量分数3% ～ 5% 湿强剂（PAE）、0.2% ～ 0.4% 助留剂（阳离子聚丙烯酰胺 - 膨润土体系）、0.1% ～ 0.3% 明矾、0.05% ～ 0.15% 渗透剂（非离子表面活性剂）、0.05% ～ 0.15% 其他助剂（如多羟基聚醚消泡剂），配制成浓度为2% ～ 4% 的浆料。

（4）抄纸　配好的浆料经纸机网部、压榨部、干燥部、压光机、卷取机后得到满足要求的装饰原纸。

浆内添加生产方式操作简单、工艺成熟，但仍存在无法完全克服的不足之处：即使再完美的助留系统也无法保证钛白粉等填料 100% 的留着率，这无疑会增加装饰原纸的原料成本和污水处理成本，且钛白粉等填料的加入量过大会严重影响装饰原纸的强度，但加入量过小又达不到白度和不透明度的要求。此外，由于大量填料和助剂直接添加至浆内，造纸白水较难处理，引起离子聚积问题，容易造成生产纸机的不正常。针对这一问题，近年来造纸工作者提出了表面涂布的方式，实现了填料 100% 留着，大大节约了生产成本。

2. 表面涂布

表面涂布生产工艺是将钛白粉、高岭土、颜料等混合涂布液涂在装饰原纸表面，如图 10-31 所示。其中，混合涂布液的配制中还需加入一定量的胶黏剂以保证充分的黏度，由于装饰原纸具有较高的吸水性，能使纸浸胶均匀适量，故涂布液中的胶黏剂选用应尽量避免具有防水性能的胶黏剂，经过反复的小试优选，得到阳离子淀粉（CS）和聚乙烯醇（PVA）两种胶黏剂混合使用涂布效果较好，具体涂布液配方可见表 10-12。

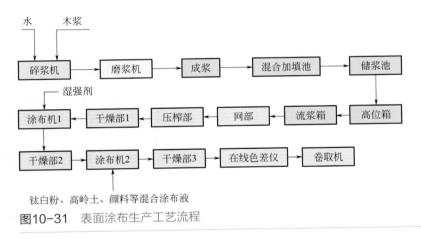

图10-31 表面涂布生产工艺流程

表10-12 装饰原纸混合涂布液配方

物料	涂布填料		CS	PVA	聚丙烯酸钠	氨水	消泡剂	甘油
	钛白粉	高岭土						
配比	80	20	9	11	0.45	0.5	0.3	0.5

装饰原纸经表面涂布后，涂料能够填充纸张表面孔隙，纸张纤维被均匀涂

覆，可形成良好的均匀紧密涂层结构，起到改善印刷适性的作用。此外，由于钛白粉等填料没有直接添加至浆料中，表面涂布使填料均集中在纸张表面，最大限度地发挥了钛白粉的遮盖性能，降低了钛白粉用量，大大节约了生产成本，经济效益显著。而湿强剂 PAE 也采用涂布的方式，使得 PAE 没有流失，从而还降低了 PAE 的用量。其次，在抄纸过程中没有加入填料和助剂，使得纸张抄造和压榨过程中离子和杂质较少，造纸废水更容易处理和回用，降低了环保压力，也减少了污水处理成本[117]。

五、展望

国内装饰原纸目前以中低端产品为主，高端装饰原纸仍需依靠进口。低端市场竞争激烈，且利润较低。中高端市场需求随着人们生活水平的提高不断加大，发展前景广阔。因此，装饰原纸生产厂家应严控产品质量，将产品定位从低端向中高端转变。此外，装饰原纸作为人造板的上游产品，其质量直接影响到人造板饰面行业的发展。当前国内装饰原纸仍存在白度低、生产成本高和印刷适性差等质量问题，建议今后可从以下几个方向进行改善：

（1）填料　二氧化钛是目前生产装饰原纸的最佳填料选择，但其价格昂贵，会增加生产成本。近些年相关学者和工作者尝试寻找其他填料替代二氧化钛在装饰原纸中的应用，如碳酸钙、高岭土和硅藻土等，不过单独使用低成本的填料并不能达到二氧化钛的效果，可控制低成本填料与二氧化钛的配比，形成复配填料体系，在保证装饰原纸质量的同时，也能在一定程度上降低二氧化钛的用量。

（2）助留体系　二氧化钛除了价格昂贵，还存在留着性差的问题，填料留着率低会增加原料和污水处理成本，甚至会造成纸机生产的不正常。为解决助留率低的问题通常加入助留剂，且采用双元或多元助留体系还能进一步提高填料的留着性。因此，开发多元助留体系将会是今后提高填料留着的研究重点。

（3）表面涂布　装饰原纸表面结构在很大程度上影响着装饰原纸的印刷适性，有研究表明利用 SiO_2 涂料对装饰原纸进行表面涂布，能够有效填充装饰原纸表面孔隙，改善其平滑度、干湿强度和印刷适性等[118]。因此应在现有研究基础上进一步优选表面涂层和优化表面处理工艺，这对提高装饰原纸在人造板装饰运用及印刷性能方面具有重要意义。

今后，随着进一步了解装饰原纸用功能材料并不断优化生产工艺，在不久的将来，国产装饰原纸的产品质量和技术水平有望稳步提升，逐步替代进口产品，更好地满足国内市场需求。

参考文献

[1] 宋兆萍, 刘温霞. 生活用纸中的助剂 [J]. 上海造纸, 2008, 39(4): 51-56.

[2] Konuma A. Tissue paper containing liquid drug: EP1985755B1[P]. 2011-09-21.

[3] Bret B, Leboeuf J F. Softening lotion composition, use thereof in papermaking, and resulting paper product: EP 0882155B2[P]. 2005-11-09.

[4] 曹海兵, 鲁宾, 董红明, 等. 一种母婴专用润肤保湿纸的生产方法: CN108642966A[P]. 2018-10-12.

[5] 王信东. 一种保湿纸巾及其制备方法: CN107049834[P]. 2017-02-16.

[6] 唐其铮. 柔软剂和乳霜的正确涂布方法及其所适用的设备 [J]. 生活用纸, 2005(7): 41-42.

[7] Fujishima A, Hongda K. Electrochemical photocatalysis of water at a semiconductor electrode [J]. Nature, 1972, 238: 53-58.

[8] 刘守新, 刘鸿. 光催化及光电催化基础与应用 [M]. 北京: 化学工业出版社, 2006.

[9] 温廷琏. 氢能 [J]. 能源技术, 2001, 22(3): 96-98.

[10] Ye J, Zou Z, Matsushita A. A novel series of water splitting photocatalysts NiM$_2$O$_6$ (M=Nb, Ta) active under visiblelight[J]. International Journal of Hydrogen Energy, 2003, 28: 651.

[11] Zou Z, Ye J, Sayama K, et al. Direct splitting of water under visible light irradiation with an oxide semiconductor photocatalyst[J]. Nature, 2001, 414: 625.

[12] 祖庸, 雷闫盈, 李晓娥. 纳米二氧化钛———种新型的无机抗菌剂 [J]. 现代化工, 1999, 19(8): 46-48.

[13] 孙淑清. 光催化反应在环境保护上的应用 [J]. 环境与开发, 1999, 14(3): 15-18.

[14] Li G, Zhang L, Fang M. Facile fabrication of sodium titanate nanostructures using metatitanic acid (TiO$_2$ · H$_2$O) and its adsorption property[J]. Journal of Nanomaterials, 2012: 875295.

[15] 李迎, 王丽琴. 纳米材料在文物保护中应用的研究进展 [J]. 材料导报, 2011, 25(增刊): 34-37.

[16] 伊荔松, 沈辉. 二氧化钛光催化研究进展及应用 [J]. 材料导报, 2000, 14(12): 23-25.

[17] Okamoto K J, Yamamoto Y, Tanaka H. Heterogeneous photocatalytic decomposition of phenol over TiO$_2$ powder [J]. Bulletin of the Chemical Society of Japan, 1985, 58(7): 2015-2022.

[18] Linsebigler A L, Lu G, Yates J T. Photocatalysis on TiO$_2$ surfaces: principles, mechanism, and selected results [J]. Chemical Reviews, 1995, 95: 735-758.

[19] 孙奉玉. 二氧化钛的尺寸与光催化活性的关系 [J]. 催化学报, 1998, 19(3): 229-233.

[20] Fujiwara H. Application of Nanotechnology in Pulp and Paper in Japan[C]. Proceedings of the Tappi 2006 International Conference on Nanotech. Atlanta, 2006: 62-66.

[21] 徐新全. 住宅建筑装饰装修的环保问题分析 [J]. 华东科技, 2012(5): 131-132.

[22] 李伟. 室内温度和噪音对工作效率的影响研究 [D]. 杭州: 浙江理工大学, 2013.

[23] 刘伟. 新装修住宅室内空气污染物——甲醛的污染调查分析与防治对策 [D]. 长春: 吉林大学, 2004.

[24] 李松年. 关注室内空气污染 [J]. 劳动安全与健康, 1999(9): 21.

[25] 李静雅, 李红恩. 居室装饰装修后空气污染对人体健康的危害与防治 [J]. 中国社区医师: 医学专业, 2010, 12(13): 220-220.

[26] 董飞逸. 负离子空气净化装饰织物的开发与性能研究 [D]. 西安: 西安工程大学, 2016.

[27] 钱华, 戴海夏. 室内空气污染与人体健康的关系 [J]. 环境与职业医学, 2007, 24(4): 426-430.

[28] 冯芳, 张占思, 张丽君. 建筑和装饰材料导致室内污染的研究 [J]. 新型建筑材料, 2001(12): 39-41.

[29] 童英. 室内空气污染对人体健康危害及防治研究综述 [J]. 安徽预防医学杂志, 2010(4): 304-306.

[30] 何张财, 钟志乾. 室内环境污染物的来源与控制 [J]. 城市建设理论研究, 2012(3).

[31] 彭天闻，刘跃华 . 室内装饰装修材料与室内环境污染相关性研究 [J]. 建材与装饰，2014(21): 249-250.

[32] 于秋娜 . 探讨室内环境空气污染对人体的危害及其防治 [J]. 当代医学，2016, 22(28): 11-12.

[33] Fukahori S, Ichiura H, Kitaoka T, et al. Capturing of bisphenol a photodecomposition intermediates by composite TiO_2-zeolite sheets[J]. Applied Catalysis B Environmental, 2003, 46(3): 453-462.

[34] Ichiura H, Kitaoka T, Tanaka H. Removal of indoor pollutants under UV irradiation by a composite TiO_2-zeolite sheet prepared using a papermaking technique[J]. Chemosphere, 2003, 50(1): 79-83.

[35] Ichiura H, Kitaoka T, Tanaka H. Photocatalytic oxidation of NO_x using composite sheets containing TiO_2 and a metal compound[J]. Chemosphere, 2003, 51(9): 855-860.

[36] Ichiura H, Okamura N, Kitaoka T, et al. Preparation of zeolite sheet using a papermaking technique Part Ⅱ The strength of zeolite sheet and its hygroscopic characteristics[J]. Journal of Materials Science, 2001, 36(20): 4921-4926.

[37] 王钰 . 甲醛的催化氧化与"存储—氧化"循环脱除甲醛和苯的研究 [D]. 大连：大连理工大学，2014.

[38] 李耀，卞培文，徐康，等 . 一种多效室内空气质量保障纸的制备方法及得到的产品：CN201910295862. 4[P]. 2019-08-06.

[39] 陈思顺，陈新华，赵书伟，等 . 纳米技术在造纸工业中的应用研究进展 [J]. 华东纸业，2006, 37(1): 25-28.

[40] 严安，刘泽华，黄静 . 纳米二氧化钛的制备及其在造纸工业中的应用 [J]. 黑龙江造纸，2009(03): 22-25.

[41] 黄良辉 . 超疏水性及高导电性植物纤维材料的研究与制备 [D]. 广州：华南理工大学，2011.

[42] Huang J Y, Li S H, Ge M Z, et al. Robust superhydrophobic TiO_2@fabrics for UV shielding, self-cleaning and oil–water separation[J]. Journal of Materials Chemistry A, 2015, 3(6): 2825-2832.

[43] 孙晓婷，郭亚 . 芳纶纤维的研究现状及应用 [J]. 成都纺织高等专科学校学报，2016, 33(3): 164-168.

[44] 唐爱民，贾超锋，王鑫 . 热压工艺对对位芳纶纸强度性能的影响 [J]. 造纸科学与技术，2010, 29(6): 61-64.

[45] Schütz C, Sort J, Bacsik Z, et al. Hard and transparent films formed by nanocellulose-TiO_2 nanoparticle hybrids[J]. Plos One, 2012, 7(10): 45828-45832.

[46] 吕程 . 纳米 TiO_2 改性纤维素绝缘纸的制备和性能研究 [D]. 重庆：重庆大学，2014.

[47] 周游，陈牧天，吕玉珍，等 . TiO_2 纳米粒子对高水分变压器油中电荷输运的影响 [J]. 电工技术学报，2014, 29(12): 236-241.

[48] 班燕 . TiO_2 纳米溶胶的制备及其在缓解芳纶纤维紫外光老化中的应用研究 [D]. 上海：东华大学，2005.

[49] 王金广 . 多级结构静电纺碳纳米纤维基复合材料制备及其超级电容器性能研究 [D]. 镇江：江苏科技大学，2019.

[50] 王文生，杨少桧 . 国内外保鲜包装的发展现状 [J]. 保鲜与加工，2009, 9(4): 44.

[51] 周晓琳，杨国顺 . 中草药提取物水果保鲜应用研究综述 [J]. 湖南农业科学，2010(11): 90-92.

[52] 杨寿清 . AF 型气氛保鲜纸常温保鲜无锡水蜜桃的研究 [J]. 食品与生物技术学报，2001, 20(6): 573-577.

[53] 郑咸雅 . 新型水果保鲜纸安全性高 [J]. 湖南包装，2003(2): 45-45.

[54] 吴斌，程琳琳，吴忠红，等 . 1- 甲基环丙烯保鲜纸研制及应用 [J]. 食品科学，2012, 33(24): 343-347.

[55] 马修钰，王玉峰，王建清，等 . 1-MCP 保鲜纸的制备及其在油桃保鲜中的应用 [J]. 包装学报，2017, 9(1): 79-84.

[56] 孙希生，王文辉，王志华，等 . 1-MCP 对苹果采后生理的影响 [J]. 果树学报，2003, 20(1): 12-17.

[57] 沙力争，肖功年，赵会芳 . 功能性纸质材料在水果保鲜中的应用 [J]. 浙江科技学院学报，2010, 22(6): 507-511.

[58] 余浩 . 一种纳米保鲜纸箱：CN204489574U[P]. 2015-07-22.

[59] 鲍文毅，徐晨，宋飞，等 . 纤维素 / 壳聚糖共混透明膜的制备及阻隔抗菌性能研究 [J]. 高分子学报，2015(1): 49-56.

[60] Ščetar M, Kurek M, Galić K. Trends in fruit and vegetable packaging—a review[J]. Croatian Journal of Food Technology, Biotechnology and Nutrition, 2010, 5 (3/4): 69-86.

[61] 王建清，刘冰 . 二氧化硫缓释保鲜剂对樱桃保鲜效果的研究 [J]. 包装工程，2008, 29(11): 11-12.

[62] 郑永华，苏新国，易云波，等 . SO_2 对枇杷冷藏效果的影响 [J]. 南京农业大学学报，2000, 23(2): 89-92.

[63] 岳淑丽，万达，张义珂 . 肉桂精油微胶囊抗菌纸的研制及对圣女果的保鲜效果研究 [J]. 包装工程，2015, 36(13): 47-51.

[64] Shukla K. Fenugreek impregnated material for the preservation of perishable substances: US6372220 B1[P]. 2002-04-16.

[65] 李俊英，高喜源 . 水果腐败关键病原微生物检测研究进展 [J]. 食品安全质量检测学报，2016(9): 3510-3515.

[66] 宋建民，王德海，黄祥君，等 . 果蔬储藏活性保鲜纸箱及其制备方法：CN109695179A[P]. 2019-04-30.

[67] 罗来康，徐广，郭丰源 . 果蔬保鲜剂、果蔬保鲜纸及其制备方法：CN102349571A[P]. 2012-02-15.

[68] 李敏，陈广学，俞朝晖，等 . 果蔬保鲜材料研究进展 [J]. 包装学报，2017, 9(5): 86-94.

[69] 吐尔地，沈继曾，靳涛，等 . 层压葡萄保鲜纸：CN1279020[P]. 2001-01-10.

[70] 吴学民，郭鑫宇，王寅 . 一种具有果蔬花卉保鲜功能的新型自动释放保鲜药包：CN109527074A[P]. 2019-03-29.

[71] Lim L K, Lee K E . Packaging systems for the control of relative humidity of freshfruits, vegetables and flowers with simultaneous regulation of carbon dioxide and oxygen: WO2008076075A1[P]. 2008-06-26.

[72] 赵一丞 . 一种环保果蔬保鲜除菌包装箱：CN206766750U[P]. 2017-12-19.

[73] 孙天，赵晓明 . 电磁屏蔽材料的研究进展 [J]. 纺织科学与工程学报，2018, 35(2): 118-122.

[74] 陆颖健，严明，高屹 . 电磁屏蔽材料的屏蔽机理及现状分析 [J]. 价值工程，2019(1): 159-162.

[75] 邹文俊 . 碳纤维纸基屏蔽材料的制备与性能研究 [D]. 西安：陕西科技大学，2017.

[76] 刘琳，张东 . 电磁屏蔽材料的研究进展 [J]. 功能材料，2015, 46(3): 3016-3022.

[77] 董艳晖 . 高性能碳纤维屏蔽纸的研制及其性能研究 [D]. 西安：陕西科技大学，2009.

[78] Luong N D, Pahimanolis N, Hippi U, et al. Graphene/cellulose nanocomposite paper with high electrical and mechanical performances[J]. Journal of Materials Chemistry, 2011, 21(36): 13991-13998.

[79] Lee T W, Lee S E, Jeong Y G. Highly Effective Electromagnetic Interference Shielding Materials based on Silver Nanowire/Cellulose Papers[J]. ACS Applied Materials & Interfaces, 2016, 8(20): 13123-13132.

[80] 钟林新 . 碳纤维导电屏蔽纸的研制及其性能研究 [D]. 西安：陕西科技大学，2008.

[81] Song W L, Fan L Z, Cao M S, et al. Facile fabrication of ultrathin grapheme papers for effective electromagnetic shielding[J]. Journal of Materials Chemistry C, 2014, 2(25): 5057-5064.

[82] Cao W T, Chen F F, Zhu Y J, et al. Binary strengthening and toughening of MXene/Cellulose nanofiber composite paper with nacre-inspired structure and superior electromagnetic interference shielding properties[J]. ACS Nano, 2018, 12(5): 4583-4593.

[83] 韩健 . 人造板表面装饰工艺学 [M]. 北京：中国林业出版社，2014: 165-166.

[84] 王梁，刘祥海，周高明，等 . 国外氯化法钛白粉企业产业结构分析 [J]. 铁合金，2020(2): 44-48.

[85] Dutt D, Jain R K, Macheshwari A, et al. Cost reduction studies of decorative laminates[J]. BioResources, 2011, 6(2): 1495-1504.

[86] Soili H, Markku L. Calendered paper product and method of producing a calendared paper web: US6908531[P].

2005-06-21.

[87] Wicher M. Base paper for decorative coating materials: US8221895[P]. 2009-07-03.

[88] Depierne O S, Dauplaise D L, Proberb R J. Styrene/acrylic-type polymers for use as surface sizing agents: US 5138004[P]. 1992-08-11.

[89] 郑华平, 刘俊. 磷铝包覆的装饰纸专用钛白粉制备方法 [J]. 现代工业经济和信息化, 2016, 119(11): 59-61, 66.

[90] 樊慧明, 葛丽芳. 高速浸胶印刷装饰原纸的生产工艺: CN201110047678. 1[P]. 2011-02-28.

[91] 金昌升. 强化木地板耐磨性能及国产化耐磨纸的研究 [J]. 林产工业, 2006, 33(5): 25-29.

[92] 吴盛恩, 刘萃莹, 王雄标. 阻燃剂在造纸中的应用 [J]. 杭州化工, 2010, 40(2): 23-26.

[93] 石淑兰, 何福望. 制浆造纸分析与检测 [M]. 北京: 中国轻工业出版社, 2015: 194-196.

[94] 徐建峰, 龙玲, 于家豪. 装饰原纸用自乳化苯乙烯丙烯酸酯表面处理剂的制备与表征 [J]. 林业科学, 2015, 51(3): 116-123.

[95] 何北海, 张美云. 造纸原理与工程 [M]. 北京: 中国轻工业出版社, 2014: 62-64.

[96] 周再利, 刘春亮, 才鑫. 钛白粉在薄页特种印刷纸产品中的应用 [J]. 材料制造和应用, 2017(3): 21-24.

[97] 骆志荣. 钛白粉对装饰纸光学性能的影响 [J]. 造纸化学品, 2015, 46(5): 37-40.

[98] 储成义, 晏育刚, 孙爱华. TiO₂/磷酸铝复合颜料耐光性能的研究 [J]. 宁波化工, 2012(4): 23-30.

[99] 衣然, 惠岚峰, 刘忠, 等. 钛白粉 - 高岭土复合填料的制备及应用 [J]. 中国造纸, 2017, 36, (11): 37-43.

[100] 王科, 袁世炬. 造纸助剂助滤剂和微粒助留体系的应用和发展 [J]. 湖北造纸, 2005(1): 15-18.

[101] Wendel K, Schwerzel T, Hirsch G. Aqueous polymer dispersions: US 5358998[P]. 1994-10-25.

[102] Albinsson C J, Swerin A, Ödberg L. Formation and retention during twin-wire blade forming of a fine paper stock[J]. TAPPI Journal, 1995, 78(4): 121-128.

[103] 文俊超, 陈南男, 王立军, 等. 2 种代表性微粒助留助滤体系应用效果的比较 [J]. 杭州化工, 2018, 48(4): 44-47.

[104] 刘瑞恒, 付时雨. 装饰原纸质量的影响因素及生产工艺控制 [J]. 上海造纸, 2007, 38(5): 18-21.

[105] 白媛媛, 类延豪, 姚春丽, 等. 环保型造纸湿强剂的研究进展 [J]. 中国造纸学报, 2016, 31(4): 49-54.

[106] 毛萃, 刘文, 孟凡锦, 等. 高效环保型 PAE 湿强剂新产品的开发及应用 [J]. 造纸化学品, 2019, 31(6): 19-22.

[107] Alemder A, Sain M. Isolation and characterization of nanofibers from agricultural residues—Wheat straw and soy hulls[J]. Bioresource Technology, 2008, 99(6): 1664-1671.

[108] Wang A J, Wang L J, Jiang J M, et al. Reinforcing paper strength by dual treatment of a cationic water-soluble polymer and cellulose nanofibril[J]. Paper and Biomaterials, 2019(4): 34-39.

[109] Ahola S, Österberg M, Laine J. Cellulose nanofibrils—adsorption with poly(amideamine) epichlorohydrin studied by QCM-D and application as a paper strength additive[J]. Cellulose, 2008, 15(2): 303-314.

[110] 杨艳, 霍淑媛, 姚春丽. PAE/NCC 二元体系对纸张的增强作用 [J]. 中国造纸学报, 2013, 28(2): 8-11.

[111] Wagberg L, Forsberg S, Johansson A, et al. Engineering of fibre surface properties by application of the polyelectrolyte multilayer concept. Part Ⅰ: modification of paper strength[J]. Journal of Pulp & Paper Science, 2002, 28(7): 222-228.

[112] 李郡. 表层耐磨纸生产技术浅析 [J]. 天津造纸, 2006(2): 8-12.

[113] 王荣兴. 浸渍胶膜纸用三 (2- 羟乙基) 异氰尿酸酯改性三聚氰胺甲醛树脂的研究 [D]. 北京: 中国林业科学研究院, 2018.

[114] 胡志军 . 特种纸实用技术教程 [M]. 北京 : 中国轻工业出版社 , 2019: 130-131.

[115] Andreas K, Primoz P, Sergej M, et al. On the performance of a melamine-urea-formaldehyde resin for decorative paper coatings[J]. European Journal of Wood and Wood Products, 2010(68): 63-75.

[116] 葛丽芳 . 低油墨耗用型装饰原纸的生产工艺 : CN201110047677. 7[P]. 2011-02-28.

[117] 佟克本 , 张宝 , 李霞 , 等 . 新型装饰原纸生产工艺流程的研制 [J]. 华东纸业 , 2013, 44(3): 32-34.

[118] 张正健 , 张启莲 , 张明志 , 等 . 涂料涂布对人造板装饰原纸表面性状和印刷适性的影响及其机制 [J]. 林业科学 , 2018, 54(1): 111-120.

索引

其他